Nichtstationäre Vorgänge in den Zuleitungs- und Ableitungskanälen von Wasserkraftwerken

Translationswellen in offenen Kanälen
Wasserschlösser an Druckstollen

Von

Josef Frank

Oberingenieur
Wissenschaftlicher Mitarbeiter der Siemens-Schuckertwerke A. G.
Erlangen

Zweite neubearbeitete Auflage
des Buches von J. Frank und J. Schüller

Mit 232 Abbildungen

Springer-Verlag Berlin Heidelberg GmbH
1957

ISBN 978-3-642-47365-4   ISBN 978-3-642-47363-0 (eBook)
DOI 10.1007/978-3-642-47363-0

insbesondere das der Übersetzung in fremde Sprachen, vorbehalten
Ohne ausdrückliche Genehmigung des Verlages ist es auch nicht gestattet,
dieses Buch oder Teile daraus auf photomechanischem Wege
(Photokopie, Mikrokopie) zu vervielfältigen
Copyright 1938 by Springer-Verlag OHG., Berlin
© by Springer-Verlag Berlin Heidelberg 1957
Ursprünglich erschienen bei Springer-Verlag OHG., Berlin/Göttingen/Heidelberg 1957
Softcover reprint of the hardcover 2nd edition 1957

Vorwort

In allen Ländern hat im letzten Jahrzehnt ein verstärkter Ausbau von Wasserkraftanlagen eingesetzt, sowohl von Umleitungskraftwerken wie von Flußstufen. Unter seinem Einfluß haben die Themen des vorliegenden Buches — das Problem der Translationswellen und die Wasserschloßschwingungen — besonderes Interesse gefunden, das sich in einer Fülle von neuen Arbeiten und Untersuchungen geäußert hat und deutlich zeigt, wie sehr die technische Hydraulik der starken Impulse der Praxis bedarf. So ist es erklärlich, daß gerade *die* Länder besondere Beiträge geleistet haben, die in der glücklichen Lage sind, über reiche Wasserkraftvorräte zu verfügen.

Da das von dem Verfasser vor etwa zwanzig Jahren zusammen mit Herrn Dr. Ing. JOSEF SCHÜLLER herausgebrachte Buch „Schwingungen in den Zuleitungs- und Ableitungskanälen von Wasserkraftanlagen" seit geraumer Zeit vergriffen ist, hat sich eine völlige Neubearbeitung des Stoffes als notwendig erwiesen, die der seitherigen Entwicklung der Hydraulik des Wasserschlosses und der Translationswellen Rechnung trägt. Besonders war dies bei den Ausführungen über das Druckwasserschloß geboten. Hier haben gerade die letzten Jahre wertvolle theoretische Aufschlüsse gebracht und besondere Probleme beim Bau von Kavernenkraftwerken und Pumpspeicherwerken. Hinzu kommt, daß das klassische System Stollen-Wasserschloß oft zugunsten komplizierterer Anordnungen verlassen wird. So hat sich der Wasserkraft-Hydrauliker mit einem Aufgabenkreis zu befassen, der größer ist als je zuvor. — Naturgemäß wird er hierbei geschlossene analytische Verfahren bevorzugen. Leider ist aber deren Zahl beschränkt, so daß oft auf schrittweise Verfahren zurückgegriffen werden muß. Durch Beigabe von Rechenschemen und Konstruktionsvorschriften für ein graphisches Verfahren ist dem Rechnung getragen. — Auch auf dem Gebiet der Translationswellen in offenen Kanälen war über einige Fragen neu zu berichten, wie etwa die Wirkung seitlicher Entlastungsüberfälle, die Vorgänge bei der Durchlaufspeicherung und anderes.

Ganz allgemein war es das Bestreben des Verfassers, die heutigen Kenntnisse der Wasserschloß-Schwingungen und der Translationswellen in einer Form und Auswahl darzustellen, wie sie der am Ausbau von

Wasserkräften tätige Ingenieur sowohl für seine tägliche Arbeit wie auch für die Weiterverfolgung besonderer hydraulischer Probleme benötigt. Auch die Literaturverzeichnisse sind von diesem Gesichtspunkt aus bearbeitet. — Im Interesse einer einheitlichen Darstellung sind Ergebnisse fremder Verfasser in der Schreibweise und mit den Formelzeichen dieses Buches wiedergegeben.

Erlangen, im Mai 1957.

Josef Frank

Inhaltsverzeichnis

Erster Teil

Translationswellen in offenen Kanälen

Seite

Einleitung 1

1 Fortpflanzungsgeschwindigkeit der Schwallwellen, Beziehungen zwischen Schnelligkeit, Schwallhöhe und Wassermengenänderung 2
    1.1 Ableitung der Formeln 2
    1.2 Versuchsmäßige Überprüfung der gegebenen Gleichungen . . . 10
    1.3 Auflösung des Schwalles in Einzelwellen 12

2 Fortpflanzung der Sunkwellen. Grundlegende Beziehungen 13
    2.1 Formbeständiger Sunkkopf 13
    2.2 Verformung des Sunkkopfes 15

3 Wellenverlauf bei Berücksichtigung der Reibung 19
    3.1 Allgemeines 19
    3.2 Die Methode von Favre 21

4 Verformung der Wellen an Querschnittsänderungen, Reflexionen, Durchdringungen 30
    4.1 Allgemeines 30
    4.2 Verformung an sprunghaften Profilwechseln 32
    4.3 Verformung an allmählichen Profilwechseln 33
    4.4 Grenzfälle (Verengung auf Null, Erweiterung auf Unendlich) . . . 35
    4.5 Gegenseitige Durchdringung von Wellen 35
    4.6 Verformung von Wellen in kurzen Einengungen oder Erweiterungen 36
    4.7 Auslauf von Wellen in Becken 42
    4.8 Berücksichtigung der Reibung und der Sohlenneigung 45
    4.9 Einfluß der Schließ- und Öffnungszeit auf die Wellenhöhe . . . 49

5 Dämpfung von Schwällen durch seitliche Überläufe 50
    5.1 Grundsätzliches. Schrittweises Verfahren 50
    5.2 Verfahren von Citrini 54
    5.3 Versuche von Gentilini 56
    5.4 Zusammenfassung 58

Inhaltsverzeichnis.

6 Behandlung der beim Kraftwerksbetrieb vorkommenden Fälle . . . 58

   6.1 Vorgänge im Oberwasser bei Entlastung (Stauschwall) 58

      6.11 Kurze Kanäle mit geringem Absolutgefälle 58
      6.12 Lange Kanäle 64
      Schwallverlauf bei offener Abzweigung aus dem Fluß S. 64. — Schwingungsverlauf bei Kanälen mit geschlossenem Oberende S. 69. — Zahlenbeispiel S. 70.

   6.2 Vorgänge im Oberwasser bei Belastung (Entnahmesunk) . . . 74

      6.21 Schwingungsverlauf bei offener Abzweigung aus dem Fluß 74
      6.22 Schwingungsverlauf bei am Oberende geschlossenen Kanälen 76
      Zahlenbeispiel 77

   6.3 Vorgänge im Unterwasser bei Entlastung (Absperrsunk) 86

      6.31 Schwingungsverlauf bei freier Einmündung in ein großes Becken 86
      6.32 Schwingungsverlauf, wenn der Kanal am unteren Ende geschlossen ist 86

   6.4 Vorgänge im Unterwasser bei plötzlicher Belastung (Füllschwall) 88

      6.41 Schwingungsverlauf bei freiem Auslauf des Grabens in ein Becken 88
      6.42 Schwingungsverlauf bei abgeschlossenem Kanal 89
      Zahlenbeispiel 89

   6.5 Gleichzeitige Abflußänderung an beiden Haltungsenden 97

      6.51 Durchlaufspeicherung 97
      Zahlenbeispiel 103

7 Translationswellen in Freispiegelstollen. Gemischtes Regime 116

   7.1 Allgemeines 116
   7.2 Die einzelnen Phasen des Vorganges 116

      7.21 Phase I 117
      7.22 Phase II 121
      7.23 Phase III 122
      7.24 Schwallgeschwindigkeit in Phase II 124

Schrifttum zum ersten Teil 125

Zweiter Teil

Wasserschlösser an Druckstollen

A Allgemeines 129

1 Anordnung und Zweck des Wasserschlosses 129

2 Grundsätze für die Wasserschloßberechnung 130

3 Bezeichnungen 132

Inhaltsverzeichnis.

4 Voraussetzungen und Annahmen 134

5 Grundgleichungen, Schwingungsformen 135

6 Allgemeine Differentialgleichung, Lösungsmöglichkeiten 138

B Verfahren zur Bestimmung der Schwingungsweiten, Bemessungsverfahren 142

1 Ungedrosseltes Wasserschloß mit konstanter Fläche an verlustfreiem Stollen 142

   1.1 Plötzliche Entlastung 142

   1.2 Plötzliche Belastungsvergrößerung 143

   1.3 Lineare Belastungsvergrößerung 143

2 Ungedrosseltes Wasserschloß, Stollenverluste berücksichtigt 145

   2.1 Entlastung 145

      2.11 Vollständige Entlastung, konstante Wasserschloßfläche . . 145
      2.12 Teilweises plötzliches Schließen bei konstanter Wasserschloßfläche 148
      2.13 Lineare Entlastung, konstante Wasserschloßfläche 149
      2.14 Schrittweise Lösung 152
      2.15 Wasserschloß mit Überlauf 154
      Grundgleichungen S. 154. — Geschlossene Berechnung S. 154.
      — Schrittweise Berechnung, graphisches Verfahren S. 155.

   2.2 Belastungsvergrößerung 157

      2.21 Allgemeines, Wasserverbrauch 157
      2.22 Konstanter Wasserverbrauch 159
      2.23 Veränderlicher Wasserverbrauch 161
      Wasserbedarf sinkt mit abnehmender Fallhöhe S. 161. —
      Wasserbedarf steigt mit abnehmender Fallhöhe (konst. Leistung) S. 164. — Linearer Anstieg des Wasserverbrauches S. 165.
      2.24 Graphisches Verfahren 166
      Zeitveränderlicher Wasserverbrauch bei konst. Wasserschloßfläche S. 166. — Linearer Anstieg der Leistung S. 167.

   2.3 Rhythmischer Lastwechsel 169
   Zahlenbeispiele 176

3 Das Kammerwasserschloß 181

   3.1 Idealisiertes Kammerwasserschloß 181

      3.11 Vollständige plötzliche Entlastung 182
      3.12 Plötzliche Belastungsvergrößerung 182

   3.2 Wasserschloß mit offenen Kammern 182

      3.21 Plötzliche vollständige Entlastung 182
      3.22 Belastungsvergrößerung 186

Inhaltsverzeichnis.

Seite

3.3 Wasserschloß mit abgetrennten Kammern 191
   3.31 Obere Kammer mit Überfallschwelle, vollständige Entlastung 192
   3.32 Belastungsvergrößerung, untere Kammer mit Saugschwelle und Tauchwand 193
      Die Saugschwelle S. 193. — Die Tauchwand S. 196.
   3.33 Plötzliche Belastungsvergrößerung, konstante Leistung . . 196
   3.34 Allmähliche Belastungsvergrößerung von Null auf Vollast . 197
3.4 Das Einkammer-Wasserschloß 198
   3.41 Wasserschloß von SCHÜLLER 198
   3.42 Kammer mit konstanter Fläche 200
   Zahlenbeispiel 203

4 Das gedrosselte Wasserschloß 208
4.1 Allgemeines über gedrosselte Typen 208
4.2 Ermittlung des Drosselwiderstandes 209
4.3 Grundgleichungen 216
4.4 Plötzliche vollständige Entlastung 217
4.5 Plötzliche Belastungsvergrößerung 220
   4.51 Wasserverbrauch konstant 220
      Optimale Drosselung S. 221. — Beliebige Drosselung S. 221.
   4.52 Leistung konstant 222
4.6 Allmähliche Belastungsvergrößerung 224
   4.61 Öffnungszeiten sind kurz 224
   4.62 Langsame Vollbelastung von Null aus, wenn das Wasserschloß für Belastungssteigerung von n auf 1 entworfen ist . . . 224
4.7 Gedrosseltes Schachtwasserschloß mit Überlauf 225
4.8 Gedrosseltes Kammerwasserschloß 226
4.9 Schrittweises Verfahren 227
   4.91 Numerische Integration 227
   4.92 Graphisches Verfahren 227
      Vollständige plötzliche Entlastung S. 227. — Belastungsvergrößerung auf konstante Leistung, veränderliche Wasserschloßfläche S. 230.
4.10 Rhythmischer Lastwechsel 233

5 Das Differentialwasserschloß 233
5.1 Allgemeine Anordnung, Bezeichnungen 233
5.2 Wirkungsweise und Grundgleichungen 234
   5.21 Belastungszunahme 234
   5.22 Entlastung 236
5.3 Geschlossene Berechnung 238
   5.31 Entlastung 238
   5.32 Belastungszunahme 239
      Wasserverbrauch konstant S. 239. — Leistung konstant S. 240 — Allmähliche Belastungsvergrößerung S. 240.

Inhaltsverzeichnis. IX

Seite

5.4 Die Sonderform von VOGT 240
5.5 Die Sonderform von EBNER. 241
5.6 Schrittweise Verfahren 242
   5.61 Numerische Integrationen 242
      Belastungsvergrößerung S. 243. — Entlastung S. 245.
   5.62 Graphisches Verfahren 249
      Belastungsvergrößerung S. 249. — Entlastung S. 251.
   Zahlenbeispiel 253
   5.71 Belastungsvergrößerung 254
   5.72 Vollständige plötzliche Entlastung 256

6 Zusammenfassende Kritik der verschiedenen Wasserschloßtypen . . 257

7 Besondere Wasserschloßanlagen 259
   7.1 Oberwasserstollen mit mehreren Wasserschlössern 259
      7.11 n Wasserschlösser 259
      7.12 Zwei Wasserschlösser 260
         Grundgleichungen S. 260. — Numerische Integration S. 260.
   7.2 Das Y-Schema mit Zwischenschacht 262
      7.21 Beharrungszustand 262
      7.22 Schwingungsgleichungen 263
      7.23 Schrittweise numerische Lösung 264
   7.3 Das Y-Schema ohne Zwischenschacht 264
      7.31 Beharrungszustand 264
      7.32 Schwingungsgleichungen 264
   7.4 Das V-Schema (2 Stollen an gemeinsamem Wasserschloß) . . . 265
      7.41 Beharrungszustand 265
      7.42 Schwingungsgleichungen 265
      7.43 Schrittweise numerische Lösung 265
   7.5 Veränderlicher Stollenquerschnitt 266
   7.6 Wasserschloß im Unterwasser 268
      7.61 Allgemeines 268
      7.62 Grundgleichungen 269
      7.63 Geschlossene Lösungen 269
         Vollständige Entlastung S. 269. — Plötzliche Belastungsvergrößerung S. 270.
      7.64 Schrittweise Lösungen 270
         Numerische Integration S. 270. — Belastungszunahme, konstante Leistung, graphisch S. 270. — Teilentlastung bei z-veränderlicher Entnahme S. 272. — Linearer Leistungsanstieg, graphisch S. 272.
   7.7 Wasserschlösser am Anfang und Ende des Stollens 274
      7.71 Schwingungsgleichungen, Ausgangsspiegellage 274
      7.72 Reduktion auf das einfache Wasserschloßschema 275
      7.73 Betriebliche Gesichtspunkte 276

Inhaltsverzeichnis.

Seite

   7.8 Wasserschloß im Oberwasser eines Pumpwerkes 276
   7.9 Wasserschloß im Unterwasser eines Pumpwerkes 278
   7.10 Wasserschloß mit abgeschlossenem Luftraum 278
      7.101 Allgemeines 278
      7.102 Physikalische und gasdynamische Grundlagen 278
      7.103 Beharrungszustand 279
      7.104 Schwingungsgleichungen 281
      7.105 Schrittweise Lösungen 283
          Differenzengleichungen S. 283 — Graphische Integration für Belastungsvergrößerung S. 283.
      7.106 Geschlossene Formeln 284
          Differentialgleichung der Schwingung S. 284. — Verlustfreier Stollen, plötzliche vollständige Entlastung S. 284. — Verlustfreier Stollen, plötzliche vollständige Belastung S. 285. — Stollenverluste berücksichtigt, vollständige plötzliche Entlastung S. 286.
      7.107 Wasserschloß im Unterwasser 286
      7.108 Einfluß einer Drosselung 287
      7.109 Zusammenfassung 287

C Stabilität des Wasserschlosses 288

 1 Allgemeines 288

 2 Ungedrosseltes Wasserschloß 291
   2.1 Kleine Schwingungen 291
      2.11 Allgemeine Lösung 291
      2.12 Stabilität des klassischen Systems 292
      2.13 Berücksichtigung der Druckrohrleitung 297
      2.14 Wasserschloß im Unterwasser 298
      2.15 Einfluß des veränderlichen Wirkungsgrades 298
      2.16 Einfluß der Reglerstatik 298
   2.2 Schwingungen mit endlicher Amplitude 299
      2.21 Untersuchungen von Frank 299
      2.22 Untersuchungen von Jaeger 304
      2.23 Untersuchungen von Evangelisti 306

 3 Das gedrosselte Wasserschloß 307
   3.1 Einfaches gedrosseltes Wasserschloß 307
   3.2 Differentialwasserschloß 310

 4 Stabilität besonderer Wasserschloßanordnungen 311
   4.1 Mehrere Wasserschlösser an einem Stollen 311
      4.11 Zwei Wasserschlösser, strenges Verfahren für kleine Schwingungen 312
      4.12 Äquivalenzverfahren von Evangelisti für 2 Wasserschlösser 312
      4.13 Äquivalenzverfahren für n Wasserschlösser 313
      4.14 Einleitung von Wasserläufen in die Zwischenschächte, Äquivalenzverfahren 315
      4.15 Wechselndes Stollenprofil 315
          Zahlenbeispiel 316

Inhaltsverzeichnis.

4.2 Zwei Stollen an einem Wasserschloß (V-Schema) 316
    4.21 Geschlossenes Verfahren für kleine Schwingungen 316
    4.22 Wasserlieferung nur aus einem Stollen. 317
4.3 Wasserschloß im Oberwasser und im Unterwasser 318
    4.31 Grundgleichungen 318
    4.32 Geschlossenes Verfahren für kleine Schwingungen 318
    4.33 Näherungsverfahren 320
4.4 Verbundbetrieb mit einer nicht schwingungsfähigen Anlage (kleine Schwingungen). 320
4.5 Parallellauf zweier Anlagen mit Wasserschlössern 321
4.6 Wasserschloß mit abgeschlossenem Luftraum 322
4.7 Allgemeine Stabilitätstheorie von EVANGELISTI 323
    4.71 Allgemeines 323
    4.72 Bezeichnungen 324
    4.73 Skizze der strengen Theorie, vereinfachte Betrachtung . . 325
    4.74 Näherungsweise Berücksichtigung des Reglereinflusses . . 327
    Zahlenbeispiel 328

Schrifttum zum zweiten Teil 328

Erster Teil
Translationswellen in offenen Kanälen
Einleitung

Im Betrieb der modernen Wasserkraftwerke muß damit gerechnet werden, daß beim Anfahren oder Abschalten der Maschinen wegen der damit verbundenen starken Änderungen der Turbinenwassermenge beträchtliche Störungen des stationären Fließzustandes in den Zu- und Ablaufkanälen entstehen. Der Übergang zu dem einer geänderten Belastung entsprechenden Beharrungszustand geht in Schwingungen vor sich, die wir sowohl bei geschlossenen als auch bei offenen Kanälen beobachten können.

Im ersten Fall, beispielsweise bei einem unter Druck stehenden Zulaufstollen, äußert sich jede Entnahmeänderung in einer Füllung bzw. Entleerung des Wasserschlosses. Die dadurch bedingte Druckänderung teilt sich durch sehr schnell laufende Druckwellen der im Stollen fließenden Wassermasse mit und verzögert oder beschleunigt sie. Ganz ähnlich, wenn auch erheblich verwickelter, liegen die Verhältnisse bei offenen Gerinnen. Auch hier ruft jede Entnahme- oder Zulaufänderung eine augenblickliche Spiegelbewegung am Ort der Störung hervor und Wellen, die sich entlang dem Kanal fortpflanzen. Da aber das Gerinne einen freien Wasserspiegel aufweist, ergeben sich nicht wie bei Druckleitungen reine Druckwellen, sondern es entstehen Wellen in räumlichem Sinn, deren Fortpflanzungsgeschwindigkeit erheblich unter der bei Druckstollen liegt.

Wenn das Problem der Wellen in offenen Kanälen seinem Wesen nach auch schon lange bekannt und bereits durch die klassischen Hydrauliker des vorigen Jahrhunderts behandelt worden ist, so hat es doch erst in den letzten Jahrzehnten für die wasserbauliche Praxis, insbesondere für den Bau von Wasserkraftanlagen und von Schiffsschleusen größerer Abmessungen erhöhte Bedeutung gewonnen.

Die beim Kraftwerksbetrieb in den Zu- und Ablaufkanälen auftretenden Wellenerscheinungen sind mannigfacher Art. Man kann zunächst unterscheiden: die Hebungswelle, auch positive Welle oder Schwall, und die Senkungswelle, auch negative Welle oder Sunk. Jede dieser beiden Wellengattungen zerfällt wieder in zwei Gruppen, je nachdem sich die Welle talwärts, d. h. in Richtung der Wasserbewegung des Beharrungszustandes, oder entgegengesetzt hierzu — bergwärts — fortpflanzt. Anschauliche Bezeichnungen hat FORCHHEIMER geprägt. Er bezeichnet die flußaufwärts laufende Hebungswelle, die sich beim Abschalten der Turbinen im Oberwasser bildet und gegen das Wehr hin läuft, mit *Stauschwall*. Im Unterwasser entsteht gleichzeitig wegen der unterbrochenen Wasserzufuhr eine flußabwärts laufende Senkungs-

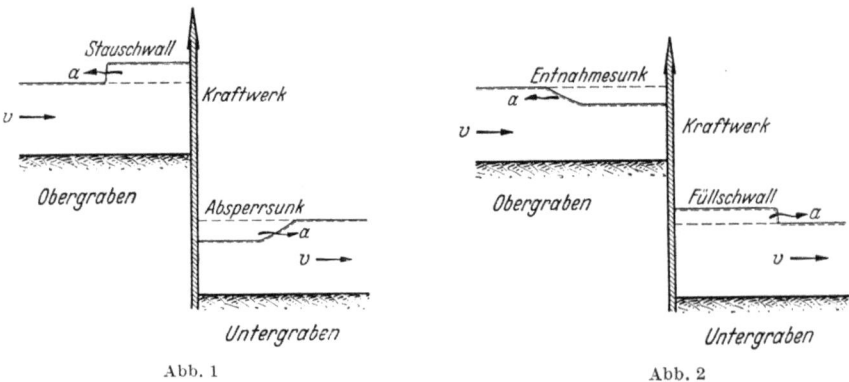

Abb. 1   Abb. 2

welle, der *Absperrsunk* (Abb. 1). Tritt dagegen eine plötzliche oder auf eine kurze Zeit verteilte Erhöhung der Turbinenwassermenge ein, so bildet sich im Oberwasser der *Entnahmesunk*, die flußaufwärts fortschreitende Senkungswelle, und gleichzeitig im Untergraben der *Füllschwall*, der sich in der Beharrungsfließrichtung bewegt (Abb. 2). — Diese Bezeichnungen beziehen sich auf vier charakteristische Fälle von Wellenbildungen in Werkkanälen. Selbstverständlich sind außerdem noch zahlreiche Wellenerscheinungen, insbesondere bei gegenseitiger Überlagerung und bei Reflexion, möglich, für die diese Bezeichnungen weniger sinnfällig sind und auf die zweckmäßiger die allgemeinen Benennungen — z. B. flußabwärts laufende Schwallwelle usw. — angewendet werden.

1 Fortpflanzungsgeschwindigkeit der Schwallwellen, Beziehungen zwischen Schnelligkeit, Schwallhöhe und Wassermengenänderung

1.1 Ableitung der Formeln

Hierfür soll als Beispiel die flußabwärts laufende Hebungswelle (Füllschwall) gewählt werden.

Gemäß Abb. 3 werden nachstehende Bezeichnungen eingeführt:

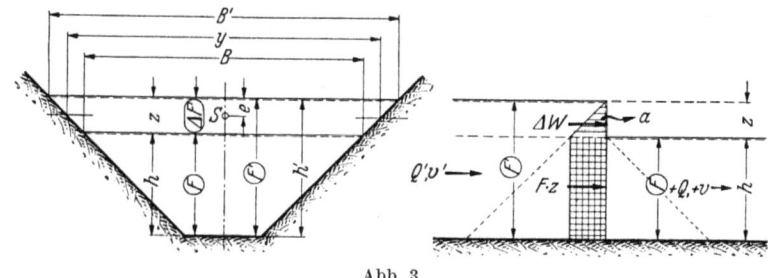

Abb. 3

Q   Wassermenge des vorhergehenden Fließzustandes, unmittelbar vor dem Durchgang der Welle.
F   Fließquerschnitt vor dem Durchgang der Welle.
h   Wassertiefe, wie vor.
B   Spiegelbreite, wie vor.
v   Fließgeschwindigkeit vor dem Durchgang der Welle. $v = Q : F$.
z   Höhe der Welle, + bei Hebung, — bei Senkung.
w   Relativgeschwindigkeit der Welle mit Bezug auf einen mit der Geschwindigkeit v fortschreitenden Beobachter.
a   Absolute Wellengeschwindigkeit, auch Schnelligkeit, bezogen auf einen festen Punkt des Ufers.
$\Delta F'$ Durch die Spiegeländerung z bedingte Flächenänderung, + bei Hebungswellen, — bei Senkungswellen.
F' Fließquerschnitt unmittelbar nach dem Durchgang der Welle, $F' = F + \Delta F'$.
Q' Fließmenge nach dem Durchgang der Welle.
$\Delta Q'$ Änderung der Wassermenge, die die Wellenbildung hervorruft bzw. die sich beim Durchgang der Welle ergibt; $\Delta Q' = Q' - Q$.
v' Fließgeschwindigkeit nach dem Durchgang der Welle. $v' = Q' : F'$.
y   Mittlere Schwall- bzw. Sunkbreite.
h' Wassertiefe unmittelbar nach dem Durchgang der Welle.
B' Spiegelbreite des Schwalles bzw. Sunkes, gemessen über der Tiefe h'.

Der im Querschnitt vor dem Durchgang der Welle herrschende, durch Q, F, v gekennzeichnete Fließzustand kann einer stationären Wasserbewegung angehören, wenn sich die Welle einem Beharrungszustand überlagert, er kann aber auch einer nicht stationären Wasserbewegung entsprechen, wie es z. B. bei reflektierten Wellen der Fall ist.

Die Wassergeschwindigkeiten und die Wassermengen sind positiv, wenn die Fließbewegung vom oberen zum unteren Kanalende stattfindet. Das gleiche gilt von der Relativ- und der Absolutgeschwindigkeit der Welle.

Die im Querschnitt F mit der Geschwindigkeit v fließende Wassermenge Q (Abb. 3) erfahre eine plötzliche Änderung um den Wert $\Delta Q'$ und erreiche damit die Größe Q'. Die Folge hiervon ist die Entstehung einer Welle, die sich mit einer bestimmten Schnelligkeit fortbewegt. Hierbei wird sekundlich ein früher mit Luft erfüllter Raum von der Größe $a \Delta F'$ durch Wasser ausgefüllt, der gleich ist der sekundlich anfallenden zusätzlichen Wassermenge $\Delta Q'$. Es besteht also die Raumgleichung

$$\Delta Q' = a\,\Delta F'. \tag{1}$$

Zwischen der Relativ- und der Absolutgeschwindigkeit der Welle besteht die Beziehung

$$a = v + w, \tag{2}$$

ferner ist

$$\Delta Q' = Q' - Q = F'v' - Fv$$

und

$$F' = F + \Delta F'.$$

Damit wird aus Gl. (1)

$$(F + \Delta F')\,v' = \Delta F'(v + w) + Fv$$

und nach der Umformung

$$v' - v = \frac{\Delta F'\,w}{F + \Delta F'}. \tag{3}$$

Die fortschreitende Welle überdeckt sekundlich ein w Meter langes Stück des ursprünglich vorhandenen Wasserstromes mit dem Querschnitt F, dem Inhalt Fw und der Masse $\dfrac{Fw}{g}\cdot\gamma$ ($\gamma=$ spez. Gewicht des Wassers), deren Geschwindigkeit eine Änderung $v' - v$ erfährt. Die sekundliche Änderung der Bewegungsgröße läßt sich demnach angeben zu

$$\gamma\,\frac{Fw}{g}\,(v' - v)$$

und muß nach dem Impulssatz gleich sein dem durch die Stufe von der Höhe z verursachten Wasserüberdruck. Dieser setzt sich zusammen aus dem Überdruck auf die ursprüngliche Fließfläche γFz und dem Wasserdruck ΔW auf den Wellenkopf. Damit ergibt sich die Gleichung

$$\gamma\,\frac{Fw}{g}\,(v' - v) = \gamma F z + \Delta W, \tag{4}$$

aus deren Vereinigung mit Gl. (3) eine Beziehung für die Relativgeschwindigkeit hervorgeht.

Es ist

$$\gamma\,\frac{Fw}{g}\,\frac{\Delta F'\,w}{F + \Delta F'} = \gamma F z + \Delta W,$$

woraus

$$w = \pm\sqrt{g\left(\frac{Fz}{\Delta F'} + \frac{\Delta W}{\gamma\,\Delta F'} + z + \frac{\Delta W}{\gamma F}\right)}. \tag{5}$$

$\Delta W/\gamma$ ergibt sich als Produkt der Fläche $\Delta F'$ und ihrem Schwerpunktsabstand vom Schwallspiegel. Für trapezförmige Querschnitte mit den Breiten B und B' (Abb. 3) ist $\dfrac{\Delta W}{\gamma} = \dfrac{z^2}{6}(2B + B')$. Für Querschnitte, die im Bereich der Wellenhöhe kreisförmig begrenzt sind, ist der Schwerpunktsabstand

$$e = h + z - c - \frac{B^3 - B'^3}{12\,\Delta F'},$$

wobei sich $\Delta F'$ als Differenz zweier Kreisabschnitte ergibt (Abb. 4).

Gl. (5) ist von CALAME weiter entwickelt worden. Sie ist für die

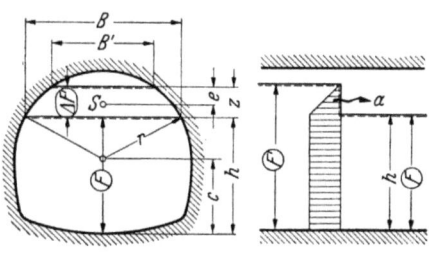

Abb. 4

praktische Anwendung reichlich umständlich und wird nur für Querschnitte nach Abb. 4 in Betracht kommen oder in ähnlichen Fällen, wo im Bereich von z eine starke Breitenänderung vorliegt.

Für weitaus die meisten praktisch vorkommenden Gerinneformen kann mit sehr guter Annäherung gesetzt werden $\dfrac{\Delta W}{\gamma} = y\dfrac{z^2}{2}$. Mit $\Delta F' = y\,z$ ergibt sich aus Gl. (5)

$$w = \pm\sqrt{g\left(\frac{F}{y} + \frac{3}{2}z + \frac{y z^2}{2F}\right)}. \tag{6}$$

Die Gleichung stimmt genau für Profile mit lotrechten Wandungen im Bereich der Wellenhöhe und mit sehr guter und absolut ausreichender Genauigkeit für alle vorkommenden Trapez- und ähnlichen Profile.

Die Vorzeichen der Wurzel beziehen sich auf die Bewegungsrichtung der Welle und sind schon früher erklärt worden.

Die absolute Wellengeschwindigkeit (Schnelligkeit) ist nach (2 u. 6)

$$a = v \pm \sqrt{g\left(\frac{F}{y} + \frac{3}{2}z + \frac{y z^2}{2F}\right)}. \tag{7}$$

Zur Auswertung von Gl. (6) kann das in Abb. 5 wiedergegebene Nomogramm verwendet werden. Seine Anwendung geht aus dem eingezeichneten Berechnungsbeispiel hervor.

Für kleine Wellenhöhen wird das dritte Klammerglied der Gl. (6) unbedeutend, und man kann dann nach ST. VENANT genau genug setzen

$$w = \pm\sqrt{g\left(\frac{F}{y} + \frac{3}{2}z\right)}. \tag{8}$$

Auswertung dieser Formel mit Hilfe des Nomogramms Abb. 6.

In manchen Fällen kann auch noch das Glied $\tfrac{3}{2}z$ der Gl. (8) vernachlässigt werden, womit sich die auch bei stationären Fließvorgängen

6 Translationswellen in offenen Kanälen

wichtige Wellengeschwindigkeit kleiner Anschwellungen

$$w = \pm \sqrt{g \frac{F}{B}} \qquad (8a)$$

ergibt, die z. B. den Übergang vom Schießen zum Strömen kennzeichnet.

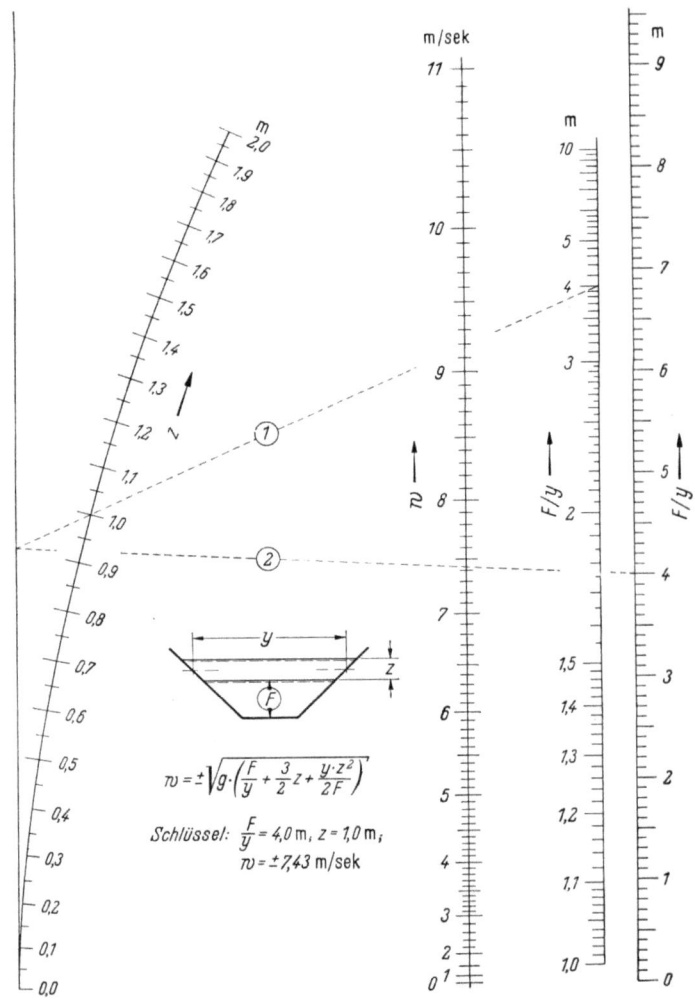

Abb. 5. Relative Schnelligkeit von Schwallwellen nach Gl. (6)

Schließlich sei noch erwähnt, daß in der Literatur (Böss, Favre, Forchheimer, Krey, Winkel u. a.) weitere Näherungsformeln zu finden sind. Aus Gründen der Einheitlichkeit soll hier jedoch nicht näher darauf eingegangen werden.

Aus Gl. (1) ergibt sich für den plötzlichen Spiegelanstieg
$$z = \frac{\Delta Q'}{a\,y}.\tag{9}$$
Die Wassergeschwindigkeit unter der Welle beträgt

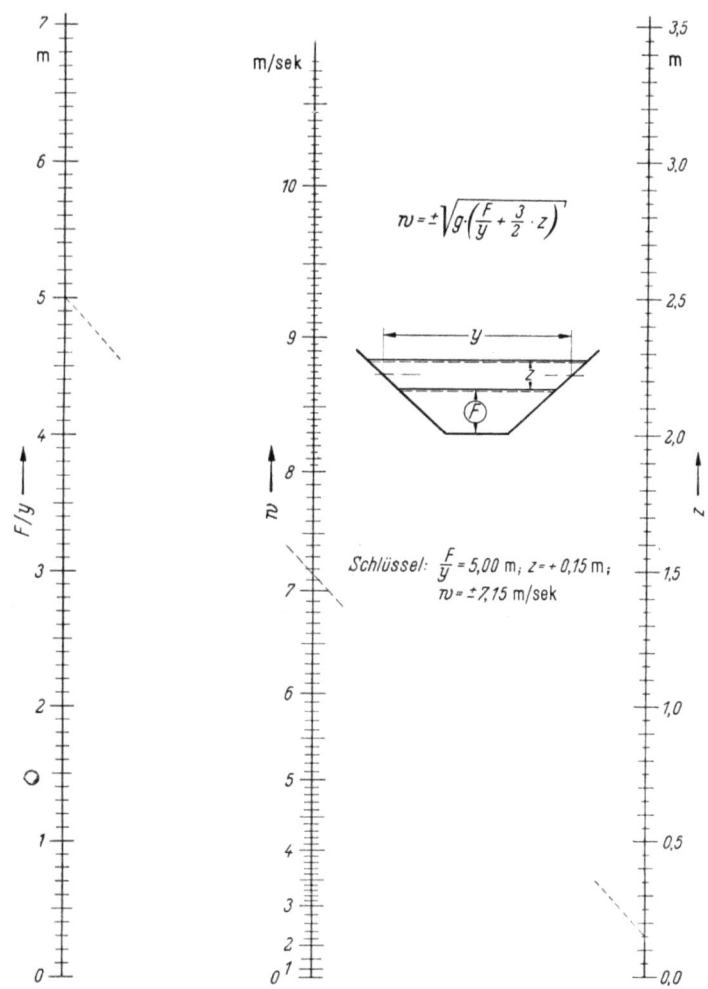

Abb. 6. Relative Schnelligkeit von Schwallwellen nach Gl. (8)

$$v' = \frac{Q'}{F'} = \frac{Q + \Delta Q'}{F + \Delta F'}.\tag{10}$$

Die Auflösung der gegebenen Gleichungen geschieht zweckmäßig in folgender Weise:

a) Wenn die Wassermengenänderung $\Delta Q'$ gegeben ist, schätzt man zunächst den Spiegelanstieg z oder man setzt in erster Näherung $a = v \pm \sqrt{g \dfrac{F}{B}}$, um dann aus Gl. (9) einen ersten Näherungswert für z zu bestimmen. Nunmehr können in (7) schon genauer y angegeben

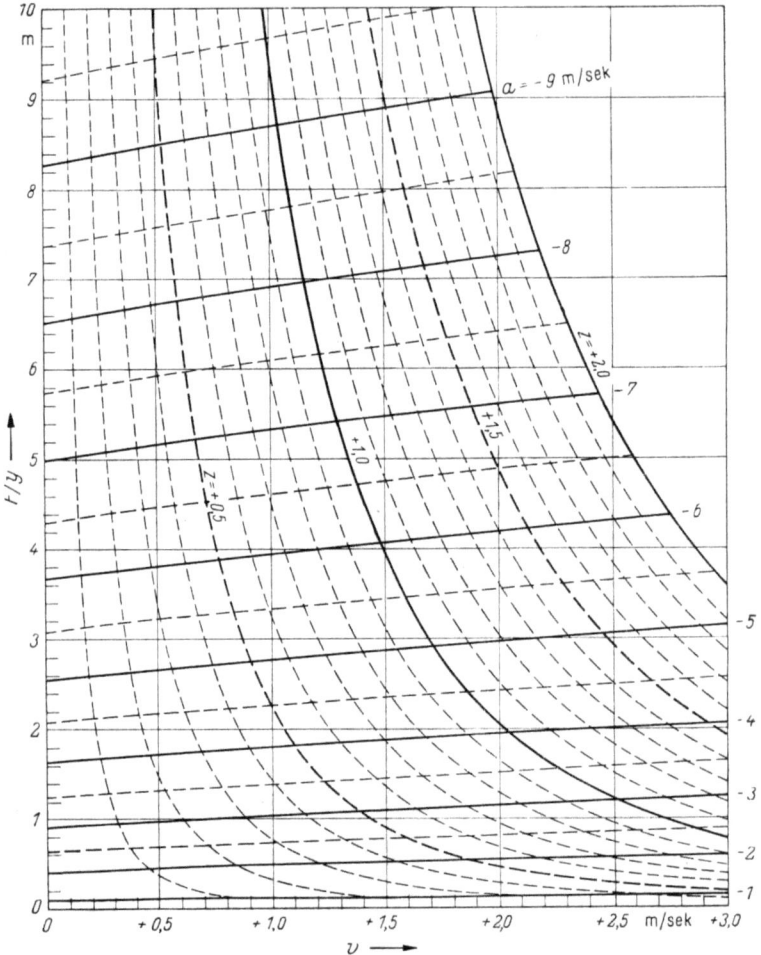

Abb. 7. Stauschwall bei plötzlicher vollständiger Entlastung

und a berechnet werden. Eine abermalige Anwendung von (9) ergibt einen zweiten Näherungswert von z. Falls die Übereinstimmung noch ungenügend ist, kann eine weitere Wiederholung der Rechnung stattfinden.

b) Sehr häufig ist die Höhe der ankommenden Welle gegeben. Dann läßt sich a nach Gl. (7) direkt berechnen und aus (9) die durch die Welle hervorgerufene Wassermengenänderung

$$\Delta Q' = a\,y\,z. \tag{11}$$

Für einige Sonderfälle läßt sich das Gleichungssystem (7) bis (9) direkt lösen. Dies gilt u. a. für den Spiegelanstieg im Oberwasser bei plötzlicher

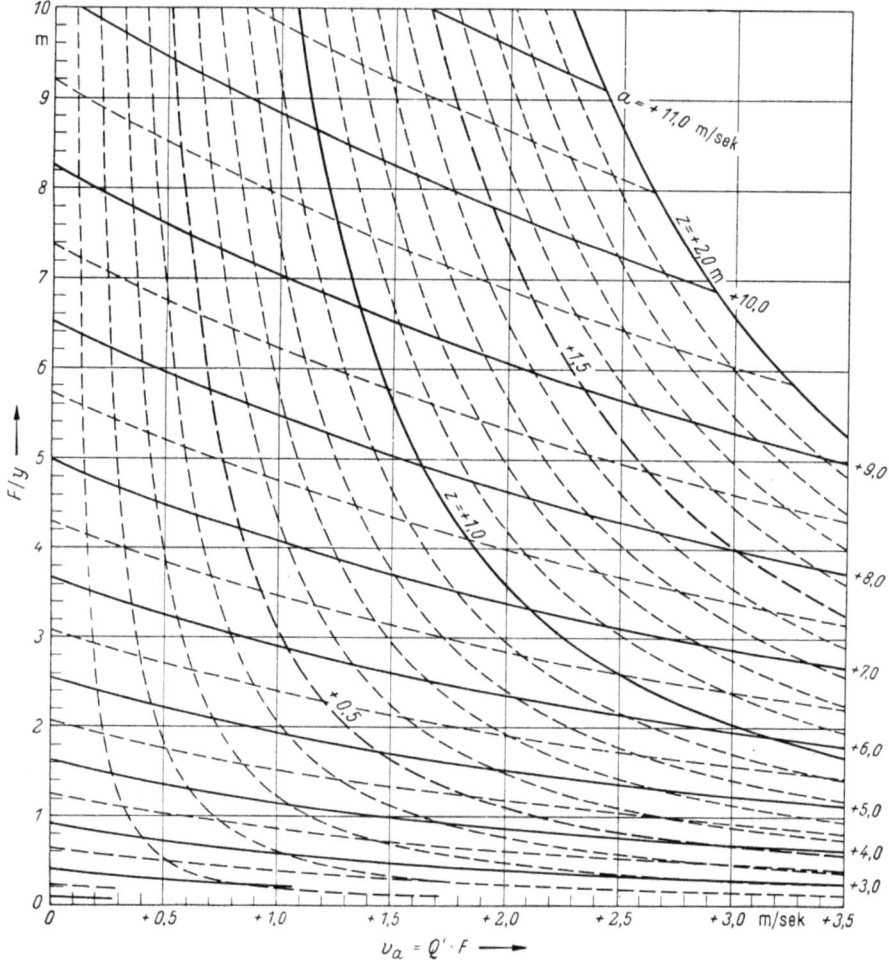

Abb. 8. Füllschwall bei plötzlicher Belastung

vollständiger Entlastung des Kraftwerkes (Stauschwall) und für den Spiegelanstieg im Unterwasser, wenn die Zentrale plötzlich von Null aus belastet wird (Füllschwall). Die Auflösung geschieht zweckmäßig mit Hilfe der Kurventafeln Abb. 7 und 8.

Beim *Stauschwall* ist bekannt die Vollastgeschwindigkeit $v = Q : F$ (Abszisse), ferner $F : y$ (Ordinate), wobei y zunächst an Hand der Spiegelbreite B geschätzt wird. Durch diese beiden Koordinaten ist in Abb. 7 ein Punkt bestimmt, dessen zugehörige z und a im Kurvennetz abgelesen werden können. Im Bedarfsfall können nach einer ersten Berechnung der Wert $F : y$ und daraus wieder z und a in zweiter Näherung bestimmt werden.

Beim *Füllschwall* ist gegeben die Wassermenge Q' und — wieder nach Schätzung von y — der Wert $F : y$. Es wird der Hilfswert $v_a = Q' : F$ (Abszisse) gesucht und der zur Ordinate $F : y$ gehörige Punkt der Abb. 8, an dem aus den Kurvenscharen z und a für den Fall plötzlichen Anfahrens der Maschinen von Null auf Q' abgelesen werden können.

1.2 Versuchsmäßige Überprüfung der gegebenen Gleichungen

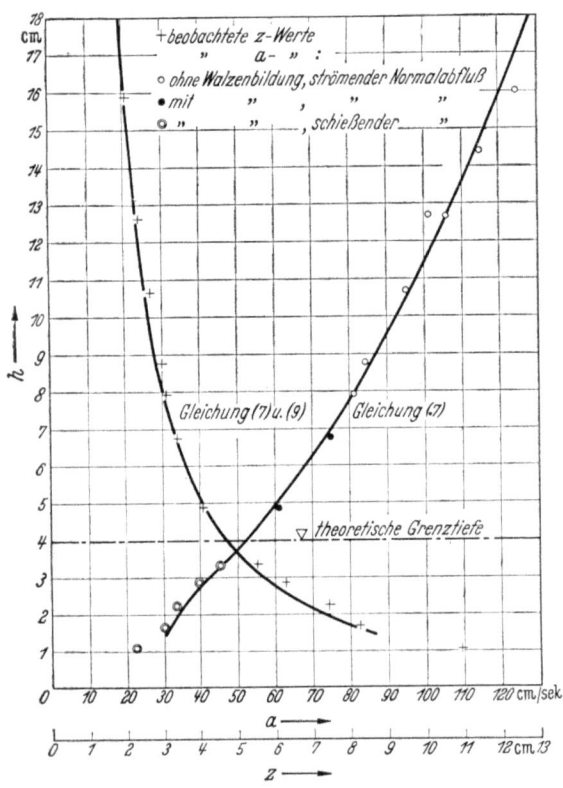

Abb. 9. Vergleich der Meßwerte von Böss mit den nach Gl. (7) und (9) berechneten Schwallhöhen und Schnelligkeiten

Für die Nachprüfung der theoretischen Ergebnisse liegen zahlreiche Beobachtungswerte vor. Es seien unter anderem genannt die Laboratoriumsversuche von Böss und von FAVRE, ferner die Großversuche an den Kanälen von Trostberg-Tacherting (FORCHHEIMER) (a) und von Mixnitz-Frohnleiten (GRENGG).

Abb. 9 zeigt die Ergebnisse der von Böss mit einem rechteckigen Gerinnemodell durchgeführten Versuche. Die voll gezeichneten Kurven sind nach den Gl. (7) u. (9) erhalten und stimmen mit den Versuchswerten gut überein.

Einer der beiden Versuche von Mixnitz-Frohnleiten ist aus den

Abb. 10 und 11 ersichtlich. An Hand von Angaben, die über den Obergraben in einer

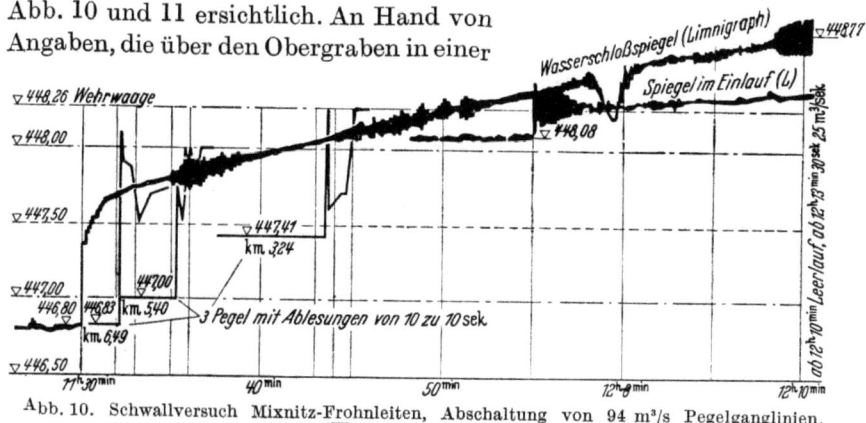

Abb. 10. Schwallversuch Mixnitz-Frohnleiten, Abschaltung von 94 m³/s Pegelganglinien. (Wasserwirtsch. 1934)

zweiten Veröffentlichung über die Anlage[1] enthalten sind, ist für die plötzliche Abschaltung von 94 m³/s folgende Nachrechnung möglich:

Bei einer Sohlenhöhe von $+441{,}95$ m am unteren Grabenende ergibt sich nach Abb. 10 eine Beharrungswassertiefe von $h = 446{,}80 - 441{,}95 = 4{,}85$ m. Dazu gehört bei dem vorhandenen Trapezprofil (Sohlenbreite $b = 6{,}00$ m, Böschungen 1 : 1,5) eine Fläche von $F = 64{,}4$ m² und eine Spiegelbreite von $B = 20{,}55$ m. Schätzt man zunächst $y = 22$ m, so ist $F/y = 2{,}93$ m. Mit $v = 94 : 64{,}4 = +1{,}46$ m/s erhalten wir aus Abb. 7 $z = +0{,}85$ m und $a = -5{,}05$ m/s. Eine zweite Näherung liefert $y = 20{,}55 + 1{,}5 \cdot 0{,}85 = 21{,}83$ m, $F/y = 2{,}95$ m und nach Gl. (7) und (9)

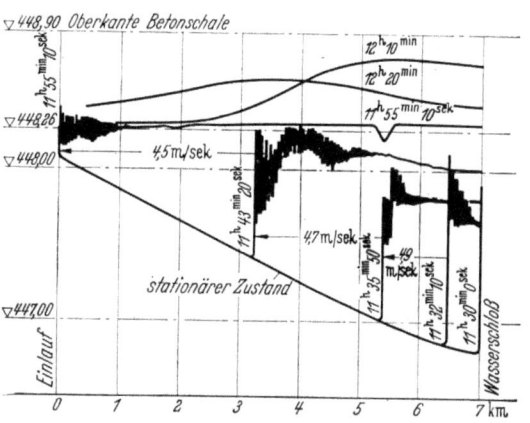

Abb. 11. Schwallversuch Mixnitz-Frohnleiten, Zustandslinien zu Abb. 10. (Wasserwirtsch. 1934)

$a = -5{,}06$ m/s und $z = +0{,}85$ m. Demnach muß der Wasserspiegel auf $+446{,}80 + 0{,}85 = +447{,}65$ m ansteigen. Dieses Ergebnis wird durch die Pegelganglinie der Abb. 10 bestätigt. Daß der tatsächliche Anstieg nicht sofort zur rechnungsmäßigen Höhe erfolgte, liegt daran, daß im Wasserschloß zunächst größere Spiegelbreiten als im Normal-

---

[1] GRENGG: Das Murkraftwerk Mixnitz-Frohnleiten der Steirischen Wasserkraft- und Elektrizitäts-Aktiengesellschaft. Wasserwirtsch. 1934, S. 36.

profil vorhanden sind, so daß sich die maßgebende Spiegelhöhe erst nach einigen Reflexionsvorgängen am Übergang vom Wasserschloß zum normalen Obergraben einstellen konnte. — Als die Welle das Einlaufbauwerk erreichte, war sie nur noch 448,26 (Abb. 11) minus 448,08 (Abb. 10) = 0,18 m hoch. Die ursprüngliche Wassertiefe betrug dort $h = 448{,}08 - 443{,}70 = 4{,}38$ m. Es ist $F = 55{,}1$ m², $y = 19{,}41$ m, $F/y = 2{,}84$ m, $v = +1{,}71$ m/s. Abb. 5 ergibt hierzu $w = -5{,}53$ m/s, womit $a = +1{,}71 - 5{,}53 = -3{,}82$ m/s. Die mittlere Schnelligkeit ist $a_m = -\frac{1}{2}(5{,}06 + 3{,}82) = -4{,}44$ m/s gegenüber dem Meßwert von $-4{,}6$ m/s, was einer Abweichung von rund 3% entspricht. Obgleich bei der Rechnung verschiedene störende Einflüsse (eine Spiegelverbreiterung bei km 2,4, ferner eine etwa 500 m lange Breiteneinschränkung zwischen km 1 und 2) nicht berücksichtigt sind und auch die Messung der Schnelligkeit unter gewissen Unsicherheiten litt, ist die Übereinstimmung gut. — Ähnliche Ergebnisse zeigt eine Nachrechnung des zweiten Versuches, auf den sich ein weiter unten folgendes Zahlenbeispiel bezieht.

1.3 Auflösung des Schwalles in Einzelwellen

Wie schon aus den Abb. 10 und 11 ersichtlich und wie FAVRE in seiner Arbeit festgestellt hat, lösen sich die Schwallwellen (vgl. Abb. 12) sehr bald in Einzelwellen auf. Die rechnerisch ermittelte Schwallhöhe ist daher nur als ein mittlerer Wert anzusehen, der über- und unterschritten werden kann.

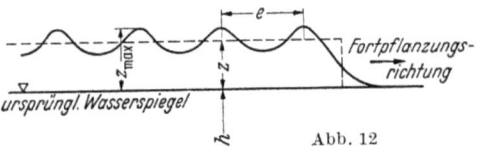

Abb. 12

Die Kenntnis des größten Wellenausschlages z_{max} ist aber für die Bauausführung nicht ohne Bedeutung, da man hiernach z. B. die Oberkante von Böschungsverkleidungen festlegen muß.

Nach den Versuchen von FAVRE besteht zwischen den Verhältniszahlen z_{max}/z und z/h die in Abb. 13 dargestellte Abhängigkeit. Hiernach verhält sich der Füllschwall mit und ohne Vorgeschwindigkeit und mit und ohne Sohlneigung (Kurve 1) anders als der Stauschwall mit Sohlneigung und Vorgeschwindigkeit (Kurve 2). Beim Füllschwall ist bemerkenswert, daß die größte Überschreitung der mittleren Wellenhöhe z bei $z/h = 0{,}28$ stattfindet, wo die Kopfwellen mehr als doppelt so hoch sein können wie der rechnerische Wert.

Der Bereich $0 < z/h < 0{,}28$ ist dadurch gekennzeichnet, daß am Kopf des Füllschwalles *keine* Brandung auftritt und die Wellentäler wenig über dem ursprünglichen Wasserspiegel liegen. Im Bereich $z/h > 0{,}28$ tritt dagegen ein brandender Schwallkopf auf, die Wellentäler liegen beträchtlich über dem Ausgangsspiegel.

Aus dem Vergleich der Kurven 1 und 2 ergibt sich, daß die Auflösung des Wellenkopfes von der Art des Schwalles abhängt, da die Kurvenpunkte beim Stauschwall tiefer liegen als beim Füllschwall. — Es muß aber auch angenommen werden, daß sich die Überhöhung der Kopfwelle mit dem zurückgelegten Weg der Welle ändert. Die Messungen von FAVRE beziehen sich auf Wellen nach längerem Lauf, also auf „stabilisierte" Formen. In Abb. 13 ist eine weitere Kurve 3 eingetragen, die aus den Untersuchungen von GENTILINI übernommen ist. Dieser hat, wie später noch ausgeführt, die

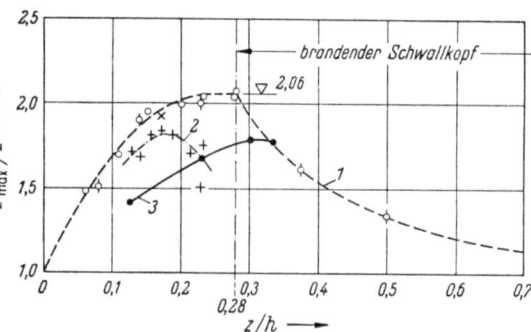

Abb. 13. Größte Höhe der Einzelwellen. (Nach FAVRE und GENTILINI.)

○ Füllschwall: $i = 0$, $v_0 = 0$, $h_0 = 0,205$ m
ο Füllschwall; $i = 0$, $v_0 = 0$, $h_0 = 0,1075$ m } FAVRE, Kurve 1
× Füllschwall: $i = 0,292$°/₀₀, $v_0 \neq 0$, $h_0 = 0,180$ m
+ Stauschwall: $i = 0,292$°/₀₀, $v_0 \neq 0$, h_0 = variabel. FAVRE, [Kurve 2
● Stauschwall, GENTILINI, Kurve 3

Dämpfung von Stauschwällen durch seitliche Überläufe und demgemäß Kopfwellen unmittelbar nach ihrer Entstehung untersucht. Kurve 3 liegt anfänglich beträchtlich tiefer als die FAVREschen Kurven, überschneidet aber die Kurve 2 bei $z/h = 0,24$ und erreicht weiterhin sogar Kurve 1.

Bei dem derzeitigen Stand unserer Kenntnisse wird man somit nicht zu günstig rechnen dürfen.

Auch für die Entfernung e zwischen den Wellenscheiteln hat FAVRE Versuchswerte veröffentlicht. Einer zeichnerischen Darstellung entnehmen wir folgende Tabelle:

$z/h =$	0,065	0,1	0,2	0,3	0,4	0,5	0,6	0,7
$e/z =$	175	110	48	25	14	8	6	4

Bei Bildung der Werte z/h sind bei Trapezprofilen die Wassertiefen über der Sohle und nicht die mittleren Profiltiefen einzusetzen.

2 Fortpflanzung der Sunkwellen. Grundlegende Beziehungen
2.1 Formbeständiger Sunkkopf

Macht man für Senkungswellen, ebenso wie dies bei der Behandlung der Schwallwellen geschehen ist, die Voraussetzung, daß der Sunkkopf als lotrechte Wand fortschreitet, so besteht grundsätzlich kein Unterschied zwischen Hebungs- und Senkungswellen.

14 Translationswellen in offenen Kanälen

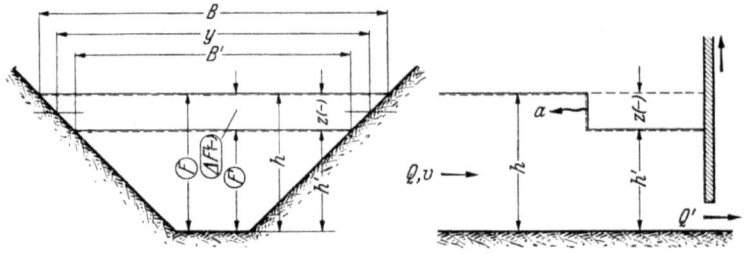

Abb. 14

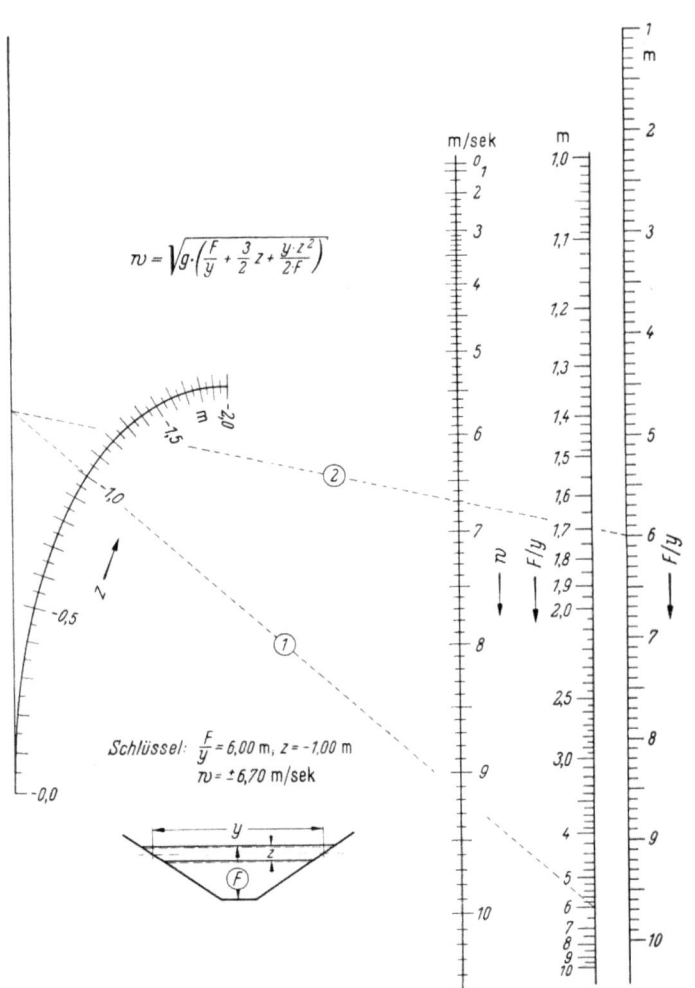

Abb. 15. Relative Wellengeschwindigkeit nach Gl. (6) (Senkungswelle)

Fortpflanzung der Sunkwellen. Grundlegende Beziehungen 15

Es gelten demnach die schon früher abgeleiteten Formeln (6, 7, 9, 10 u. 11) unverändert auch für Sunkwellen, vorausgesetzt, daß die Werte z und $\Delta F'$ mit negativem Vorzeichen eingesetzt werden.

Im übrigen sind die Bezeichnungen in Abb. 14 an der Darstellung eines Entnahmesunkes klargemacht.

Die Anwendung von Gl. (6) auf Senkungswellen wird durch das Nomogramm Abb. 15 erleichtert, dessen Gebrauch an dem eingetragenen Zahlenbeispiel ersichtlich ist.

Wie im folgenden Abschnitt gezeigt wird, trifft die Annahme einer lotrechten Sunkfront in der Natur nicht zu, sondern es tritt stets eine Abflachung des Sunkkopfes ein. Trotzdem aber können die obigen Gleichungen verwendet werden. Die allmähliche Abflachung der Wellenfront läßt sich durch eine einfache Näherungsrechnung berücksichtigen.

2.2 Verformung des Sunkkopfes

Alle bisher wiedergegebenen Gleichungen für die Schnelligkeit bringen zum Ausdruck, daß sie ausschlaggebend von der mittleren Wassertiefe abhängt und annähernd mit der Wurzel aus derselben zunimmt. Wellenteile mit größerer Entfernung von der Sohle werden

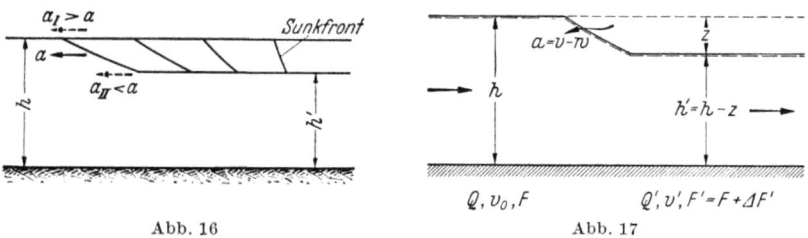

Abb. 16   Abb. 17

sich daher schneller fortbewegen als solche mit geringerer Entfernung. Für Senkungswellen ergibt sich hieraus, daß die oberen Teile schneller als die unteren laufen und daß sich somit eine immer schrägere Lage der Wellenfront herausbildet, vgl. Abb. 16, bei der, wie bei allen bisherigen Erörterungen, der Einfluß der Reibung außer acht gelassen ist.

In Abb. 17 ist eine flußaufwärts fortschreitende Senkungswelle dargestellt. Für sie gilt Gl. (3)

$$v' - v = \frac{\Delta F' w}{F + \Delta F'} . \qquad (3)$$

Wir setzen eine kleine Wellenhöhe voraus. Hierfür ist $\Delta F'$ negativ, ferner $F + \Delta F' \cong F$, außerdem $w = -\sqrt{g \dfrac{F}{B}}$.

Beim *Rechteckgerinne* gilt $F = Bh$, $F/B = h$ und $\Delta F' = -B\,dh$, so daß aus Gl. (3) die Differentialgleichung hervorgeht

$$dv = \sqrt{\frac{g}{h}}\,dh. \qquad (12)$$

Nach Integration zwischen den Grenzen h und $h - z$ wird aus (12)

$$v = 2\sqrt{gh} - 2\sqrt{g(h-z)}. \qquad (13)$$

Die auf dem Niveau $h - z$ fortschreitende Elementarwelle trifft somit eine Fließgeschwindigkeit vom Wert der Gl. (13) an, die durch die vorangegangenen Elementarwellen mit der Gesamthöhe z erzeugt worden ist. Die betrachtete Teilwelle selbst bewegt sich mit der Relativgeschwindigkeit

$$w = -\sqrt{g(h-z)} \qquad (14)$$

fort.

Nach Gl. (2) erhält man aus (13 u. 14) die Absolutgeschwindigkeit

$$a = 2\sqrt{gh} - 3\sqrt{g(h-z)}. \qquad (15)$$

Diese Gleichung gibt die konstant bleibende Geschwindigkeit an, mit der sich ein auf der Höhe $h - z$ liegendes Wellenelement flußaufwärts bewegt.

Werden die Entfernungen des Elementes vom Ausgangspunkt der Senkungswelle mit x (flußauf negativ) und die Zeit seiner Entstehung mit t bezeichnet, so ergibt sich aus (15) als Gleichung des geneigten Sunkkopfes zur Zeit t (Abb. 18)

$$x = t[2\sqrt{gh} - 3\sqrt{g(h-z)}], \qquad (16)$$

aus der x, da flußaufwärts gerichtet, negativ hervorgeht.

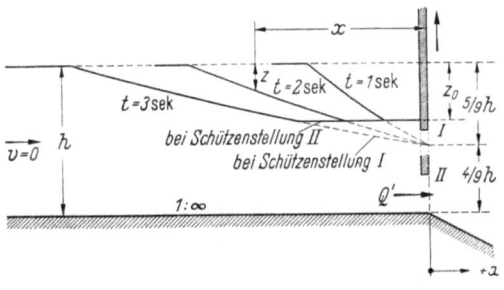

Abb. 18

Wie aus der Abbildung ersichtlich, setzt sich der Spiegellängenschnitt zusammen aus einem Parabelstück nach Gl. (16) und, bei horizontaler Sohle und reibungsfreiem Gerinne, einer Horizontalen, deren Höhenlage z_0 von der in der Zeit t entnommenen Wassermenge abhängt. Es gilt die Raumgleichung

$$Q't = -tb\int_0^{z_0}[2\sqrt{gh} - 3\sqrt{g(h-z)}]\,dz,$$

Fortpflanzung der Sunkwellen. Grundlegende Beziehungen

woraus
$$Q' = 2bh\sqrt{gh}\left(1 - \frac{z_0}{h}\right)\left(1 - \sqrt{1 - \frac{z_0}{h}}\right) \quad (17)$$
oder
$$\frac{Q'}{bh^{3/2}} = 2\sqrt{g}\left(1 - \frac{z_0}{h}\right)\left(1 - \sqrt{1 - \frac{z_0}{h}}\right). \quad (18)$$

Hieraus kann die Spiegelsenkung z_0 infolge plötzlicher Entnahme von Q' bei ursprünglich ruhendem Wasser ermittelt werden. Die Rechnung wird zweckmäßig mit Hilfe der folgenden Tabelle 1 ausgeführt.

Tabelle 1

$\frac{Q'}{bh^{3/2}}$	$\frac{z_0}{h}$	$\frac{Q'}{bh^{3/2}}$	$\frac{z_0}{h}$	$\frac{Q'}{bh^{3/2}}$	$\frac{z_0}{h}$
0,00	0,000	0,60	0,235	0,84	0,393
0,05	0,016	0,62	0,245	0,86	0,414
0,10	0,033	0,64	0,257	0,88	0,437
0,15	0,050	0,66	0,267	0,90	0,465
0,20	0,067	0,68	0,278	0,91	0,484
0,25	0,085	0,70	0,290	0,92	0,509
0,30	0,104	0,72	0,303	0,928	0,556
0,35	0,124	0,74	0,315		
0,40	0,143	0,76	0,329		
0,45	0,165	0,78	0,343		
0,50	0,187	0,80	0,358		
0,55	0,210	0,82	0,375		

Die Absenkung z_0 hat einen bestimmten Grenzwert. Nach Gl. (16) muß für $x = 0$ und $t > 0$

$$3\sqrt{g(h - z_0)} = 2\sqrt{gh}$$

sein, woraus
$$z_0 = \frac{5}{9}h \quad (19)$$

als tiefstmögliche Absenkung erhalten wird. Hierbei ist das Wasser im Grenzzustand, Fließgeschwindigkeit und Wellengeschwindigkeit sind gleich. z_0 kann sich nicht flußaufwärts fortpflanzen und bleibt am Ausflußquerschnitt erhalten. Die hierbei auftretende größtmögliche Entnahmemenge geht aus (17 u. 18) hervor. Sie ist

$$Q'_{max} = \frac{8}{27}bh\sqrt{gh}. \quad (20)$$

Diese Ergebnisse beruhen auf Arbeiten von B. DE ST. VENANT und RITTER. Die bei völliger Beseitigung der Abschlußwand entstehenden Spiegellinien (Abb. 18) werden als *Dammbruchkurven* bezeichnet.

Die gegebenen Gleichungen setzen voraus, daß die Entnahmemenge Q' gleichmäßig auf die Breite des Gerinnes verteilt ist, also keine räumliche Wasserbewegung entsteht. Wo dies nicht der Fall ist, stellt sich, wie FRANK (a) ausführt, erst nach einer gewissen Übergangsperiode ein quasistationärer Zustand ein, der nach den bisher verwendeten Gesetzen behandelt werden kann. Für den maximalen Ausfluß ergeben sich Formeln, die von Gl. (20) abweichen. Dagegen können für die beim Kraftwerksbetrieb mit seinen relativ begrenzten Wellenhöhen vorkommenden Fälle zur Ermittlung der Sunktiefe z_0 die Gl. (17 u. 18) genau genug beibehalten werden.

Den Verlauf von Senkungswellen in Rechteckgerinnen hat EGIAZAROFF (a) experimentell untersucht. Abb. 19 gibt einen der Versuche wieder und zeigt, daß der Wasserspiegel unverändert auf der gleichen Höhe liegen bleibt, wenn die Senkung z erreicht ist, d. h., die Sunkfront den betrachteten Querschnitt passiert hat und Reflexions- oder Reibungseinflüsse noch nicht bemerkbar werden. Die Kurven der Abbildung sind selbsttätig aufgezeichnete Wasserstands-Ganglinien für einige auf die Länge des Versuchsgerinnes verteilte Querschnitte, und zwar in 1,0, 2,5, 11,0, 12,5, 14,0, 15,5 und 17,5 m Abstand vom unteren Verschlußorgan. Das Gerinne war insgesamt 30 m lang, die Öffnungszeit betrug 0,3 s. Alle Kurven zeigen beim Eintreffen der Welle eine Absenkung auf eine von da an konstant bleibende Höhe. Die nächste Absenkung (bei etwa 25 s) rührt daher, daß der primäre Sunk am oberen Gerinneende reflektiert wurde und um diese Zeit wieder im Meßquerschnitt anlangte. Im übrigen zeigt auch diese und jede der folgenden Sunkwellen hinsichtlich Spiegelbewegung den gleichen Charakter wie die Primärwelle. Bemerkenswert ist

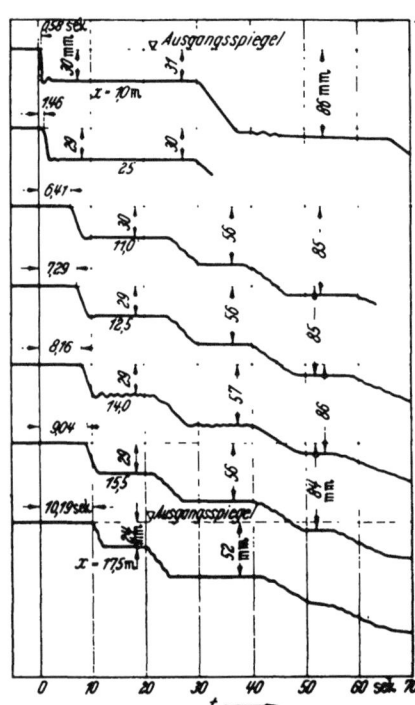

Abb. 19. Sunkversuch an einem 300 mm tiefen Rechteckgerinne (0,40 × 0,53 m) mit horizontaler Sohle, Öffnungsdauer 0,3 s, Schützenöffnung 31,5 mm. (Nach EGIAZAROFF, Versuch 423)

ferner die Verformung des Sunkkopfes. Während im Querschnitt vor der Schütze der Spiegelabfall fast plötzlich, entsprechend einer nahezu lotrechten Wellenfront, erfolgt, ist er in den entfernteren Querschnitten und in verstärktem Maße bei den reflektierten Wellen immer flacher. Die Spiegellinien werden daher den in Abb. 18 voll gezeichneten Zustandslinien entsprechen.

Der durch Gl. (16) bestimmte Längenschnitt des Sunkkopfes ist ein Parabelteil, der praktisch als Gerade aufgefaßt werden kann. Die Sunkrechnungen können daher so durchgeführt werden, daß man für die Ermittlung der Spiegellagen zunächst einen formbeständigen Sunkkopf (lotrechte Wellenfront) annimmt und die Neigung des Kopfes nach Abb. 20 bestimmt wie folgt (FAVRE):

Die auf Grund von Gl. (7) ausgeführte Berechnung ergibt bzw. setzt voraus einen Sunkkopf, der nach a—b begrenzt ist.

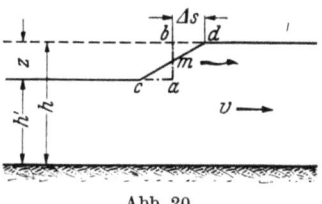

Abb. 20

Tatsächlich laufen die oberen Teile schneller, und es entsteht die Kopfform c—d. Die in Höhe des ursprünglichen Wasserspiegels laufende Sunkkante schreitet, da $z = 0$ und $y = B$, mit einer Schnelligkeit fort

$$a_s = v \pm \sqrt{g\frac{F}{B}}. \tag{21}$$

Ist seit der Entstehung der Senkungswelle die Zeit t vergangen, so hat die Mitte des Sunkkopfes einen Weg $s = ta$ zurückgelegt, wobei a aus Gl. (7) hervorgeht. Die vorderste Sunkkante (d) hat in der gleichen Zeit $s' = t a_s$ zurückgelegt, also eine größere Strecke. Die Länge b—d ist somit $\Delta s = t(a_s - a)$. Da die durch a—c—m und b—d—m gekennzeichneten Rauminhalte gleich sein müssen, läßt sich der Sunkfuß c festlegen. Praktisch genügt es, a—c gleich b—d zu machen.

3 Wellenverlauf bei Berücksichtigung der Reibung
3.1 Allgemeines

In den vorhergehenden Kapiteln wurden Beziehungen gegeben zwischen den Querschnittskonstanten einerseits und der Wellengeschwindigkeit a bzw. w, der Schwallhöhe z und der Wassermengenänderung $\Delta Q'$ andererseits.

Soweit es sich um Kanäle mit konstantem Querschnitt und horizontaler Sohle und ebensolchem Ausgangsspiegel handelt, praktisch also um kurze Leitungen, bei denen Sohlengefälle und Reibungseinflüsse vernachlässigt werden können, ist durch die gegebenen Formeln der gesamte Verlauf der Wellenerscheinung bestimmt: die infolge der Wassermengenänderung $\Delta Q'$ entstandene Welle läuft mit der Schnelligkeit a den Kanal entlang, ohne dabei ihre Höhe zu verändern.

Liegt dagegen die Kanalsohle in merklichem Gefälle und hat der Wasserspiegel eine bestimmte von Null verschiedene Neigung, d. h., kann die Reibung nicht vernachlässigt werden, so sind die Formeln nur anwendbar zur Berechnung des ersten Spiegelausschlages und der dabei entstehenden Schnelligkeit, bzw., wenn die Wellenhöhe z gegeben ist, zur Bestimmung der Schnelligkeit und der Wassermengenänderung $\Delta Q'$ in dem betrachteten Querschnitt. Zur vollständigen Beschreibung des Wellenverlaufes dagegen genügen die Formeln nicht mehr. Der dem reibungsfreien Gerinne mit gleichförmigem Beharrungsabfluß, konstantem Querschnitt und horizontaler Sohle eigentümliche Wellenlängenschnitt — das Rechteck oder Trapez — erleidet

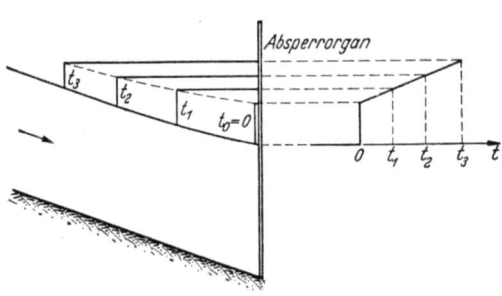

Abb. 21. Schwallängenschnitte (Zustandsbilder) für t_1, t_2 und t_3, Spiegelganglinie für den Querschnitt am Abschlußorgan

durch die schon zum Teil genannten Einflüsse insofern eine Abänderung, als sich mit dem Fortschreiten der Welle auch deren Höhe und Schnelligkeit und der Wasserstand in den einzelnen Querschnitten nach dem Durchgang der Welle noch ändern. Die Abb. 21 und 22 verdeutlichen dies für den Fall eines Stauschwalles bzw. eines Absperrsunkes.

Außer den schon bekannten Faktoren — Sohlenneigung und Reibung — kann der Wellenverlauf durch allmählichen Profilwechsel, wie er sich aus der entlang dem Kanal ab- oder zunehmenden Profiltiefe ergibt, beeinflußt werden,

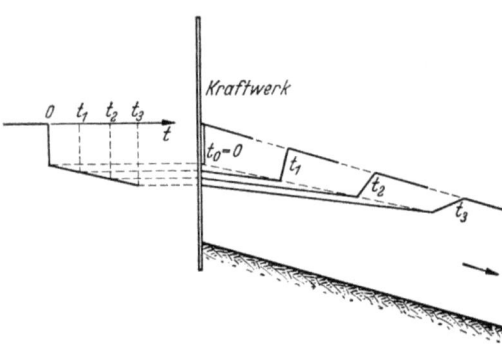

Abb. 22. Sunklängenschnitte (Zustandslinien) für t_1, t_2 und t_3, Spiegelganglinie für den Kraftwerksquerschnitt

ferner auch dadurch, daß er sich einem zeitveränderlichen Zustand überlagert. Ein derartiger Fließzustand ist dadurch gekennzeichnet, daß sich in den einzelnen Querschnitten des Gerinnes Wasserstand und Wassermenge allmählich nach einem bestimmten Gesetz ändern. Dies ist z. B. der Fall bei dem Fließzustand, den eine Schwall- oder Senkungswelle hinter sich zurückläßt. Entsteht nun auf dem Rücken dieser ersten Welle aus irgendwelchen Gründen eine zweite und pflanzt sie sich auf ihm fort, so liegt der Fall der Überlagerung einer zeitveränderlichen Fließbewegung vor.

Die erste auf die Bedürfnisse der Praxis abgestimmte Behandlung der Reibungseinflüsse bei Translationswellen stammt von FORCHHEIMER (b), der sich mit Stauschwall und Füllschwall beschäftigte. Die Methode ist jedoch nur beschränkt anwendbar und hat gegenüber den nach ihr bekanntgewordenen Verfahren nur noch geringe Bedeutung.

Von allgemeiner Anwendbarkeit sind die Verfahren von FAVRE und CRAYA. Das erstgenannte Verfahren ist ein rein analytisches, das letztere ein vorwiegend graphisches. Beide Verfahren sind gleichwertig und erfordern etwa den gleichen Arbeitsaufwand. Für gewisse besondere Aufgaben, wie etwa die Verfolgung einer Dammbruchwelle in einem Flußlauf, zeigt sich die graphische Methode als vorteilhafter, für die Beantwortung der Fragen, die beim Kraftwerksbetrieb auftreten, erweist sich die Methode von FAVRE oftmals als die günstigere.

Wir werden uns daher im folgenden auf die Wiedergabe und Anwendung des letztgenannten Verfahrens beschränken.

3.2 Die Methode von Favre

Das Verfahren setzt als Anfangszustand eine zeitveränderliche Fließbewegung voraus, umfaßt also als Sonderfall auch den des stationär gleichförmigen, beschleunigten oder verzögerten Abflusses. Ferner wird vorausgesetzt, daß der Längenschnitt des ursprünglichen Spiegels genau genug als Gerade angesehen werden kann.

Die Grundlage des Verfahrens geht auf B. DE ST. VENANT zurück. Die Ausgangsgleichungen lauten

$$\frac{\partial F}{\partial t} + \frac{\partial (vF)}{\partial x} = 0, \quad (22)$$

$$I = \alpha v^2 + \frac{\partial}{\partial x}\left(\frac{v^2}{2g}\right) + \\ + \frac{1}{g}\frac{\partial v}{\partial t}, \quad (23)$$

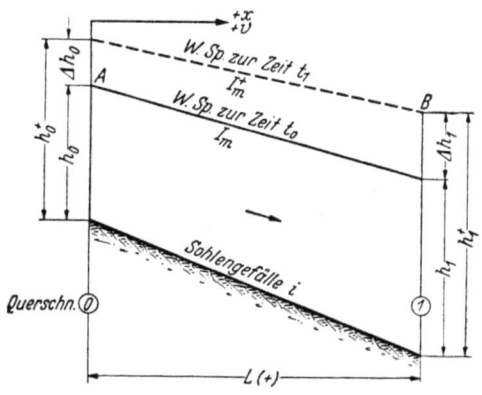

Abb. 23. Zeitveränderliche Fließbewegung, ohne Wellenüberlagerung

in denen F die Querschnittsfläche, t die Zeit, v die Wassergeschwindigkeit, x die Abszisse bedeuten und α ein Wert ist, der, mit dem Quadrat der Geschwindigkeit multipliziert, das Reibungsgefälle gibt und der vom Profilradius R abhängt und von der Rauhigkeit der Profilwandungen. I ist die Spiegelneigung der Wasseroberfläche.

Die näherungsweise Integration dieser Gleichungen mittels Einführung endlicher Differenzen und ihre weitere Vereinfachung führt auf die unten wiedergegebenen Formeln (45 u. 46).

Zunächst sollen an Hand der Abb. 23 und 24 die Wellenvorgänge beschrieben und die Bezeichnungen festgelegt werden[1].

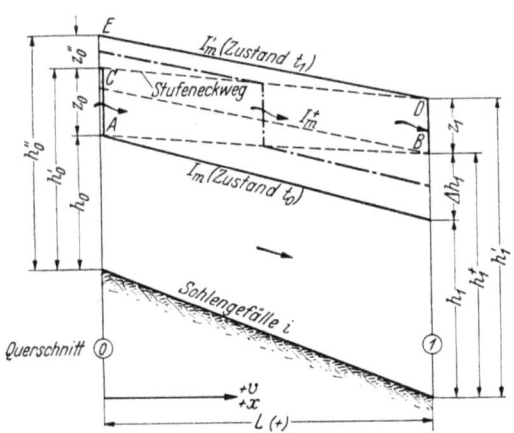

Abb 24. Flußabwärts wandernder Schwall (Füllschwall).

Grundsätzlich werden die Begrenzungsquerschnitte des Kanals mit 0 und 1 so bezeichnet, daß sich die Welle stets von Querschnitt 0 nach Querschnitt 1 hin bewegt. Wird die Welle z. B. in Querschnitt 1 reflektiert und soll die zurückgeworfene Welle untersucht werden, so sind die Profile umzubenennen.

Alle Größen, die sich auf Profil 0 beziehen, erhalten den Index 0, wenn sie sich auf Profil 1 beziehen, den Index 1.

Zu Beginn der Wellenbewegung, zur Zeit t_0, sind die Begrenzungsquerschnitte des Kanals durch folgende Größen gekennzeichnet:

Querschnitt 0.
Q_0 = Wassermenge, h_0 = Wassertiefe, F_0 = Fließquerschnitt, B_0 = Spiegelbreite, $v_0 = Q_0/F_0$ = Fließgeschwindigkeit.

Querschnitt 1.
Q_1, h_1, F_1, B_1, $v_1 = Q_1/F_1$.

Somit sind unmittelbar vor der Entstehung der Welle folgende Differenzen bzw. Mittelwerte festzustellen:

$$\Delta B = B_1 - B_0; \quad B_m = \frac{B_0 + B_1}{2}; \quad \Delta Q = Q_1 - Q_0. \quad (24)$$

Die Spiegelneigung ist I_m.

Da eine zeitveränderliche Bewegung vorliegt, werden sich die angeführten Größen allmählich ändern und in dem Augenblick, wo die Welle den Querschnitt 1 erreicht hat, also zur Zeit $t_1 = t_0 + \Delta t$, andere

---

[1] Abb. 24 bezieht sich auf eine flußabwärts wandernde Schwallwelle (Füllschwall). Die daran erläuterten Formeln gelten selbstverständlich ganz allgemein für alle Wellenarten. Es sind nur die Definitionen und die Vorzeichen genau zu beachten.

Werte angenommen haben, soweit diese allmähliche Änderung nicht durch die Welle selbst unterbrochen worden ist. Während im Entstehungsquerschnitt der Welle Wassermenge, Wassertiefe, Fließgeschwindigkeit durch diese sofort sprunghaft verändert wurden, konnte am oberen Kanalende, in Querschnitt 1, die allmähliche Änderung tatsächlich vor sich gehen, da ja die Welle erst am Ende des betrachteten Zeitabschnittes dort eintraf.

Die während der Laufzeit der Welle in Querschnitt 1 entstandenen Änderungen sind (s. Abb. 23)

$$\Delta Q_1, \quad \Delta h_1, \quad \Delta F_1$$

und die zur Zeit t_1 herrschenden Werte

$$Q_1^+, \quad h_1^+, \quad F_1^+, \quad B_1^+, \quad v_1^+.$$

Es gilt

$$\left. \begin{aligned} Q_1^+ &= Q_1 + \Delta Q_1 \quad \text{bzw.} \quad \Delta Q_1 = Q_1^+ - Q_1, \\ h_1^+ &= h_1 + \Delta h_1 \quad \text{bzw.} \quad \Delta h_1 = h_1^+ - h_1, \\ F_1^+ &= F_1 + \Delta F_1 \quad \text{bzw.} \quad \Delta F_1 = F_1^+ - F_1, \\ v_1^+ &= Q_1^+ : F_1^+ . \end{aligned} \right\} \quad (25)$$

Das mittlere Spiegelgefälle des Zustandes t_1 ist I_m^+.

Durch die Wassermengenänderung in Querschnitt 0 wird nunmehr eine Störung in das System hineingetragen. Der Verlauf dieser Wassermengenänderung ist in Abb. 25 dargestellt. Wie ersichtlich, schließt sich an die plötzliche Änderung $\Delta Q_0'$ noch eine auf die Zeit Δt gleichmäßig verteilte allmähliche Änderung $\Delta Q_0''$ an.

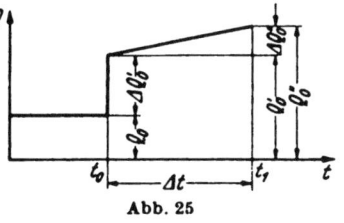

Abb. 25

Die Fließmenge nach der Änderung ist

$$Q_0' = Q_0 + \Delta Q_0'. \qquad (26)$$

Es entsteht eine Welle von der Höhe z_0 und der mittleren Breite y_0, die sich mit der Anfangsschnelligkeit a_0 fortbewegt. Beziehungen für z_0 und a_0 sind bereits früher [Gl. (7 u. 9)] gegeben worden. Sie lauten mit den hier gewählten Bezeichnungen

$$a_0 = v_0 \pm \sqrt{g\left(\frac{F_0}{y_0} + \frac{3}{2} z_0 + \frac{y_0 z_0^2}{2 F_0}\right)} \qquad (27)$$

(Auswertung mit Hilfe der Nomogramme Abb. 5 bzw. 15),

$$z_0 = \frac{\Delta Q_0'}{a_0 y_0}. \qquad (28)$$

Die bei der Wellenbildung auftretende Flächenänderung

$$\Delta F_0' = y_0 z_0 \qquad (29)$$

ergibt eine neue Fließfläche
$$F_0' = F_0 + \Delta F_0' \tag{30}$$
und diese wiederum die neue Fließgeschwindigkeit
$$v_0' = \frac{Q_0'}{F_0'}. \tag{31}$$
Die ursprüngliche Wassertiefe h_0 geht über in $h_0' = h_0 + z_0$, wozu ein benetzter Umfang p_0' und ein hydraulischer Radius $R_0' = F_0'/p_0'$ gehört.

Bei der Fortbewegung des Wellenkopfes von 0 nach 1 findet dieser (im Fall der Abb. 24) wegen der im Gerinne herrschenden zeitveränderlichen Fließbewegung steigendes Wasser vor, der Wellenfuß wird daher längs der Linie $A-B$ vorrücken, in der halben Kanallänge etwa die strichpunktierte Lage einnehmen und schließlich in Querschnitt 1 mit der Höhe z_1 ankommen. Wie ersichtlich, hat sich indessen die Wellenhöhe geändert, da die Stufenecke längs der Linie $C-D$ fortgeschritten ist. Gleichzeitig ist im Querschnitt 0 eine weitere Spiegelhebung z_0'' eingetreten. Beziehungen für die Werte z_1 und z_0'' folgen weiter unten [Gl. (45 u. 46)].

Die in Profil 1 mit einer Höhe z_1 eintreffende Welle hat eine mittlere Breite y_1 und eine im allgemeinen von a_0 verschiedene Schnelligkeit
$$a_1 = v_1^+ \pm \sqrt{g\left(\frac{F_1^+}{y_1} + \frac{3}{2} z_1 + \frac{y_1 z_1^+}{2 F_1^+}\right)} \tag{32}$$
(Auswertung nach Abb. 5 oder 15) und verursacht eine Wassermengenänderung — entsprechend Gl. (11) — von
$$\Delta Q_1' = a_1 z_1 y_1. \tag{33}$$
Ferner ergibt sich
$$Q_1' = Q_1^+ + \Delta Q_1', \tag{34}$$
$$F_1' = F_1^+ + \Delta F_1' \tag{35}$$
und
$$v_1' = \frac{Q_1'}{F_1'}. \tag{36}$$
Die neue Wassertiefe wird $h_1' = h_1^+ + z_1$; hierzu gehören die Werte p_1' und $R_1' = F_1'/p_1'$.

Im Querschnitt 0 ist, wie schon angedeutet, in der Zeit $\Delta t = t_1 - t_0$ bei einer Flächenzunahme $\Delta F_0''$ der Spiegel um das Maß z_0'' angestiegen. Gleichzeitig ist nach Abb. 25 der Zufluß um $\Delta Q_0''$ auf
$$Q_0'' = Q_0' + \Delta Q_0'' = Q_0 + \Delta Q_0' + \Delta Q_0'' \tag{37}$$
angewachsen und die Querschnittsfläche auf
$$F_0'' = F_0' + \Delta F_0'' = F_0 + \Delta F_0' + \Delta F_0'', \tag{38}$$

ferner die Wassertiefe auf $h_0'' = h_0' + z_0''$, wozu die Werte p_0'' und R_0'' gehören.

Mit (37 u. 38) läßt sich die neue Wassergeschwindigkeit

$$v_0'' = \frac{Q_0'}{F_0''} \qquad (39)$$

angeben.

Zur Zeit t_1 liegt im Kanal eine mittlere Wassergeschwindigkeit vor von

$$v_m = \frac{v_0'' + v_1'}{2} \qquad (40)$$

bzw. ein mittleres Geschwindigkeitsquadrat

$$(v^2)_m = \frac{v_0''^2 + v_1'^2}{2}, \qquad (41)$$

ferner ein mittlerer hydraulischer Radius

$$R_m = \frac{R_0'' + R_1'}{2}. \qquad (42)$$

Die mittlere Schnelligkeit ist

$$a_m = \frac{a_0 + a_1}{2}, \qquad (43)$$

wobei sich a um den Wert

$$\Delta a = a_1 - a_0 \qquad (44)$$

geändert hat.

Zur Zeit t_1 hat der Wasserspiegel eine Neigung I_m' erreicht.

Es sind nunmehr nur noch die Beziehungen für die Werte z_1 (bzw. $\Delta F'$) und z_0'' (bzw. $\Delta F_0''$) anzugeben, die von FAVRE aus den Gl. (22 u. 23) gewonnen worden sind. Sie lauten:

$$\Delta F_1' = \Delta F_0' - \left\{ \frac{L B_m}{2} (I_r - I_m) \left(1 - \frac{v_m}{a_m}\right) - \right.$$
$$- \frac{\Delta F_0'}{2} \left(\frac{\Delta B}{B_m} - \frac{\Delta a}{a_m}\right) + \Delta F_1 \left(1 - \frac{v_m}{2 a_m}\right) + \qquad (45)$$
$$\left. + \frac{1}{a_m} \left[\Delta Q \left(1 + \frac{v_m}{2 a_m}\right) + \frac{\Delta Q_1}{2} \left(1 + \frac{v_m}{a_m}\right)\right] \right\},$$

$$\Delta F_0'' = \frac{L B_m}{2} (I_r - I_m) \left(1 - \frac{v_m}{a_m}\right) -$$
$$- \frac{\Delta F_0'}{2} \left(\frac{\Delta B}{B_m} + \frac{\Delta a}{a_m}\right) - \frac{\Delta F_1 v_m}{2 a_m} + \qquad (46)$$
$$+ \frac{1}{a_m} \left\{\Delta Q_0'' - \Delta Q \left(1 - \frac{v_m}{2 a_m}\right) - \frac{\Delta Q_1}{2} \left(1 - \frac{v_m}{a_m}\right)\right\}.$$

In den beiden Gleichungen bedeutet I_r ein mittleres Reibungsgefälle, das bei Zugrundelegung der Formel von CHÉZY ($v = c\,R^{1/2}\,I^{1/2}$) bzw. von MANNING-STRICKLER ($v = k\,R^{2/3}\,I^{1/2}$) die Form annimmt

$$\text{CHÉZY}: \; I_r = \frac{(v^2)_m}{c_m^2\,R_m}, \qquad \text{MANNING-STRICKLER}: \; I_r = \frac{(v^2)_m}{k^2\,R_m^{4/3}}. \qquad (47)$$

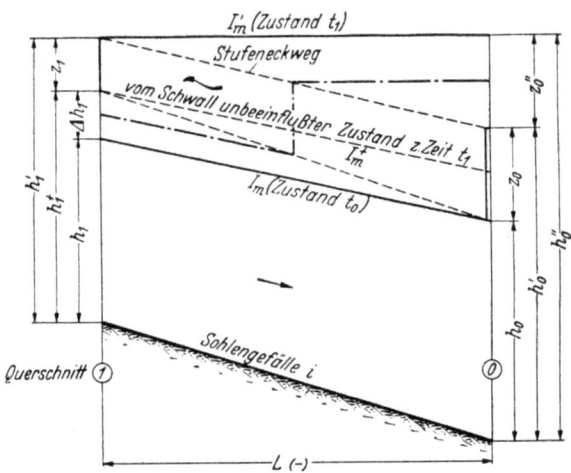

Abb. 26. Flußaufwärts laufender Schwall (Stauschwall)

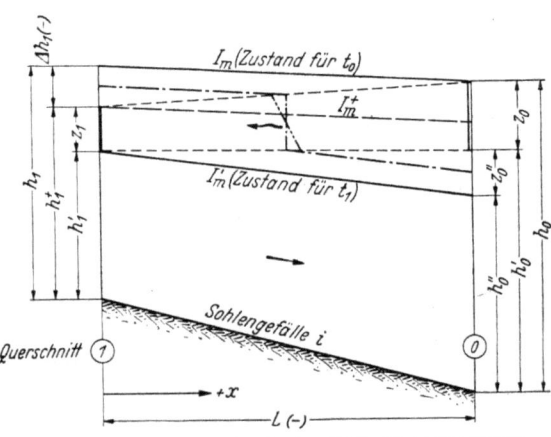

Abb. 27. Flußaufwärts laufender Sunk (Entnahmesunk)

Die übrigen Größen der Formeln (45 u. 46) sind bereits durch die vorhergehenden Ausführungen definiert.

Bei Anwendung der Gleichungen muß streng auf die Vorzeichen geachtet werden, die wie folgt einzuführen sind:

Ursprung der Abszissen ist das obere Ende des Kanals, wobei die positive Richtung gegen das untere Kanalende weist, also dem Bewegungssinn des Wassers im Beharrungszustand entspricht. Die Kanallänge L ist demnach positiv einzuführen, wenn der Wellenfortschritt in Richtung der positiven Abszissenachse vor sich geht. Im anderen Fall ist L mit dem negativen Zeichen zu versehen. Die Wassergeschwindigkeiten v, die Wassermengen Q und die relativen Wellengeschwindigkeiten w tragen das positive Vorzeichen, wenn die betreffende Bewegung vom oberen zum unteren Kanalende, also in Richtung der positiven Abszissenachse erfolgt. I_r ist positiv, wenn die Wassergeschwindigkeit

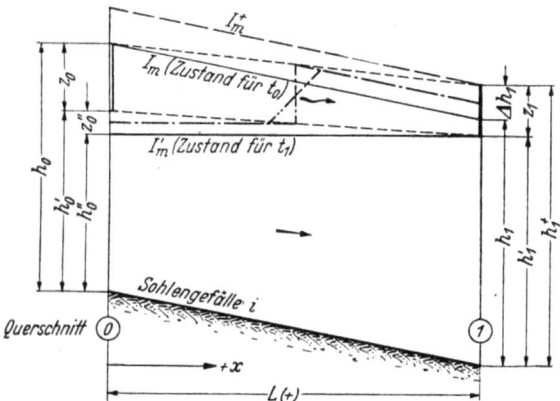

Abb. 28. Flußabwärts fortschreitender Sunk (Absperrsunk)

positiv ist, I_m, wenn der Spiegel in der positiven Abszissenrichtung fällt. — Die Wellenhöhen z_0, z_0'', z_1 sind positiv, wenn sie die Wassertiefe vergrößern. Analoges gilt von $\Delta F_0'$, $\Delta F_0''$, $\Delta F_1'$.

Die ΔQ-Werte sind positiv, wenn eine Erhöhung, negativ, wenn eine Verminderung der Wasserführung eintritt. Im übrigen ergeben sich alle Differenzwerte ohne weiteres mit dem richtigen Vorzeichen, wenn die übrigen Größen der sie bestimmenden Formeln (24, 25, 26, 28, 29, 30, 33 u. 44) mit zutreffenden Vorzeichen eingeführt werden.

Zur besseren Übersicht sei nunmehr in Tab. 2 eine Zusammenstellung der verschiedenen Berechnungsgrößen gegeben.

Wie schon hervorgehoben wurde, gelten die wiedergegebenen Gleichungen für alle Wellenformen. Als Ergänzung der Abb. 24, die einen Füllschwall darstellt, sind in den Abb. 26, 27 und 28 ein Stauschwall, ein Entnahmesunk und ein Absperrsunk schematisch dargestellt, wobei beim Entnahmesunk der Vollständigkeit halber im Gegensatz zu den übrigen Abbildungen angenommen ist, daß die von der Sunkbildung unbeeinflußte allmähliche Änderung des Fließzustandes in einer Senkung des Wasserspiegels besteht.

Tabelle 2

	Querschnitt 0 (Ausgangspunkt der Welle)			Querschnitt 1		
	Zeit $t=0$ (vor Entstehung der Welle)	Zeit $t=0$ (unmittelbar nach Bildung der Welle)	Zeit $t=t_1$	Zeit $t=0$ (bei Entstehung der Welle in Querschnitt 0)	Zeit $t=t_1$ (unmittelbar vor Eintreffen der Welle)	Zeit $t=t_1$ (nach Eintreffen der Welle)
Wassertiefe	h_0	$h_0' = h_0 + z_0$	$h_0'' = h_0' + z_0''$	h_1	$h_1^+ = h_1 + \Delta h_1$	$h_1' = h_1^+ + z_1$
Fließquerschnitt	F_0	$F_0' = F_0 + \Delta F_0'$	$F_0'' = F_0' + \Delta F_0''$	F_1	$F_1^+ = F_1 + \Delta F_1$	$F_1' = F_1^+ + \Delta F_1'$
Wassermenge	Q_0	$Q_0' = Q_0 + \Delta Q_0'$	$Q_0'' = Q_0' + \Delta Q_0''$	Q_1	$Q_1^+ = Q_1 + \Delta Q_1$	$Q_1' = Q_1^+ + \Delta Q_1'$
Fließgeschwindigkeit	v_0	v_0'	v_0''	v_1	v_1^+	v_1'
Spiegelbreite	B_0	B_0'	B_0''	B_1	B_1^+	B_1'
Benetzter Umfang		p_0'	p_0''			p_1'
Profilradius		R_0'	R_0''			R_1'
Wellenhöhe		z_0				z_1
Mittlere Wellenbreite		y_0				y_1
Absolute Wellengeschwindigkeit		a_0				a_1
Relative Wellengeschwindigkeit		w_0				w_1
Wassermengenänderung beim Durchgang der Welle		$\Delta Q_0'$			Δh_1	
Flächenänderung beim Durchgang der Welle		$\Delta F_0'$			ΔF_1	
Allmähliche Tiefenänderung			z_0''		ΔQ_1	
Mittlere Breite im Bereich der allmählichen Tiefenänderung			$y_0'' = z_0'' \, y_0''$			
Allmähliche Flächenänderung		$\Delta F_0'' = z_0'' \, y_0''$				
Allmähliche Wassermengenänderung		$\Delta Q_0''$				

Für den *Sonderfall*, daß sich die Welle einem *stationären Zustand* (gleichförmig, beschleunigt oder verzögert) überlagert, wie dies zu Beginn der Spiegelbewegung meist der Fall ist, ist zu beachten, daß dann die Differenzen ΔQ, ΔQ_1, Δh_1 und ΔF_1 gleich Null sind, daß ferner $Q_1^+ = Q_1$, $h_1^+ = h_1$ und $F_1^+ = F_1$. Infolgedessen fallen in den Abb. 24 bis 28 die beiden mit I_m und I_m^+ bezeichneten Zustandslinien zusammen. Im übrigen bleiben die Figuren gültig.

Wie aus den Hauptgleichungen (45 u. 46) ersehen werden kann, setzen diese, da v_m, a_m, ΔF_1, ΔQ_1 und $\Delta Q_0''$ in ihnen vorkommen, bereits die Kenntnis der Laufzeit Δt und der im Endquerschnitt zur Zeit t_1 vorhandenen Größen voraus, die ihrerseits wiederum erst durch (45 u. 46) berechnet werden können. Es muß daher eine probeweise Ermittlung mit allmählicher Annäherung angewendet werden. Im folgenden sind zwei Methoden hierfür angedeutet.

a) Ohne weiteres möglich ist die Anwendung der Gl. (24, 26, 27, 28, 29, 30, 31) und die Bestimmung von R_0'. Nun wird in erster Näherung gesetzt: $\Delta a = 0$ oder $a_m = a_0$. Daraus sind $\Delta t = L/a_0$ und t_1 bestimmbar und ferner ΔQ_1, Δh_1, ΔF_1 nach (25) und $\Delta Q_0''$. Außerdem wird angenommen $v_0' = v_m$, $(v^2)_m = v_0'^2$ und $R_0' = R_m$. Damit ist eine erste Anwendung der Gl. (45, 46 u. 47) möglich und die Bestimmung von z_1 und z_0''. Die Auswertung der Formeln (32 bis 39) gestattet, neue Mittelwerte und Differenzen nach (40 bis 44) und eine verbesserte Laufzeit

Mittlere Spiegelbreite . . . . $B_m = \frac{1}{2}(B_0 + B_1)$
Breitenänderung . . . . $\Delta B = B_1 - B_0$
Änderung der Wasserführung zur Zeit $t = 0$ . . . . $\Delta Q = Q_1 - Q_0$
Änderung der Schnelligkeit . . . . $\Delta a = a_1 - a_0$
Mittlere Schnelligkeit . . . . $a_m = \frac{1}{2}(a_0 + a_1)$
Mittlerer Profilradius . . . . $R_m = \frac{1}{2}(R_0' + R_1')$
Mittlere Geschwindigkeit . . . . . $v_m = \frac{1}{2}(v_0' + v_1')$
Mittleres Geschwindigkeitsquadrat $(v^2)_m = \frac{1}{2}(v_0'^2 + v_1'^2)$
Spiegelgefälle zur Zeit $t = 0$ . . . I_m
Reibungsgefälle . . . . I_r
Entfernung der Querschnitte 0 und 1 L

$\Delta t = L/a_m$ zu finden, weiterhin auch verbesserte Werte der Gl. (25) und von $\Delta Q_0''$. Nun liefert eine neuerliche Anwendung von (45, 46 u. 47) z_1 und z_0'' in zweiter Näherung, die in vielen Fällen schon ausreicht. Anderenfalls könnten noch weitere Näherungen folgen.

b) Oft ist eine Schätzung von z_1 möglich. Dadurch wird meist eine doppelte Auswertung von (45 u. 46) erspart. Man geht folgendermaßen vor: wie früher werden die Gl. (24 u. 26 bis 31) ausgewertet. z_1 wird, wie schon erwähnt, geschätzt. Jetzt werden für die Zeit $t_1 \cong t_0 + L/a_0$ die Werte der Gl. (25) berechnet, mit deren Hilfe man aus (32) .. a_1 und aus (43) .. a_m finden kann. Der Vorgang wird für ein neues $t_1 = t_0 + L/a_n$ wiederholt und ergibt schon ziemlich angenäherte Werte der Gl. (25) und von $\Delta Q_0''$. Die Gl. (32 bis 36) geben die charakteristischen Daten der Schwall- bzw. Sunkwelle in Querschnitt 1. Die zu gleicher Zeit in Querschnitt 0 auftretenden Größen v_0'', R_0'' können, da Q_0'' aus (37) bekannt ist, durch ein Schätzung von F_0'' ermittelt werden[1].

Nach Ausrechnung von (40 bis 44) können (45 bis 47) angewendet werden und ergeben bei einigermaßen zutreffender Schätzung von z_1 schon eine recht gute Annäherung.

Die in den Gl. (45 u. 46) ausgedrückten Gesetze sind von FAVRE experimentell nachgeprüft worden. Es hat sich bei Schwall- bzw. Sunkwellen sehr gute Übereinstimmung zwischen Rechnung und Wirklichkeit gezeigt, so lange das Verhältnis Wellenhöhe zu mittlerer Ausgangswassertiefe nicht größer als $\frac{1}{4}$ bzw. $\frac{1}{3}$ war. Diese Grenzen werden in den weitaus meisten praktischen Fällen eingehalten sein.

4 Verformung der Wellen an Querschnittsänderungen, Reflexionen, Durchdringungen

4.1 Allgemeines

Jede Welle erfährt durch eine Änderung des Gerinnequerschnittes eine Verformung. Diese Verformung äußert sich außer in einer Veränderung der Wellenhöhe in einer teilweisen Reflexion der Welle.

Die möglichen Grundfälle sind in den Abb. 29 bis 31 dargestellt.

Abb. 29 zeigt die Verformung einer positiven Welle beim Durchlaufen einer Einengung. Die Höhe der ankommenden Welle ist z_i. An der Einengung ergibt sich eine Erhöhung um die Größe z. Die Welle

---

[1] Bei vielen Aufgaben ist entweder v_0'' von vornherein gegeben (bzw. = 0) oder aber — wie etwa bei gewissen Reflexionsaufgaben — es ist $\Delta F_0'' = 0$ bzw. $F_0'' = F_0'$. Wenn Q_0'' an Hand von $\Delta Q_0''$ nicht genau ermittelt werden kann und auch eine Schätzung nicht möglich ist, begnügt man sich in erster Näherung mit $Q_0'' = Q_0'$.

läuft mit einer Höhe $\bar{z}$ im gleichen Sinn weiter, gleichzeitig bildet sich eine gegenläufige Sekundärwelle mit der Höhe z.

Abb. 30 zeigt eine in eine Profilerweiterung tretende Hebungswelle. Hier erleidet die Primärwelle mit der Höhe z_i eine Erniedrigung auf die Höhe $\bar{z}$. Dabei bildet sich eine gegenläufige Senkungswelle von der Höhe z.

Abb. 31 stellt eine negative (Senkungs-)Welle dar, die mit einer Höhe z_i in eine Profilverengung eintritt und dabei auf $\bar{z}$ verstärkt wird, während eine sekundäre Senkungswelle mit der Höhe z zurückgesendet wird.

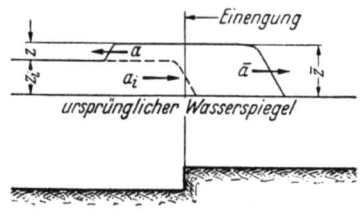

Abb. 29. Umformung einer Schwallwelle in einer Einengung

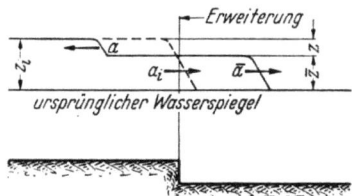

Abb. 30. Umformung einer Schwallwelle in einer Erweiterung

Aus Abb. 32 endlich ist eine Senkungswelle an einer Profilerweiterung ersichtlich. Ihre Höhe z_i (negativ) wird dabei auf $\bar{z}$ verringert unter Bildung einer gegenläufigen Hebungswelle von der Höhe z.

Als allgemeine Regel kann also festgehalten werden: tritt eine Welle in eine Einengung, so erfährt sie eine gleichsinnige Verstärkung, die reflektierte Welle ist ebenfalls gleichsinnig, d. h., bei positiver Primär-

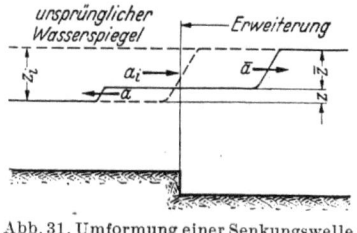

Abb. 31. Umformung einer Senkungswelle in einer Einengung

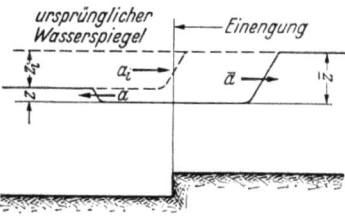

Abb. 32. Umformung einer Senkungswelle in einer Erweiterung

welle sind nach der Umformung alle Wellen wieder positiv, das gleiche ist sinngemäß bei negativen Wellen der Fall. Tritt dagegen eine Welle von engen in weite Querschnitte, so wird ihre absolute Höhe verringert, die gegenläufige Reflexionswelle hat entgegengesetztes Vorzeichen, d. h., die Hebungswelle sendet eine Senkungswelle zurück, die Senkungswelle aber eine Hebungswelle.

4.2 Verformung an sprunghaften Profilwechseln

Unter der Voraussetzung, daß die am Profilwechsel auftretenden Beschleunigungs- oder Verzögerungshöhen vernachlässigbar sind, können zur Berechnung der Verformung zwei Beziehungen angeschrieben werden (vgl. Abb. 33).

a) Die Höhe der weiterlaufenden Welle muß gleich der algebraischen Summe der Höhen der ankommenden und der zurücklaufenden sein:

$$\bar{z} = z_i + z. \qquad (48)$$

b) Zwischen den durch die Wellen sekundlich eingenommenen bzw. entleerten Inhalten muß die Raumgleichung bestehen

$$a_i \, y_i \, z_i = \bar{a} \, \bar{y} \, \bar{z} - a \, y \, z \qquad (49)$$

bzw. $\quad \Delta Q_i' = \Delta \bar{Q}' - \Delta Q'.$

Hierzu wird ausdrücklich auf die Vorzeichenfestsetzung verwiesen. a_i und $\bar{a}$ haben gleiches, a hat entgegengesetztes Vorzeichen.

Die Auflösung des Gleichungssystems (48 u. 49) muß probeweise geschehen. Man nimmt eine Reihe von $\bar{z}$-Werten an und kann, weil z_i gegeben ist, nach (48) die zugehörigen z-Werte bestimmen. Liegen die Wellenhöhen nunmehr vor, so können auch die entsprechenden Werte $\bar{y}$, y sowie $\bar{a}$ und a angegeben werden. Für jedes der angenommenen $\bar{z}$ ergibt sich so ein bestimmter Wert für die rechte Seite der Gl. (49). Durch Interpolation wird festgestellt, für welches $\bar{z}$ Gl. (49) erfüllt ist, deren linke Seite ja durch die gegebenen Daten der ankommenden Welle festliegt.—Das Verfahren wird später noch eingehender gezeigt.

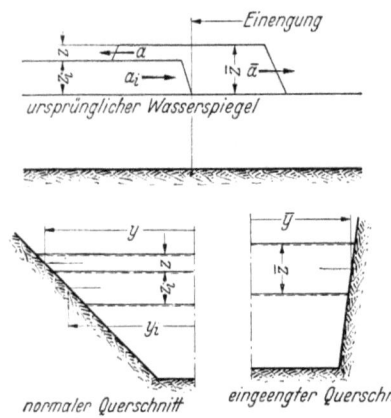

Abb. 33. Plötzliche Profiländerung

Vorher sollen noch geschlossene Ausdrücke für $\bar{z}$ und z angegeben werden, mit deren Hilfe eine Reihe handlicher Überschlagsformeln hergeleitet werden kann.

Durch Vereinigung der Gl. (48 u. 49) erhält man für die Höhen der weiterlaufenden und der zurückgeworfenen Welle

$$\bar{z} = z_i \frac{a_i \, y_i - a \, y}{\bar{a} \, \bar{y} - a \, y}, \qquad (50)$$

$$z = z_i \frac{a_i \, y_i - \bar{a} \, \bar{y}}{\bar{a} \, \bar{y} - a \, y}. \qquad (51)$$

Die beiden Gleichungen setzen die Kenntnis der Schnelligkeiten und mittleren Wellenbreiten der Teilwellen voraus. Da diese aber wiederum von $\bar{z}$ und z abhängen, wird man die Formeln in erster Linie für Näherungsrechnungen verwenden, während, wie oben schon angedeutet, bei genauen Rechnungen probeweise verfahren wird.

Aus (50 u. 51) geht eine Reihe von Überschlagsformeln hervor.

a) Mit $a = -a_i$ und $y = y_i$ [KREY (a, b)] wird

$$\bar{z} = z_i \frac{2 a_i y_i}{\bar{a}\,\bar{y} + a_i y_i}, \tag{52}$$

$$z = z_i \frac{a_i y_i - \bar{a}\,\bar{y}}{\bar{a}\,\bar{y} + a_i y_i}. \tag{53}$$

b) Für $a_i = \bar{a} = -a$ und $y_i = y$ [FORCHHEIMER (b)] ist (etwa für Rechteckprofile gleicher Tiefe mit verhältnismäßig kleinen Wellenhöhen und kleinen Wassergeschwindigkeiten)

$$\bar{z} = z_i \frac{2 y_i}{y_i + \bar{y}}, \tag{54}$$

$$z = z_i \frac{y_i - \bar{y}}{y_i + \bar{y}}. \tag{55}$$

c) Für $y_i = \bar{y} = y$ endlich (gleiche Spiegelbreiten, Einengung wird z. B. durch Sohlenhebung gebildet) und $a = -a_i$ ist [FORCHHEIMER (b)]

$$\bar{z} = z_i \frac{2 a_i}{a_i + \bar{a}}, \tag{56}$$

$$z = z_i \frac{a_i - \bar{a}}{a_i + \bar{a}}. \tag{57}$$

d) Ist es zulässig, z. B. bei kleinen Wassergeschwindigkeiten, die absolute gleich der relativen Wellengeschwindigkeit zu setzen, so wird aus (56 u. 57) [FORCHHEIMER (b)]

$$\bar{z} = z_i \frac{2\sqrt{Z_i}}{\sqrt{Z_i} + \sqrt{\bar{Z}}}, \tag{58}$$

$$z = z_i \frac{\sqrt{Z_i} - \sqrt{\bar{Z}}}{\sqrt{Z_i} + \sqrt{\bar{Z}}}, \tag{59}$$

wobei Z_i und $\bar{Z}$ die mittleren Wassertiefen vor bzw. in der Einengung oder Erweiterung und vor der Ankunft der Welle bedeuten.

4.3 Verformung an allmählichen Profilwechseln

Für allmähliche Profiländerungen (Abb. 34) lassen sich unter gewissen vereinfachenden Annahmen geschlossene Formeln finden. Diese Annahmen sind

$$a_i = -a; \quad y_i = y; \quad a = w = \sqrt{g \frac{F}{y}}.$$

Der Fließquerschnitt ändere sich allmählich von F_i in $\bar{F}$, die Breite von y_i in $\bar{y}$.

Die Anwendung der Gl. (52 u. 53) liefert mit

$$A_i = F_i y_i \quad \text{und} \quad \bar{A} = \bar{F}\bar{y}$$

$$\frac{\bar{z}}{z_i} = \frac{2\sqrt{A_i}}{\sqrt{A_i} + \sqrt{\bar{A}}}.$$

Setzt man $\bar{z} = z + dz$ und $\bar{A} = A + dA$, so erhält man die Differentialgleichung

$$\frac{z + dz}{z} = \frac{2 A^{1/2}}{A^{1/2} + (A + dA)^{1/2}}.$$

Das zweite Nennerglied rechts gibt, als Binomialreihe bei Berücksichtigung nur der zwei ersten Glieder entwickelt,

$$(A + dA)^{1/2} \cong A^{1/2} + \frac{dA}{2 A^{1/2}},$$

womit nach einigen Umformungen und nach Unterdrückung des dabei auftretenden Gliedes $(dA)^2$ für allmähliche Änderung des Produktes $A = F \cdot y$ die Gleichung erhalten wird

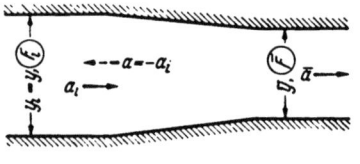

Abb. 34. Allmähliche Querschnittsänderung

$$\frac{z + dz}{z} = \frac{4A - dA}{4A}.$$

Die Integration liefert

$$\ln z = -\tfrac{1}{4} \ln A + C,$$

woraus nach Konstantenbestimmung (für $z = z_i$ ist $A = A_i$)

$$\bar{z} = z_i \sqrt[4]{\frac{A_i}{\bar{A}}} \quad \text{oder} \quad \bar{z} = z_i \sqrt[4]{\frac{F_i y_i}{\bar{F}\bar{y}}}. \tag{60}$$

Hierzu noch folgende Sonderfälle:

a) Für konstante Spiegelbreiten ($y_i = \bar{y} = y$), aber wechselnde mittlere Tiefen Z wird [FORCHHEIMER (b)], da dann $\frac{F_i}{\bar{F}} = \frac{Z_i}{\bar{Z}}$,

$$\bar{z} = z_i \sqrt[4]{\frac{Z_i}{\bar{Z}}}. \tag{61}$$

b) Sind die Schnelligkeiten gleich ($a_i = \bar{a} = -a$), die Breiten $y_i = y$ und $\bar{y}$ dagegen verschieden, so vereinfacht sich (60), weil $Z_i = \bar{Z}$ bzw. $\bar{F} = F_i \frac{y}{y_i}$, weiter zu [FORCHHEIMER (b)]

$$\bar{z} = z_i \sqrt{\frac{y_i}{\bar{y}}}. \tag{62}$$

4.4 Grenzfälle (Verengung auf Null, Erweiterung auf Unendlich)

Für den Sonderfall, daß eine Welle auf einen *vollkommenen Abschluß* des Gerinnes trifft, ergibt (51) mit $\bar{a}\,\bar{y} = 0$

$$\bar{z} = z_i \frac{a_i\, y_i}{-a\, y}.$$

Da die *a*-Werte mit Vorzeichen, und zwar, da entgegengesetzt gerichtet, mit verschiedenen Vorzeichen einzusetzen sind, ist der zweite Faktor rechts des Gleichheitszeichens stets positiv und nahe an Eins. Es tritt somit annähernd eine Verdoppelung der Wellenhöhe ($\bar{z} \cong z_i$) ein, wenn eine Welle gegen eine Abschlußwand prallt.

Eine genaue Verdoppelung ergibt sich wegen der dabei gemachten Voraussetzungen aus den Gl. (53, 55, 57 u. 59).

Für eine allmählich auf Null abnehmende Verengung würde aus Gl. (60, 61 u. 62) $\bar{z} = \infty$ hervorgehen. Für einen derartigen Fall stimmen aber allerdings die vereinfachenden Annahmen nicht mehr.

Ein zweiter wichtiger Sonderfall ist der des plötzlichen *Überganges in ein unendlich großes Becken* ($\bar{y} = \infty$). Hierfür ergeben alle Gleichungen, soweit sie nicht voraussetzungsgemäß dieser Annahme widersprechen,

$$\bar{z} = 0 \quad \text{und} \quad z = -z_i.$$

Zusammenfassend ist demnach festzustellen, daß bei Reflexion der Welle an einer Abschlußwand ankommende und rücklaufende Welle annähernd gleich groß sind, so daß, da die Wellen sich überlagern, eine Verdoppelung der Wellenhöhe eintritt. Beim Auslauf von Wellen in große Becken dagegen sind ankommende und zurückgeworfene Welle entgegengesetzt gleich, sie heben sich daher in ihrer Wirkung auf.

4.5 Gegenseitige Durchdringung von Wellen

Für die Durchdringung von Wellen gelten folgende Grundgleichungen (vgl. Abb. 35):

$$z_i - z_{i'} = \bar{z} - z, \tag{63}$$

bzw.
$$\left. \begin{array}{l} z_i\, y_i\, a_i - z_{i'}\, y_{i'}\, a_{i'} = \bar{z}\, \bar{y}\, \bar{a} - z\, y\, a \\ \Delta Q'_i - \Delta Q'_{i'} = \overline{\Delta Q'} - \Delta Q', \end{array} \right\} \tag{64}$$

wobei z, ΔQ und a mit ihren Vorzeichen einzusetzen sind.

Aus diesen Gleichungen ergibt sich, daß die Wellen einander in unveränderter Höhe kreuzen, wenn $a_i = \bar{a}$,

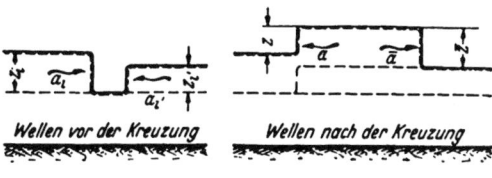

Wellen vor der Kreuzung   Wellen nach der Kreuzung

Abb. 35

$y_i = \bar{y}$ und $a_{i'} = a$, $y_{i'} = y$, wenn also die Schnelligkeiten und mittleren Breiten der in gleicher Richtung laufenden Wellen unverändert bleiben.

Eine genaue Rechnung mit Hilfe der Gl. (63 u. 64) läßt sich in ähnlicher Weise durchführen wie unter 4.2 beschrieben. Für ein angenommenes $\bar{z}$ kann aus (63) auch z ermittelt werden, ferner lassen sich die Schnelligkeiten a und $\bar{a}$ bestimmen und weiterhin $\Delta \bar{Q}' - \Delta Q'$. Diese Differenz muß der Gl. (64) genügen. Die Rechnung wird für einige angenommene $\bar{z}$-Werte durchgeführt. Eine graphische Interpolation liefert dann den richtigen Wert, für den Gl. (64) erfüllt ist.

Bei langen Wellen, bei denen die Reibung eine wesentliche Rolle spielt, tritt, wie später gezeigt wird, zu den Gl. (63 u. 64) noch eine weitere hinzu.

Die in den vorstehenden Abschnitten abgeleiteten Gesetze über Reflexion, Überlagerung und Durchdringung von Einzelwellen gestatten die Behandlung einer Anzahl von Aufgaben, bei denen der Einfluß der Reibung und der Sohlenneigung praktisch vernachlässigt werden kann. Es ist dies in erster Linie die Verformung von Wellen, die eine kurze Einengung oder Erweiterung durchlaufen, und ferner der Auslauf von Wellen in Becken.

4.6 Verformung von Wellen in kurzen Einengungen oder Erweiterungen

Derartige Erscheinungen können z. B. beim Durchlaufen von Brücken oder Durchlässen auftreten, die das Profil auf eine kurze Strecke einengen. Auch sonstige örtliche Verhältnisse, wie etwa Rücksichtnahme auf vorhandene Bebauung oder auf Verkehrswege usw., machen häufig eine Profileinschränkung erforderlich.

Abb. 36 zeigt als erstes Beispiel den Durchgang einer Einzelwelle durch eine Verengung mit allmählichen Übergängen.

Ein Stauschwall tritt mit einer Höhe von 520 mm in eine Einengung ein und wird hier allmählich auf 692 mm erhöht.

Die allmähliche Breitenänderung ist in eine Reihe von kleinen Breitenstufen aufgeteilt. Der Vorgang erfolgt so, daß die ankommende Schwallwelle an der ersten Stufe erhöht wird und gleichzeitig eine Sekundärwelle zurücksendet. An der zweiten Einengung wird die Primärwelle abermals vergrößert, wobei wieder eine Reflexionswelle entsteht, und so fort, bis die trichterförmige Verjüngung durchlaufen ist. Der umgekehrte Vorgang vollzieht sich beim Austritt aus der Enge. Hier verliert die Hauptwelle von Breitenstufe zu Breitenstufe unter Zurücksendung negativer Gegenwellen etwas an Höhe, bis schließlich die ursprüngliche Stufenhöhe wieder erreicht ist. Die gegenläufigen

Verformung der Wellen an Querschnittsänderungen

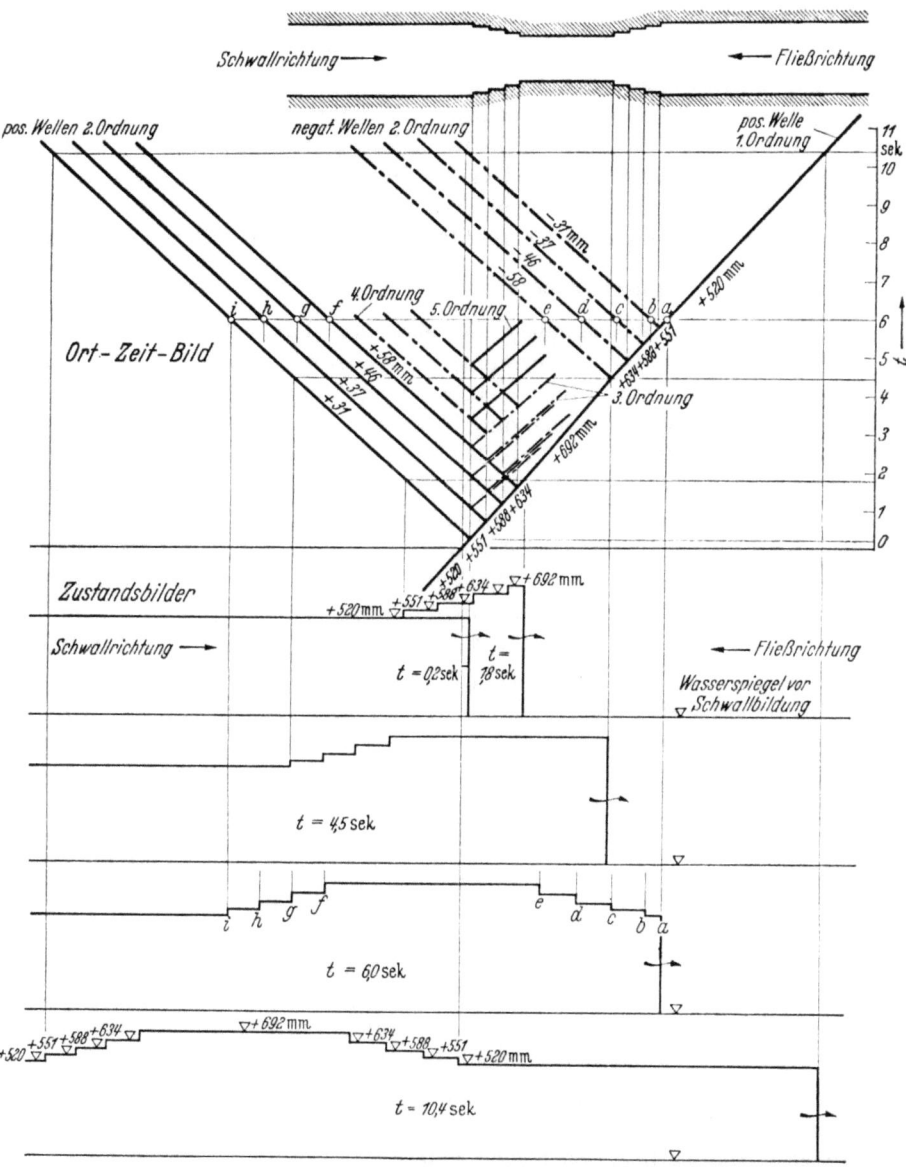

Abb. 36. Umformung einer Welle in kurzer Einengung mit allmählichen Übergängen

Wellen werden ihrerseits an den Unstetigkeiten ebenfalls umgeformt, wobei sich nunmehr Wellen dritter, vierter usw. Ordnung bilden. Bei normalen Verhältnissen ist es freilich ohne besondere Fehler möglich, schon Wellen dritter Ordnung zu vernachlässigen. Die Wellen sind in der Abbildung durch ein Zeit-Ort-Diagramm dargestellt, außerdem auch durch Zustandslinien für einige bestimmte Zeitpunkte.

Die Schnelligkeit des Primärschwalles ist unter Benutzung von Gl. (8) ermittelt. In der Einengung verringert sich die Schnelligkeit, weil der Schwall dort eine größere Anfangsgeschwindigkeit vorfindet. (Die mittleren Tiefen vor und in der Einengung sind ungefähr gleich groß.) Dies äußert sich in einer steileren Ort-Zeit-Linie innerhalb der Enge. Die Schnelligkeit der rückläufigen Sekundärwellen kann man genau genug nach der Gleichung $a = v \pm \sqrt{g \frac{F}{B}}$ berechnen, wobei sich F und B auf den Wasserspiegel beziehen, auf dem sich die betrachtete Teilwelle aufbaut. Die Umformung der Wellenhöhen ist nach (50 u. 51) bestimmt. Den Zustand für $t = 10{,}4$ s, wenn auch die negativen Wellen zweiter Ordnung die Einengung wieder verlassen haben, zeigt das unterste Zustandsbild der Abb. 36. Daraus ist ersichtlich, daß nun eine Sekundärwelle mit trapezförmigem Längenschnitt auf dem Rücken des Hauptschwalles gegen den Ursprungsort des Stauschwalles läuft. Da die oberen Schwallteile schneller als die unteren laufen, wird sich ihre Gestalt mit der Zeit ändern. Die Vorderfront (gegen das Wasserschloß gerichtet) wird steiler, die Rückfront dagegen flacher werden.

Über die Konstruktion der Zustandslinien aus dem Ort-Zeit-Diagramm braucht zur Erläuterung nur wenig gesagt zu werden. Die Wellenhöhen werden zweckmäßig den Ort-Zeit-Linien beigeschrieben. Die Zustandslinie z. B. für $t = 6$ s ergibt sich dann folgendermaßen:

Es wird die $t = 6$ s entsprechende Horizontale gezeichnet. Der Wellenkopf liegt bei Punkt a mit 520 mm, bei b tritt eine Aufhöhung um 31 mm ein, weil dort der Kopf der rückläufigen letzten Senkungswelle liegt. Aus dem gleichen Grund treten bei c, d und e Hebungen von 37, 46 und 58 mm in Erscheinung. Bis f tritt keine Höhenänderung mehr ein (von den kleinen Wellen höherer Ordnung ist abgesehen). In f wird der Kopf der letzten rückläufigen sekundären Hebungswelle erreicht, somit an dieser Stelle Erniedrigung des Schwalles um 58 mm, bei g, h und i ebenso um 46, 37 und 31 mm, womit dann die ursprüngliche Schwallhöhe wieder erreicht ist.

Die errechneten Höhen werden sich noch um einige mm ändern, wenn man, was ohne Schwierigkeiten möglich ist, auch noch die Wellen dritter Ordnung berücksichtigen will.

Eine Rechenkontrolle besteht darin, daß die unterhalb der Schwalloberfläche durch die Einengung bedingte Inhaltsminderung des 520 mm hohen Primärschwalles gleich dem Rauminhalt der auf der ursprünglichen Schwalloberfläche aufgebauten gegenläufigen Sekundärwelle sein muß.

Auf Grund dieser Raumbedingung können übrigens (bei Vernachlässigung der Wellen dritter und höherer Ordnung) die Form und Höhe des aus der Einengung austretenden Gegenschwalles (selbstverständlich auch Gegensunkes) direkt ermittelt werden.

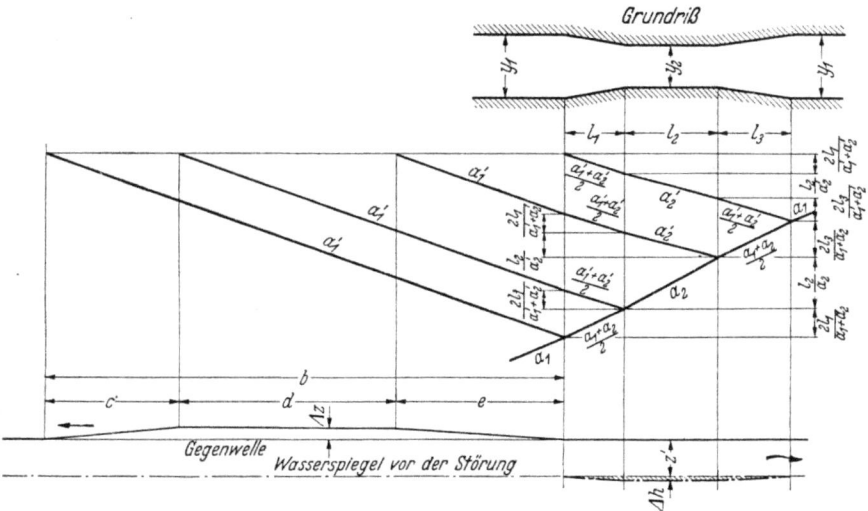

Abb. 37. Form der durch eine kurze Einengung mit allmählichen Übergängen erzeugten Gegenwelle. Ort-Zeit-Diagramm und Zustandsbild

Die Abmessungen des trapezförmigen Wellenlängenschnittes können an Hand von Abb. 37 bestimmt werden wie folgt:

Sind l_1, l_1, l_3 die Teilstrecken der Einengung, a_1 und a_2 die Schnelligkeiten des primären Schwalles und a_1' und a_2' die der rückläufigen Sekundärwellen, so lassen sich für die Längen der Gegenwelle beim Verlassen der Einengung die Beziehungen anschreiben

$$b = 2a_1'(l_1 + l_3)\left(\frac{1}{a_1 + a_2} + \frac{1}{a_1' + a_2'}\right) + a_1' l_2 \left(\frac{1}{a_2} + \frac{1}{a_2'}\right),$$

$$c = 2l_1 a_1'\left(\frac{1}{a_1 + a_2} + \frac{1}{a_1' + a_2'}\right),$$

$$d = a_1' l_2 \left(\frac{1}{a_2} + \frac{1}{a_2'}\right),$$

$$e = 2a_1' l_3 \left(\frac{1}{a_1 + a_2} + \frac{1}{a_1' + a_2'}\right).$$

Die Höhe Δz wird aus der Raumbedingung bestimmt. Werden y_1 und y_2 als mittlere Schwallbreiten aufgefaßt, so entzieht die Einengung dem Schwall von der Höhe z an Rauminhalt

$$V = \tfrac{1}{2}(y_1 - y_2)(l_1 + 2l_2 + l_3)z.$$

40 Translationswellen in offenen Kanälen

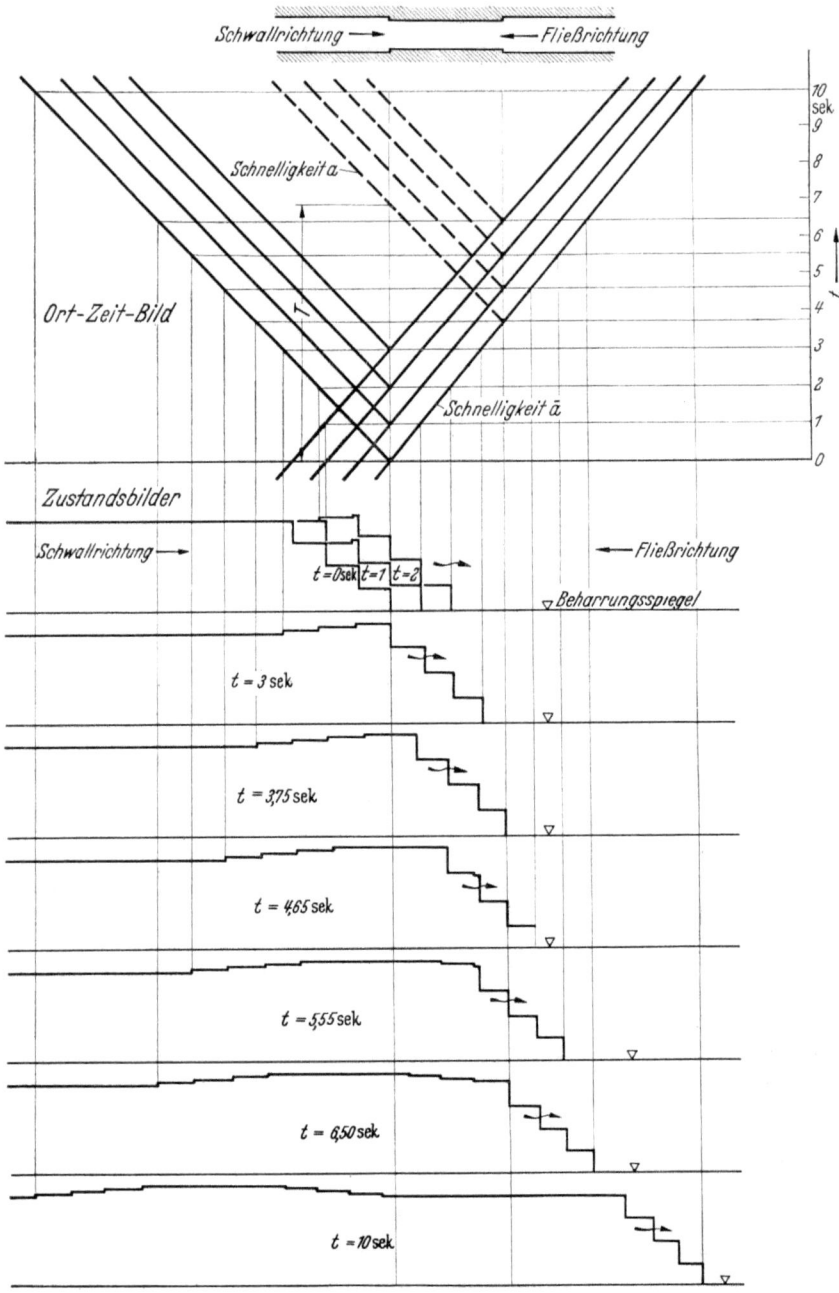

Abb. 38. Wellenfolge in kurzer Einengung mit plötzlichen Übergängen

V muß gleich dem Inhalt der Gegenwelle sein, deren Höhe aus dieser Bedingung durch eine einfache stereometrische Rechnung ermittelt werden kann.

Der beschriebene Vorgang gestattet sogar, den Einfluß der Spiegelsenkung Δh [in Abb. 37 strichpunktiert; für verlustloses Fließen ist $\Delta h = (v_2^2 - v_1^2)/2g$] auf Δz angenähert zu erfassen. Ist der schraffierte, durch Δh gekennzeichnete Rauminhalt V', so bleibt (bei dem hier betrachteten Fall einer Stauschwallbildung)[1] für die Gegenwelle der Inhalt $V - V'$ übrig, Δz wird also kleiner.

Abb. 38 zeigt den Durchgang einer Welle mit geneigter Vorderfront durch eine Einengung. Die geneigte Schwallfront ist dabei als eine Folge einander überlagernder Teilwellen aufgefaßt.

Wenn Schwallberechnungen normalerweise auch für plötzliche Störungen durchgeführt werden, so kann es in manchen Sonderfällen — etwa bei kurzen Kanälen — mitunter erwünscht sein, den auf endliche Dauer erstreckten Schließvorgang genauer zu berücksichtigen. In der Nähe des Abschlußorgans ergibt sich dann eine schräge Schwallfront, die in der erwähnten Weise als Folge mehrerer Teilwellen gedeutet werden kann.

Die Konstruktion geschieht grundsätzlich in der gleichen Weise wie bei Abb. 36 unter Zuhilfenahme des Ort-Zeit-Bildes. Jede der mit bekannter Schnelligkeit ankommenden Teilwellen wird am Einlauf zur Verengung in der bekannten Weise umgeformt, läuft mit veränderter Höhe weiter und sendet eine Sekundärwelle zurück. Am Austrittsende wiederholt sich der Vorgang analog. Die Zustandslinien kann man

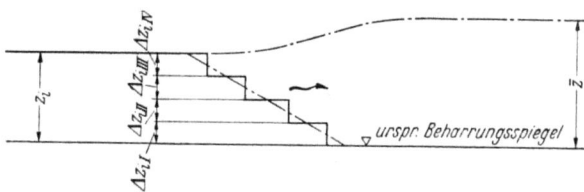

Abb. 39. Umformung einer Wellenfolge (Welle mit geneigtem Kopf) in einer Einengung

wieder durch einfache Überlagerung der durch die Zeithorizontale im Ort-Zeit-Bild „geschnittenen" Teilwellen aufzeichnen, wie dies schon bei Abb. 36 erläutert wurde. Wellen dritter und höherer Ordnung sind vernachlässigt.

Rein rechnerisch kann die höchste Spiegellage so bestimmt werden, daß die Höhe der ankommenden Welle z_i nach Abb. 39 in Teilwellen Δz_{iI}, Δz_{iII} usw. zerlegt wird. Auf jede dieser Teilwellen wird eine der

---

[1] Anderen Formen der Primärwelle ist die Betrachtung unter Umständen sinngemäß anzupassen.

Formeln (50 bis 59) angewendet, die von der Grundform $\Delta \bar z = \alpha \Delta z_i$ sind. Die Gesamthöhe aller Wellen ist dann

$$\bar z = \sum_{t=0}^{t=T} \alpha (\Delta z_i).$$

Die untere Grenze der $\sum$ in obiger Gleichung liegt bei $t = 0$, d. h. bei dem Augenblick, in dem die erste Teilwelle das Hindernis erreicht, die obere Grenze wird durch die Zeit T gebildet, in der die vorderste Welle die Enge durchläuft und die hierzu gehörende Sekundärwelle zum Eingang der Enge zurückkehrt. Die Zeit T ist in Abb. 38 eingetragen und beträgt dort etwa 7 s. Würden zu diesem Zeitpunkt noch Teilwellen am Hindernis ankommen, so könnten sie den Wert $\bar z$ nicht mehr vergrößern, weil inzwischen reflektierte negative Wellen die Aufhöhung am Eintritt in die Enge[1] abzubauen beginnen.

4.7 Auslauf von Wellen in Becken

Eine weitere Aufgabe, die häufig ohne Berücksichtigung der Reibung behandelt werden kann, ist der Auslauf von Wellen in große Becken, wie dies im Unterwasser von Speicherwerken der Fall ist, die zu Beginn des Spitzenbetriebes plötzlich mit großer Wassermenge in Betrieb gehen und im unteren Becken Wellen erzeugen, die unter Umständen für die Schiffahrt gefährlich werden können.

Die Ausbreitung von Schwall- und Sunkwellen in großen Becken geschieht nach konzentrischen Kreisen oder ähnlichen Linien, wobei wichtig ist, ob die Entstehungs- bzw. Eintrittsstelle der Welle praktisch als Punkt oder als Strecke anzusehen ist. Die Abb. 40 und 41 verdeutlichen dies unter Voraussetzung überall gleicher Wassertiefe bzw. Schnelligkeit. — Die strahlenförmig auseinanderlaufenden Bahnen der Wellenteile und die erwähnten ringartigen Wellenfronten bilden also zwei einander zugeordnete Systeme von Orthogonaltrajektorien.

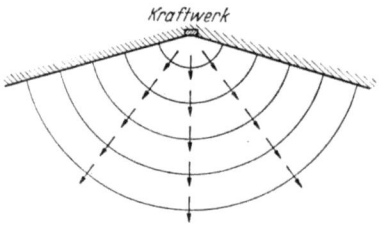

Abb. 40. Auslauf einer Welle in ein Becken mit gleichmäßiger Tiefe, Einleitungsstelle punktförmig

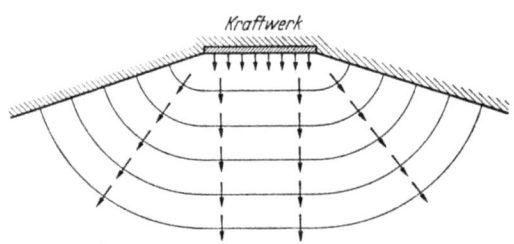

Abb. 41. Auslauf einer Welle in ein Becken mit gleichmäßiger Tiefe, Einleitungsstelle linienförmig

---
[1] Analoges gilt in vollem Umfang für Senkungswellen und Querschnittsverbreiterungen.

Bei Becken ungleichmäßiger Tiefe wird die Grundrißform der Wellenfronten unregelmäßig, da sich diese an tiefen Stellen schneller und an seichten langsamer fortbewegen werden.

Abb. 42 stellt einen derartigen Fall dar, in dem die Wassertiefen in der Mittelachse des Ringschwalles zunehmen, während die Tiefen an den Ufern kleiner sind und längs derselben unveränderlich bleiben. In solchen Fällen läßt sich zu Beginn der Untersuchung an Hand z. B. eines Tiefenschichtenplanes und unter Zugrundelegung etwa der einfachen Beziehung $a \cong w \cong \sqrt{gh}$ die Lage der Wellenfronten nach $t = 1, 2, 3$ s usw. bestimmen.

Zur Berechnung des Wellenverlaufes kann man die für allmähliche Querschnittsänderung gegebenen Verfahren unmittelbar heranziehen, wobei hier aber die Querschnitte nicht mehr durch parallele Ebenen,

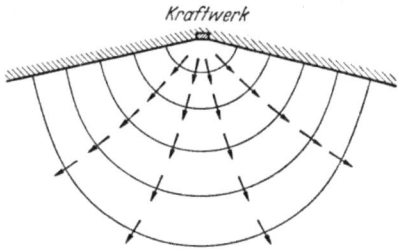

Abb. 42. Auslauf einer Welle in ein Becken mit ungleichmäßiger Tiefe, Einleitungsstelle punktförmig

sondern durch Zylindermantelflächen bestimmt sind. Bemerkt sei, daß man bei Feststellung der Schnelligkeiten und Wellenhöhen nicht allzu kleinlich vorgehen darf, da sonst der Arbeitsumfang leicht zu groß und der Überblick gefährdet wird. Man wird sich also z. B. oft, wie schon erwähnt, bei Ermittlung der Schnelligkeiten der oben angeführten Näherungsformel bedienen, zumal ja tatsächlich der Einfluß der Vorgeschwindigkeiten meist klein ist und die Wellen rasch verflachen.

Wenn nur nach der Höhe der Kopfwelle in einer bestimmten Entfernung vom Eintrittsort gefragt ist, so kann man nach Ermittlung der Frontbreiten und der mittleren Wassertiefen je nach Sachlage Gl. (60 oder 62) anwenden.

Eine nähere Untersuchung der Wellenerscheinung ist in gleicher Weise wie früher durchführbar unter Voraussetzung der Überlagerungsmöglichkeit kleiner Wellen und unter Auflösung der allmählichen Verbreiterung in eine zweckmäßige Anzahl von sprungweisen Erweiterungen. Als gutes Hilfsmittel dient wieder das Ort-Zeit-Diagramm.

Abb. 43 bringt ein Beispiel. Durch plötzliches Anfahren eines an einem See liegenden Kraftwerkes gelangt ein 440 mm hoher Füllschwall in diesen und breitet sich dort bei überall gleicher Wassertiefe und somit auch überall gleicher Wellengeschwindigkeit aus. Die allmähliche Verbreiterung ist in gleich weit voneinander angenommene plötzliche Breitenänderungen aufgelöst. Die Bestimmung der Verformung der Wellen ist nach Gl. (54) vorgenommen, aus der sich die Höhe der weiterlaufenden Welle $\bar{z}$ durch Multiplikation der Ankunftshöhe z_i mit einem nur von den Schwallbreiten abhängigen Festwert ergibt. Die Höhe der reflektierten Welle ergibt sich nach Gl. (48). Für jede Übergangsstelle zu einer neuen Breite liegt also für die Bewegung vom und zum Kraftwerk je eine konstante Verhältniszahl $\bar{z}/z_i$ vor, die zweckmäßig an den Kopf des Ort-Zeit-Diagramms geschrieben wird. Das Ort-Zeit-Diagramm stellt sich bei den getroffenen Annahmen als Rautennetz dar, das seinen Ursprung in der linken unteren Ecke hat. Jede direkte Welle wird an jeder Querschnittsänderung umgeformt und reflektiert, ebenso auch wieder jede reflektierte Welle, so daß sich sehr schnell eine große Anzahl hin- und herlaufender Teilwellen bildet, die man hier alle berücksichtigen muß, wenn man nicht Gefahr laufen will, grobe Fehler zu begehen. Dies ist auch nicht allzu schwierig, wenn man durch die Eckpunkte des Rautennetzes Zeithorizontale legt und folgerichtig von einer Horizontalen zur anderen fortschreitet, wobei jede ankommende Welle sich an jedem Knotenpunkt des Ort-Zeit-Bildes in zwei Teilwellen auflöst, in eine direkte und in eine reflektierte. Die Berechnung sei z. B. bis $t = 2$ s durchgeführt, die bisherigen Wellenhöhen sind $+188$, -58, -194 mm. Beim weiteren Fortschritt läuft die Welle $+188$ mm mit $+158$ mm weiter ($188 \cdot 0{,}840 = 158$) und sendet eine Gegenwelle von -30 mm ($158 - 188 = -30$) zurück. Die ankommende rückläufige Welle -58 mm teilt sich ebenfalls, und zwar in -83 mm ($-58 \cdot 1{,}440 = -83$) direkt und -25 mm reflektiert ($-83 - (-58) = -25$). Ebenso auch die Welle -194 mm, die -109 mm vorwärts und $+85$ mm zurücksendet. Durch algebraische Addition der den Rautenseiten beigeschriebenen Werte erhält man die neuen Wellenhöhen $+2$, -134 mm (und -30 sowie $+158$ mm). Beim weiteren Fortschritt wird ebenso vorgegangen. Erwähnt sei noch, daß bei der Reflexion am Krafthaus jede Welle eine gleich hohe Gegenwelle erzeugt. Eine einfache Rechenprobe ist die, daß die durch die algebraische Addition der Wellenhöhen entlang der Zeithorizontalen (von rechts nach links) bestimmte Wellenhöhe gleich der algebraischen Summe der bei einer bestimmten Abszisse *unter* der Zeithorizontalen liegenden Teilwellen sein muß. So werden auch die Zustandsbilder ermittelt. Für $t = 5s$ z. B. ist die Rechnung folgende (vgl. Ort-Zeit-Bild und Zustandsbild für $t = 5s$): Wellenhöhe am Kopf $= +106$ mm; $106 + 9 = +115$; $115 - 78 = +37$; $37 + 2 = +39$; $39 - 4 = +35$; $35 + 6 = +41$; $41 - 8 = +33$; $33 + 3 = +36$ mm bei $x = 0$. Kontrolle für $x = 0$ (Summierung der vor $t = 5s$ gebildeten Wellen) $+440 - 194 - 194 + 2 + 2 - 10 - 10 = +36$ mm wie oben. (Die fetten Zahlen erscheinen im Zustandsbild.)

Eine weitere Kontrolle ergibt die Raumgleichung für jeden Zeitpunkt t_i: In t_i Sekunden zugeflossene Wassermenge gleich Speicherung oberhalb des ursprünglichen Beharrungsspiegels in derselben Zeit.

Wie sehr sich die ermittelten Zustandslinien den tatsächlichen Verhältnissen anschließen, hängt — abgesehen von der Erfüllung der grundsätzlichen Berechnungsannahmen — vor allem davon ab, wie grob oder wie fein man die Abstufung der Schwallbreiten wählt, d. h., wie nahe man die Berechnungsprofile legt. In Abb. 43 (hinter S. 48) ist der Abstand der plötzlichen Breitenänderungen mit 5 m angenommen. Zum Vergleich wurde die Berechnung in den ersten 2,5 s für Abstände von nur 1 m durchgeführt. Die in die Zustandsbilder gestrichelt eingetragenen Ergebnisse zeigen, daß — wenn eine möglichst genaue Form der Schwallängenschnitte erwünscht ist — mindestens dicht beim Kraftwerk eine ziemlich enge Breitenabstufung vorgenommen werden muß. Für spätere Zeitpunkte können die Abstände größer gewählt werden. — Im allgemeinen läßt Abb. 43 bezüglich der Form der Zustandslinien erkennen, daß am Wellenkopf die größte Höhe vorliegt, die gegen das Kraftwerk hin allmählich abnimmt. Dies ist ohne weiteres verständlich, da bei jeder Querschnittsverbreiterung der voreilende Schwall mehr Wasser faßt als der ankommende (daher auch die rückläufigen Senkungswellen) und die am Kraftwerk reflektierten Senkungswellen eine in Schwallrichtung steigende Wasseroberfläche erzeugen müssen.

Der Vollständigkeit halber sei noch darauf hingewiesen, daß die feinere Breitenabstufung auch die genaueren Werte für die Wellenkopfhöhe gibt. Groß gewählter Abstand der plötzlichen Breitenänderungen bedingt zu kleine Werte; je kleiner der Abstand, desto näher kommt man den Werten der Gl. (60 bzw. 62).

Umständlicher wird die Untersuchung für allmähliche Belastung des Kraftwerkes. Hier muß man den gesamten Belastungsvorgang in eine Reihe von Teilvorgängen gleicher Anfangswellenhöhe auflösen und trachten, eine einzige Teilwelle möglichst lange (die mehrfache Belastungsdauer) zu verfolgen. Die dafür erhaltenen Zustandsbilder werden auch für die übrigen Teilwellen gelten, und man wird also näherungsweise die ganzen Zustandsbilder überlagern können. — Derartige Arbeiten sind allerdings schon recht zeitraubend. In verwickelten und rechnerisch zweifelhaften Fällen ist auf Modellversuche zurückzugreifen.

4.8 Berücksichtigung der Reibung und der Sohlenneigung

Die bisher wiedergegebenen Verfahren beziehen sich ausnahmslos auf die Horizontalströmung, d. h. auf reibungslose Strömung, bei der die Längenschnitte der Einzelwellen immer Rechtecke sind.

Können Reibungseinflüsse und Sohlenneigung nicht vernachlässigt werden, so sind die Gl. (48 u. 49) bzw. die aus ihnen folgenden Näherungsformeln nur für die Ermittlung der augenblicklichen Verformung brauchbar, die sich ergibt, wenn die Welle die Unstetigkeit erreicht. Für die Bestimmung des weiteren Spiegelverlaufes dagegen muß, wie FAVRE gezeigt hat, noch eine dritte Bedingung hinzutreten.

Abb. 44 zeigt einen flußaufwärts laufenden Schwall, der sich in Profil 0_i gebildet hat und bei seiner Fortbewegung in Querschnitt 1_i eine sprunghafte Änderung des Querschnittes vorfindet. Die Bezeichnungen sind von früher her bekannt (s. Abb. 26); die den Buchstaben beigefügten Indizes i sollen die primäre Welle bezeichnen, die am Profilwechsel umgeformt wird.

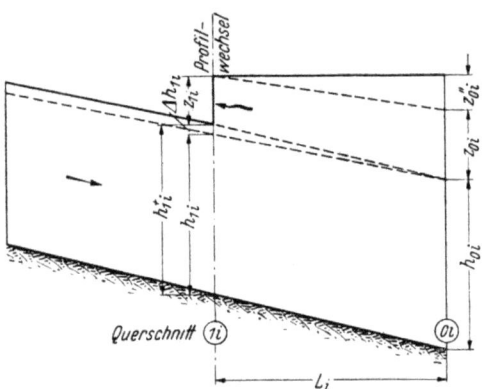

Im Augenblick der Ankunft der Welle in Querschnitt 1_i hat der Spiegellängenschnitt die stark gezeichnete Form.

Abb. 44. Ankunft des Schwalles am Profilwechsel

Den Reflexionsverlauf am Profilwechsel, der z. B. eine Verengung sei, zeigt Abb. 45. Die Größen der zurückgeworfenen Welle sind in der bekannten Art bezeichnet, die der direkten, vergrößert weiterlaufenden Welle erhalten oben einen Querstrich.

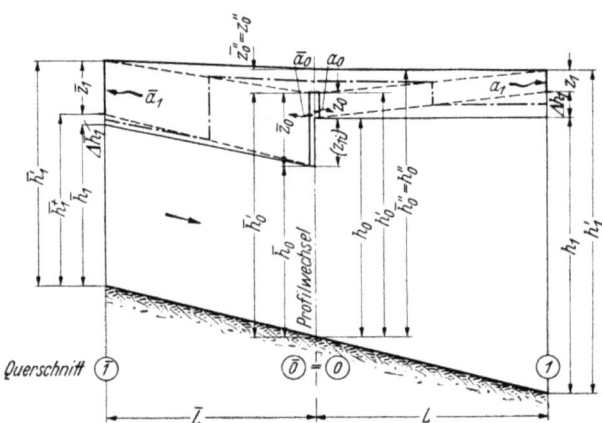

Abb. 45. Umformung eines Schwalles an einer Querschnittsverengung

Die beiden neuen Wellen bewegen sich, vom Querschnittswechsel ausgehend, von 0 nach 1 (reflektierte Welle) bzw. von $\bar{0}$ nach $\bar{1}$ (direkte Welle) und erreichen die Querschnitte 1 und $\bar{1}$ zur gleichen Zeit. Die Längen L und $\bar{L}$ sind dementsprechend festgelegt; L braucht im allgemeinen nicht mit L_i (Abb. 44) übereinzustimmen.

Verformung der Wellen an Querschnittsänderungen

Für den Augenblick der Umformung gelten die schon mitgeteilten Gl. (48 u. 49), die mit den neuen Bezeichnungen lauten

$$\bar{z}_0 - z_0 = z_{1i}, \qquad (65)$$

$$\Delta \bar{Q}'_0 - \Delta Q'_0 = \Delta Q'_{1i}. \qquad (66)$$

Dieses Gleichungssystem wird aufgelöst, wie auf S. 32 ff. beschrieben.

Beim weiteren Verlauf der Bewegung tritt im Unstetigkeitsquerschnitt eine zusätzliche Spiegelbewegung ein. (Im Fall der Abb. 45 ist es eine allmähliche Hebung.)

Aus Gründen der Kontinuität muß sein

$$z''_0 = \bar{z}''_0 \quad \text{und} \quad \Delta Q''_0 = \Delta \bar{Q}''_0. \qquad (67)$$

Die Gl. (65, 66 u. 67) lösen die Aufgabe vollständig.

Vor der Auswertung von Gl. (67) sind die Gl. (45 u. 46) anzuwenden. Streng genommen wäre für jede der beiden Wellen eine Anzahl von Proberechnungen für verschiedene angenommene Werte $\Delta Q''_0$ bzw. $\Delta \bar{Q}''_0$ nach (45 u. 46) durchzuführen. Auf diese Weise ergeben sich für die beiden Wellen die Beziehungen $\Delta Q''_0 = \Phi(z''_0)$ und $\Delta \bar{Q}''_0 = \Psi(\bar{z}''_0)$, die, nach Abb. 46 graphisch aufgelöst, die gesuchten Größen $z''_0 = \bar{z}''_0$ und $\Delta Q''_0 = \Delta \bar{Q}''_0$ liefern.

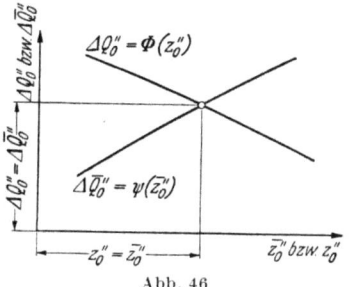

Abb. 46

Praktisch wird sich bei einiger Übung die zeitraubende Probierarbeit auf ein Mindestmaß herabsetzen lassen, wenn man — was in vielen Fällen hinreichend genau möglich ist — etwa die Werte z_1 und $\bar{z}_1$ im voraus schätzt. Dadurch wird die Rechenarbeit ganz erheblich einfacher.

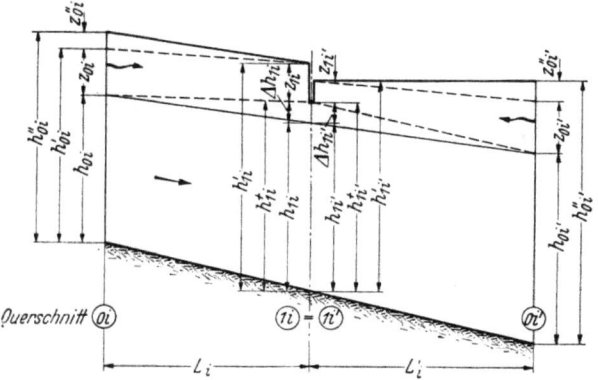

Abb. 47. Gegenläufige Wellen unmittelbar vor der Kreuzung

In ganz ähnlicher Weise sind zwei *einander durchdringende* Wellen zu behandeln (FAVRE).

Abb. 47 zeigt zwei gegeneinander laufende Schwallwellen, die in Querschnitt $1i$ und $1i'$ mit den Höhen z_{1i} und $z_{1i'}$ ankommen. Die Bezeichnungen sind die gleichen wie früher, nur erhalten die Größen zur Unterscheidung der beiden primären Wellen die Indizes i bzw. i'.

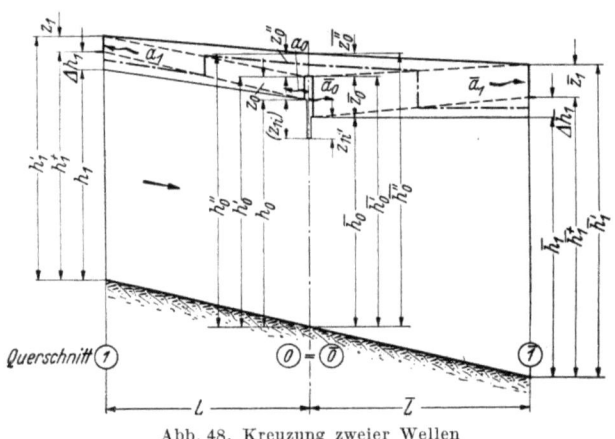

Abb. 48. Kreuzung zweier Wellen

Die Verformung und den weiteren Verlauf der Spiegelbewegung zeigt Abb. 48, ebenso die verwendete Bezeichnungsweise. Die Umformungsbedingungen sind schon auf S. 35f. angegeben worden. Sie lauten mit den Bezeichnungen der Abb. 48

$$\bar{z}_0 - z_0 = z_{1i} - z_{1i'} \qquad (68)$$

und

$$\Delta \bar{Q}_0' - \Delta Q_0' = \Delta Q_{1i}' - \Delta Q_{1i'}'. \qquad (69)$$

Hinzu kommt als dritte Bedingung für den Zeitpunkt, da die Wellenköpfe die Profile $\bar{1}$ und 1 erreichen,

$$z_0'' = \bar{z}_0'' \quad \text{und} \quad \Delta Q_0'' = \Delta \bar{Q}_0''. \qquad (70)$$

Ein Vergleich mit (65 bis 67) zeigt, daß an die Stelle von z_{1i} und $\Delta Q_{1i}'$ nunmehr die Differenzen $(z_{1i} - z_{1i'})$ und $(\Delta Q_{1i}' - \Delta Q_{1i'}')$ treten. Die Auflösung des Gleichungssystems (68 bis 70) ist demnach genau die gleiche wie bei der Reflexion an Querschnittsunstetigkeiten.

Der Vollständigkeit halber sei noch erwähnt, daß FAVRE auch Ansätze für die Berechnung der *Reflexionserscheinungen an Flußspaltungen* gegeben hat.

Wird die ankommende Primärwelle wieder durch den Index i bezeichnet, werden ferner die auf die beiden Gerinnearme bezüglichen Größen mit einem bzw. zwei Querstrichen gekennzeichnet und bleibt

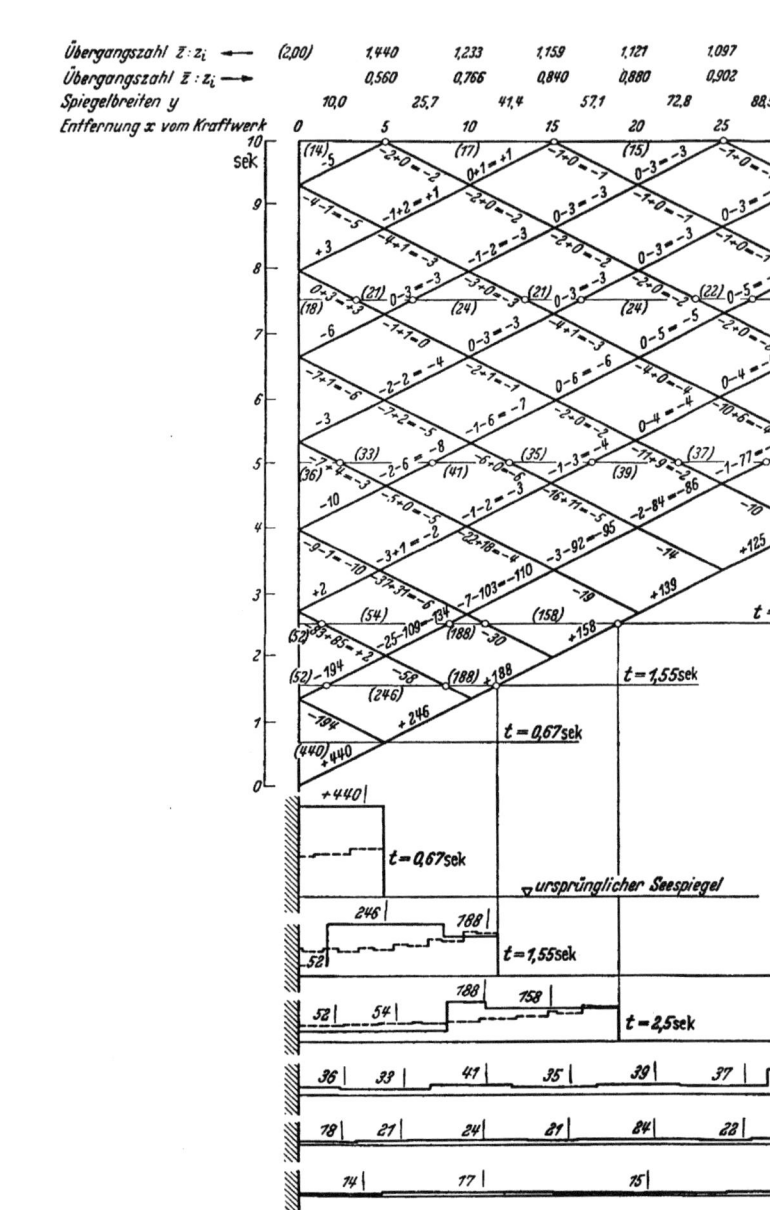

Abb. 43. Auslauf eines F[...]

Tafel

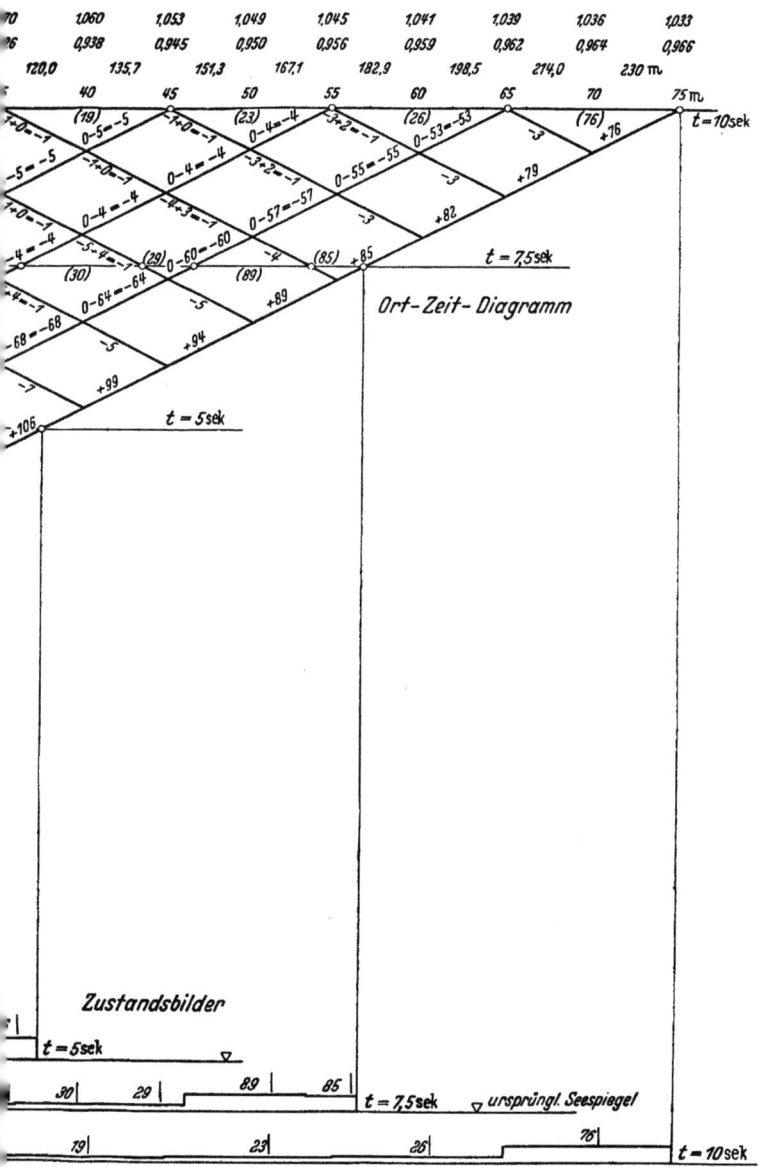

die zurückgeworfene Welle wie bisher ohne besonderes Kennzeichen, so lassen sich folgende Beziehungen anschreiben:

$$\bar{z}_0 - z_0 = z_{1i} \tag{71}$$

$$\bar{\bar{z}}_0 = \dot{z}_0 \tag{72}$$

$$\Delta \bar{Q}'_0 + \Delta \dot{Q}'_0 - \Delta Q'_0 = \Delta Q'_{1i} \tag{73}$$

$$z''_0 = \bar{z}''_0 = \bar{\bar{z}}''_0 \tag{74}$$

$$\Delta Q''_0 = \Delta \bar{Q}''_0 + \Delta \dot{\bar{Q}}''_0. \tag{75}$$

Dieses System wird grundsätzlich aufgelöst, wie schon oben angegeben.

4.9 Einfluß der Schließ- bzw. Öffnungszeit auf die Wellenhöhe

Ihrer Natur nach gehört in den Rahmen dieses Kapitels noch die Frage, welchen Verformungserscheinungen die Welle unterworfen ist, wenn der Schließvorgang nicht, wie bisher angenommen, plötzlich, sondern in einer endlichen Zeit vor sich geht.

Bei Schwallwellen äußert sich langsames Schließen (vgl. Abb. 59) in einer Schrägstellung der Wellenfront. Bei Sunkwellen, deren Kopf ohnehin aus anderen Gründen (vgl. S. 15) schräg liegt, wird diese Schräglage noch verstärkt.

Bezüglich der Hebungswellen haben die Versuche von FAVRE gezeigt, daß die am Ende des Manövers vorhandene Spiegelhebung unabhängig von der Dauer desselben ist. Auch die Höhe der Kopfwellen, in die sich (vgl. S. 12) der Schwall auflöst, ist von der Dauer der Schützenbewegung unabhängig, sofern diese klein im Vergleich zur Laufdauer der Hebungswelle selbst bleibt.

Den Einfluß der Öffnungsdauer auf Senkungswellen hat EGIAZAROFF untersucht. Er stellte dabei ebenfalls fest, daß die endgültige Wellenhöhe nicht von der Öffnungszeit abhängt.

Auch KOCH und CARSTANJEN sind zu diesem Ergebnis gekommen. Selbstverständliche Voraussetzung all dieser Feststellungen ist, daß sich vor Beendigung der Schützenbewegung nicht irgendwelche Reflexionserscheinungen bemerkbar machen. Dies hat unter anderen FEIFEL näher erörtert.

In einem kurzen Obergraben z. B., der aus einem großen Becken kommt, wäre der Fall denkbar, daß die zu Beginn des Schließvorganges entstehende Hebungswelle bis zum Becken läuft und von dort als reflektierter Sunk wieder am Abschlußorgan ankommt, noch ehe der Schließvorgang beendet ist. Zu diesem Zeitpunkt wird die weitere Hebung am unteren Grabenende unterbrochen, und die Schwallhöhe kann nicht den Wert erreichen, auf den sie in unbegrenzt langem Kanal angestiegen wäre.

5 Dämpfung von Schwällen durch seitliche Überläufe
5.1 Grundsätzliches. Schrittweises Verfahren

Derartige Untersuchungen können nach den bisherigen Ausführungen ohne Schwierigkeiten durchgeführt werden, und es erübrigt sich daher, näher darauf einzugehen.

Die Schwallfortpflanzung und -umformung entlang einem seitlichen Überfall läßt sich unter der im allgemeinen zulässigen Annahme einer reibungsfreien Strömung auf horizontaler Sohle in ähnlicher Weise behandeln, wie dies für Querschnittsänderungen und den Auslauf von Wellen in einen See geschehen ist.

In Abb. 49 bewegt sich eine Welle von der Höhe z_i, der Schnelligkeit a_i und der Schwallbreite y_i entlang einem seitlichen Überlauf und tritt in den Längenabschnitt ΔL ein. Da es sich um ein kurzes Wellenelement handelt, wird angenommen, daß der Abfluß des Wassers über den Seitenüberfall im ganzen Abschnitt in erster Näherung unter dem Einfluß der Überfallhöhe $h_ü = z_i - d$ vor sich geht und zur Gänze auf den Querschnitt I konzentriert ist. Die gesamte Abflußmenge des Abschnittes ΔL ist

$$\Delta Q_ü = \tfrac{2}{3}\mu\,\Delta L \times \sqrt{2g}\,h_ü^{3/2} = K\,h_ü^{3/2} \qquad (76)$$

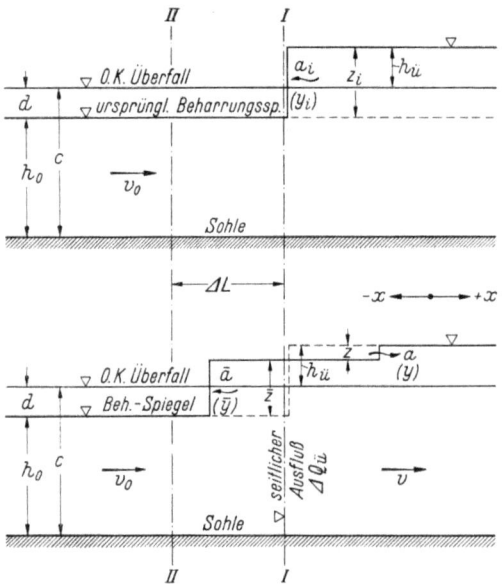

Abb. 49. Elementarwellen an einem seitlichen Überlauf

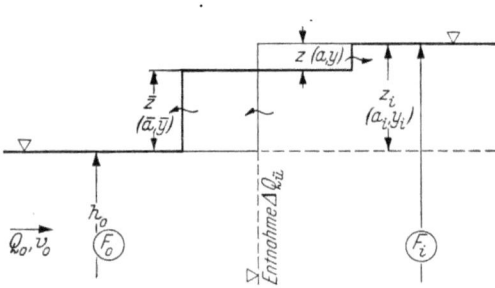

Abb. 50. Wellenverformung durch seitliche Entnahme von $\Delta Q_ü$

und wird dem Kanal annahmegemäß im Querschnitt I entzogen. Eine solche Entnahme hat nun eine Reduktion der Höhe der weiterlaufenden Welle auf $\bar{z}$ und eine rückläufige Welle von der Höhe z zur Folge (Abb. 50). Unter Beachtung der festgesetzten Vorzeichenregeln (a_i und $\bar{a}$ negativ, a positiv, z_i und $\bar{z}$ positiv, z negativ) läßt aus dem Vergleich der sekundlich mit Wasser erfüllten und der entleerten Räume die Gleichung anschreiben:

$$a_i\, y_i\, z_i = a\, \bar{y}\, \bar{z} - a\, y\, z - \Delta Q_{\bar{a}}. \tag{77}$$

Da, wieder unter Berücksichtigung der Vorzeichen,

$$z = \bar{z} - z_i, \tag{78}$$

geht aus Gl. (77) die Höhe der weiterlaufenden Welle hervor:

$$\bar{z} = z_i \frac{a\, y - a_i\, y_i}{a\, y - a\, y} - \frac{\Delta Q_{\bar{a}}}{a\, y - a\, y}. \tag{79}$$

Bei genügend kleiner Intervallstrecke kann gesetzt werden

$$a_i = \bar{a} \quad \text{und} \quad \bar{a}\, \bar{y} = a_i\, y_i,$$

so daß schließlich

$$\bar{z} = z_i - \frac{\Delta Q_{\bar{a}}}{a\, y - \bar{a}\, \bar{y}} \tag{80}$$

und

$$z = - \frac{\Delta Q_{\bar{a}}}{a\, y - \bar{a}\, \bar{y}}. \tag{81}$$

Zur Bestimmung von $a_i \cong \bar{a}$ und a ist jeweils die Vorgeschwindigkeit erforderlich. Bei a_i bzw. $\bar{a}$ ist sie v_0, so daß, unter Zugrundelegung von Gl. (8), geschrieben werden kann

$$a_i \cong \bar{a} = v_0 - \sqrt{g\left(\frac{F_0}{y_i} + \frac{3}{2} z_i\right)}. \tag{82}$$

Bei Ermittlung der Vorgeschwindigkeit für die rückläufige Senkungswelle ist zu beachten, daß von dem gesamten sekundlichen Zulauf Q_0 *nicht* über den Entnahmequerschnitt ($\Delta Q_{\bar{a}}$) hinaus gelangen die Speicherung in der weiterlaufenden Welle $\bar{a}\, \bar{y}\, \bar{z}$ und der seitliche Überlauf $\Delta Q_{\bar{a}}$. Wird die Fließfläche unter der Welle z_i, die von der Tiefe $h_i = h_0 + z_i$ abhängt, mit F_i bezeichnet, so läßt sich die Vorgeschwindigkeit v angeben zu

$$v = \frac{Q_0 + \bar{a}\, \bar{y}\, \bar{z} - \Delta Q_{\bar{a}}}{F_i} \tag{83}$$

($\bar{a}$ ist negativ!).

Da z im allgemeinen klein ist, so gilt ausreichend genau

$$a = \frac{Q_0 + \bar{a}\, \bar{y}\, \bar{z} - \Delta Q_{\bar{a}}}{F_i} + \sqrt{g \frac{F_i}{B_i}}. \tag{84}$$

Mit Hilfe der Gl. (76 u. 80 bis 84) kann nunmehr der Spiegelverlauf entlang dem Überfall angenähert festgelegt werden. Abb. 51 zeigt ein Beispiel und die schon bekannte Darstellung mit dem Ort-Zeit-Diagramm der Wellenköpfe und den Zustandslinien. Folgende Daten liegen zugrunde:

$$\text{Rechteckgerinne } B = 10,0 \text{ m};$$
$$y_t = \bar{y} = y;$$
$$h_0 = 4,00 \text{ m};$$
$$Q_0 = 48 \text{ m}^3/\text{s};$$
$$v_0 = \frac{48}{4 \cdot 10} = 1,20 \text{ m/s}.$$

Überfallschwelle $L = 100$ m;
Schwellenhöhe $c = 4{,}20$ m über Sohle.

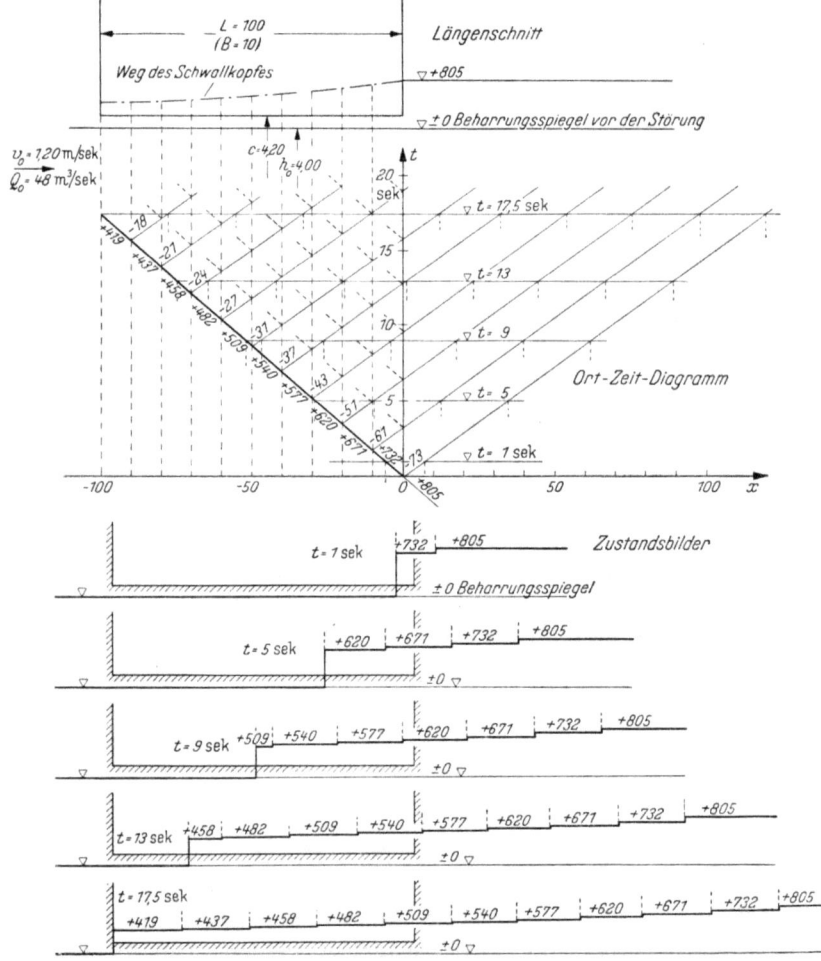

Abb. 51. Schwallverlauf entlang einem seitlichen Überlauf (Wellenhöhen in mm)

Tabelle 3. Rechenschema für seitlichen Überfall

x	Δx	$\Delta t = \frac{\Delta x}{v}$	t	z_1	$v_1 = -\sqrt{g\left(\frac{P_0}{h_1}+\frac{3}{2}z_1\right)}$	h_1	$\bar{v} \approx v_1$	$\bar{h}=h_1$	$a = \frac{Q_0 + \bar{h}\bar{v}\Delta x - \Delta Q_a}{P_1}$	$v = a + \sqrt{\frac{P_1}{h_1}}$	h	hv	$\bar{h}\bar{v}$	$\bar{h}\bar{v}-hv$	$h_a = z_1-d$	$\Delta Q_a = K h_a^{3/2}$	$\frac{\bar{h}\bar{v}-hv}{\Delta Q_a}$	$z = z_1 - \frac{\bar{h}\bar{v}-hv}{\Delta Q_a}$	$z - \frac{\bar{h}\bar{v}-hv}{\Delta Q_a}$
0			0,00	+0,805	−5,96	10,0	−5,96	10,0	0	+6,86	10,0	68,6	−59,6	128,2	0,605	9,40	0,073	+0,732	−0,073
10	10	1,68	1,68	+0,732	−5,88	10,0	−5,88	10,0	≈0	+6,82	10,0	68,2	−58,8	127,0	0,532	7,76	0,061	+0,671	−0,061
20	10	1,70	3,38	+0,671	−5,82	10,0	−5,82	10,0	+0,05	+6,80	10,0	68,0	−58,2	126,2	0,471	6,46	0,051	+0,620	−0,051
30	10	1,72	5,10	+0,620	−5,76	10,0	−5,76	10,0	+0,15	+6,88	10,0	68,8	−57,6	126,4	0,420	5,44	0,043	+0,577	−0,043
40	10	1,74	6,84	+0,577	−5,72	10,0	−5,72	10,0	+0,23	+6,94	10,0	69,4	−57,2	126,6	0,377	4,62	0,037	+0,540	−0,037
50	10	1,75	8,59	+0,540	−5,67	10,0	−5,67	10,0	+0,30	+6,98	10,0	69,8	−56,7	126,5	0,340	3,96	0,031	+0,509	−0,031
60	10	1,76	10,35	+0,509	−5,64	10,0	−5,64	10,0	+0,35	+7,00	10,0	70,0	−56,4	126,4	0,309	3,43	0,027	+0,482	−0,027
70	10	1,77	12,12	+0,482	−5,61	10,0	−5,61	10,0	+0,40	+7,04	10,0	70,4	−56,1	126,5	0,282	3,00	0,024	+0,458	−0,024
80	10	1,78	13,90	+0,458	−5,59	10,0	−5,59	10,0	+0,44	+7,06	10,0	70,6	−55,9	126,5	0,258	2,62	0,021	+0,437	−0,021
90	10	1,79	15,69	+0,437	−5,56	10,0	−5,56	10,0	+0,48	+7,09	10,0	70,9	−55,6	126,5	0,237	2,31	0,018	+0,419	−0,018
100	10	1,80	17,49	+0,419															

Die Gesamtlänge wird in 10 Abschnitte von je $\Delta x = 10$ m unterteilt, über die eine Überfallmenge von je $\Delta Q_a = 20\ h_a^{3/2}$ entzogen wird.

Der ankommende Schwall, der durch Schließen der unmittelbar unterhalb des Überlaufes gelegenen Turbinen entstanden ist, läßt sich nach den Gl. (9 u. 82) berechnen. Es ist $z_i = +0{,}805$ m und $a_i = -5{,}96$ m/s.

Bei Eintritt des Schwalles ins Übereich ($t = 0$, $x = 0$) tritt laut Voraussetzung ein konzentrierter seitlicher Wasserentzug gemäß Gl. (76) auf in Höhe von $\Delta Q_a = 9{,}4$ m³/s. Gl. (80 u. 81) liefern die neuen Wellenhöhen $\bar{z} = +0{,}732$ und $z = -0{,}073$ m. Die Welle $\bar{z} = +0{,}732$ m verläßt den ersten Abschnitt zur Zeit $t = 1{,}68$ s und tritt nun mit $z_i = +0{,}732$ m in den zweiten Abschnitt ein. Die Berechnung geschieht analog der früheren und schreitet von Abschnitt zu Abschnitt fort, bis sie mit $z_i = +0{,}419$ m am oberen Überfallende ankommt. — Es ist zweckmäßig, die Berechnungsergebnisse nach Abb. 51 aufzutragen. Die Zahlenrechnungen können gemäß Tab. 3 ausgeführt werden.

An Hand des Ort-Zeit-Diagramms von Abb. 51 lassen sich auch die Zustandslinien für alle gewünschten Zeitpunkte in der schon früher beschriebenen Weise konstruieren. Hierzu ist aber zu sagen, daß dies mit vertretbarem Zeitaufwand nur möglich ist, wenn man nur die Wellen 1. und 2. Ordnung berücksichtigt, wie es bei der bisherigen Erörterung der Fall war. Aus Abb. 51 geht hervor, daß die talläufigen Wellen 2. Ordnung jeweils beim Eintritt in den nächsten Berechnungsabschnitt die dort vorhandene Überfallhöhe abbauen, damit eine Änderung der seitlichen Entlastungsmenge und somit Reflexionswellen 3. Ordnung (in Abb. 51 gestrichelt) hervorrufen. Auch diese werden in analoger Weise wiederum reflektiert und umgeformt, so daß sich schließlich ein unübersehbares und jeglicher rechnerischen Behandlung unzugängliches System von Wellen herausbildet. Eine genaue Verfolgung dieses Vorganges ist allerdings für die Praxis auch uninteressant, die in erster Linie die Frage stellt, auf welche Höhe eine ankommende Welle durch den seitlichen Überlauf abgesenkt wird, eine Frage, die mit dem gegebenen abgekürzten Verfahren ausreichend beantwortet wird.

Ein dem beschriebenen ähnliches graphisch-rechnerisches Verfahren ist früher von DRIOLI angegeben worden.

5.2 Das Verfahren von Citrini

Eine analytische Behandlung des Problems für ein horizontales Rechteckgerinne von der Breite B stammt von CITRINI (a). Es liefert mit den Bezeichnungen der Abb. 52 und den Relativwerten

$$\eta_f = \frac{h_f}{h_0}; \quad \eta_t = \frac{h_t}{h_0}; \quad c^* = \frac{c}{h_0}; \quad A = \pm \frac{\sqrt{g\,h_0}}{v_0}$$

Dämpfung von Schwällen durch seitliche Überläufe

(+ für eine flußabwärts, — für eine flußaufwärts laufende Hebungswelle) folgende Gleichung:

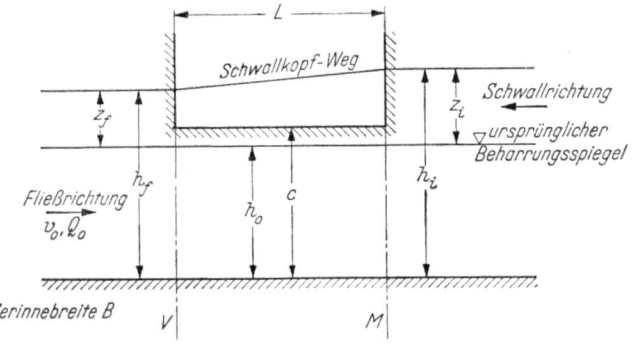

$$\frac{\eta_f(\eta_i-1)\left[1+\dfrac{3}{4}(\eta_i-1)\right]+(\eta_i^2-\eta_f^2)\sqrt{\dfrac{1}{8}(\eta_f+\eta_i)}\;-}{\eta_f\cdot\eta_i\cdot A(\eta_i^2-1)\sqrt{\dfrac{1}{8}(\eta_f+1)}\cdot A(\eta_i-1)\left[1+\dfrac{3}{4}(\eta_i-1)\right]+A(\eta_f-\eta_i)\sqrt{\dfrac{1}{2}(\eta_f+\eta_i)}}$$

$$\dfrac{-\eta_i(\eta_f^2-1)\sqrt{\dfrac{1}{8}(\eta_f+1)}-\dfrac{\mu}{3}\dfrac{L}{B}A(\eta_f-\eta_i)^2(\eta_f+\eta_i-2c^*)\sqrt{\dfrac{1}{8}(\eta_f+\eta_i)(\eta_f+\eta_i-2c^*)}}{\cdots}=0. \qquad (85)$$

Die Bedeutung von μ ergibt sich aus Gl. (76).

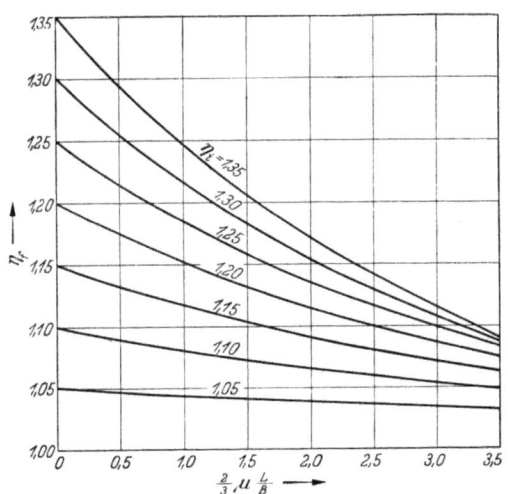

Abb. 52. Schema des seitlichen Überlaufes [zu Gl. (85)]

Bei bekannten η_i und η_f kann hieraus L unmittelbar berechnet werden. Ist, bei gegebenen L und η_i, η_f gesucht, so ist die Lösung nur durch Probieren möglich.

Gl. (85) soll bei großen Wellenhöhen gut stimmen bis $L/B = 7$ bis 8, bei kleinen Wellenhöhen noch weiter. Außerhalb dieses Bereiches empfiehlt sich die schrittweise Berechnung.

Erwähnt sei, daß sich bei dem Beispiel in Abbildung 51 für $z_i = +0{,}805$

Abb. 53. Auswertung von Gl. (85) für den Sonderfall $c = h_0$ bzw. $c^* = 1$ [CITRINI]

und $z_f = +0{,}419$ m nach Gl. (85) eine Überfall-Länge $L = 95$ m errechnet gegenüber 100 m des Beispiels.

Liegt der ursprüngliche Beharrungsspiegel auf Höhe der Überfallschwelle ($c^* = 1$), so vereinfacht sich Gl. (85) und kann mit Hilfe der Netztafel Abb. 53 [nach CITRINI (b)] ausgewertet werden.

5.3 Die Versuche von Gentilini

Nach dem schon in Abschnitt 1.3 über die Auflösung des Schwalles in Einzelwellen Gesagten muß erwartet werden, daß diese Erscheinung auch beim seitlichen Überlauf auftritt. Dies haben die Versuche von GENTILINI bestätigt.

Es wurde schon darauf hingewiesen, daß es sich bei den festgestellten Kopfwellen (zum Unterschied von den durch FAVRE untersuchten) um „nicht stabilisierte" Wellen handelt, wie sie an einem nahe am Abschlußorgan liegenden Übereich auftreten (vgl. auch Abb. 13 und das dazu Gesagte). Das Versuchsgerinne war rechteckig, die seitlichen Überläufe waren entweder einseitig angeordnet oder in den beiden gegenüberliegenden Seitenwandungen (ohne daß sich

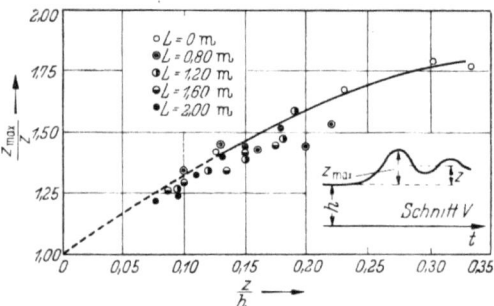

Abb. 54. Schwallüberhöhung an seitlichen Überläufen für verschiedene Überfall-Längen. [Nach GENTILINI (Meßquerschnitt V)]

zwischen diesen beiden Anordnungen wesentliche Unterschiede zeigten). Die kinematographisch aufgenommenen Wellen waren durch keinerlei Gegenwellen vom Schützenquerschnitt her beeinflußt, d. h., die Aufnahme der Wellenbilder war jeweils schon vor dem Eintreffen der Reflexionswellen beendet.

Die Ergebnisse lassen sich wie folgt zusammenfassen:

5.31 Die größte relative Schwallüberhöhung z_{max}/z (vgl. Abb. 12) an dem der ankommenden Primärwelle zugekehrten Überfall-Ende M (Abb. 52) ist für alle Überfall-Längen praktisch die gleiche. Sie ergibt sich also für alle Fälle aus Kurve 3 der Abb. 13 bzw. aus der Kurve $L = 0$ der Abb. 54. Dies zeigt auch Abb. 55a. Hieraus ist aber auch ersichtlich, daß der weitere Wellenverlauf von dem Überlauf abhängt in der Weise, daß bei fehlendem Überlauf ($L = 0$) die Dämpfung am geringsten ist.

5.32 An dem dem ankommenden Schwall abgekehrten Ende des Überfalles (Querschnitt V, Abb. 52) hängt, wie aus Abb. 55b ersichtlich, die Höhe der Kopfwellen sehr stark von der Länge der Überlaufschwelle ab. Das Maximum kann dabei bei der ersten oder bei einer der folgenden Erhebungen auftreten. — Bezieht man jedoch die größte Wellenhöhe z_{max} auf die Mittelhöhe der Welle an dem dem Absperrvorgang abgekehrten Überfall-Ende (wie sie z. B. auch nach einem der angegebenen theoretischen Verfahren ermittelt werden kann), so zeigt sich die aus Abb. 54 erkennbare Sachlage: die Netzpunkte (z/h, z_{max}/z) lassen keinen ausgeprägten Einfluß von L erkennen, liegen an der Kurve $L = 0$, und zwar — in der Überzahl — unter ihr. Man kann daher zur Schätzung von z_{max} in Querschnitt V im allgemeinen die Kurve $L = 0$ benutzen.

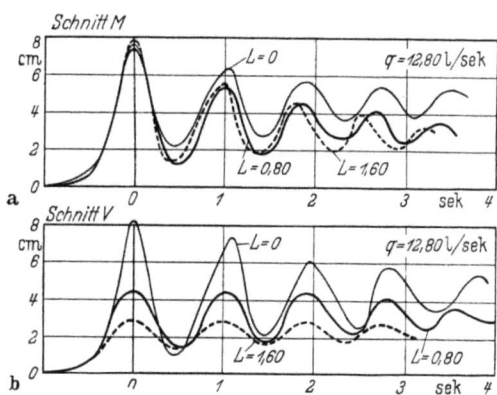

Abb. 55. Zeitlicher Wasserstandsverlauf nach einem der Versuche von GENTILINI
a) Querschnitt M, dem ankommenden Schwall zugekehrtes Überfall-Ende
b) Querschnitt V, dem ankommenden Schwall abgekehrtes Überfall-Ende

5.33 Sowohl für den Querschnitt M wie den Querschnitt V stimmten die mittleren versuchsmäßigen Wellenhöhen mit den theoretischen Werten gut überein. Insbesondere ist so die Brauchbarkeit des stufenweisen Verfahrens und des Verfahrens von CITRINI (a) bewiesen.

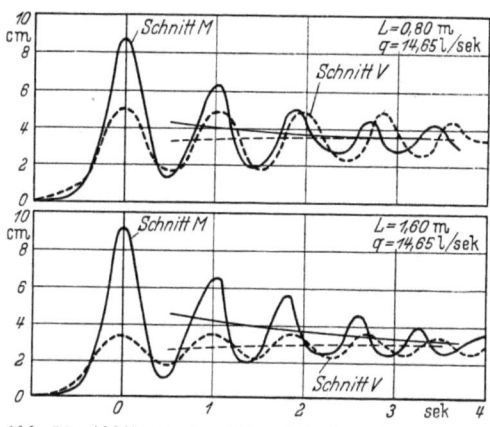

Abb. 56. Abklingen der Spiegelschwingungen an den beiden Enden des Überfalles (GENTILINI)

In Abb. 56 ist für zwei verschiedene Überfall-Längen durch Einzeichnen der Mittellinien die Art der Dämpfung der Spiegelschwingungen dargestellt: im Querschnitt M senkt sich der Wasserspiegel, im Querschnitt V steigt er an. Beide Mittelkurven streben der Höhe des nachfolgenden Beharrungszustandes zu, der durch den permanenten Abfluß der Zulaufwassermenge über den seitlichen Überfall gekennzeichnet ist.

5.4 Zusammenfassung

Die Berechnung von seitlichen Überläufen wird zweckmäßig nach folgendem Schema durchgeführt:

Die Höhe der ankommenden Welle ist nach den bekannten Verfahren (Abschnitt 1) zu bestimmen. Mit Hilfe der Verfahren 5.1 oder 5.2 wird entweder die Wellenhöhe am Ende oder die Überlauf-Länge ermittelt.

Die Überhöhung der Wellenköpfe läßt sich nach Abb. 54 beurteilen. — Ist die größte zulässige Wassertiefe im Querschnitt V, also $z_{f\,max}$ gegeben, so muß durch Probieren aus Abb. 54 das zulässige z_f gefunden werden. Zu z_i und z_f findet sich dann L. Wird hierzu das schrittweise Verfahren verwendet, dann ist die Rechnung von z_i ausgehend so weit zu führen, bis das gewünschte z_f erreicht ist.

6 Behandlung der beim Kraftwerksbetrieb vorkommenden Fälle

Nachdem nunmehr aus den vorausgehenden Kapiteln alle grundlegenden Gesetze für die Berechnung der Schwall- und Sunkwellen bekannt sind, soll jetzt im einzelnen auf die beim Kraftwerksbetrieb möglichen Fälle und ihre rechnerische Behandlung, z. T. mit Hilfe von Zahlenbeispielen, näher eingegangen werden. Zunächst werden die Vorgänge im Oberwasser des Kraftwerkes behandelt, und zwar für Entlastung und Belastung, dann die entsprechenden Erscheinungen im Unterwasser.

6.1 Vorgänge im Oberwasser bei Entlastung (Stauschwall)

6.11 Kurze Kanäle mit geringem Absolutgefälle

Bei kurzen Kanälen, insbesondere bei solchen großer Abmessungen, ist es häufig zulässig, den Einfluß der Reibung zu vernachlässigen, wenn Profilform und Wassertiefe annähernd konstant bleiben. Von kurzen Kanälen im Sinne der folgenden Ausführungen soll dann gesprochen werden, wenn das Absolutgefälle ohne groben Fehler gleich Null gesetzt werden kann.

Eine durch einen Abschaltvorgang hervorgerufene *Einzelwelle* läuft unter den gemachten Voraussetzungen in horizontaler Richtung bis zum Kanaleinlauf. Dort wird sie zurückgeworfen, läuft als Senkungswelle zurück und baut auf ihrem Weg den im Obergraben entstandenen Schwall bis zur Höhe der Wasserfassung ab. Bei der Ankunft im Wasserschloß findet die Sunkwelle einen „vollkommenen Abschluß" vor, d. h., eine weitere Fortpflanzung ist ausgeschlossen. Die Welle verdoppelt sich daher annähernd und läuft nach ihrer Reflexion als Sunk gegen die Wasserfassung. Dort wiederum wird sie als Schwall gleicher Höhe zurückgeworfen, der seinerseits bei der flußabwärtigen Fortpflanzung

Behandlung der beim Kraftwerksbetrieb vorkommenden Fälle 59

die vorgefundenen tiefen Spiegellagen wieder bis auf Wasserfassungshöhe auffüllt. Dieses Spiel wiederholt sich, da reibungsloses Fließen und Formbeständigkeit der Wellen vorausgesetzt, bis ins Unendliche. Die beschriebenen ersten vier Halbphasen des Schwingungsvorganges sind in Abb. 57 dargestellt, in der die am Kanalanfang auftretenden Beschleunigungshöhen der Einfachheit halber vernachlässigt sind.

Das Wesen derartiger Reflexionsvorgänge wird am besten durch ein *Zahlenbeispiel* klarwerden.

Es handle sich um ein Trapezgerinne von 6,0 m Sohlenbreite, 4,0 m Wassertiefe und 1:1 geneigten Böschungen, das eine Fläche von 40,0 m² hat. Die Beharrungswassermenge ist 40,0 m³/s. Der 50 m lange Kanal zweigt aus einem Staubecken mit großer Oberfläche ab.

Wir haben für die *1. Halbphase* (vgl. Abb. 75):

$h_0 = 4{,}00$ m;

$F_0 \quad 40{,}00$ m²;

$B_0 = 6{,}00 + 2 \cdot 4{,}00 = 14{,}00$ m;

$Q_0 = +40{,}00$ m³/s;

$v_0 = +1{,}00$ m/s.

Zur Zeit $t_0 = 0$ soll die Fließmenge plötzlich auf $Q_0' = 0$ m³/s ($v_0' = 0$) vermindert werden; also ist $\Delta Q_0' = Q_0' - Q_0 = -40{,}00$ m³/s. Für eine zunächst schätzungsweise angenommene mittlere Schwall-

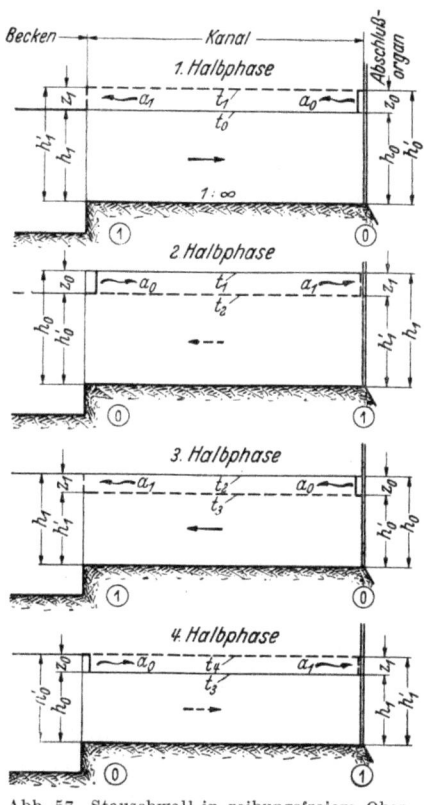

Abb. 57. Stauschwall in reibungsfreiem Obergraben mit unveränderlichem Querschnitt und waagerechter Sohle mit anschließenden Reflexionswellen

breite von $y_0 = 14{,}55$ m wird $F_0/y_0 = 2{,}75$ m. Aus der Kurventafel Abb. 7 ergibt sich $z_0 = +0{,}55$ m. Damit erhält man, da das angenommene y_0 gerechtfertigt erscheint ($y_0 = 14{,}00 + 0{,}55$), genauer aus Gl. (27)

$$a_0 = +1{,}00 - \sqrt{9{,}81 \left(2{,}75 + \frac{3}{2} 0{,}55 + \frac{14{,}55 \cdot 0{,}55^2}{2 \cdot 40{,}00}\right)} = -4{,}96 \text{ m/s}$$

und aus Gl. (28)

$$z_0 = \frac{-40{,}00}{-4{,}96 \cdot 14{,}55} = +0{,}554 \text{ m.}$$

Da bei Horizontalströmung und der vorausgesetzten Profilausbildung die z- und die a-Werte unverändert bleiben, ergibt sich für Profil *1*:

$$z_1 = +0{,}554 \text{ m},$$
$$h_1' = 4{,}554 \text{ m},$$
$$a_1 = -4{,}96 \text{ m/s}.$$

Ferner ist
$$Q_1' = 0,$$
$$v_1' = 0,$$
$$F_1' = 40{,}00 + 14{,}55 \cdot 0{,}554 = 48{,}1 \text{ m}^2.$$

In der *2. Halbphase* liegen somit in Querschnitt *0* (s. Abb. 55) die Anfangswerte vor:

$$h_0 = 4{,}554, \qquad v_0 = 0,$$
$$Q_0 = 0, \qquad F_0 = 48{,}1 \text{ m}^2.$$

Da nach S. 35 bei Reflexion einer Welle an einem unendlich groß angenommenen Becken die rückläufige Welle entgegengesetzt gleich der ankommenden ist, haben wir $h_0' = 4{,}00 \text{ m}$; $z_0 = -0{,}554 \text{ m}$; $y_0 = 14{,}55 \text{ m}$ wie früher.

$$\frac{F_0}{y_0} = \frac{48{,}1}{14{,}55} = 3{,}30 \text{ m}.$$

Mit $v_0 = 0$ wird nach Gl. (27) $a_0 = +4{,}96 \text{ m/s}$ und nach (11) bzw. (28)

$$\Delta Q_0' = +4{,}96 (-0{,}554)\, 14{,}55 = -40{,}00 \text{ m}^3/\text{s},$$
$$Q_0' = +0 + (-40{,}00) = -40{,}00 \text{ m}^3/\text{s},$$
$$F_0' = 48{,}1 - 0{,}554 \cdot 14{,}55 = 40{,}00 \text{ m}^2,$$
$$v_0' = -\frac{40{,}00}{40{,}00} = -1{,}00 \text{ m/s}.$$

Die gleichen Werte ergeben sich in Querschnitt *1* am Wasserschloß bei Ankunft der Welle, also

$$z_1 = -0{,}554 \text{ m}, \qquad Q_1' = -40{,}00 \text{ m}^3/\text{s},$$
$$v_1' = -1{,}00 \text{ m/s}, \qquad h_1' = 4{,}00 \text{ m}.$$

Für die *3. Halbphase* ist

$$h_0 = 4{,}00 \text{ m}, \qquad Q_0 = -40{,}00 \text{ m}^3/\text{s},$$
$$v_0 = -1{,}00 \text{ m/s}, \qquad F_0 = 40{,}00 \text{ m}^2.$$

Beim Eintreffen der Sunkwelle am Wasserschloß fließen $-40{,}00 \text{ m}^3/\text{s}$ im Graben, die dem durch den Sunk entleerten Raum entstammen. Da dieser Raum aber durch die Ebene des Wasserschlosses begrenzt ist, so wird $Q_0' = 0$ und $\Delta Q_0' = 0 - (-40{,}00) = +40{,}00 \text{ m}^3/\text{s}$. Aus einer hier nicht wiedergegebenen Proberechnung hat man erhalten $z_0 = -0{,}525$ m. Daraus ergibt sich $y_0 = 14{,}00 - 0{,}525 = 13{,}47$ m und $F_0/y_0 = 2{,}97$ m. Aus (27 u. 28) wird dann endgültig $a_0 = -5{,}68$ m/s und

$$z_0 = \frac{+40{,}00}{-5{,}68 \cdot 13{,}47} = -0{,}523 \text{ m}.$$

Ferner ist

$$h_0' = 4{,}00 - 0{,}523 = 3{,}477 \text{ m},$$
$$Q_0' = 0,$$
$$F_0' = 40{,}00 - 0{,}523 \cdot 13{,}47 = 32{,}96 \text{ m}^2.$$

Die gleichen Werte ergeben sich für das andere Kanalende.

4. *Halbphase.*

$$h_0 = 3{,}477 \text{ m}, \qquad Q_0 = 0,$$
$$F_0 = 32{,}96 \text{ m}^2, \qquad v_0 = 0,$$
$$y_0 = 13{,}47 \text{ m}, \qquad h_0' = 4{,}00 \text{ m},$$
$$z_0 = +0{,}523 \text{ m}, \qquad \frac{F_0}{y_0} = 2{,}45 \text{ m}.$$

Nach (27) ist $a_0 = +5{,}68$ m/s und nach (28)

$$\Delta Q_0' = +5{,}68 \cdot 0{,}523 \cdot 13{,}47 = +40{,}00 \text{ m}^3/\text{s},$$
$$Q_0' = 0 + 40{,}00 = +40{,}00 \text{ m}^3/\text{s},$$
$$F_0' = 32{,}96 + 0{,}523 \cdot 13{,}47 = 40{,}00 \text{ m}^2,$$
$$v_0' = +1{,}00 \text{ m/s}.$$

Am Ende der 4. Halbphase, wenn die Schwallwelle das Wasserschloß erreicht, liegen dort die Werte vor: $h_1' = 4{,}00$ m; $Q_1' = +40{,}00$ m^3/s, $F_1' = 40{,}00$ m^2 und $v_1' = +1{,}00$ m/s, genau wie zu Beginn der 1. Halbphase. Von jetzt ab wiederholt sich das Spiel.

Aus diesen Berechnungen kann man für Horizontalströmung und unter Vernachlässigung der Verformungserscheinungen der Wellenköpfe folgendes feststellen:

a) In den zu einer ganzen Phase gehörigen beiden Halbphasen sind die a- und die z-Werte entgegengesetzt gleich,

b) nach Ablauf zweier ganzer Phasen ist der Anfangszustand wieder erreicht und der Schwingungsvorgang wiederholt sich,

c) die Ganglinien für Wasserstand, Wassermenge und Geschwindigkeit nehmen eine (s. Abb. 58) mäanderartige Form an.

Der gesamte Schwingungsvorgang ist in Abb. 58 mit Ort-Zeit- und Ganglinien dargestellt[1].

---

[1] In der Abbildung bedeuten z_I und z_{II} die Absolutwerte der Spiegelausschläge in den Phasen I und II, ebenso a_I und a_{II} die Absolutwerte der Schnelligkeiten. Q_b = Absolutwert der Beharrungswassermenge vor der Störung.

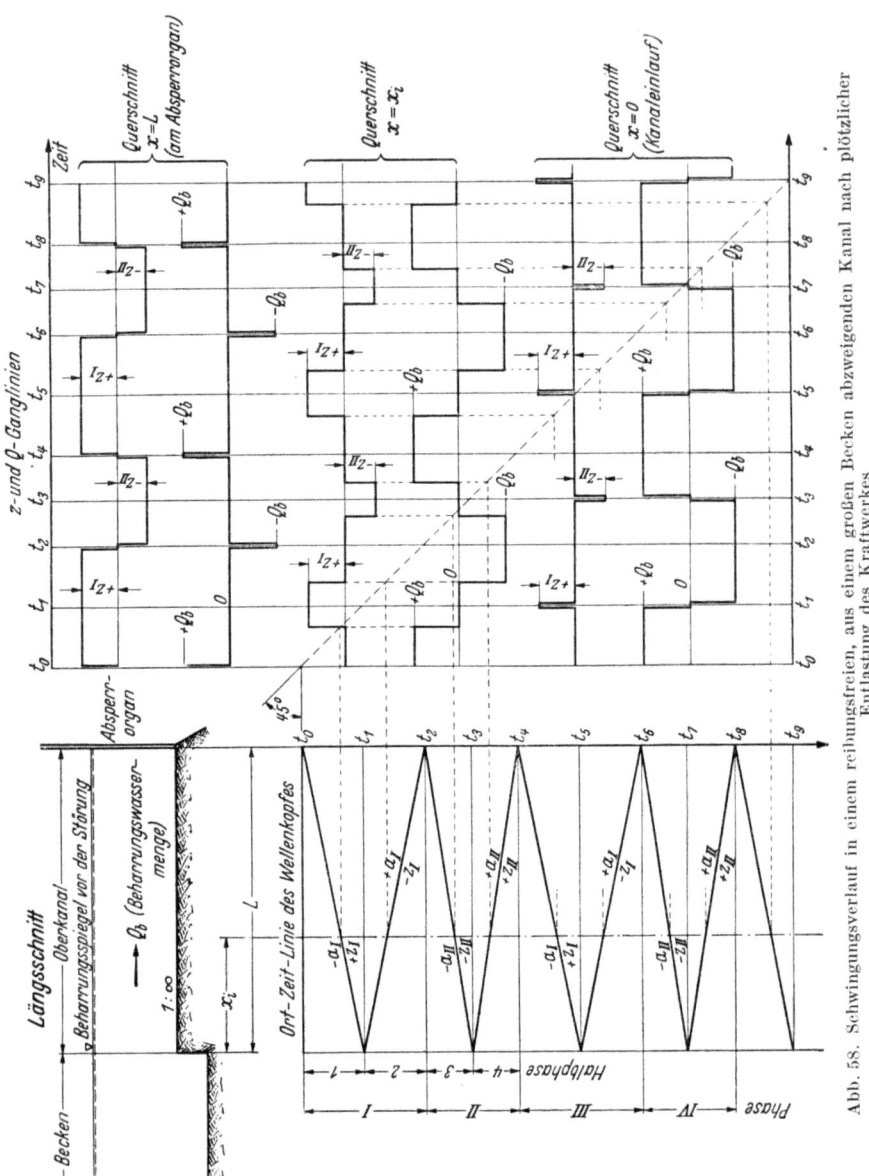

Abb. 58. Schwingungsverlauf in einem reibungsfreien, aus einem großen Becken abzweigenden Kanal nach plötzlicher Entlastung des Kraftwerkes

Die Spiegelganglinien sind bezüglich des Beharrungsspiegels nur ungefähr symmetrisch, auch sind die Zeiten der Hebung und Senkung (im Wasserschloßquerschnitt) ungleich. Vollkommene Symmetrie würde sich ergeben für verschwindende z- und v-Werte und konstante Schwallbreiten. Dann würden die Ganglinien der Abb. 60 entsprechen.

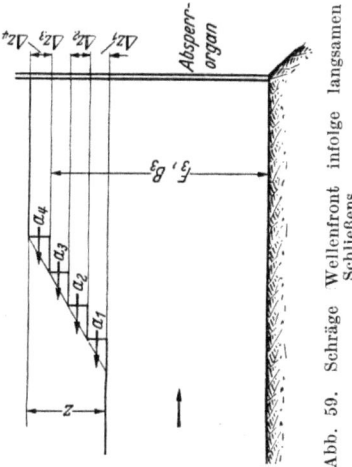

Abb. 59. Schräge Wellenfront infolge langsamen Schließens

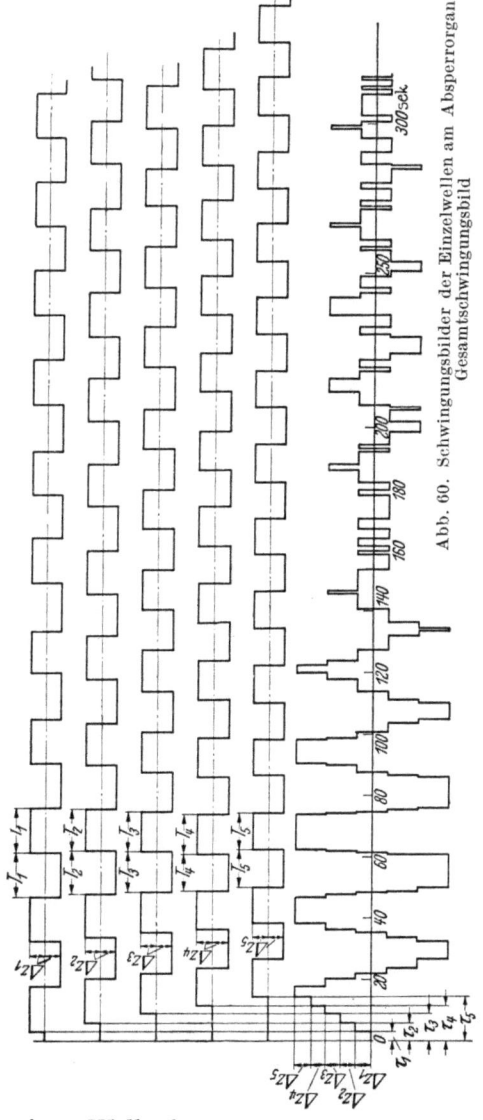

Abb. 60. Schwingungsbilder der Einzelwellen am Absperrorgan, Gesamtschwingungsbild

Unter Zugrundelegung derartig vereinfachter Schwingungsbilder hat FEIFEL den Verlauf der Spiegelbewegung bei der in endlicher Zeit vor sich gehenden Belastungsminderung untersucht.

Daß die nach Beendigung des Schließvorganges vorhandene Schwallhöhe nicht von der Dauer desselben abhängt, ist schon früher gesagt worden. Vorausgesetzt ist hierbei, daß sich die Wellen während der Bewegung des Verschlußorgans ohne Reflexion fortbewegen können. — Man kann daher die Gesamthebung auch bei endlicher Schließdauer nach den früher gegebenen Formeln berechnen.

Die entstehende schräg geneigte Wellenfront kann man in eine Reihe einander stufenartig überlagernder Teilwellen Δz auflösen, siehe Abb. 59. Jede der Teilwellen Δz_1, Δz_2 usw. wird sich mit anderer Schnelligkeit fortbewegen, und zwar die oberen, zuletzt entstandenen, am schnellsten, die unteren dagegen am langsamsten (die Wellenfront muß daher immer steiler und schließlich lotrecht werden, wenn der Kanal genügend lang ist). Gelangen diese Teilwellen an das dem Kanal vorgelagerte große Becken, so werden sie in der Reihenfolge ihrer Ankunft zurückgeworfen, und es bildet sich ein System durcheinanderlaufender positiver und negativer Wellen. FEIFEL macht die vereinfachende Annahme, daß die den Wellen am Entstehungsort anhaftende Schnelligkeit dauernd erhalten bleibt. Mit Rücksicht auf diese Annahme genügt es, die Schnelligkeit z. B. der Welle $\varDelta z_4$ nach der Beziehung $a_4 \cong w_4 \cong \sqrt{g \dfrac{F_3}{B_3}}$ zu bestimmen. Bezeichnet man mit $T = \dfrac{2L}{a}$ die für das Hin- und Rücklaufen der Teilwelle erforderliche Laufzeit, so gibt T auch gleichzeitig die Hebungs- bzw. die Senkungsdauer in den Ganglinien der Abb. 60 an. In der Abbildung sind die Schwingungsbilder der Einzelwellen gezeigt, und man sieht, daß zwischen ihnen wegen der Verschiedenheit der Laufzeit eine Phasenverschiebung vorliegt. — Die Superposition der einzelnen Bilder liefert schließlich das Gesamtschwingungsbild, das anfänglich dem der Einzelwelle sehr ähnlich ist. Späterhin zeigt sich aber eine sehr starke Dämpfung, die daher rührt, daß die positiven und die negativen Teilwellen sich zum Teil aufheben. Aus dieser Phasenverschiebung erklärt sich auch, daß ein scheinbar einigermaßen beruhigter Wasserspiegel plötzlich erneut anfängt zu schwingen, wie dies aus der Abbildung zu erkennen ist. Dieser Schwingungsverlauf ist für den vorliegenden Fall typisch und wird durch die Versuche von FEIFEL durchaus bestätigt, die erstmalig die von der Reibung unabhängige stark dämpfende Wirkung der Phasenverschiebung zwischen den Elementarwellen zeigten.

6.12 Lange Kanäle

6.121 Schwallverlauf bei offener Abzweigung aus dem Fluß. Bei längeren Kanälen, bei denen weder das absolute Sohlengefälle noch das absolute Spiegelgefälle des vorhergehenden Beharrungszustandes annähernd gleich Null gesetzt werden können, ist es erforderlich, die Schwallerscheinungen nach dem auf S. 21 ff. gegebenen Verfahren zu untersuchen.

Entgegen den Verhältnissen bei reibungsloser Horizontalströmung ist hier die Hebung in einem Querschnitt nicht mit dem beim Durchgang des Wellenkopfes eintretenden Spiegelanstieg beendet, sondern an diesen schließt sich eine weitere, allmählich vor sich gehende Hebung des Wasserspiegels an (vgl. Abb. 21). Auch aus den Versuchsbildern von Mixnitz-Frohnleiten (Abb. 10, 11, 61 u. 62) ist dieser zusätzliche Anstieg ersichtlich.

Praktische Schwallberechnungen werden sich in der Regel auf die beiden ersten Halbphasen beschränken können, in denen der Schwall bis zum Wehr läuft und von dort als reflektierter Sunk zu seinem

Ausgangspunkt zurückkehrt und damit am unteren Ende des Grabens den weiteren Spiegelanstieg unterbricht. In Abb. 63 sind diese beiden Halbphasen für einen Stauschwall gezeigt, der sich einem Beharrungszustand überlagert.

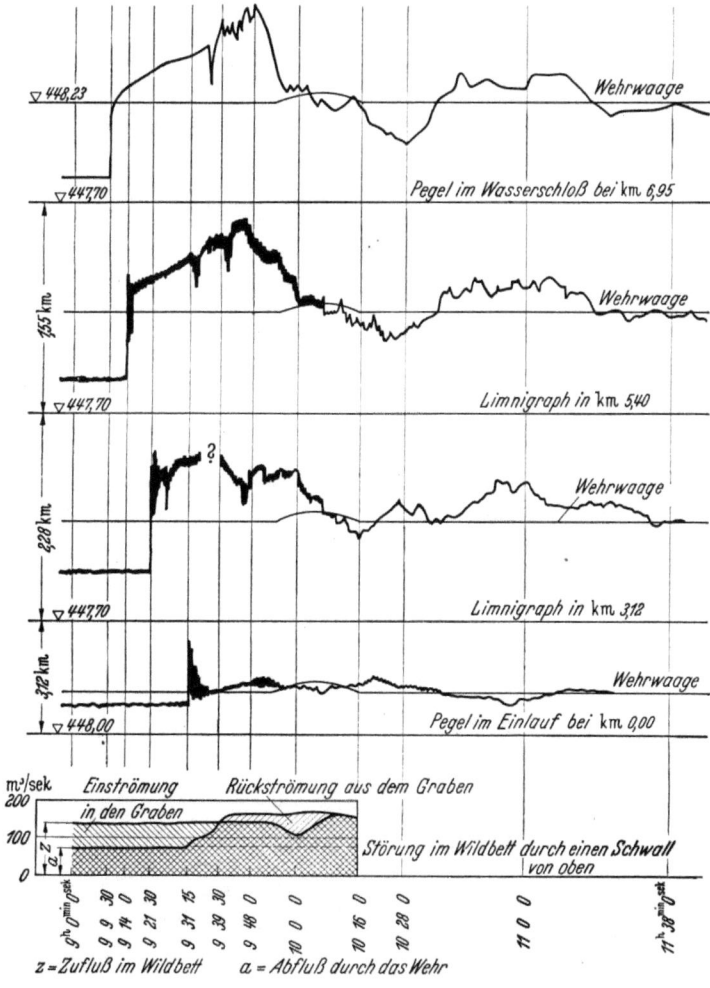

Abb. 61. Schwallversuch Mixnitz-Frohnleiten. Abschaltung von von 60 m³/s. Pegelganglinien. (Wasserwirtsch. 1934)

Der Schwallkopf bewegt sich zwischen den beiden Linien AB und CD gegen das obere Grabenende fort, wobei seine Höhe abnimmt und der Spiegel im Wasserschloß sich allmählich von C nach E hebt, also um das Maß z_0'', dem eine Flächenzunahme von $\Delta F_0''$ entspricht. Am

Ende der ersten Halbphase, zur Zeit t_1, ist der Schwall-Längenschnitt durch den Linienzug A (bzw. F)—D—E gegeben.

Nun setzt die Gegenbewegung der 2. Halbphase ein, der Schwall läuft ins Staubecken oberhalb des Wehres aus, d. h., eine Sunkwelle

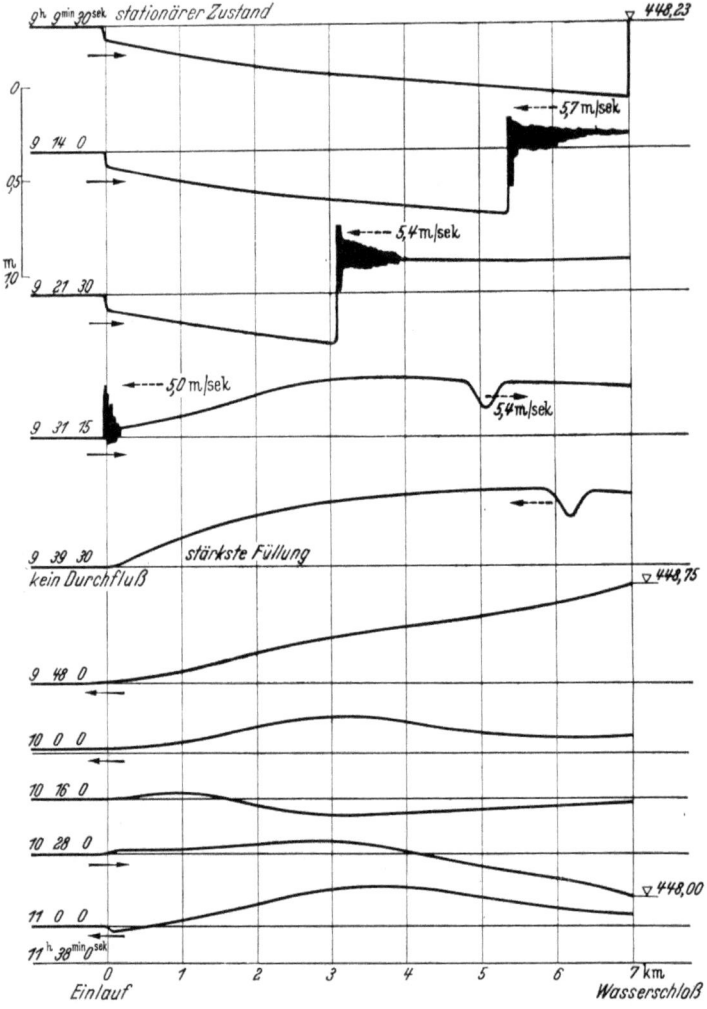

Abb. 62. Schwallversuch Mixnitz-Frohnleiten. Zustandslinien zu Abb. 61 (Wasserwirtsch. 1934)

läuft nun vom Wehr zum Krafthaus. Dieser Sunk findet auf seinem Weg einen stetig steigenden Spiegel vor, die Stufenecke schreitet also längs der Linie D—K—G vor, während der Sunkfuß die Linie F—J—H beschreibt. Am Ende der 2. Halbphase, zur Zeit t_2, tritt am Wasserschloß eine plötzliche Senkung $z_1 = GH$ ein, die sich infolge Reflexion ähnlich wie in Abb. 57 (3. Halbphase) ungefähr verdoppelt. Damit ist der Spiegelanstieg am unteren Kanalende beendet. — Abb. 64 zeigt das Schwingungsbild für das untere Kanalende. Wie man sieht, unterscheidet es sich von dem der Abb. 58 dadurch, daß die Ganglinie keine waagerechten Teile mehr aufweist.

Die Berechnung geschieht nach den S. 22 ff. gegebenen Formeln. Für die 1. Halbphase findet man aus (45) die Höhe z_1 des am Grabeneinlauf ankommenden Schwalles, aus (46) die zusätzliche Aufhöhung am Kanalende z_0'' bzw. $\Delta F_0''$.

Die die 2. Halbphase einleitende Reflexion wird genau so behandelt wie es auf S. 60 geschehen ist, wobei man die am Grabeneinlauf vorhandene Beschleunigungshöhe Δh_e (Abb. 63) in der Weise berücksichtigen kann, daß man die Höhe der reflektierten Welle nicht gleich der ankommenden setzt, sondern sie um das Maß Δh_e vermindert[1].

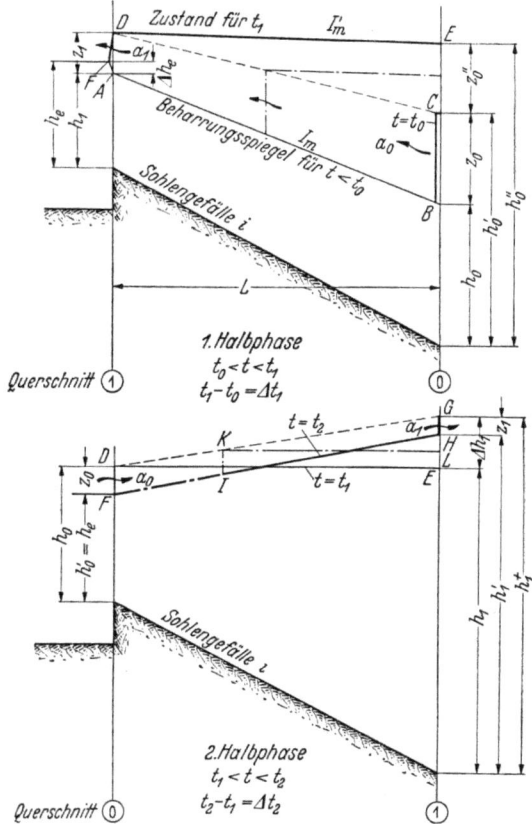

Abb. 63. Stauschwall bei freier Abzweigung des Kanals aus dem Fluß

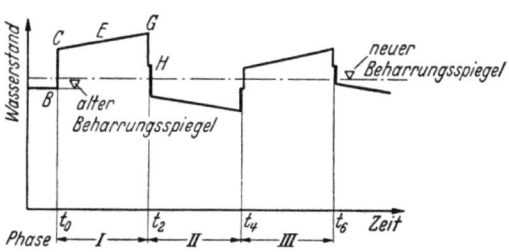

Abb. 64. Wasserstandsganglinie für das untere Kanalende

---

[1] Selbstverständlich wird auch in den folgenden Halbphasen kein horizontaler Übergang vom Fluß zum Obergraben vorliegen, sondern immer eine kleine Gefällstufe vorhanden sein. Da die Durchflußmengen am Einlauf die ursprüngliche Beharrungswassermenge nie mehr erreichen, so kann man wohl, auch mit Rücksicht auf die sonstigen Unsicherheitsfaktoren, in der Folge diese Beschleunigungsdrücke als klein vernachlässigen.

Bei Anwendung der Gl. (45 u. 46) auf die 2. Halbphase muß man vor allem Δh_1 und das zugehörige ΔF_1 kennen. Mathematische Beziehungen liegen zur Zeit noch nicht vor, wohl aber eine durch Versuche bestätigte Näherungsannahme. FAVRE stellte fest, daß zwischen den Punkten C und G der Abb. 63 eine lineare Flächenzunahme stattfindet. Bezeichnet man mit Δt_1 bzw. Δt_2 die Dauer der 1. bzw. 2. Halbphase und die zugehörigen Berechnungswerte entsprechend mit einem ausgeklammerten Index 1 bzw. 2, so besteht die empirische Beziehung

$$(\Delta F_1)_2 = (\Delta F_0'')_1 \frac{\Delta t_2}{\Delta t_1}, \qquad (86)$$

die man häufig genau genug ersetzen kann durch

$$(\Delta h_1)_2 = (z_0'')_1 \frac{\Delta t_2}{\Delta t_1}. \qquad (87)$$

Da Δt_2 von der mittleren Schnelligkeit abhängt, die man nicht von vornherein kennt, so ist wieder mit allmählicher Annäherung vorzugehen. — Bei Auswertung von Gl. (46) ist zu beachten, daß in der 2. Halbphase z_0'' bzw. $\Delta F_0''$ wegen des niveaugleichen Überganges vom Fluß zum Kanal gleich Null ist; die Gleichung dient dann zur Berechnung von $\Delta Q_0''$.

Für *plötzlichen Vollabschluß* ergibt sich nach Ablauf der 1. Halbphase eine Spiegelneigung I_m' (Abb. 63), die sehr wenig von der Horizontalen abweicht. Man kann daher ohne großen Fehler die Schwalloberfläche von vornherein horizontal annehmen, wobei sich nach Bestimmung der mittleren Schnelligkeit der Schwallspiegel am Ende der 1. Halbphase durch eine einfache stereometrische Rechnung ergibt [EISNER, FORCHHEIMER (b)]. Ein Zahlenbeispiel für dieses sehr zweckmäßige Näherungsverfahren folgt weiter unten.

Bei der bisherigen Untersuchung der 2. Halbphase ist angenommen worden, daß der ankommende Schwall am Oberende vollkommen reflektiert wird, daß also das Becken, aus dem der Kanal abzweigt, unendlich groß ist. Diese Bedingung ist in der Praxis natürlich nicht erfüllt. Die Schwallwelle wird daher nicht vollkommen, sondern nur teilweise als Sunk zurückgeworfen werden; zum Teil wird sie als Schwall im Fluß weiterlaufen. — In den meisten Fällen wird am Übergang vom Kanal zum Fluß eine beträchtliche Verbreiterung vorliegen, die rückläufige Senkungswellen verursacht. Man kann dann zur Ermittlung der Rücklaufzeit der Senkungswellen einfach vollkommene Reflexion am Einlauf annehmen, da die Rücklaufschnelligkeit nicht sehr stark von der Wellenhöhe abhängt. — Sollte sich vereinzelt der Fall ergeben, daß der Fluß ungefähr gleiche Spiegelbreite und mittlere Tiefe wie der Kanal hat, dann treten rückläufige Senkungswellen überhaupt nicht auf. Man müßte dann an Hand der baulichen Gegebenheiten überlegen, ob eine zeitgerechte Entlastung am Krafthaus durch abermaliges Anfahren der Maschinen, durch Leerschüsse, Heber u. dgl. möglich ist. — Ähnliche Überlegungen empfehlen sich übrigens auch im ersten Fall, wenn ein großes Staubecken am Wehr vorhanden ist. Auch dann muß bedacht werden, daß eine Entlastung entweder am Wehr oder am Krafthaus vorgenommen werden muß, falls das Werk nicht wieder anfährt und der für den Abfluß des nicht mehr benötigten Werkwassers erforderliche Überstau am Wehr (oberhalb des normalen Stauzieles) den Grabendämmen gefährlich werden könnte.

6.122 Schwingungsverlauf bei Kanälen mit geschlossenem Oberende[1].
Ein grundsätzlich anderer Schwingungsverlauf zeigt sich bei Kanälen, deren oberes Ende abgeschlossen ist, d. h., die z. B. stromaufwärts durch ein weiteres Kraftwerk begrenzt sind oder ihren Zufluß mit starkem Abfall (etwa bei vorgeschalteten Sandfängen u. dgl.) erhalten. Dann ist am Beginn der 2. Halbphase keine ungleichsinnige Reflexion mehr möglich, der Schwall wird gleichsinnig zurückgeworfen, d. h., die rückläufige Welle ist wieder ein Schwall, der, am unteren Ende angekommen,

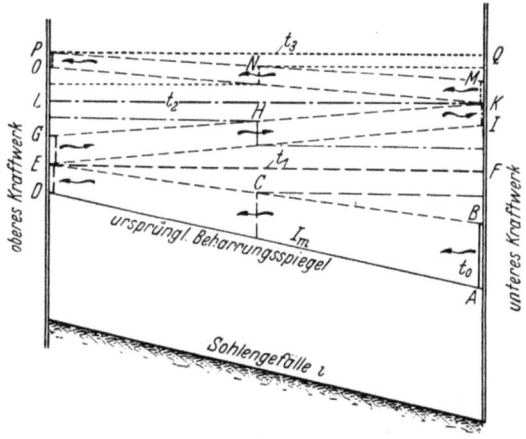

Abb. 65. Stauschwall in einem Gerinne mit abgeschlossenem Oberende (allmähliche Auffüllung einer Haltung)

abermals gleichsinnig reflektiert wird, so daß eine allmähliche Auffüllung der Haltung eintritt, wie dies Abb. 65 zeigt.

Der Vorgang geht so vonstatten, daß der Schwall von der Höhe AB sich zwischen den Linien AD und BCE fortpflanzt und am oberen Ende des Kanals mit der Höhe DE ankommt, während am unteren Ende eine allmähliche Hebung BF stattgefunden hat. Der ankommende Schwall ED wird zurückgeworfen, es entsteht ein neuer Schwall EG, der am Ende der 2. Halbphase am Unterende mit der Höhe KI ankommt, während der Spiegel allmählich von F nach I gestiegen ist. Am unteren Grabenende erfolgt abermalige Reflexion, und so setzt sich

---

[1] Wenn im folgenden von einem geschlossenen Ober- oder Unterende des Kanals die Rede ist, so ist dies nicht so aufzufassen, als ob der Wasserzu- oder -abfluß unmöglich wäre, sondern lediglich so, daß eine Fortpflanzung der Welle über das betreffende Kanalende hinaus ausgeschlossen ist. Die Folge hiervon ist, wie schon früher dargelegt, eine totale, gleichsinnige Reflexion der Welle.

das Spiel fort. Abb. 65 zeigt neben den Zustandslinien am Ende der Halbphasen auch die für die Mitten der Halbphasen (Punkte C, H, N).

Zahlenbeispiel. Es soll das oben erwähnte Näherungsverfahren bei plötzlichem vollkommenen Abschluß gezeigt werden, das in der 1. Halbphase eine horizontale Schwalloberfläche annimmt und das für praktische Schwallberechnungen bei Gerinnen mit unveränderlicher Querschnittsform bei verhältnismäßig wenig Rechenarbeit meist vollständig ausreichende Ergebnisse liefert.

Zugrunde gelegt wird der Obergraben des Kraftwerkes Mixnitz-Frohnleiten und der in Abb. 61 und 62 dargestellte Versuch mit einer plötzlichen Abschaltung von 60 m³/s. Der Längenschnitt des Kanales geht aus Abb. 66 hervor, in der auch der Beharrungsspiegel für 60 m³/s,

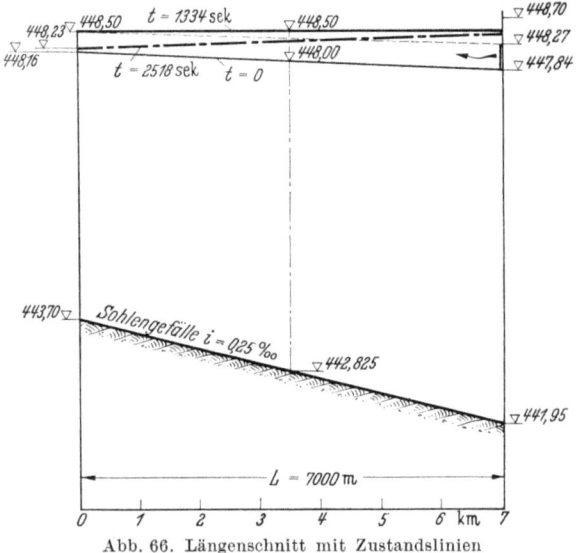

Abb. 66. Längenschnitt mit Zustandslinien

der den Abb. 61 und 62 entstammt, dargestellt ist. Der Kanal hat ein Trapezprofil von 6,00 m Sohlenbreite und 1 : 1,5 geneigte Böschungen[1]. Die etwas gekrümmte Spiegellinie des Beharrungszustandes ist genau genug als Gerade angenommen worden, der Einfluß einer Profilverengung und einer Profilerweiterung, die in der Natur vorhanden sind, soll vernachlässigt werden.

1. Halbphase. Für Querschnitt 0 (km 7,0) ist

$$h_0 = 5,89 \text{ m}, \qquad F_0 = 87,38 \text{ m}^2,$$
$$B_0 = 23,67 \text{ m}, \qquad v_0 = +\frac{60,0}{87,38} = +0,686 \text{ m/s}.$$

---

[1] GRENGG: Das Murkraftwerk Mixnitz-Frohnleiten der Steirischen Wasserkraft- und Elektrizitäts-Aktiengesellschaft. Wasserwirtsch. 1934, H. 4, S. 36f.

An Hand von B_0 schätzen wir y_0 zunächst zu 24,0 m. Dann ist $F_0/y_0 = 3{,}64$ m. Dazu ergibt sich aus Abb. 7 $z_0 = +0{,}43$ m bei $a_0 = -5{,}8$ m/s.

Genauer ist nun $y_0 = 23{,}67 + 1{,}5 \cdot 0{,}43 = 24{,}32$ m und $F_0/y_0 = 3{,}60$ m. Mit $z_0 = +0{,}43$ m wird aus Gl. (27) oder aus Abb. 5

$$w_0 = -6{,}47 \text{ m/s},$$
$$a_0 = +0{,}69 - 6{,}47 = -5{,}78 \text{ m/s},$$
$$Q'_0 = 0 - 60{,}0 = -60{,}0 \text{ m}^3/\text{s}.$$

Nach (28) ist

$$z_0 = -\frac{-60{,}00}{-5{,}78 \cdot 24{,}32} = +0{,}427 \text{ m}.$$

Spiegellage zur Zeit $t_0 = 0$; $+447{,}84 + 0{,}427 = +448{,}27$ m.

Ermittlung der Laufzeit des Schwalles:

Schätzungsweise wird angenommen, daß sich die Höhe des Schwallkopfes, die am unteren Grabenende $+0{,}427$ m beträgt, während der Fortpflanzung auf $+0{,}30$ m ermäßigt. In Kanalmitte, bei km 3,5, ist demnach

$$z_m = +\tfrac{1}{2}(0{,}427 + 0{,}30) = +0{,}26 \text{ m}.$$

Ferner ist

$$h_m = 448{,}00 - 442{,}825 = 5{,}175 \text{ m},$$
$$F_m = 71{,}22 \text{ m}^2,$$
$$B_m = 21{,}53 \text{ m},$$
$$y_m = 21{,}53 + 1{,}5 \cdot 0{,}36 = 22{,}07 \text{ m},$$
$$v_m = +\frac{60{,}0}{71{,}22} = +0{,}84 \text{ m/s},$$
$$\frac{F_m}{y_m} = 3{,}22 \text{ m}.$$

Mit diesen Werten ergibt Abb. 5

$$w_m = -6{,}09 \text{ m/s},$$
$$a_m = +0{,}84 - 6{,}09 = -5{,}25 \text{ m/s}.$$

Laufzeit des Schwalles

$$\Delta t_1 = \frac{-7000}{-5{,}25} = 1334 \text{ s}.$$

In dieser Zeit fließen dem Kanal zu $1334 \cdot 60{,}0 = 80040$ m³. Eine einfache stereometrische Nachrechnung ergibt, daß die waagerechte Schwalloberfläche auf $+448{,}50$ m liegen muß, wenn die genannte Zuflußmenge zwischen ihr und dem ursprünglichen Beharrungsspiegel untergebracht werden soll. Für den Querschnitt km 0 errechnet sich die

Höhe des ankommenden Schwalles zu $z_1 = 448{,}50 - 448{,}16 = +0{,}34$ m (gegenüber der Schätzung von $+0{,}30$ m).

Für den oberen Querschnitt ist ferner

$$h_1 = 448{,}16 - 443{,}70 = 4{,}46 \text{ m},$$

$$F_1 = 56{,}60 \text{ m}^2,$$

$$B_1 = 19{,}38 \text{ m},$$

$$v_1 = + \frac{60{,}0}{56{,}60} = +1{,}06 \text{ m/s},$$

$$y_1 = 19{,}38 + 1{,}5 \cdot 0{,}34 = 19{,}89 \text{ m},$$

$$\frac{F_1}{y_1} = \frac{56{,}60}{19{,}89} = 2{,}85 \text{ m};$$

nach (32) oder Abb. 5 wird

$$w_1 = -5{,}76 \text{ m/s} \quad \text{und} \quad a_1 = +1{,}06 - 5{,}76 = -4{,}70 \text{ m/s}.$$

Gl. (33):

$$\Delta Q_1' = -4{,}70 \cdot 0{,}34 \cdot 19{,}89 = -31{,}8 \text{ m}^3/\text{s},$$

$$Q_1' = +60{,}0 - 31{,}8 = +28{,}2 \text{ m/s}.$$

Nun läßt sich die mittlere Schnelligkeit überprüfen:

$$a_m = -\tfrac{1}{2}(5{,}78 + 4{,}70) = -5{,}24 \text{ m/s}.$$

Die Übereinstimmung mit dem ersten Näherungswert ($-5{,}25$ m/s) ist demnach ausreichend.

2. *Halbphase.* Reflexion am Grabeneinlauf:

$$h_0 = 448{,}50 - 443{,}70 = 4{,}80 \text{ m},$$

$$Q_0 = +28{,}2 \text{ m}^3/\text{s},$$

$$F_0 = 63{,}36 \text{ m}^2 \quad \text{entsprechend } h_0,$$

$$B_0 = 20{,}40 \text{ m},$$

$$v_0 = + \frac{28{,}2}{63{,}36} = +0{,}45 \text{ m/s},$$

$$h_0' = 448{,}23 - 443{,}70 = 4{,}53 \text{ m} \quad (\text{s. Abb. 66}),$$

$$z_0 = 4{,}53 - 4{,}80 = -0{,}27 \text{ m},$$

$$y_0 = 20{,}40 - 1{,}5 \cdot 0{,}27 = 20{,}00 \text{ m},$$

$$\frac{F_0}{y_0} = \frac{63{,}36}{20{,}00} = 3{,}168 \text{ m}.$$

Mit diesen Werten ergibt sich aus (27) bzw. Abb. 15

$$w_0 = +5{,}22 \text{ m/s} \quad \text{und} \quad a_0 = +0{,}45 + 5{,}22 = +5{,}67 \text{ m/s}.$$

Nach (11 bzw. 28) wird

$$\Delta Q_0' = +5{,}67 \, (-0{,}27) \, 20{,}00 = -30{,}6 \text{ m}^3/\text{s},$$

$$Q_0' = +28{,}2 + (-30{,}6) = -2{,}4 \text{ m}^3/\text{s}.$$

(Strömung vom Graben in den Fluß).

Die Laufzeit des Sunkes wird, wenn man die mittlere Schnelligkeit zunächst gleich der am Anfang vorhandenen setzt,

$$\Delta t_2 = \frac{+7000}{+5{,}67} = 1234 \text{ s}.$$

In dieser Zeit hebt sich der Spiegel am unteren Kanalende, der in den vorhergehenden 1334 s um $(z_0'')_1 = 448{,}50 - 448{,}27 = +0{,}23$ m stieg, gleichmäßig weiter. Wir wollen genau genug Gl. (87) anwenden. Danach ist $\Delta h_1 = +0{,}23 \frac{1234}{1334} = +0{,}21$ m, was einer Spiegelkote von $+448{,}71$ m entspricht.

In Querschnitt 1 (km 7,0) ist also

$$h_1^+ = 448{,}71 - 441{.}95 = 6{,}76 \text{ m},$$

ferner

$$F_1^+ = 109{,}1 \text{ m}^2, \quad B_1^+ = 26{,}28 \text{ m}, \quad Q_1^+ = 0, \quad v_1^+ = 0.$$

Die Höhe des ankommenden Sunkes, die auf die Schnelligkeit keinen sehr großen Einfluß ausübt, kann man genügend genau schätzen. Wir nehmen an

$$z_1 = -0{,}24 \text{ m}.$$

Mit $y_1 = 26{,}28 - 1{,}5 \cdot 0{,}24 = 25{,}92$ m läßt sich aus Abb. 15 mit $F_1^+/y_1 = 4{,}21$ m die Schnelligkeit bestimmen:

$$w_1 = a_1 = +6{,}15 \text{ m/s}.$$

Die mittlere Schnelligkeit wird

$$a_m = \tfrac{1}{2}(5{,}67 + 6{,}15) = +5{,}91 \text{ m/s}.$$

Damit wird die Laufzeit genauer

$$\Delta t_2 = \frac{+7000}{+5{,}91} = 1184 \text{ s}.$$

Die gleichmäßige Spiegelhebung während der 2. Halbphase ergibt sich jetzt verbessert zu $\Delta h_1 = +0{,}23 \frac{1184}{1334} = +0{,}20$ m, was einer Kote von $+448{,}70$ m entspricht, die bei $t_2 = 1334 + 1184 = 2518$ s erreicht wird. Zu diesem Zeitpunkt tritt eine Absenkung infolge Reflexion um etwa den doppelten Wert von z_1, also um ungefähr 0,5 m ein.

Die Schrägstellung des Sunkkopfes bewirkt, daß die Absenkung tatsächlich schon früher als zu dem angegebenen Zeitpunkt eintritt. Nach Gl. (21) ist die Schnelligkeit der vordersten Sunkkante in Querschnitt 0 (km 0)

$$a_{s,0} = +0{,}45 + \sqrt{\frac{63{,}36}{20{,}40} 9{,}81} = +5{,}96 \text{ m/s},$$

in Querschnitt *1* (km 7)

$$a_{s,1} = 0 + \sqrt{\frac{109{,}1}{26{,}28} \cdot 9{,}81} = +6{,}37 \text{ m/s},$$

im Mittel also

$$a_{s,m} = +6{,}17 \text{ m/s}.$$

Die vordersten Teile des Sunkes legen demnach die Grabenlänge in $\frac{+7000}{+6{,}17} = 1134$ s zurück und erreichen das untere Grabenende zur Zeit $t = 2468$ s.

Der Versuch begann um $9^h\,9{,}5^{min}$, so daß rechnerisch die Absenkung am Wasserschloß um $9^h\,50{,}4^{min}$ zu erwarten war. In Wirklichkeit trat sie schon um $9^h\,48^{min}$ ein.

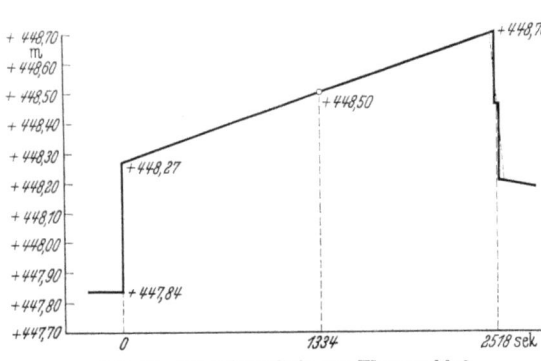

Abb. 67. Spiegelganglinie am Wasserschloß

Ein Vergleich der errechneten Ganglinie Abb. 67 mit der in Abb. 61 enthaltenen Versuchslinie zeigt bis auf kleine Unregelmäßigkeiten, die offenbar von Reflexionserscheinungen herrühren, gute Übereinstimmung.

6.2 Vorgänge im Oberwasser bei Belastung (Entnahmesunk)

6.21 Schwingungsverlauf bei offener Abzweigung aus dem Fluß

Unter offener Abzweigung ist im Sinne dieser Untersuchung die normale Abzweigung des Werkkanals aus einem relativ großen Becken zu verstehen, wie es bei den meisten Kraftanlagen oberhalb des Wehres vorhanden ist.

Bei plötzlicher Vergrößerung des Wasserverbrauches der Zentrale treten Spiegelbewegungen auf, die denen bei plötzlicher Entlastung ähnlich sind.

Abb. 68 zeigt die hierbei auftretenden beiden ersten Bewegungsphasen. Die plötzliche Entnahmevergrößerung erzeugt in Querschnitt *0* eine Absenkung z_0, die mit der Schnelligkeit a_0 flußaufwärts fortschreitet. Die Berechnung geschieht nach den Gl. (7, 9 bzw. 27 u. 28). Für den Fortschritt des Sunkkopfes, der sich zwischen den Linien BA und CD abspielt, gilt Gl. (45) und für die allmähliche Spiegelsenkung CE Gl. (46). Im übrigen gilt das über die Berechnung auf S. 21 ff. Gesagte.

Zur Zeit t_1 trifft der Sunk am Einlaufbauwerk ein und wird dort reflektiert (Abb. 68, 2. Halbphase), wobei die Wellenhöhe z_0 gegeben ist und somit auch die Schnelligkeit a_0. Aus Gl. (11) ergibt sich die zusätzliche Einströmung in den Graben. Für den weiteren Verlauf der 2. Halbphase ist zu bemerken, daß in Querschnitt 1 (unteres Ende) das

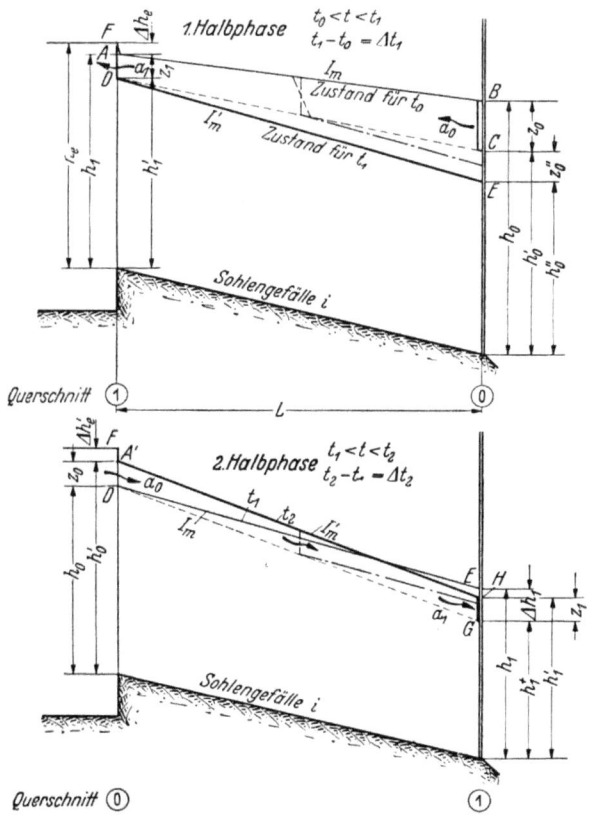

Abb. 68. Entnahmesunk bei freier Abzweigung des Kanals aus dem Fluß

in der 1. Halbphase begonnene Absinken des Spiegels von C nach E bis G weitergeht, und zwar so, daß die in der 1. Halbphase vor sich gegangene sekundliche Änderung der Querschnittsfläche gemäß Gl. (86) auch in der 2. Halbphase unverändert anhält. Für die Auswertung der Gl. (46) ist wichtig, daß sie bei gegebenem $\Delta F_0''$ zur Ermittlung von $\Delta Q_0''$ dient. Falls die Beschleunigungshöhen am Grabeneinlauf nicht vernachlässigt werden können, gilt für die Wellenhöhe am Beginn der 2. Halbphase

$$(z_0)_2 = (z_1)_1 + (\Delta h_e)_1 - (\Delta h_e')_2,$$

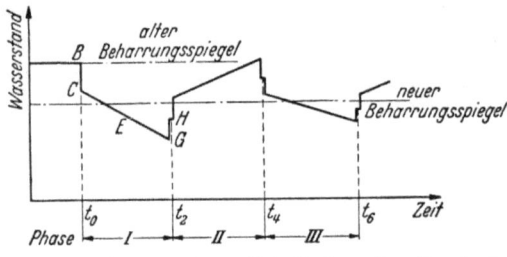

Abb. 69. Wasserstandsganglinie für das untere Kanalende

wobei die ausgeklammerten Zeiger die betreffenden Halbphasen kennzeichnen (vgl. Abb. 68)[1].

Beim Eintreffen der Schwallwelle von der Höhe GH am Wasserschloß erfolgt, da jetzt vollständiger Abschluß vorliegt, eine gleichsinnige annähernde Verdoppelung der Wellenhöhe, wie dies in der Ganglinie für das untere Grabenende (Abb. 69) angedeutet ist.

6.22 Schwingungsverlauf bei am Oberende geschlossenen Kanälen

Dieser Fall liegt vor, wenn z. B. der Kanal auch an seinem oberen Ende durch ein Kraftwerk abgeschlossen ist und zur Speicherung herangezogen wird. Dann wird die vom unteren Grabenende ausgehende Senkungswelle am oberen Ende gleichsinnig zurückgeworfen, läuft gegen das untere Kraftwerk zurück, wird dort abermals als Sunk reflektiert usw., wie dies aus Abb. 70 hervorgeht, die einen vom Ruhezustand ausgehenden allmählichen Entleerungsvorgang des Grabens darstellt.

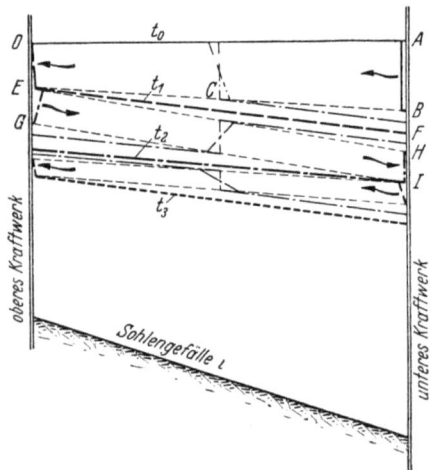

Abb. 70. Entnahmesunk in einem am Oberende geschlossenen Gerinne (allmähliche Entleerung einer Haltung)

Durch die plötzlich einsetzende Entnahme entsteht im unteren Querschnitt der Sunk AB, der zwischen den Linien AD und BCE flußaufwärts wandert, während am Unterende die Senkung allmählich bis F weitergeht. Am oberen Ende wird der Sunk DE gleichsinnig zurückgeworfen (EG) und schreitet gegen das untere Grabenende fort, während dort der Wasserspiegel bis H gesunken ist,

---

[1] Abb. 68 setzt im Staubecken konstanten Wasserspiegel voraus. Für den Fall einer bestimmten Veränderung des Beckenspiegels würden in der 1. Halbphase die Werte Δh_1, F_1^+ usw. erscheinen müssen, was in der Berechnung keinerlei Schwierigkeiten verursachen würde. In der 2. Halbphase wäre bei Bestimmung von $\Delta F_0''$ die Spiegeländerung im Becken zu berücksichtigen.

und erreicht es mit der Sunkhöhe HI. Nun erfolgt abermalige Reflexion usw.

Während des oftmaligen Hin- und Herlaufens wird die Wellenhöhe immer kleiner. Gleichzeitig wird auch der Sunkkopf immer flacher, da

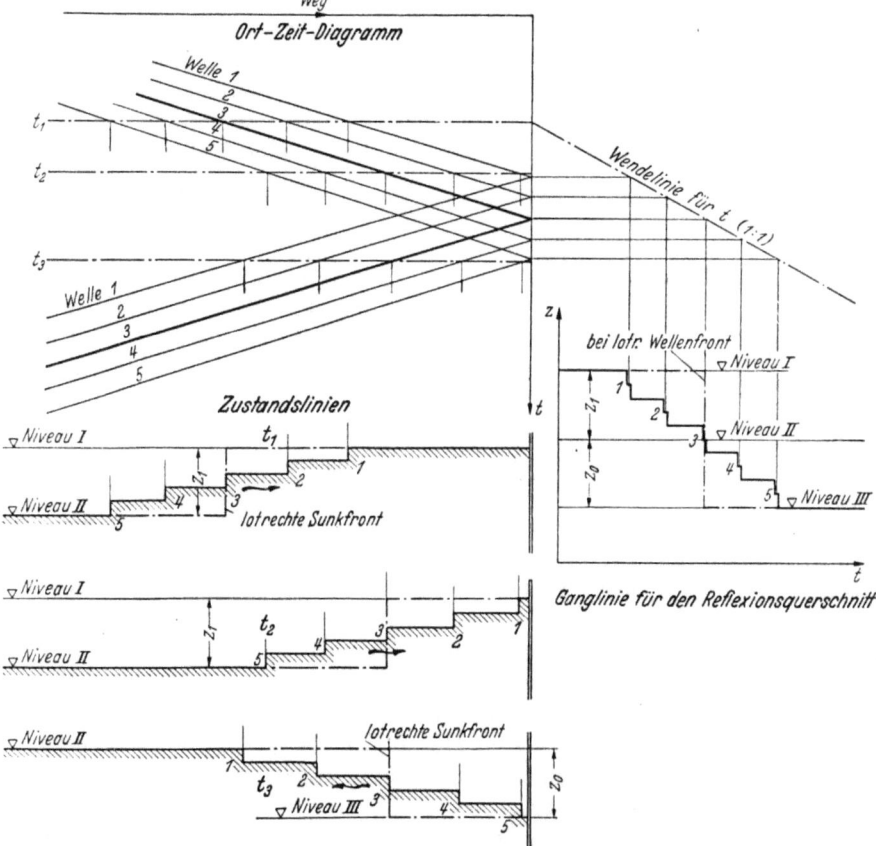

Abb. 71. Reflexion einer Senkungswelle mit geneigter Front an einer Abschlußwand

seine Schräglage auch über die Reflexionen hinweg erhalten bleibt, wie Abb. 71 zeigt.

Das folgende Zahlenbeispiel behandelt einen derartigen Schwingungsfall.

Zahlenbeispiel. Der in Abb. 72 in Längsschnitt und Querschnitt dargestellte Kanal verbindet die beiden Kraftwerke *1* und *2*. Beide sind für eine Wassermenge von 70 m³/s ausgebaut.

70 m³/s fließen im Werkgraben, wie durch eine Nachrechnung mit Hilfe der Formel von MANNING-STRICKLER mit $k = 40$ festgestellt wurde, mit einer Normalabflußtiefe $h_n = 3{,}51$ m ab.

Translationswellen in offenen Kanälen

Die Kraftwerke arbeiten im allgemeinen parallel, auch ist das obere mit einer Entlastungseinrichtung versehen, die eine ungehinderte Wasserversorgung des unteren Werkes gewährleistet. Es ist jedoch immerhin damit zu rechnen, daß durch fehlerhafte Bedienung die Wasserabgabe an der oberen Stufe bis zu $\frac{1}{2}$ Stunde teilweise unterbrochen wird. In diesem Zusammenhang soll folgender Fall betrachtet werden:

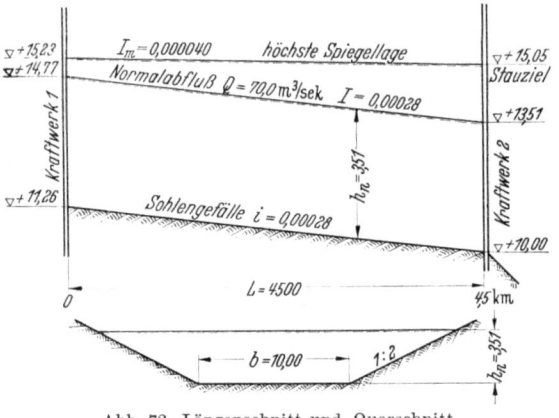

Abb. 72. Längenschnitt und Querschnitt

Werk 1 arbeitet längere Zeit mit 50 m³/s, Werk 2 ebenso mit 40 m³/s. Nun erhöht das letztere plötzlich den Wasserverbrauch auf 70 m³/s, ohne daß die Oberstufe dem folgt oder deren Entlastungsanlage die Fehlwassermenge liefert. Auf die Dauer von $\frac{1}{2}$ Stunde fließen also dem Kanal am oberen Ende 50 m³/s zu, während am unteren Ende 70 m³/s entnommen werden. Somit tritt eine allmähliche Entleerung des Werkkanals ein, die von dem Stauziel am Werk 2 (+15,05 m) ausgeht. Der Verlauf dieses Vorganges ist zu untersuchen.

Der Ausgangszustand, der wegen der Verschiedenheit des Zu- und Abflusses einem zeitveränderlichen Fließzustand entspricht, ist nicht genau bekannt. Näherungsweise wird daher angenommen, daß die Spiegellinie einem stationären mittleren Durchfluß von $\frac{1}{2}(40+50) = 45$ m³/s entspricht. Eine diesbezügliche Berechnung ergab die in Abb. 72 ersichtliche höchste Spiegellage.

1. Halbphase. (km 4,5 bis 0, $t = 0$ bis $t = 937$ s).
Querschnitt 0 (km 4,5):

$$Q_0 = +40,00 \text{ m}^3/\text{s},$$
$$h_0 = 15,05 - 10,00 = 5,05 \text{ m},$$
$$F_0 = 10,00 \cdot 5,05 + 2 \cdot 5,05^2 = 101,50 \text{ m}^2,$$
$$v_0 = +\frac{40,00}{101,50} = +0,394 \text{ m/s},$$
$$B_0 = 10,00 + 4 \cdot 5,05 = 30,20 \text{ m},$$
$$Q_0' = +70,00 \text{ m}^3/\text{s},$$
$$\Delta Q_0' = 70,00 - 40,00 = +30,00 \text{ m}^3/\text{s};$$

Behandlung der beim Kraftwerksbetrieb vorkommenden Fälle 79

geschätzt:
$$z_0 = -0{,}20 \text{ m},$$
wozu
$$y_0 = 30{,}20 - 2 \cdot 0{,}20 = 29{,}8 \text{ m},$$
$$\frac{F_0}{y_0} = \frac{101{,}50}{29{,}8} = 3{,}41 \text{ m}.$$

Aus Gl. (7) oder Abb. 15 ergibt sich
$$a_0 = -5{,}133 \text{ m/s}$$
und nach (28)
$$z_0 = -\frac{+30{,}00}{-5{,}133 \cdot 29{,}8} = -0{,}196 \text{ m}.$$

In zweiter Näherung wird mit dem erhaltenen z_0-Wert
$$y_0 = 29{,}81 \text{ m},$$
$$\frac{F_0}{y_0} = 3{,}405 \text{ m},$$
$$a_0 = +0{,}394 - 5{,}518 = -5{,}124 \text{ m/s},$$
$$z_0 = \frac{+30{,}00}{-5{,}124 \cdot 29{,}81} = -0{,}196 \text{ m } (+14{,}854 \text{ m}),$$
$$h_0' \doteq 5{,}05 - 0{,}196 = 4{,}854 \text{ m},$$
$$\Delta F_0' = -0{,}196 \cdot 29{,}81 = -5{,}84 \text{ m}^2,$$
$$F_0' = 101{,}50 - 5{,}84 = 95{,}66 \text{ m}^2,$$
$$v_0' = +\frac{70{,}00}{95{,}66} = +0{,}731 \text{ m/s},$$
$$p_0' = 10{,}00 + 2 \cdot 4{,}854 \sqrt{1 + 2^2} = 31{,}7 \text{ m},$$
$$R_0' = \frac{95{,}66}{31{,}7} = 3{,}02 \text{ m},$$
$$B_0' = 29{,}42 \text{ m},$$

Die Dauer der Halbphase ist annähernd
$$\Delta t = \frac{-4500}{-5{,}124} = 878 \text{ s}.$$

Querschnitt *1* (km 0):
$$Q_1 = +50{,}00 \text{ m}^3/\text{s},$$
$$h_1 = 15{,}23 - 11{,}26 = 3{,}97 \text{ m},$$
$$F_1 = 71{,}22 \text{ m}^2,$$
$$v_1 = +\frac{50{,}00}{71{,}22} = +0{,}702 \text{ m/s},$$
$$B_1 = 10{,}00 + 4 \cdot 3{,}97 = 25{,}88 \text{ m}.$$

Während der Sunk flußaufwärts läuft, wird am oberen Grabenende der Füllungsvorgang weitergehen und zwar so, als ob am unteren Grabenende keine Störung eingetreten wäre, und man kann wohl ohne großen Fehler annehmen, daß die Spiegelhebung auf der ganzen Kanallänge gleichmäßig vor sich geht.[1]

Die Hebung beträgt bei einer Speichermenge von $50 - 40 = 10$ m³/s und einer mittleren Spiegelbreite von 28,04 m

$$\frac{dh}{dt} = \frac{10,00}{28,04 \cdot 4500} = +0,0000792 \text{ m/s}.$$

Somit ist

$$\Delta h_1 = 878 \cdot 0,0000792 = +0,07 \text{ m},$$
$$\Delta F_1 = +0,07 \cdot 25,88 = +1,81 \text{ m}^2,$$
$$h_1^+ = 3,97 + 0,07 = 4,04 \text{ m},$$
$$F_1^+ = 71,22 + 1,81 = 73,03 \text{ m}^2,$$
$$v_1^+ = +\frac{50,00}{73,03} = +0,685 \text{ m/s},$$
$$B_1^+ = 25,88 + 4 \cdot 0,07 = 26,16 \text{ m};$$

Mittelwerte und Differenzen:

$$\Delta B = 25,88 - 30,20 = -4,32 \text{ m},$$
$$B_m = \tfrac{1}{2}(25,88 + 30,20) = 28,04 \text{ m},$$
$$\Delta Q = 50,00 - 40,00 = +10,00 \text{ m}^3/\text{s},$$
$$\Delta Q_0'' = 0,$$
$$\Delta Q_1 = 0.$$

Die Werte a_m, v_m und R_m werden in erster Näherung gleich den in Profil 0 gültigen gesetzt:

$$\Delta a = 0,$$
$$(v^2)_m = 0,731^2 = 0,534;$$

nach (47) ist

$$I_r = +\frac{0,534}{40^2 \cdot 3,02^{4/3}} = +0,0000765.$$

In erster Näherung können nunmehr Gl. (45 u. 46) angeschrieben werden:

---

[1] Strenggenommen besteht der Füllungsvorgang seinem Wesen nach ebenso wie die allmähliche Entleerung aus einer Reihe von hin und her laufenden Wellen. Die Berechtigung zu der gemachten Annahme gleichmäßiger Hebung entnehmen wir den in Abb. 75 dargestellten Ganglinien, die ebenfalls mit einiger Annäherung parallele Bewegung zeigen.

Behandlung der beim Kraftwerksbetrieb vorkommenden Fälle

$$\Delta F_1' = -5{,}84 - \left\{\frac{-4500 \cdot 28{,}04}{2}(0{,}0000765 - 0{,}000040)\left(1 - \frac{0{,}731}{-5{,}124}\right) -\right.$$

$$-\frac{-5{,}84}{2}\left(\frac{-4{,}32}{28{,}04} - 0\right) + 1{,}81\left(1 - \frac{0{,}731}{-2 \cdot 5{,}124}\right) +$$

$$\left. + \frac{1}{-5{,}124}\left[+10{,}0\left(1 + \frac{0{,}731}{-2 \cdot 5{,}124}\right) + 0\right]\right\} = -2{,}89 \text{ m}^2,$$

$$\Delta F_0'' = \frac{-4500 \cdot 28{,}04}{2}(0{,}0000765 - 0{,}000040)\left(1 - \frac{0{,}731}{-5{,}124}\right) -$$

$$-\frac{-5{,}84}{2}\left(\frac{-4{,}32}{28{,}04} + 0\right) - \frac{1{,}81 \cdot 0{,}731}{-2 \cdot 5{,}124} +$$

$$+ \frac{1}{-5{,}124}\left\{0 - 10{,}0\left(1 - \frac{0{,}731}{-2 \cdot 5{,}124}\right) - 0\right\} = -0{,}861 \text{ m}^2,$$

$$z_1 = -\frac{2{,}89}{25{,}94} = -0{,}111 \text{ m},$$

$$y_1 = 26{,}16 - 2 \cdot 0{,}111 = 25{,}94 \text{ m},$$

$$\frac{F_1^+}{y_1} = \frac{73{,}03}{25{,}94} = 2{,}82 \text{ m};$$

nach Gl. (32 u. 33) ist

$$a_1 = +0{,}685 - 5{,}101 = -4{,}416 \text{ m/s},$$
$$\Delta Q_1' = -4{,}416(-2{,}89) = +12{,}8 \text{ m}^3/\text{s},$$
$$Q_1' = +50{,}0 + 12{,}8 = +62{,}8 \text{ m}^3/\text{s},$$
$$F_1' = 73{,}03 - 2{,}89 = 70{,}14 \text{ m}^2,$$
$$v_1' = +\frac{62{,}8}{70{,}14} = +0{,}895 \text{ m/s (früher } +0{,}731 \text{ m/s)},$$
$$h_1' = 4{,}04 - 0{,}111 = 3{,}929 \text{ m},$$
$$p_1' = 27{,}6 \text{ m},$$
$$R_1' = 2{,}54 \text{ m}.$$

Für Querschnitt 0 gilt:

$$z_0'' = -\frac{0{,}861}{29{,}36} = -0{,}029 \text{ m},$$
$$y_0'' = 29{,}42 - 2 \cdot 0{,}029 = 29{,}36 \text{ m},$$
$$F_0'' = 95{,}66 - 0{,}861 = 94{,}80 \text{ m}^2,$$
$$h_0'' = 4{,}854 - 0{,}029 = 4{,}825 \text{ m},$$
$$p_0'' = 31{,}6 \text{ m},$$
$$R_0'' = 3{,}00 \text{ m},$$
$$v_0'' = +\frac{70{,}0}{94{,}80} = +0{,}738 \text{ m/s (früher } 0{,}731 \text{ m/s)},$$
$$a_m = -\tfrac{1}{2}(5{,}124 + 4{,}416) = -4{,}770 \text{ m/s},$$
$$\Delta t = \frac{-4500}{-4{,}770} = 943 \text{ s (früher } 878 \text{ s)},$$
$$R_m = \tfrac{1}{2}(2{,}54 + 3{,}00) = 2{,}77 \text{ m}.$$

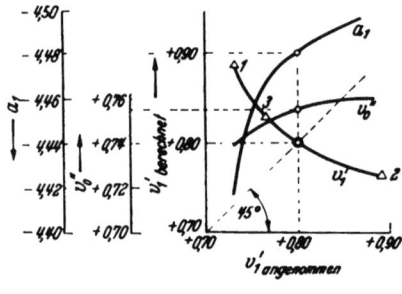

Abb. 73

Mit den vorstehend ermittelten Werten läßt sich nun eine zweite Näherung durchführen, die unter anderem $v_1' = +0,76$ m/s (gegenüber $+0,89$ m/s der Vorberechnung) ergibt, was von dem in erster Näherung eingesetzten Wert von $+0,731$ m/s wenig abweicht (Punkte *1* u. *2* der Abb. 73). Die allmähliche Annäherung ist also wenig „stabil", und man müßte eine größere Anzahl von Näherungsrechnungen durchführen, um zu dem richtigen Wert zu kommen. — Außer den beiden erwähnten Näherungen wurde noch eine dritte vorgenommen.

Die Ergebnisse dieser drei Näherungen sind in der folgenden Tabelle zusammengestellt (Spalten 1, 2, 3):

Annäherung	1	2	4	3
v_1' angenommen..	$+0,731$	$+0,894$	$+0,80$	$+0,76$ m/s
v_1' berechnet ...	$+0,894$	$+0,76$	$+0,80$	$+0,83$ m/s
R_m berechnet ...	2,77	2,77	2,77	2,77 m
v_0'' berechnet ...	$+0,738$	$+0,761$	$+0,755$	$+0,749$ m/s
a_1 berechnet ...	$-4,416$	$-4,50$	$-4,48$	$-4,47$ m/s

Die Zahlen sind in Abb. 73 als Ordinaten zu den Abszissen v_1' angenommen aufgetragen. Der Schnittpunkt des 45°-Strahles durch den Ursprung mit der v_1' berechnet-Kurve gibt v_1' berechnet $= v_1'$ angenommen $= +0,80$ m/s. Für diese Abszisse können die zugehörigen Werte v_0'', R_m und a_1 abgelesen werden, die in der Zusammenstellung unter Spalte 4 angegeben sind. Für sie wurde eine neuerliche Zahlenrechnung endgültig durchgeführt. Sie ergab folgende Werte:

Querschnitt *0* (km 4,5):

$$h_0'' = 4,764 \text{ m } (+14,764 \text{ m}), \qquad F_0'' = 93,03 \text{ m}^2,$$
$$Q_0'' = +70,0 \text{ m}^3/\text{s}, \qquad v_0'' = +0,752 \text{ m/s}.$$

Querschnitt *1* (km 0,0):

$$z_1 = -0,068 \text{ m}, \qquad h_1' = 3,976 \text{ m } (+15,236 \text{ m}),$$
$$F_1' = 71,39 \text{ m}^2, \qquad Q_1' = +57,9 \text{ m}^3/\text{s},$$
$$v_1' = +0,812 \text{ m/s}, \qquad \Delta t = 937 \text{ s}.$$

Die Übereinstimmung dieser Werte mit den zu ihrer Berechnung angenommenen ist ausreichend.

Behandlung der beim Kraftwerksbetrieb vorkommenden Fälle

2. Halbphase (km 0,0 — 4,5, $t = 937$ s bis $t = 1672$ s). Für den Beginn der 2. Halbphase können von oben (bei Umkehrung der Zeiger) folgende Anfangswerte übernommen werden:
Querschnitt *0* (km 0,0):

$h_0 = 3,976$ m, $\qquad F_0 = 71,39$ m²,
$Q_0 = +57,9$ m³/s, $\qquad v_0 = +0,812$ m/s,
$B_0 = 25,90$ m.

Querschnitt *1* (km 4,5):

$h_1 = 4,764$ m, $\qquad F_1 = 93,03$ m²,
$Q_1 = +70,0$ m³/s, $\qquad v_1 = +0,752$ m/s,
$B_1 = 29,06$ m.

Die Berechnung bietet keine Besonderheiten, sie soll daher im folgenden nur kurz beschrieben werden.

In Querschnitt 0 (km 0,0) tritt nach Ankunft der ersten Senkungswelle eine gleichsinnige Reflexion ein:

$Q'_0 = +50,00$ m³/s,
$\Delta Q'_0 = 50,0 - 57,9 = -7,9$ m³/s,
$z_0 = -0,052$ m $(+15,184$ m$)$,
$a_0 = +5,949$ m/s.

In erster Näherung wird die Laufzeit $\Delta t = \dfrac{+4500}{+5,949} = 757$ s.

Die Flächenänderung im Querschnitt *1* (km 4,5) ist in erster Näherung nach Gl. (86)

$$\Delta F_1 = -2,63 \frac{757}{937} = -2,125 \text{ m}^2,$$

woraus weiterhin die Werte F_1^+, h_1^+, v_1^+ usw. gefunden werden können. Nach zweiter Näherung mit Hilfe der Gl. (45 u. 46) erhält man schließlich die Werte:

$\Delta t = 735$ s, $\qquad t = 937 + 735 = 1672$ s;

Querschnitt *0* (km 0,0):

$h''_0 = 3,823$ m $(+15,083$ m$)$, $\qquad \Delta F''_0 = -2,562$ m²,
$F''_0 = 67,49$ m², $\qquad Q''_0 = +50,0$ m³/s,
$v''_0 = +0,741$ m/s.

Querschnitt *1* (km 4,5):

$h_1^+ = 4,693$ m $(+14,693$ m$)$, $\qquad z_1 = -0,020$ m,
$h'_1 = 4,673$ m $(+14,673$ m$)$, $\qquad F'_1 = 90,40$ m²,
$Q'_1 = +66,38$ m³/s, $\qquad v'_1 = +0,734$ m/s,
$I'_m = +0,0000911$.

84 Translationswellen in offenen Kanälen

Eine Raumkontrolle ergibt nachstehende Zahlen:

Gesamter Grabeninhalt zur Zeit $t = 0$ . . . . 388 620 m³
Gesamter Grabeninhalt zur Zeit $t = 1672$ s . . . . 355 253 m³

Dem Speicherinhalt somit entnommen . . . . 33 367 m³

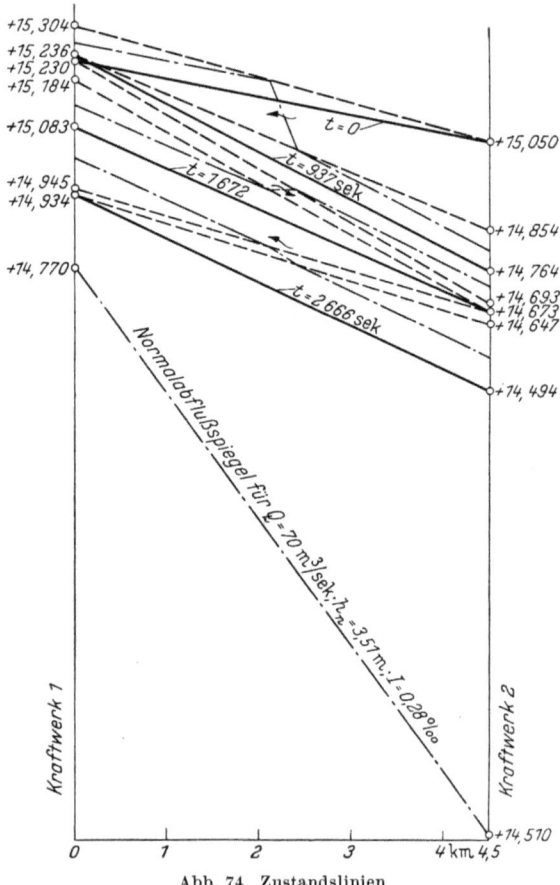

Abb. 74. Zustandslinien

Aus dem Zu- und Ablauf errechnet sich für 1672 s eine Entnahme von $1672 (70 - 50) = 33\,440$ m³. Die beiden Zahlen stimmen ausreichend überein.

3. *Halbphase* (km 4,5 bis 0,0, $t = 1672$ bis 2666 s).

Sie umfaßt die Reflexion des Sunkes in km 4,5 und seine Fortbewegung nach km 0,0.

Folgende Ergebnisse sind festzustellen:

$$\Delta t = 994 \text{ s}, \qquad t = 1672 + 994 = 2666 \text{ s}.$$

Behandlung der beim Kraftwerksbetrieb vorkommenden Fälle 85

Querschnitt 0 (km 4,5):

$h_0' = 4{,}647$ m $(+ 14{,}647$ m$)$, $h_0'' = 4{,}494$ m $(+ 14{,}494$ m$)$,
$\Delta F_0'' = -4{,}33$ m^2, $F_0'' = 85{,}34$ m^2,
$Q_0'' = +70{,}0$ m^3/s, $v_0'' = +0{,}82$ m/s.

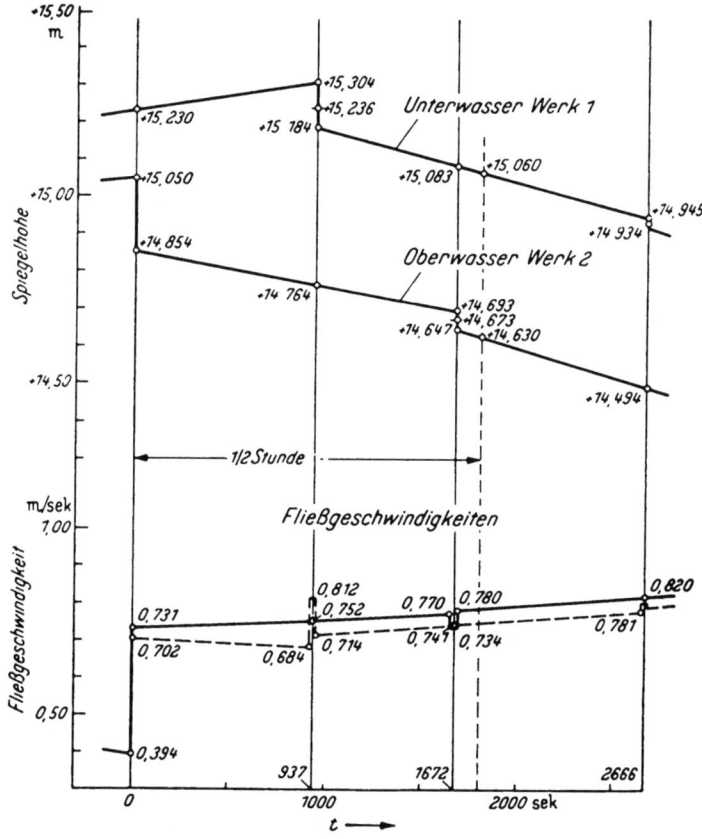

Abb. 75. Ganglinien der Pegelstände und Fließgeschwindigkeiten

Querschnitt 1 (km 0,0):

$h_1^+ = 3{,}685$ m $(+14{,}945$ m$)$, $z_1 = -0{,}011$ m,
$h_1' = 3{,}674$ m $(+14{,}934$ m$)$, $F_1' = 63{,}76$ m^2,
$Q_1' = 51{,}41$ m^3/s, $v_1' = +0{,}806$ m/s,
$I_m' = +0{,}0000978$.

Die Berechnungsergebnisse sind in den Abb. 74 (Zustandslinien) u. 75 (Ganglinien für Wasserstände und Fließgeschwindigkeiten) aufgetragen. Die letztgenannte zeigt, daß bei $t = 1800$ s $= \frac{1}{2}$ Stunde die

Fließgeschwindigkeiten zwischen 0,7 und 0,8 m/s liegen und der Spiegel zwischen den Höhen +14,63 und +15,06 m. — Der Werkkanal ist somit ohne weiteres in der Lage, eine halbstündige teilweise Drosselung des Zulaufs abzufangen.

6.3 Vorgänge im Unterwasser bei Entlastung (Absperrsunk)

Eine Zuflußverminderung am oberen Ende eines Kanals, wie sie etwa im Unterwasser eines Kraftwerkes bei Entlastung desselben stattfindet, bedingt eine in Fließrichtung fortschreitende Senkungswelle, die bei ihrer Ankunft am unteren Kanalende zurückgeworfen wird. Die Art der Reflexion sowie der anschließende Schwingungsvorgang hängt — ebenso wie dies bei den früher behandelten Beispielen der Fall war — davon ab, ob der Kanal frei in ein großes Becken mündet oder ob er durch ein Abschlußorgan oder ein zweites Kraftwerk abgeschlossen wird. Im ersten Falle tritt eine ungleichsinnige, im zweiten eine gleichsinnige Reflexion ein.

6.31 Schwingungsverlauf bei freier Einmündung in ein großes Becken

Abb. 76 zeigt die beiden ersten Halbphasen der Spiegelbewegung. In der ersten Halbphase läuft der Sunk mit einer Anfangshöhe AC zwischen den Linien AE und CD flußabwärts und kommt mit der Höhe DE an. Die Abbildung setzt voraus, daß sich der Spiegel im Becken während der ersten Halbphase nach irgendeinem Gesetz von B nach E gehoben hat. (Bei konstantem Beckenstand fallen B und E zusammen). In Querschnitt 0 tritt eine zusätzliche allmähliche Senkung CF ein. Ein Zwischenzustand ist strichpunktiert eingetragen.

Zu Beginn der 2. Halbphase bildet sich am unteren Ende ein rückläufiger Schwall von der Höhe ED, der mit allmählich abnehmender Höhe zwischen den Linien DG und EJ flußaufwärts läuft und am oberen Ende mit der Höhe GJ ankommt. Die allmähliche Senkung CF der ersten Halbphase hat sich in der zweiten Halbphase entsprechend Gl. (86) fortgesetzt und bei Ankunft der Hebungswelle die Spiegellage G verursacht. In der gleichen Zeit ist der Beckenspiegel in Querschnitt 0 von E nach H gestiegen. Für die Anwendung von Gl. (46) ist demnach $\Delta F_0''$ durch EH gegeben, und die Gleichung liefert dann die Wassermengenänderung $\Delta Q_0''$. Bei konstantem Beckenspiegel fallen die Punkte E und H zusammen bzw. ist $\Delta F_0'' = 0$. Ein Zwischenzustand der 2. Halbphase ist strichpunktiert eingetragen.

6.32 Schwingungsverlauf, wenn der Kanal am unteren Ende geschlossen ist

In diesem Fall lösen einander, da am unteren Kanalende gleichsinnige Reflexion stattfindet, berg- und talläufige Sunkwellen ab, und es tritt eine allmähliche Entleerung der Haltung ein. Diese Möglichkeit

Behandlung der beim Kraftwerksbetrieb vorkommenden Fälle 87

kann sich praktisch ergeben, wenn von zwei den Kanal begrenzenden Kraftwerken das obere den Betrieb einstellt, während das untere mit

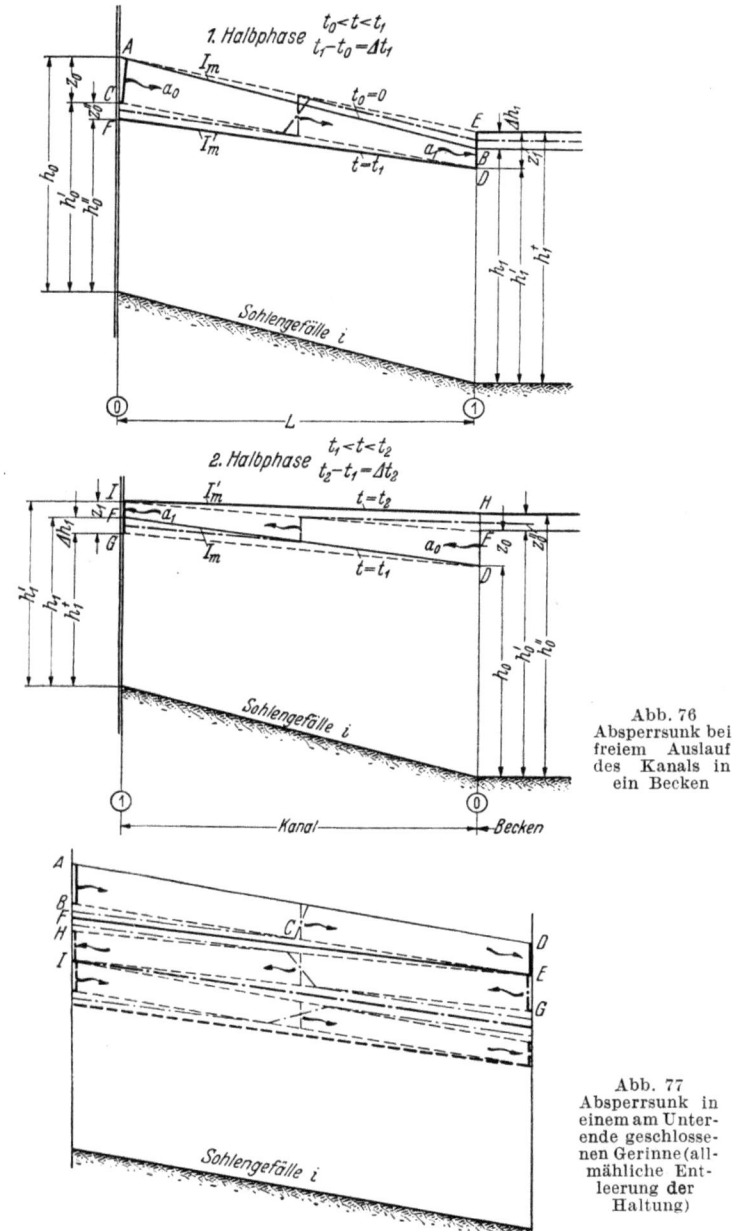

Abb. 76 Absperrsunk bei freiem Auslauf des Kanals in ein Becken

Abb. 77 Absperrsunk in einem am Unterende geschlossenen Gerinne (allmähliche Entleerung der Haltung)

der bisherigen Wassermenge weiterarbeitet. Der Vorgang ist aus Abb. 77 ersichtlich und ist durchaus ähnlich dem der Abb. 70. Weitere Ausführungen hierzu erübrigen sich wohl.

6.4 Vorgänge im Unterwasser bei plötzlicher Belastung (Füllschwall)

Auch hier hängt die an die erste Halbphase anschließende Spiegelbewegung davon ab, ob der Untergraben in ein Becken einmündet oder ob er durch ein Abschlußorgan, ein zweites Kraftwerk oder ähnliches Bauwerk an seinem unteren Ende abgeschlossen ist. Entsprechend entstehen die nachstehend beschriebenen Bewegungsformen.

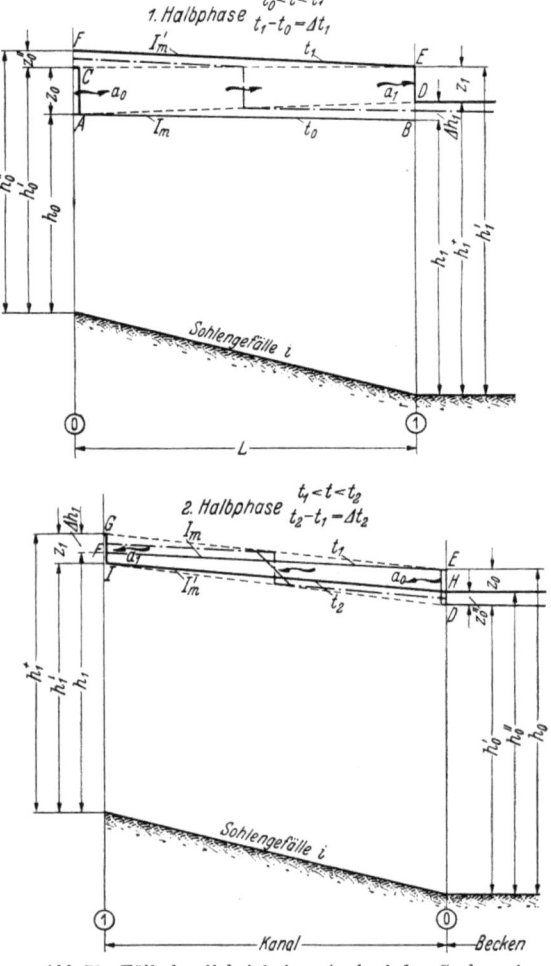

Abb. 78. Füllschwall bei freiem Auslauf des Grabens in ein Becken

6.41 Schwingungsverlauf bei freiem Auslauf des Grabens in ein Becken

Der am oberen Ende durch plötzliche Zuflußvermehrung entstehende Schwall von der Höhe AC bewegt sich flußabwärts und beschreibt dabei mit den Ecken der Schwallfront die Linien AD und CE, wobei angenommen ist (Abb. 78), daß sich der Spiegel im Auslaufbecken aus irgendwelchen Gründen um das bekannte Maß $\Delta h_1 = BD$ in der Zeit Δt_1 gehoben hat. Gleichzeitig hebt sich der Spiegel am oberen Ende des Grabens von C nach F. Die 2. Halbphase wird eingeleitet durch eine entgegengesetztsinnige Reflexion des am unteren Ende ankommenden

Schwalles, d. h. es bildet sich eine flußaufwärts laufende Sunkwelle von der Höhe DE, die sich entlang den fein punktierten Linien fortbewegt und am Oberende mit der Höhe GI ankommt. Während ihrer Laufzeit hat sich die allmähliche Hebung CF der ersten Halbphase fortgesetzt und zur Zeit t_2 am oberen Ende die Spiegellage G erzeugt. Der Beckenwasserstand hat sich während der 2. Halbphase weiter verändert, und zwar um das bekannte Maß $z_0'' = DH$, das den Wert $\Delta F_0''$ der Gl. (46) angibt, aus der dann $\Delta Q_0''$ bestimmbar ist. Bei konstantem Beckenspiegel ist in der 1. Halbphase $\Delta h_1 = 0$ und in der 2. $z_0'' = 0$ und $\Delta F_0'' = 0$.

Das am Schluß behandelte Zahlenbeispiel befaßt sich mit dem beschriebenen Fall.

6.42 Schwingungsverlauf bei abgeschlossenem Kanal

Trifft der Füllschwall am Grabenende auf einen Abschluß, wie etwa auf ein zweites Kraftwerk oder den Abschlußdamm eines Ausgleichsbeckens, so wird er gleichsinnig zurückgeworfen, und die Spiegelbewegung besteht darin, daß Schwallwellen abwechselnd flußaufwärts und flußabwärts laufen. Wie man sieht, liegt genau der umgekehrte Vorgang wie bei Abb. 70 vor: dort allmähliche Entleerung der Haltung von unten her, hier allmähliche Füllung von oben her. Da außerdem

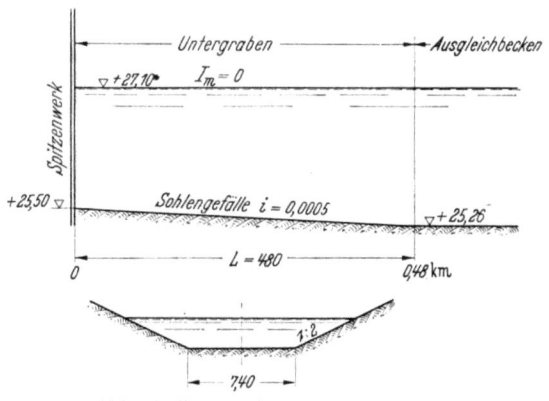

Abb. 79. Längsschnitt und Querschnitt

in den Abb. 65 u. 77 ähnliche Vorgänge dargestellt sind, können weitere Erörterungen entfallen.

Zahlenbeispiel. Abb. 79 zeigt in Längsschnitt und Querschnitt den Unterkanal eines Spitzenwerkes, der in ein Ausgleichsbecken von sehr großer Oberfläche einmündet. Die größte Spiegelhebung am Kraftwerk ist zu ermitteln, die bei plötzlichem Anfahren der Maschinen mit einer Wassermenge von 14 m³/s auftritt. Für die Berechnung kann wegen der zu erwartenden kurzen Dauer der beiden ersten Halbphasen konstanter Spiegel im Ausgleichsbecken angenommen werden. Die Rauhigkeit der Grabenwandungen ist mit $k = 37$ (STRICKLER) einzuschätzen.

1. Halbphase,

Querschnitt *0* (km 0,0):

$h_0 = 1,60$ m, $\quad F_0 = 16,96$ m²,
$B_0 = 13,80$ m, $\quad Q_0 = 0$,
$v_0 = 0$, $\quad Q'_0 = +14,00$ m³/s,
$\Delta Q'_0 = +14,00$ m³/s.

In bekannter Weise wird mit $y_0 = 14,29$ m und $F_0/y_0 = 1,188$ m,

$a_0 = +3,94$ m/s,
$z_0 = +\dfrac{14,00}{3,94 \cdot 14,29} = +0,248$ m,
$h'_0 = 1,600 + 0,248 = 1,848$ m ($+27,348$ m),
$\Delta F'_0 = +0,248 \cdot 14,29 = +3,54$ m²,
$F'_0 = 16,96 + 3,54 = 20,50$ m²,
$v'_0 = +\dfrac{14,00}{20,50} = +0,683$ m/s,
$B'_0 = 13,80 + 4 \cdot 0,248 = 14,79$ m.

Querschnitt *1* (km 0,48):

$h_1 = 1,84$ m, $\quad F_1 = 20,39$ m²,
$B = 14,76$ m, $\quad Q_1 = 0$,
$v_1 = 0$.

Die in erster Näherung angewandten Gl. (45 u. 46) ergeben

$\Delta F'_1 = +2,98$ m², $\quad \Delta F''_0 = +0,556$ m²,
$z_1 = +0,197$ m, $\quad z''_0 = +0,037$ m,

wobei a_m, v_m, R_m den in Querschnitt *0* zur Zeit t_0 geltenden Werten gleichgesetzt sind. Die übrigen Berechnungsergebnisse sind folgende:

Querschnitt *0* (km 0,0):

$h''_0 = 1,885$ m, $\quad F''_0 = 21,06$ m²,
$Q''_0 = +14,00$ m³/s, $\quad v''_0 = +0,665$ m/s,
$R''_0 = 1,33$ m.

Querschnitt *1* (km 0,48):

$a_1 = +4,01$ m/s, $\quad h'_1 = 2,037$ m,
$F'_1 = 23,37$ m², $\quad Q'_1 = +12,0$ m³/s,
$v'_1 = +0,514$ m/s, $\quad R'_1 = 1,41$ m.

Behandlung der beim Kraftwerksbetrieb vorkommenden Fälle

Für die zweite Näherung haben wir somit folgende Differenzen und Mittelwerte:

$$\Delta B = 14{,}76 - 13{,}80 = +0{,}96 \text{ m},$$
$$B_m = 14{,}28 \text{ m},$$
$$\Delta F_1 = 0,$$
$$\Delta Q = 0,$$
$$\Delta Q_1 = 0,$$
$$\Delta a = 4{,}01 - 3{,}94 = +0{,}07 \text{ m/s},$$
$$a_m = \tfrac{1}{2}(3{,}94 + 4{,}01) = +3{,}975 \text{ m/s},$$
$$v_m = \tfrac{1}{2}(0{,}665 + 0{,}514) = +0{,}589 \text{ m/s},$$
$$(v^2)_m = \tfrac{1}{2}(0{,}264 + 0{,}443) = 0{,}354,$$
$$R_m = \tfrac{1}{2}(1{,}33 + 1{,}41) = 1{,}37 \text{ m},$$
$$I_r = +\frac{0{,}354}{37^2 \cdot 1{,}37^{4/3}} = +0{,}00017.$$

Damit erhält man aus (45 u. 46)

$$\Delta F_1' = +3{,}13 \text{ m}^2, \qquad \Delta F_0'' = +0{,}346 \text{ m}^2,$$

ferner für Querschnitt *0* (km 0,0):

$$z_0'' = +\frac{0{,}346}{14{,}84} = +0{,}023 \text{ m},$$
$$y_0'' = 14{,}79 + 2 \cdot 0{,}023 = 14{,}84 \text{ m},$$
$$h_0'' = 1{,}848 + 0{,}023 = 1{,}871 \text{ m} \; (+27{,}371 \text{ m}),$$
$$F_0'' = 20{,}50 + 0{,}346 = 20{,}85 \text{ m}^2,$$
$$v_0'' = +\frac{14{,}00}{20{,}85} = +0{,}671 \text{ m/s (früher } +0{,}655 \text{ m/s)}.$$

Querschnitt *1* (km 0,48):

$$z_1 = +\frac{3{,}13}{15{,}17} = +0{,}206 \text{ m},$$
$$y_1 = 14{,}76 + 2 \cdot 0{,}206 = 15{,}17 \text{ m},$$
$$h_1' = 1{,}840 + 0{,}206 = 2{,}046 \text{ m} \; (+27{,}306 \text{ m}),$$
$$\frac{F_1}{y_1} = \frac{20{,}39}{15{,}17} = 1{,}343 \text{ m}.$$
$$a_1 = +4{,}02 \text{ m/s (nach Abb. 5 — früher } +4{,}01 \text{ m/s)},$$
$$\Delta Q_1' = +4{,}02 \cdot 3{,}13 = +12{,}6 \text{ m}^3\text{/s (früher } +12{,}0 \text{ m}^3\text{/s)},$$
$$Q_1' = +12{,}6 \text{ m}^3\text{/s},$$

$F_1' = 20{,}39 + 3{,}13 = 23{,}52 \text{ m}^2,$

$v_1' = + \dfrac{12{,}6}{23{,}52} = +0{,}537 \text{ m/s (früher } +0{,}514 \text{ m/s)},$

$a_m = \tfrac{1}{2}(3{,}94 + 4{,}02) = +3{,}98 \text{ m/s},$

$\Delta t_1 = \dfrac{480}{3{,}98} = 120{,}6 \text{ s},$

$I_m' = \dfrac{27{,}371 - 27{,}306}{480} = +0{,}0001354.$

2. Halbphase.

Zu Beginn liegen die aus der 1. Halbphase bekannten Daten für Querschnitt *0* (km 0,48) und Querschnitt *1* (km 0) vor:

$h_0 = 2{,}046 \text{ m}, \quad F_0 = 23{,}52 \text{ m}^2,$
$Q_0 = +12{,}6 \text{ m}^3/\text{s}, \quad v_0 = +0{,}537 \text{ m/s},$
$B_0 = 15{,}58 \text{ m}.$
$h_1 = 1{,}871 \text{ m}, \quad F_1 = 20{,}85 \text{ m}^2,$
$Q_1 = +14{,}00 \text{ m}^3/\text{s}, \quad v_1 = +0{,}671 \text{ m/s},$
$B_1 = 14{,}88 \text{ m}.$

Für den Reflexionsquerschnitt ist (Querschnitt *0*)

$z_0 = -0{,}206 \text{ m},$

$y_0 = 15{,}17 \text{ m},$

$\Delta F_0' = -0{,}206 \cdot 15{,}17 = -3{,}13 \text{ m}^2,$

$\dfrac{F_0}{y_0} = \dfrac{23{,}52}{15{,}17} = 1{,}55 \text{ m}.$

Aus Abb. 15 ergibt sich

$a_0 = +0{,}537 - 3{,}505 = -2{,}968 \text{ m/s}$

und aus (33)

$\Delta Q_0' = (-3{,}13)(-2{,}968) = +9{,}30 \text{ m}^3/\text{s},$

$Q_0' = +12{,}6 + 9{,}3 = +21{,}9 \text{ m}^3/\text{s},$

$F_0' = 23{,}52 - 3{,}13 = 20{,}39 \text{ m}^2,$

$v_0' = + \dfrac{21{,}9}{20{,}39} = +1{,}074 \text{ m/s},$

$\Delta Q = 14{,}0 - 12{,}6 = +1{,}4 \text{ m}^3/\text{s},$

$\Delta Q_1 = 0,$

$\Delta B = 14{,}88 - 15{,}58 = -0{,}70 \text{ m},$

$B_m = 15{,}23 \text{ m}.$

Nun könnte auf dem Wege allmählicher Annäherung die Berechnung so fortgeführt werden, daß man in erster Näherung $\varDelta t_2 = L/a_0 = 162$ s bestimmt und daraus die Flächenänderung am oberen Grabenende nach Gl. (86), ferner F_1^+, h_1^+, v_1^+ usw.

Tatsächlich führt ein solches Vorgehen hier nur nach zahlreichen Näherungsrechnungen zum Ziel, die Näherung ist wenig „stabil", wie wir dies schon bei einem früheren Zahlenbeispiel feststellen konnten. Zweckmäßiger wird daher der nachstehend beschriebene Weg beschritten:

Für mehrere Werte z_1 (mindestens drei) lassen sich folgende Werte angeben bzw. ermitteln: F_1 (für alle drei Fälle gleich), $\varDelta t_2$ (zunächst $= L/a_0$), $\varDelta F_1$ [nach Gl. (86)], F_1^+, $\varDelta h_1$, h_1^+, B_1^+, y_1 (aus B_1^+ und z_1), F_1^+/y_1, $v_1^+ = (Q_1 =$ konst.$)/F_1^+$, a_1 [nach Gl. (32)], a_m; an Hand von a_m erfolgt eine nochmalige Berechnung von $\varDelta t_2$ und eine Überprüfung des ganzen bisherigen Berechnungsganges.

Alsdann kann weiter angegeben werden: $\varDelta Q_1'$ [nach Gl. (33)], $Q_1' = 14{,}00 + \varDelta Q_1'$, $\varDelta F_1' = z_1 y_1$, $F_1' = F_1 + \varDelta F_1'$, $v_1' = Q_1'/F_1'$, $h_1' = h_1^+ + z_1$, p_1', R_1', $R_0'' = R_0'$, R_m. Diese Ermittlung wird am besten in Tabellenform durchgeführt (vgl. unten).

Die Berechnung läuft darauf hinaus, für jedes angenommene z_1 eines aus Gl. (45) zu bestimmen und jenen z_1-Wert zu finden, für den Annahme und Berechnung übereinstimmen. Hierzu ist aber die Kenntnis der zur Zeit t_2 in Profil 0 (km 0,48) vorhandenen Größen nötig. Da sich dort der Wasserstand während $\varDelta t_2$ nicht ändert, sind die Längen und Flächen die gleichen wie zu Beginn der Halbphase ($F_0'' = F_0'$, $R_0'' = R_0'$ usw.). Es handelt sich daher nur noch um Q_0''. Dieses kann aber einfach durch eine Raumermittlung bestimmt werden, sofern z_1 gegeben ist[1].

Der Grabeninhalt vor Beginn der Wellenbildung ist bekannt und beträgt $V_0 = 8952$ m³; am Ende der 2. Halbphase kann er auch angegeben werden. Er ist (als Pyramidenstumpf berechnet)

$$V_2 = \frac{L}{3}\left(F_0' + \sqrt{F_0' F_1'} + F_1'\right).$$

Die Differenz beider Werte $\varDelta V = V_2 - V_1$ muß gleich sein dem Zufluß in der Zeit $t_2 = \varDelta t_1 + \varDelta t_2 = 120{,}6 + \varDelta t_2$ minus dem Ausfluß ins Ausgleichsbecken in der Zeit $\varDelta t_2$.

Der Zufluß beträgt $Z = 14{,}0\,(120{,}6 + \varDelta t_2)$, der Abfluß

$$A = \tfrac{1}{2}\varDelta t_2\,(Q_0' + Q_0''), \quad \text{wobei} \quad Q_0' = +21{,}9 \text{ m}^3/\text{s}.$$

---

[1] Ein zweites Verfahren besteht in der Anwendung von Gl. (46). Im vorliegenden Fall ist jedoch eine stereometrische Ermittlung einfacher.

	a	b	c
z_1 angenommen	−0,05	−0,10	−0,15 m
F_1	20,85	20,85	20,85 m²
Δt_2	161,8	163,9	166,1 s
ΔF_1	+0,464	+0,470	+0,477 m²
F_1^+	21,31	21,32	21,33 m²
⋮	⋮	⋮	⋮
a_1	−2,98	−2,89	−2,81 m/s
⋮	⋮	⋮	⋮
v_1'	+0,790	+0,921	+1,058 m/s
⋮	⋮	⋮	⋮
Q_0'' [nach Gl. (a)]	+15,9	+18,6	+20,1 m³/s
v_0''	+0,780	+0,912	+0,986 m/s
⋮	⋮	⋮	⋮
$\Delta F_1'$ berechnet	−2,34	−1,79	−1,51 m²
z_1 berechnet	−0,159	−0,121	−0,102 m

Nun besteht die Beziehung

$$Z - \Delta t_2 \frac{21{,}9 + Q_0''}{2} = \Delta V, \qquad (a)$$

woraus für jedes z_1 (d. h. F_1') ... Q_0'' berechnet werden kann.

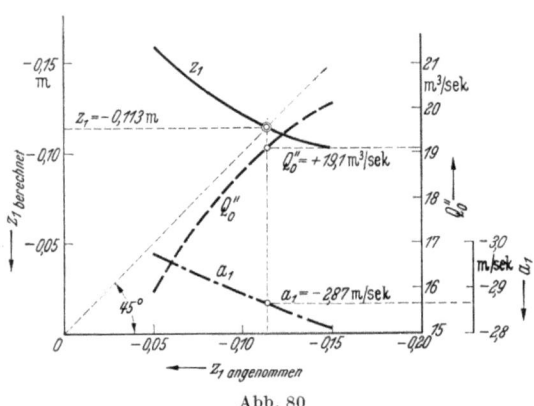

Abb. 80

Weiterhin ergeben sich dann $v_0'' = Q_0''/20{,}39$, v_m, $(v^2)_m$, I_r [nach Gl. (47)] und schließlich $\Delta F_1'$ berechnet nach Gl. (45) und weiterhin z_1 berechnet.

Die Ermittlung wird tabellarisch durchgeführt und ist vorstehend teilweise wiedergegeben.

Die Werte z_1 berechnet, Q_0'' und a_1 werden als Ordinaten zu den Abszissen z_1 angenommen gemäß Abb. 80 aufgetragen. Der Schnitt der z_1-Kurve mit dem unter 45° geneigten Strahl durch den Ursprung liefert den gesuchten Wert $z_1 = -0{,}113$ m. Auf der gleichen Abszisse liegen $Q_0'' = +19{,}1$ m³/s und $a_1 = -2{,}87$ m/s.

Behandlung der beim Kraftwerksbetrieb vorkommenden Fälle

Daraus errechnet sich

$$a_m = -\tfrac{1}{2}(2{,}968 + 2{,}87) = -2{,}92 \text{ m/s},$$

$$\Delta t_2 = \frac{-480}{-2{,}92} = 164{,}3 \text{ s},$$

$$t_2 = 120{,}6 + 164{,}3 = 284{,}9 \text{ s},$$

Gl. (86):

$$\Delta F_1 = + 0{,}346 \frac{164{,}3}{120{,}6} = +0{,}471 \text{ m}^2,$$

$$\Delta h_1 = + \frac{0{,}471}{14{,}94} = +0{,}032 \text{ m},$$

$$y = 14{,}88 + 2 \cdot 0{,}032 = 14{,}94 \text{ m},$$

$$h_1^+ = 1{,}871 + 0{,}032 = 1{,}903 \text{ m},$$

entsprechend einer Spiegelhöhe +27,403, die den höchsten Spiegelanstieg am Krafthaus darstellt.

$$F_1^+ = 20{,}85 + 0{,}471 = 21{,}32 \text{ m}^2,$$

$$v_1^+ = +\frac{14{,}00}{21{,}32} = +0{,}66 \text{ m/s},$$

$$B_1^+ = 15{,}012 \text{ m},$$

$$y_1 = 15{,}012 - 2 \cdot 0{,}113 = 14{,}79 \text{ m},$$

$$\Delta F_1' = -0{,}113 \cdot 14{,}79 = -1{,}67 \text{ m}^2,$$

$$\Delta Q_1' = (-1{,}67)(-2{,}87) = +4{,}79 \text{ m}^3/\text{s},$$

$$Q_1' = +14{,}00 + 4{,}79 = +18{,}79 \text{ m}^3/\text{s},$$

$$F_1' = 20{,}85 + 0{,}471 - 1{,}67 = 19{,}65 \text{ m}^2,$$

$$v_1' = +\frac{18{,}79}{19{,}65} = +0{,}96 \text{ m/s},$$

$$h_1' = 1{,}903 - 0{,}113 = 1{,}790 \text{ m} \quad (+27{,}290 \text{ m}),$$

$$v_0'' = +\frac{19{,}1}{20{,}39} = +0{,}94 \text{ m/s}.$$

An Hand dieser Daten wäre es nun möglich, zur Kontrolle eine nochmalige genaue Durchrechnung vorzunehmen. Es soll hier jedoch davon abgesehen werden.

3. *Halbphase*

Hiervon soll nur noch die Reflexion des Sunkes am Kraftwerk behandelt werden.

Für den Kraftwerksquerschnitt liegen folgende Angaben vor:

$$h_0 = 1{,}790 \text{ m}, \qquad F_0 = 19{,}65 \text{ m}^2,$$

$$Q_0 = +18{,}79 \text{ m}^3/\text{s}, \qquad v_0 = +0{,}96 \text{ m/s},$$

$$B_0 = 14{,}56 \text{ m}, \qquad Q_0' = +14{,}00 \text{ m}^3/\text{s},$$

$$\Delta Q_0' = 14{,}00 - 18{,}79 = -4{,}79 \text{ m}^3/\text{s}.$$

Schätzt man $z_0 = -0,08$ m, so wird $y_0 = 14,40$ m und $F_0/y_0 = 1,365$ m und nach (27) $a_0 = +0,96 + 3,50 = +4,46$ m/s, ferner nach (28)

$$z_0 = -\frac{4,79}{14,40 \cdot 4,46} = -0,075 \text{ m}, \qquad h_0' = 1,790 - 0,075 = 1,715 \text{ m},$$

entsprechend $+27,215$ m,

$$F_0' = 19,65 - 14,40 \cdot 0,075 = 18,57 \text{ m}^2, \quad v_0' = +\frac{14,00}{18,57} = +0,75 \text{ m/s}.$$

Die Berechnungsergebnisse sind in Abb. 81 durch Zustandslinien dargestellt. Abb. 82 zeigt die Ganglinien für den Querschnitt am Kraftwerk.

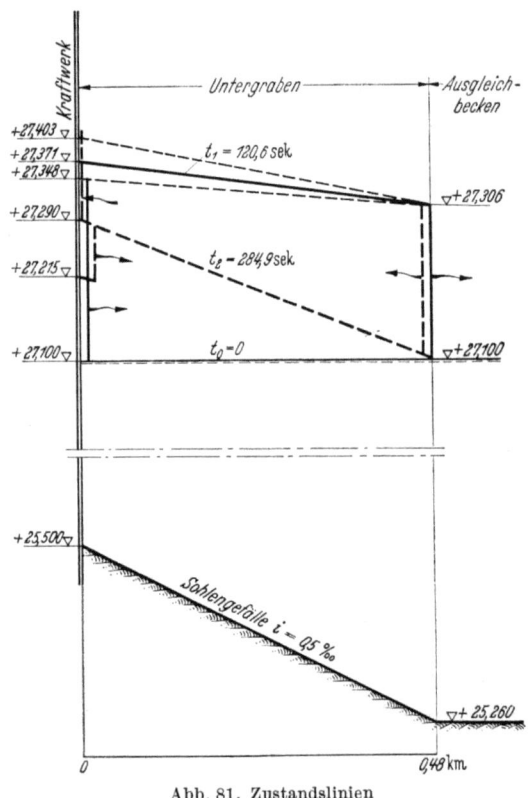

Abb. 81. Zustandslinien

Bei dem vorliegenden kurzen Kanal mag es vielleicht von Interesse sein, den Einfluß der endlichen Öffnungszeit zu untersuchen. Die Öffnungszeit der Turbinen ist 5 s. Daher wird keine senkrechte Wellenfront entstehen, sondern eine geneigte, wie dies in Abb. 59 für einen Stauschwall gezeigt ist. Die zur Zeit $t = 0$ entstehende erste Teilwelle findet in Querschnitt 0 (km 0,0) eine Wassertiefe $h_0 = 1,60$ m bzw. eine mittlere Tiefe von $16,96/13,80 = 1,23$ m und in Querschnitt km 0,48 eine Wassertiefe von $h_1 = 1,84$ m bzw. eine mittlere Tiefe von $20,39/14,76 = 1,38$ m vor. Die mittlere Schnelligkeit ist demnach

$$a_I = \frac{\sqrt{9,81 \cdot 1,23} + \sqrt{9,81 \cdot 1,38}}{2} = +3,57 \text{ m/s}.$$

Nach 5 s, d. h. bei vollendeter Belastung, erstreckt sich der Wellenkopf auf eine Länge von $l_0 = 5\sqrt{9,81 \cdot 1,23} = 17,35$ m. — Die Laufzeit der Wellenspitze beträgt $\Delta t_I = 480/3,57 = 134,6$ s. Ein Vergleich mit der mittleren Laufzeit der gesamten Welle $\Delta t_1 = 120,6$ s zeigt, daß die schräge Wellenfront schon sehr bald verschwindet bzw. sich zur Senkrechten aufrichtet, da sich ja die oberen Schwallteile schneller fortpflanzen als die unteren und diese bei genügender Längenentwicklung einholen. Die endliche Öffnungszeit hat daher nur Einfluß auf den zeitlichen Verlauf des Spiegelanstieges am Krafthaus. Der Spiegelabfall hängt dagegen nur mehr von der Verformung des Sunkkopfes entsprechend Abb. 20 ab. Eine hier nicht wiedergegebene Berechnung zeigt, daß die obersten Teile des Sunkes bereits nach 150 s Laufzeit, also bei $t = 120,6 + 150 = 271$ s am Kraftwerk eintreffen. Daraus ergibt sich der in Abb. 82 gestrichelt gezeichnete Verlauf der Spiegelganglinie.

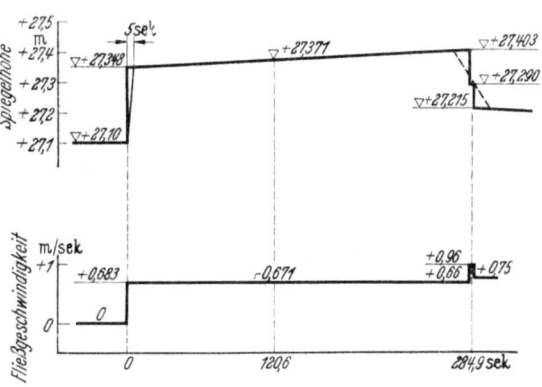

Abb. 82. Ganglinien für den Querschnitt am Kraftwerk

6.5 Gleichzeitige Abflußänderung an beiden Haltungsenden

Die bisherigen Betrachtungen bezogen sich auf Fälle, in denen an einem Ende eines Kanals eine plötzliche Belastungsänderung eintritt. Bei mehreren hintereinandergeschalteten Kraftwerken ist jedoch der Fall denkbar, daß beide Werke an den Enden einer Haltung gleichzeitig in Betrieb gehen. Solche Erscheinungen sind die Regel bei der *Durchlaufspeicherung*.

6.51 Durchlaufspeicherung

Die Durchlaufspeicherung [LUDIN (a, b, c)] besteht darin, daß alle Anlagen einer Kraftwerkskette nur einen einzigen Speicher am oberen Ende und ein einziges Ausgleichsbecken am Unterende erhalten, wie dies Abb. 83 für eine Kette von fünf Werken zeigt.

Der Betrieb geht vor sich wie folgt:

Belastungssenke: Die Werke *1* bis *4* sind außer Betrieb. Das von oben her zu-

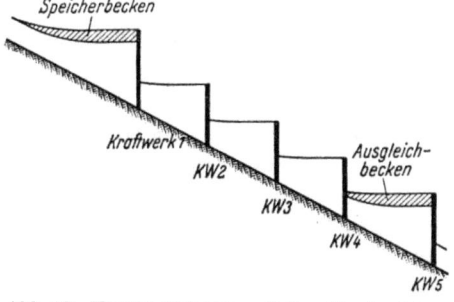

Abb. 83. Kraftwerkstreppe mit Durchlaufspeicher-Betrieb

laufende Wasser wird in dem Speicher vor dem Kraftwerk *1* zurückgehalten und füllt diesen allmählich auf. Werk *5*, das Ausgleichswerk, läuft 24-stündig durch und gibt an die Unterlieger eine gleichmäßige Wasserführung ab, die aus dem Ausgleichsbecken geliefert wird. — Belastungsspitze: Die Stufen *1* bis *4* gehen gleichzeitig in Betrieb. Werk *1* entnimmt den den natürlichen Zulauf übersteigenden Anteil der Spitzenwassermenge dem oberen Speicherbecken. Die Werke *2* bis *4* decken ihren Wasserbedarf aus der jeweils oberhalb liegenden Haltung. Jeder Zwischenhaltung wird somit an ihrem Unterende die Turbinenwassermenge entzogen, an ihrem Oberende nimmt sie jedoch das Turbinenwasser der flußaufwärtigen Kraftstufe auf. Ihr Gesamtinhalt ändert sich also nicht.

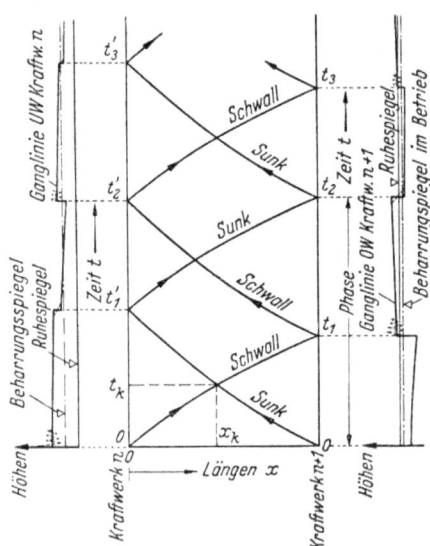

Abb. 84. Ort-Zeit-Bild und Ganglinien der Endquerschnitte

Bei Inbetriebnahme der Kraftwerke bildet sich am oberen Ende jeder Stauhaltung eine flußabwärts fortschreitende Hebungswelle und am unteren Ende eine flußaufwärts laufende Senkungswelle. Der Wellenverlauf ist [FRANK (b)] aus dem Ort-Zeit-Diagramm Abb. 84 zu ersehen.

Zu einer gewissen Zeit t_k und an dem Ort x_k kreuzen sich die Wellen und setzen nach der Kreuzung, in bestimmtem Maß umgeformt, ihren Weg fort, bis sie die Haltungsenden zu den Zeiten t_1 und t_1' erreichen. Hier werden die Wellen gleichsinnig zurückgeworfen, durchlaufen die Haltung nun in entgegengesetzter Richtung, wobei sie sich wiederum schneiden, usw.

Die Untersuchung der Wellenerscheinungen bei der Durchlaufspeicherung erstreckt sich im wesentlichen auf folgende Einzeloperationen:

a) Falls es sich nicht um ein regelmäßiges Gerinne handelt, sondern, wie bei der Durchlaufspeicherung bei Flußstufen, um natürliche Flußstrecken, so ist die Haltung zu einem Gerinne mit einheitlichem Sohlengefälle und linear veränderlicher Spiegelbreite zu schematisieren.

b) Berechnung der Wellenfortpflanzung bis zur Kreuzung der Wellen.

c) Untersuchung der Wellenkreuzung.

Behandlung der beim Kraftwerksbetrieb vorkommenden Fälle   99

d) Wellenfortpflanzung nach der Kreuzung.
e) Reflexionserscheinungen an den Gerinneenden.
f) Untersuchung von Sekundärerscheinungen.

Zu b). Die Primärwellen können an ihren Entstehungsorten nach den Gleichungen des Abschnittes 1.1 und 2.1 berechnet werden. Für die Fortpflanzung gilt das in den Abschnitten 3.2 und 4.8 wiedergegebene Verfahren von FAVRE.

Zu c). Es gelten die Ausführungen von Abschnitt 4.5 über die Durchdringung von Wellen. Hierzu muß der Ort der Wellenkreuzung bekannt

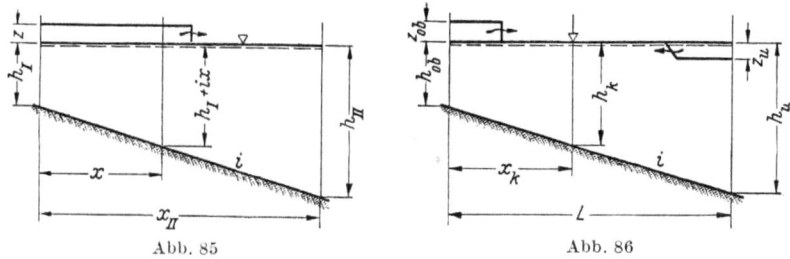

Abb. 85   Abb. 86

sein, der übrigens auch bei den Berechnungen des vorhergehenden Punktes interessiert. Die Wellen treffen sich (Abb. 84) bei der Abszisse x_k und zur Zeit t_k. Diese beiden Daten lassen sich mit guter Näherung an Hand folgender Überlegungen vorausberechnen:

Eine mit der (positiven oder negativen) Höhe z zwischen den Tiefen h_I und h_{II} (Abb. 85) bewegliche Welle hat bei ursprünglich ruhendem Wasser nach Gl. (8) die Schnelligkeit

$$a = \sqrt{g(h_I + i\,x + \tfrac{3}{2} z)}.$$

Da die Schnelligkeit in erster Linie von der Wassertiefe abhängt, ist es möglich, den verhältnismäßig sehr viel kleineren Einfluß der Wellenhöhen (die ihrerseits sowohl von der Zeit wie auch vom Ort abhängen) zu vernachlässigen und für z unveränderliche Mittelwerte einzuführen, die mit einiger Genauigkeit im voraus abzuschätzen sind.

Wegen $dx = a\,dt$ ist

$$t = \int_0^{x_{II}} \frac{dx}{\sqrt{g(h_I + i\,x + \tfrac{3}{2} z)}},$$

woraus

$$t = \frac{2}{i\sqrt{g}}\left(\sqrt{h_{II} + \tfrac{3}{2} z} - \sqrt{h_I + \tfrac{3}{2} z}\right).$$

Die zwischen h_{ob} und h_k (Tiefe im Kreuzungspunkt, Abb. 86) wandernde Hebungswelle braucht demnach die Zeit

$$t_{ob} = \frac{2}{i\sqrt{g}}\left(\sqrt{h_k + \tfrac{3}{2} z_{ob}} - \sqrt{h_{ob} + \tfrac{3}{2} z_{ob}}\right), \tag{88}$$

die zwischen h_k und h_u bewegliche Senkungswelle dagegen

$$t_u = \frac{2}{i\sqrt{g}}\left(\sqrt{h_u + \frac{3}{2}z_u} - \sqrt{h_k + \frac{3}{2}z_u}\right). \tag{89}$$

Für den Kreuzungspunkt der Wellen ist $t_{ob} = t_u$, woraus sich die Wassertiefe h_k ergibt, bei der sich die Wellen überschneiden:

$$h_k = \frac{\varrho^2 - \frac{9}{4} z_{ob} z_u}{\frac{3}{2}(z_{ob} + z_u) + 2\varrho}, \tag{90}$$

mit
$$\varrho = \tfrac{1}{2}\left\{\left[\sqrt{h_u + \tfrac{3}{2}z_u} + \sqrt{h_{ob} + \tfrac{3}{2}z_{ob}}\right]^2 - \tfrac{3}{2}(z_{ob} + z_u)\right\}.$$

Die zugehörige Abszisse ist
$$x_k = \frac{h_k - h_{ob}}{i}. \tag{91}$$

Setzt man h_k gemäß Gl. (90) in Gl. (88 oder 89) ein, so ergibt sich der Zeitpunkt t_k.

Zu beachten ist, daß gemäß Vorzeichenfestlegung z_u mit negativem Vorzeichen einzusetzen ist.

Bei großen Tiefen können die Wellenhöhen z_{ob} und z_u vernachlässigt werden. Dann erhält man statt Gl. (88 bis 91) die vereinfachten Formeln

$$\left.\begin{aligned}h_k &= \tfrac{1}{4}\left(h_u + h_{ob} + 2\sqrt{h_u h_{ob}}\right). \\ x_k &= \frac{L}{4(h_u - h_{ob})}\left(h_u - 3h_{ob} + 2\sqrt{h_u h_{ob}}\right), \\ t_k &= \frac{2}{i\sqrt{g}}\left(\sqrt{h_k} - \sqrt{h_{ob}}\right) = \frac{2}{i\sqrt{g}}\left(\sqrt{h_u} - \sqrt{h_k}\right).\end{aligned}\right\} \tag{92}$$

Zu f). Außer der schon bekannten Verformung der Schwall- und Sunkköpfe ist als Sekundärerscheinung noch die Wellenausbreitung am Kraftwerk zu nennen (Abb. 87). — Hier werden zunächst gekrümmte Wellenfronten entstehen, die sich erst mit dem Fortschreiten allmählich strecken. Dann erst liegen die Verhältnisse so, wie sie für die Berechnung angenommen sind. Irgendwelche wesentliche Beeinflussung des Gesamtverlaufes treten durch die Sekundärwellen, die sich an die anfänglich räumlich ausbreitenden Wellen knüpfen, in der Regel nicht ein.

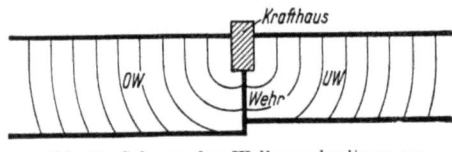

Abb. 87. Schema der Wellenausbreitung am Kraftwerk (Primärwellen)

Nach dem bisher Gesagten ist es nunmehr möglich, den Schwingungsvorgang und damit auch den Verlauf der Fallhöhenänderungen an den Werken bis zu den Zeiten t_1 und t_1' zu berechnen. Grundsätzlich könnte die Untersuchung auch noch weiter geführt werden, doch lohnt sich die hierfür aufzuwendende Arbeit nicht mehr. Bei etwa gleich langen Haltungen genügt es, eine einzige Haltung zu untersuchen, weil dann die Spiegelbewegung auf alle Haltungen übertragen werden kann. Bei verschiedenen Haltungslängen oder bei stark verschiedenen Profilverhältnissen muß die Berechnung allerdings für jede Haltung durchgeführt werden.

Von praktischem Interesse ist noch der *Beharrungszustand*, dem der Spiegel in der Haltung nach Abklingen der Wellen zustrebt. Es ist dies eine stationär verzögerte Wasserbewegung für die konstante Wassermenge der Maschinen. Die Spiegellinie läßt sich durch Staukurven-

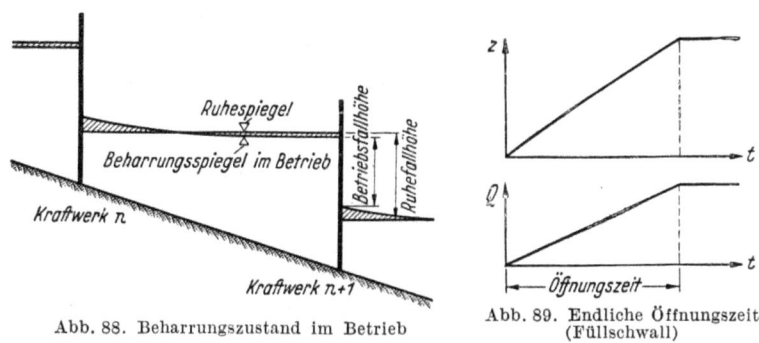

Abb. 88. Beharrungszustand im Betrieb

Abb. 89. Endliche Öffnungszeit (Füllschwall)

rechnung einfach festlegen, wenn man beachtet, daß sich der Gesamtinhalt der Stauhaltung gegenüber dem Ruhezustand nicht geändert hat, da ja alle Werke gleichzeitig mit der gleichen Gesamtwassermenge in Betrieb gehen. Die Beharrungslage des Betriebswasserspiegels ist in Abb. 88 schematisch angegeben. Es zeigt sich, daß es bei der Durchlaufspeicherung nicht möglich ist, das Stauziel der Ruhe auch im Betrieb beizubehalten, wenn man nicht von dem betrieblich einfachen Prinzip des gleichzeitigen Anfahrens abgehen will. — Im allgemeinen wird freilich die Unterschreitung des Stauzieles nicht groß sein.

Beim *allmählichen Anfahren* werden die Wellenerscheinungen in gemilderter Form auftreten. Zwei Fälle sind hier zu unterscheiden:

a) Die Wellen treffen am jeweiligen Haltungsende erst ein, wenn dort der Öffnungsvorgang der Turbinen beendet ist.

b) Die Wellen erreichen die Haltungsenden, während das Öffnen noch im Gange ist. Hier sind die Laufzeiten kürzer als die Öffnungszeiten.

Eine allmähliche Wassermengenänderung ruft im Störungsquerschnitt eine leicht gekrümmte Spiegelganglinie hervor (Abb. 89). Sie kann unbedenklich als Gerade aufgefaßt werden. Da, wie früher schon ausgeführt, die gesamte Wellenhöhe im Falle a) nicht von der Öffnungsdauer abhängt, so kann man hier ohne weiteres mit plötzlichem Öffnen rechnen. Abb. 90 zeigt den Einfluß des langsamen Öffnens.

In Abb. 91 ist der Fall a) schematisch dargestellt (Laufzeit größer als Öffnungszeit). Die Gesamtwelle ist dabei in mehrere Elementarwellen aufgelöst. An die Stelle der Ort-Zeit-Kurven tritt nun für die Gesamtheit aller Elementarwellen eine Vielzahl derartiger Kurven, die innerhalb der durch Randschraffur und -punktierung dargestellten Kurvenbänder verlaufen. Das Band der Senkungswellen muß sich wegen der oben erwähnten Schrägstellung des Sunkkopfes ständig verbreitern, das der Hebungswellen dagegen immer schmaler werden, da die Elementarschwälle wegen der unterschiedlichen Laufgeschwindigkeiten das Bestreben haben, einander einzuholen. — Die Zustandslinien stellen sich als flache Kurven dar, die sich, wenigstens anfänglich, etwa um die Haltungsmitte drehen.

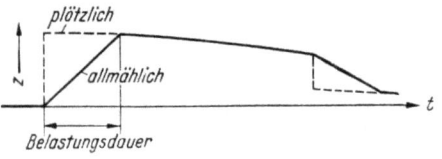

Abb. 90. Spiegelgang im Unterwasser bei allmählicher Belastung

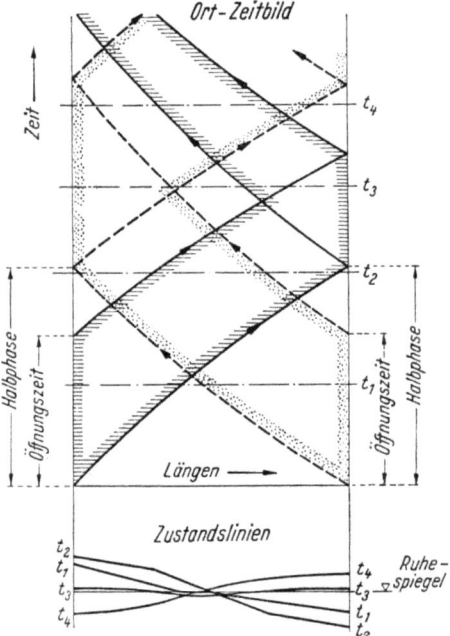

Abb. 91. Allmähliche Belastung. Öffnungszeiten kleiner als Dauer der Halbphase

Den Fall b), bei dem die Dauer der Halbphase kürzer als die Öffnungszeit ist, zeigt Abb. 92. An Hand des Ort-Zeit-Bildes und der Spiegelganglinien für die Endquerschnitte ist für ein reibungsfreies Horizontalgerinne in schematischer Weise der Ablauf der Ereignisse gezeigt. Es ist hieraus zu erkennen, wie z. B. die erste Elementarwelle des Sunkes in Querschnitt x_0 eintrifft und die dort noch im Fluß befindliche Schwallbildung unterbricht. Ähnliches läßt sich auch in Endquerschnitt x_u feststellen. — In solchen Fällen kommen also die Primärwellen an den beiden Kraftwerken nicht in voller Größe zustande, sondern die Spiegelbewegung wird durch die jeweilige Gegenwelle unterbrochen und begrenzt.

Behandlung der beim Kraftwerksbetrieb vorkommenden Fälle 103

Zahlenbeispiel. Eine Flußstrecke mit ausgeglichenem Längsgefälle $i = 1,5\ ^0/_{00}$ ist durch 6 m hohe Staustufen in Haltungen von 4,0 km Länge aufgeteilt. Die Spiegelbreite ist am unteren Werk 100 m, bis zum oberen nimmt sie gleichmäßig auf 60 m ab. Wegen der verhältnismäßig großen Breite wird das Fließprofil als Rechteck ($y = B$) betrachtet und $R = h$ gesetzt. Rauhigkeitszahl $k = 35$. Die Werke dieser Flußstaffel fahren gleichzeitig mit 60 m³/s an. Zu untersuchen ist plötzliches Öffnen der Turbinen von Null auf 60 m³/s.

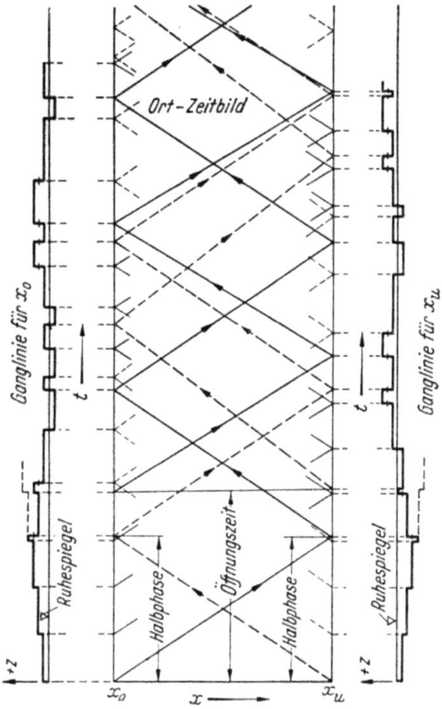

a) *Wellen im Augenblick des Anfahrens.* Mit Hilfe von Gl. (2, 8 u. 9) können die ersten Wellenhöhen in den Begrenzungsquerschnitten km 0 und km 4 angegeben werden.

In km 0 entsteht eine flußabwärts wandernde Hebungswelle von der Höhe $z_0 = +0,269$ m. Dafür liefert die Gl. (8) mit $F_0 = 60,0 \cdot 1,0 = 60,0$ m², $Q_0 = 0$, $v_0 = 0$, $y_0 = B_0 = 60,0$ m, $F_0/y_0 = 1,0$ m:

$$a_0 = 0 + \sqrt{9,81(1,00 + \tfrac{3}{2} 0,269)}$$
$$= +3,71 \text{ m/s}.$$

Mit $\Delta Q_0' = +60,0$ m³/s gibt

Abb. 92. Allmähliche Belastung. Öffnungszeit größer als Dauer der Halbphase

Gl. (9) eine Bestätigung der ursprünglich angenommenen Wellenhöhe:

$$z_0 = \frac{+60,0}{+3,71 \cdot 60,0} = +0,269 \text{ m}$$

(Spiegelanstieg von $+7,000$ auf $+7,269$ m).

In km 4,0 bildet sich die flußaufwärts schreitende Senkungswelle, deren Höhe mit den gleichen Formeln berechnet werden kann. Mit $F_0 = 7,0 \cdot 100 = 700$ m², $B_0 = y_0 = 100$ m, $F_0/y_0 = 7,00$ m, $v_0 = 0$, $\Delta Q_0' = +60,0$ m³/s ergeben sich $z_0 = -0,073$ m und $a_0 = -8,23$ m/s (Spiegelsenkung von $+7,000$ auf $+6,927$ m).

b) *Ort und Zeit der Wellenkreuzung (Vorberechnung).* Die beiden Wellen dringen, wie aus Abb. 93 ersichtlich, in den Stauraum vor, um sich zu einer bestimmten Zeit t_k bei der Abszisse x_k zu kreuzen und nach der Kreuzung, geringfügig umgeformt, dem jeweiligen entgegengesetzten Haltungsende zuzustreben.

Für die Anwendung der Gl. (88 bis 91) setzen wir $h_{ob} = 1{,}0$ m, $h_u = 7{,}0$ m. Mit Rücksicht auf die geringe Wassertiefe in km 0 und die damit zusammenhängenden Reibungseinflüsse setzen wir als Mittel-

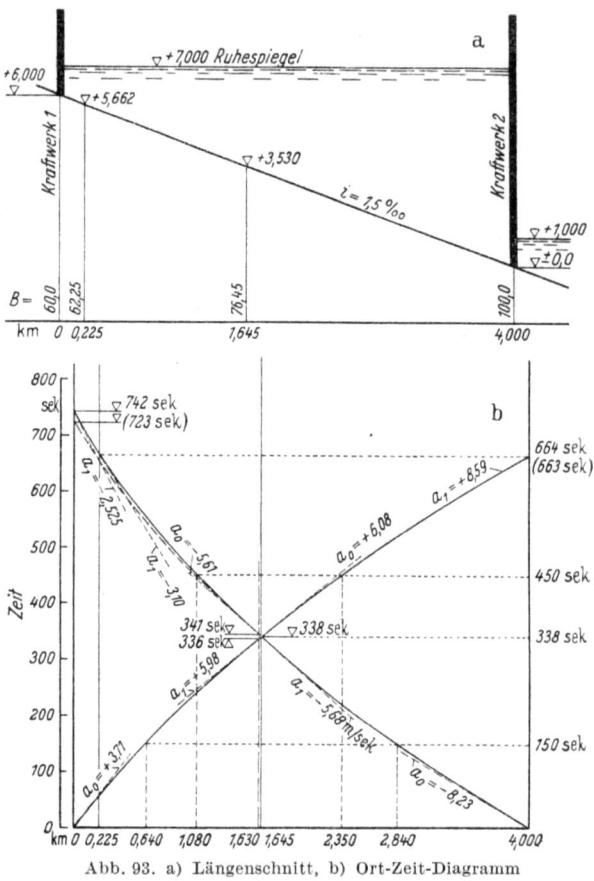

Abb. 93. a) Längsschnitt, b) Ort-Zeit-Diagramm

wert $z_{ob} = \frac{2}{3} 0{,}269 = +0{,}18$ m. Beim Entnahmesunk wird der Reibungseinfluß wegen der großen Tiefe mäßig sein, und wir setzen daher im Mittel $z_u = -0{,}07$ m, also den unveränderten Wert nach a).

Mit Hilfe der Gl. (88 bis 91) erhalten wir für den Wellenschnittpunkt die vorläufigen Werte

$$h_k = 3{,}44 \text{ m}, \qquad x_k = 1630 \text{ m}, \qquad t_k = 340 \text{ s}.$$

c) *Schwallfortschritt km 0 bis km 1,63. Querschnitt 0, km 0,0*, siehe auch a). $h_0 = 1{,}00$ m, $B_0 = 60{,}0$ m, $z_0 = +0{,}269$ m, $a_0 = +3{,}71$ m/s,

$h'_0 = 1{,}269$ m, $Q'_0 = +60{,}0$ m³/s, $v'_0 = 60{,}0/(1{,}269 \cdot 60{,}0) = +0{,}788$ m/s, $\Delta F'_0 = +0{,}269 \cdot 60{,}0 = +16{,}14$ m².

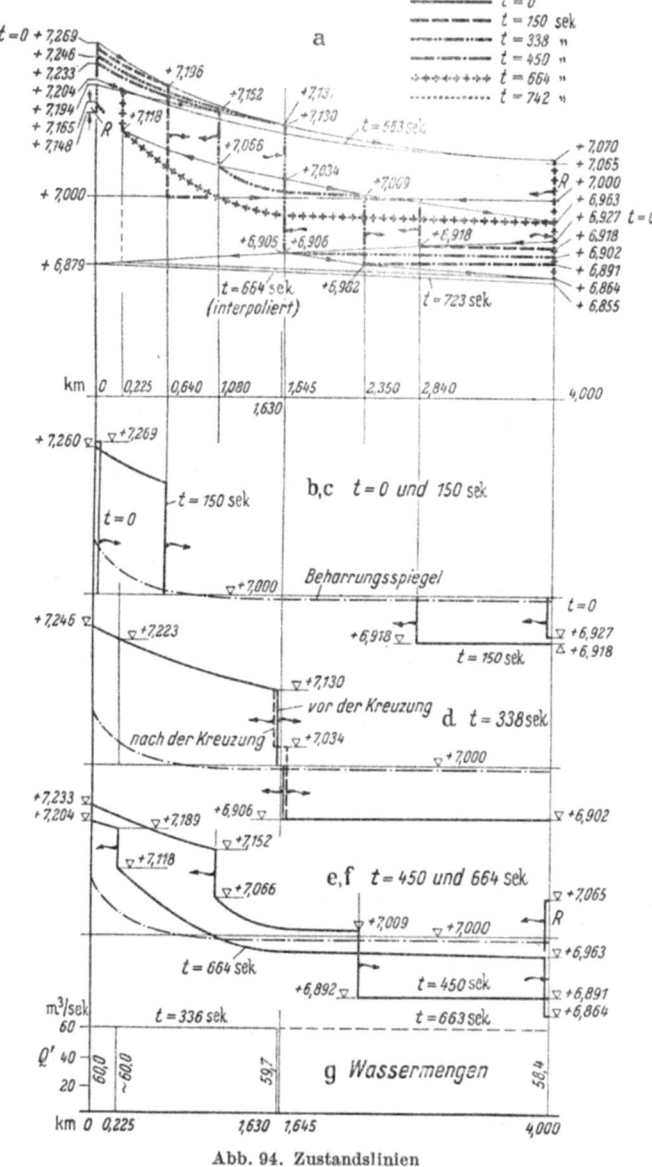

Abb. 94. Zustandslinien

Durch eine Vorberechnung (in erster Näherung kann $v''_0 = v'_0$ gesetzt werden, z_1 ist anfänglich zu schätzen) mit Hilfe von Gl. (46)

ergab sich $z_0'' = -0,025$ m, so daß $h_0'' = 1,269 - 0,025 = 1,244$ m und $v_0'' = 60,0/(1,244 \cdot 60,0) = +0,804$ m/s.

Querschnitt 1, km 1,63. Sohlenkote $= +6,00 - 1630 \cdot 0,0015 = +3,56$ m, $h_1 = 3,44$ m [siehe b)], $B_1 = 60,0 + \frac{1,63}{4,00}(100 - 60) = 76,3$ m. Auf Grund einer Vorberechnung wird angenommen $z_1 = +0,131$ m. Damit wird $a_1 = 0 + \sqrt{9,81 \cdot (3,44 + 3/2 \cdot 0,131)} = +5,98$ m/s. Nach Gl. (11) wird $\Delta Q_1' = +0,131 \cdot 5,98 \cdot 76,3 = +59,7$ m³/s, $h_1' = 3,44 + 0,131 = 3,571$ m, $v_1' = 59,7/(3,571 \cdot 76,3) = +0,219$ m/s.

Differenzen und Mittelwerte. $\Delta a = 5,98 - 3,71 = +2,27$ m/s, $a_m = \frac{1}{2}(5,98 + 3,71) = +4,845$ m/s, $v_m = \frac{1}{2}(0,804 + 0,219) = +0,511$ m/s, $(v^2)_m = \frac{1}{2}(0,804^2 + 0,219^2) = 0,347$ m²/s², $R_m = \frac{1}{2}(1,244 + 3,571) = 2,41$ m, $B_m = \frac{1}{2}(60,0 + 76,3) = 68,15$ m. $\Delta B = 76,3 - 60,0 = +16,3$ m.

$$L = +1630 \text{ m},$$

$I_m = 0$ (ursprünglich ruhendes Wasser).

$$I_r = \frac{0,347}{35^2 \cdot 2,41^{4/3}} = 0,0000871, \text{ nach Gl. (47)},$$

$\Delta F_1 = 0$, $\Delta Q = 0$, $\Delta Q_1 = 0$, $\Delta Q_0'' = 0$.

Damit können nun Gl. (45 u. 46) ausgewertet werden: $\Delta F_1' = +9,95$ m², $\Delta F_0'' = -1,38$ m² und damit $z_1 = +9,95/76,3 = +0,131$ m und $z_0'' = -1,38/60,0 = -0,023$ m.

Da diese Werte ausreichend mit den Annahmen übereinstimmen, kann als Ergebnis festgehalten werden:

In km 1,63 trifft der Schwall nach $1630/4,845 = 336$ s ein und verursacht eine plötzliche Hebung auf $+7,131$ m, wobei die Wasserführung von 0 auf $+59,7$ m³/s erhöht wird. Gleichzeitig sinkt in Querschnitt *0* (km 0) der Spiegel allmählich um 0,023 m von $+7,269$ auf $+7,246$ m.

d) *Schwallfortschritt km 0 bis km 4,0.* Eine mit der vorhergehenden in allen Teilen gleichartige Rechnung läßt sich auf die Haltungslänge von 4000 m ausdehnen. Es genügt, nur die Ergebnisse anzuführen.

Die Schwallwelle würde, falls kein gegenläufiger Sunk entsteht, zur Zeit $t = 663$ s im Querschnitt km 4,0 eintreffen und dort eine plötzliche Spiegelhebung von $+7,000$ auf $+7,070$ m verursachen sowie die Wasserführung von 0 auf 58,4 m³/s erhöhen. Gleichzeitig wird nach einer allmählichen Spiegelsenkung im Querschnitt *0* die Kote $+7,204$ m erreicht.

Die Ergebnisse zu c) und d) gestatten nunmehr, die in Abb. 95a dargestellte Spiegelganglinie des Querschnittes km 0 für die Zeit von $t = 0$ bis $t = 663$ s aufzuzeichnen. Ferner konnten in Abb. 94a die Zustandslinien für den vom Sunk unbeeinflußten Schwall und der Höhenverlauf des Schwallkopfes eingezeichnet werden. Dieser bewegt sich zwischen der obersten dünngezeichneten Kurve der Abb. 94a und der waagerechten Ruhelage auf +7,00 m. — Eine weitere interessante Kurve ist in Abb. 94g. Sie gibt an, auf welche Wasserführungen der Inhalt der Stauhaltung in den einzelnen Querschnitten beim Durchgang des Schwallkopfes beschleunigt wird.

c) und f) *Sunkfortschritt zwischen km 4,0 und 1,63 bzw. km 4,0 und 0,0* Diese Berechnungen, die vom unteren Haltungsende km 4,0 mit den unter a) ermittelten Anfangswerten ausgehen, sind in Anlage und Durchführung die gleichen, wie sie für den Füllschwall gegeben wurden. Wir wollen nur die Ergebnisse nennen und erwähnen, daß L, a und ΔB negativ einzusetzen sind, während die Größen I_m, ΔF_1, ΔQ, ΔQ_1 und $\Delta Q_0''$ sämtlich Null sind. Der Index 0 bezieht

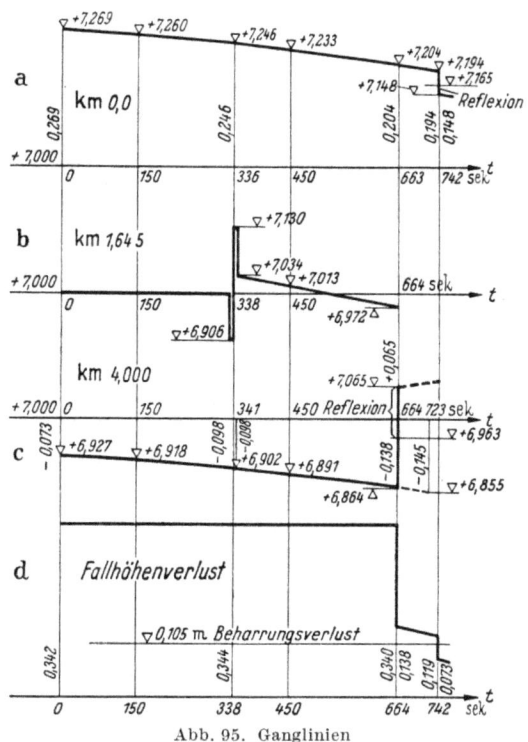

Abb. 95. Ganglinien

sich auf den Ausgangsquerschnitt km 4,0, der Index 1 auf den Endquerschnitt 1, km 1,63 bzw. 0,0.

In Querschnitt 0 (km 4,0) entsteht zur Zeit $t = 0$ eine plötzliche Senkung um $z_0 = -0,073$ m von +7,000 auf +6,927 m, der Sunk schreitet mit $a_0 = -8,23$ m/s fort [siehe a)]. Zur Zeit $t = 341$ s hat sich der Spiegel auf +6,902 m gesenkt und zur Zeit $t = 723$ s auf +6,855 m.

In Querschnitt km 1,63 kommt die Senkungswelle bei $t = 341$ s mit einer Schnelligkeit $a_1 = -5,68$ m/s und einer Kopfhöhe $z_1 = -0,095$ m an, wobei eine Fließmenge von +41,3 m³/s in Bewegung gesetzt wird. Es ergibt sich also eine plötzliche Spiegelsenkung auf die Höhe +6,905 m.

In *Querschnitt km 0,0* trifft der Sunk zur Zeit $t = 723$ s mit einer Schnelligkeit $a_1 = -2,83$ m/s und einer Wellenhöhe $z_1 = -0,121$ m ein, bewirkt also eine plötzliche Senkung auf +6,879 m, wobei der gegenläufige Schwall unberücksichtigt ist.

Nach diesen Ergebnissen läßt sich die Spiegelganglinie Abb. 95c für den Querschnitt km 0 für die Zeit $t = 0$ bis 723 s auftragen, ebenso die

Zustandslinien (Abb. 94a) für $t = 341$ s und für $t = 723$ s und damit der Höhenverlauf des Sunkkopfes, der sich zwischen der Ruhelage $+7,000$ m und der untersten strichpunktierten Kurve abspielt.

Wir haben in den Abschnitten a) und c) bis f) für jede der beiden auftretenden Wellen in drei Zeitpunkten die charakteristischen Werte ermittelt, können also die Ort-Zeit-Kurve Abb. 93b zeichnen, bei deren Darstellung zu beachten ist, daß in den berechneten Punkten auch die Tangentenneigungen (durch die a-Werte) festliegen. Die Kurven gelten ohne Vorbehalt bis zu ihrer Überschneidung, von da ab jedoch nur näherungsweise, da, wie die weiteren Ermittlungen zeigen werden, nach diesem Zeitpunkt jede Primärwelle jeweils durch die entgegenkommende nach Höhe und Schnelligkeit beeinflußt wird. Daher sind die betreffenden Kurvenstücke, soweit sie in der Abbildung zeichnerisch in Erscheinung treten, gestrichelt worden.

g) *Wellenkreuzung.* An Hand von Abb. 93b sind wir nun in der Lage, die unter b) durchgeführte Berechnung des Wellenschnittpunktes zu überprüfen. Dabei zeigt sich, daß sich dieser noch geringfügig verschiebt, und zwar nach den endgültigen Koordinaten $x_k = 1645$ m und $t = 338$ s. Trotz dieses (geringen) Unterschiedes könnten die oben für $x = 1630$ m ermittelten Kennwerte der beiden ankommenden Wellen ohne große Fehler unverändert für den neuen Schnittpunkt übernommen werden. Im Interesse größerer Korrektheit sollen diese aber doch dem neuen Schnittpunkt angepaßt werden. Dabei ist die Annahme gemacht, daß die Wasserführungen der Wellenköpfe, $+59,7$ m³/s für den Schwall nach c), $+41,3$ m³/s für den Sunk nach e), die wenig mit der Abszisse veränderlich sind (Abb. 94g), praktisch auf die neue Abszisse zutreffen, an der die Sohle auf $+3,53$ m liegt und die ursprüngliche Tiefe 3,47 m, die Spiegelbreite 76,45 m betragen. Die Werte der von oben ankommenden Schwallwelle werden mit dem Index $1i$, die der von unten eintreffenden Sunkwelle mit $1i'$ bezeichnet. Dann haben wir:

Schwall:
$$\Delta Q'_{1i} = +59,7 \text{ m}^3/\text{s},$$
$$a_{1i} = +\sqrt{9,81(3,47 + \tfrac{3}{2}\,0,13)} = +6,00 \text{ m/s},$$
$$z_{1i} = +\frac{59,7}{76,45 \cdot 6,00} = +0,130 \text{ m},$$
$$h'_{1i} = 3,47 + 0,130 = 360 \text{ m},$$
$$v'_{1i} = +\frac{59,7}{3,60 \cdot 76,45} = +0,217 \text{ m/s}.$$

Sunk:
$$\Delta Q'_{1i'} = +41,3 \text{ m}^3/\text{s},$$
$$a_{1i'} = -\sqrt{9,81(3,47 - \tfrac{3}{2}\,0,094)} = -5,72 \text{ m/s},$$

Behandlung der beim Kraftwerksbetrieb vorkommenden Fälle 109

$$z_{1i'} = \frac{+41,3}{76,45(-5,72)} = -0,094 \text{ m},$$

$$h'_{1i'} = 3,47 - 0,094 = 3,376 \text{ m},$$

$$v'_{1i'} = +\frac{41,3}{3,376 \cdot 76,45} = +0,160 \text{ m/s}.$$

Abb. 94d zeigt den Zustand in km 1,645 *vor* der Wellenkreuzung und *nach* dieser. Der ankommende Schwall $z_{1i} = +0,130$ m wird durch die Kreuzung in $z_0 = +0,128$ m, der ankommende Sunk $z_{1i'} = -0,094$ m in $z_0 = -0,096$ m umgeformt. Für die Berechnung der Wellenkreuzung gelten Gl. (68 u. 69). Ihre Lösung geschieht zweckmäßig durch probeweise Annahme von $\bar{z}_0$, das so lange zu ändern ist, bis Gl. (69) erfüllt wird. — In unserem Fall gilt:

$$\bar{z}_0 - z_0 = +0,130 - (-0,094) = +0,224 \text{ m},$$

$$\Delta \bar{Q}'_0 - \Delta Q'_0 = +59,7 - (+41,3) = +18,4 \text{ m}^3/\text{s}.$$

Für den endgültigen Wert $\bar{z}_0 = +0,128$ m wird die Berechnung wiedergegeben:

$$\bar{z}_0 = +0,128 \text{ m},$$

$$\bar{a}_0 = +0,160 + \sqrt{9,81(3,376 + \tfrac{3}{2} 0,128)} = +6,08 \text{ m/s},$$

$$\Delta \bar{Q}'_0 = \bar{a}_0 B \bar{z}_0 = +6,08 \cdot 76,45 \cdot 0,128 = +59,5 \text{ m}^3/\text{s},$$

$$\bar{Q}'_0 = 41,3 + 59,5 = +100,8 \text{ m}^3/\text{s},$$

$$z_0 = \bar{z}_0 - 0,224 = +0,128 - 0,224 = -0,096 \text{ m},$$

$$a_0 = +0,217 - \sqrt{9,81(3,600 - \tfrac{3}{2} 0,096)} = -5,61 \text{ m/s},$$

$$\Delta Q'_0 = a_0 B z_0 = (-5,61) 76,45 (-0,096) = +41,1 \text{ m}^3/\text{s},$$

$$Q'_0 = +59,7 + 41,1 = +100,8 \text{ m}^3/\text{s},$$

$$\Delta \bar{Q}'_0 - \Delta Q'_0 = +59,5 - 41,1 = +18,4 \text{ m}^3/\text{s},$$

womit die oben gestellte Bedingung erfüllt und die Annahme $\bar{z}_0 = +0,128$ m als richtig bestätigt ist.

h) *Wellenfortpflanzung nach der Kreuzung.* Nach der Wellenkreuzung strebt vom Kreuzungspunkt aus eine anfänglich $+0,128$ m hohe Hebungswelle dem unteren Haltungsende und eine $-0,096$ m hohe Senkungswelle dem oberen Haltungsende zu. Die zugehörigen Berechnungen beruhen wiederum auf den Gl. (45 u. 46). Allerdings tritt noch eine Erschwerung insofern ein, als im gemeinsamen Ausgangspunkt km 1,645 der Wellen in den Berechnungen für beide Wellen gleiche Spiegelhöhen und Fließmengen erscheinen müssen. Gl. (45) ist also für beide Wellen anzuschreiben, ebenso auch Gl. (46), insgesamt 4 Gleichungen, aus denen $z_{1\,(\text{Schwall})}$, $z_{1\,(\text{Sunk})}$, z''_0 und $\Delta Q''_0$ ermittelt werden können. Da alle Unbekannten in allen Gleichungen implizit vorkommen, ist nur der Weg allmählicher Annäherung möglich. Am besten nimmt man z_1 schätzungsweise an und setzt zuerst $v_0'' = v_0'$ und $z_0'' = 0$. Man erhält dann aus (45) für jede Welle $\Delta F_1'$ bzw. z_1 und nach (46) je eine Gleichung in $\Delta F_0''$ und $\Delta Q_0''$ und damit neue verbesserte Werte, die für eine zweite Näherung dienen können.

Wie aus Abb. 93b ersichtlich, erreicht der talläufige Schwall das untere Haltungsende eher als der bergläufige Sunk das obere. Dieser befindet sich also noch in der Haltungsstrecke, wenn der Schwall in km 4,0 eintrifft. Die Stellung des Sunkes (und damit der Wert L und die Dimensionen des Berechnungs-Endquerschnittes) hängt also direkt auch vom Schwall ab, und es muß somit hier ebenfalls eine allmähliche Annäherung erfolgen.

Im vorliegenden Fall sind drei Näherungen ausgeführt worden, und wir wollen hier die letzte mitteilen:

h)1. Der *Schwall* verläßt zur Zeit $t = 338$ s den Kreuzungspunkt km 1,645 mit den unter g) nachgewiesenen Kennwerten (dort mit z_0, a_0 usw. bezeichnet):

$z_0 = +0{,}128$ m, $h_0 = 3{,}376$ m,
$v_0 = +0{,}160$ m/s, $a_0 = +6{,}08$ m/s,
$\Delta Q_0' = 59{,}5$ m³/s, $Q_0 = +100{,}8$ m³/s,
$h_0' = 3{,}504$ m, $B_0 = 76{,}45$ m.
$\Delta F_0' = +0{,}128 \cdot 76{,}45 = +9{,}78$ m².

Zur Zeit $t = 664$ s ist laut 2. Näherung im Ausgangsquerschnitt km 1,645 festzustellen:

$\Delta Q_0'' = -0{,}1$ m³/s, $Q_0'' = +100{,}7$ m³/s,
$z_0'' = -0{,}062$ m, $h_0'' = 3{,}442$ m,
$v_0'' = +0{,}383$ m/s.

In Querschnitt km 4,0 liegen bei $t = 338$ s die Werte vor: $h_1 = 6{,}902$ m (Abb. 95c), $Q_1 = 60$ m³/s, $B_1 = 100$ m. Bei $t = 664$ s trifft (wiederum laut zweiter Näherung) die Hebungswelle $z_1 = +0{,}100$ m ein und findet dort die vom Schwall noch unbeeinflußte Tiefe $h_1^+ = 6{,}864$ m (Abb. 95c), die Fließmenge $Q_1 = 60$ m³/s, die Fläche 686,4 m² und somit die Vorgeschwindigkeit $v_1^+ = 60{,}0/686{,}4 = +0{,}087$ m/s vor.

Nach Gl. (2 u. 8) wird

$a_1 = +0{,}087 + \sqrt{9{,}81(6{,}864 + \tfrac{3}{2} \cdot 0{,}100)} = +8{,}39$ m/s.
$\Delta Q_1' = +8{,}39 \cdot 0{,}100 \cdot 100 = +83{,}9$ m³/s,
$Q_1' = 60{,}0 + 83{,}9 = +143{,}9$ m³/s,
$h_1' = 6{,}864 + 0{,}100 = 6{,}964$ m,
$F_1' = 696{,}4$ m²,
$v_1' = \dfrac{143{,}9}{696{,}4} = +0{,}206$ m/s.

Mit diesen Daten können nunmehr folgende Differenzen und Mittelwerte gebildet werden, die für die Anwendung der Gl. (45 u. 46) erforderlich sind:

$$a_m = \tfrac{1}{2}(8{,}39 + 6{,}08) = +7{,}23 \text{ m/s},$$
$$\Delta a = +8{,}39 - 6{,}08 = +2{,}31 \text{ m/s},$$
$$L = 4000 - 1645 = 2355 \text{ m},$$
$$t = 338 + \frac{2355}{7{,}23} = 664 \text{ s}$$

(Rechtfertigung für den früher angegebenen Wert!),

$$R_m = h_m = \tfrac{1}{2}(3{,}442 + 6{,}964) = 5{,}203 \text{ m},$$
$$v_m = \tfrac{1}{2}(0{,}382 + 0{,}206) = +0{,}294 \text{ m/s},$$
$$(v^2)_m = \tfrac{1}{2}(0{,}382^2 + 0{,}206^2) = 0{,}09415 \text{ m}^2/\text{s}^2,$$
$$I_r = \frac{0{,}09415}{35^2 \cdot 5{,}203^{4/3}} = 0{,}00000852,$$
$$I_m = \frac{6{,}906 - 6{,}902}{2355} = 0{,}00000170$$

(vgl. Abb. 95b u. c), aus denen die zur Zeit 338 s vorhandenen Spiegelkoten in km 1,645 und 4,00 hervorgehen).

$$\Delta B = 100{,}0 - 76{,}45 = +23{,}55 \text{ m},$$
$$B_m = \tfrac{1}{2}(100{,}00 + 76{,}45) = 88{,}22 \text{ m},$$
$$\Delta Q = 60{,}0 - 41{,}3 = +18{,}7 \text{ m}^3/\text{s} \text{ (siehe Punkt } g\text{)},$$
$$\Delta Q_1 = 0,$$
$$\Delta F_1 = 686{,}4 - 690{,}2 = -3{,}8 \text{ m}^2.$$

Gl. (45) gibt damit:

$$\Delta F_1' = +9{,}93 \text{ m}^2 \quad \text{bzw.} \quad z_1 = +\frac{9{,}93}{100} = +0{,}099 \text{ m}$$

und entsprechend eine plötzliche Spiegelhebung von $+6{,}864$ auf $+6{,}963$ m. Angenommen war $z_1 = +0{,}100$ m.

Gl. (46) liefert die Beziehung

$$\Delta Q_0'' = 7{,}23\, \Delta F_0'' + 33{,}62 \qquad (I)$$

h) 2. Für den *Sunk* läß sich eine gleichartige Rechnung durchführen wie folgt:

Die Welle verläßt zur Zeit $t = 338$ s den Querschnitt km 1,645 und bewegt sich gegen das obere Kanalende hin.

Für den Ausgangsquerschnitt gelten nach g) bzw. der 2. Näherung die Daten:

$$z_0 = -0{,}096 \text{ m},$$
$$h_0 = 3{,}60 \text{ m},$$

$$v_0 = +0{,}217 \text{ m/s},$$
$$a_0 = -5{,}61 \text{ m/s},$$
$$\Delta Q'_0 = +41{,}1 \text{ m}^3/\text{s},$$
$$Q'_0 = +100{,}8 \text{ m}^3/\text{s},$$
$$h'_0 = 3{,}504 \text{ m},$$
$$B_0 = 76{,}45 \text{ m},$$
$$\Delta F'_0 = -0{,}096 \cdot 76{,}45 = -7{,}34 \text{ m}^2,$$
$$\Delta Q''_0 = -0{,}1 \text{ m}^3/\text{s},$$
$$Q''_0 = +100{,}7 \text{ m}^3/\text{s},$$
$$h''_0 = 3{,}442 \text{ m},$$
$$v''_0 = \frac{100{,}7}{3{,}442 \cdot 76{,}45} = +0{,}383 \text{ m/s}.$$

Zur Zeit $t = 664$ s, zu der der Schwall in km 4,0 eintrifft, hat der Sunk den km 0,225 erreicht, wo $B_1 = 62{,}25$ m und die Sohle auf $+5{,}662$ m liegt. Es ist daher $h_1 = +7{,}223 - 5{,}662 = 1{,}561$ m (bei $t = 338$ s, siehe Abb. 94a) und $h_1^+ = 7{,}189 - 5{,}662 = 1{,}527$ m (bei $t = 664$ s, Abb. 94a). Die Zustandslinie gilt für $t = 663$ s, sie kann ohne merklichen Fehler auch für $t = 664$ s verwendet werden.

$$F_1 = 62{,}25 \cdot 1{,}561 = 97{,}17 \text{ m}^2,$$
$$F_1^+ = 62{,}25 \cdot 1{,}527 = 95{,}05 \text{ m}^2.$$

Wegen der geringen Entfernung vom oberen Haltungsende ist genau genug
$$Q_1^+ = 60 \text{ m}^3/\text{s},$$
so daß
$$v_1^+ = \frac{60}{95{,}05} = +0{,}631 \text{ m/s},$$
$$z_1 = -0{,}073 \text{ m},$$
$$h'_1 = 1{,}527 - 0{,}073 = 1{,}454 \text{ m},$$
$$F'_1 = 62{,}25 \cdot 1{,}454 = 90{,}5 \text{ m}^2 \text{ (lt. 2. Näherung)}.$$
$$a_1 = +0{,}631 - \sqrt{9{,}81(1{,}527 - \tfrac{2}{3}0{,}073)} = -3{,}10 \text{ m/s},$$
$$\Delta Q'_1 = (-0{,}073)\,62{,}25\,(-3{,}10) = +14{,}1 \text{ m}^3/\text{s},$$
$$Q'_1 = +60{,}0 + 14{,}1 = +74{,}1 \text{ m}^3/\text{s},$$
$$v'_1 = \frac{74{,}1}{90{,}5} = +0{,}819 \text{ m/s}.$$

Nunmehr lassen sich die Mittelwerte und Differenzen bilden:
$$a_m = \tfrac{1}{2}(-5{,}61 - 3{,}10) = -4{,}355 \text{ m/s},$$

Behandlung der beim Kraftwerksbetrieb vorkommenden Fälle 113

$$\Delta a = -3{,}10 - (-5{,}61) = +2{,}51 \text{ m/s},$$
$$L = 225 - 1645 = -1420 \text{ m},$$
$$\Delta t = \frac{-1420}{-4{,}335} = 326 \text{ s},$$
$$t = 338 + 326 = 664 \text{ s}.$$

Dieser Wert deckt sich mit dem Zeitpunkt des Eintreffens des Schwalles in km 4,00, womit bewiesen ist, daß der Endquerschnitt richtig in km 0,225 liegt.

$R_m = \frac{1}{2}(3{,}442 + 1{,}454) = 2{,}448 \text{ m},$

$v_m = \frac{1}{2}(0{,}383 + 0{,}819) = +0{,}601 \text{ m/s},$

$(v^2)_m = \frac{1}{2}(0{,}383^2 + 0{,}819^2) = 0{,}409 \text{ m}^2/\text{s}^2,$

$I_r = 0{,}0001010$ (nach Gl. (47)),

$I_m = \dfrac{7{,}130 - 7{,}223}{-1420} = +0{,}0000655$ (Abb. 94),

$\Delta B = 62{,}25 - 76{,}45 = -14{,}20 \text{ m},$

$B_m = \frac{1}{2}(62{,}25 + 76{,}45) = 69{,}35 \text{ m},$

$\Delta Q = 60{,}0 - 59{,}7 = +0{,}3 \text{ m}^3/\text{s}$ (vgl. g, dort $Q_{1t} = +59{,}7 \text{ m}^3/\text{s}$),

$\Delta Q_1 \cong 0,$

$\Delta F_1 = 95{,}05 - 97{,}17 = -2{,}12 \text{ m}^2.$

Mit diesen Werten wird nach Gl..(45)

$$\Delta F_1' = -4{,}39 \text{ m}^2 \quad \text{bzw.} \quad z_1 = -\frac{4{,}39}{62{,}25} = -0{,}071 \text{ m}$$

(Annahme −0,073 m), entsprechend einer plötzlichen Spiegelabsenkung von +7,189 auf +7,118 m, Abb. 94a und f.

Nach Gl. (46) erhalten wir

$$\Delta Q_0' = -4{,}355\, \Delta F_0'' - 21{,}47. \qquad (\text{II})$$

Aus (I u. II) lassen sich die noch unbekannten Größen ermitteln:

$$\Delta F_0'' = -4{,}76 \text{ m}^2 \quad \text{bzw.} \quad z_0'' = -\frac{4{,}76}{76{,}45} = -0{,}062 \text{ m}$$

(Annahme −0,062 m) entsprechend einer allmählichen Spiegelsenkung von +7,034 auf +6,972 m, und

$$\Delta Q_0'' = -0{,}8 \text{ m}^3/\text{s} \quad \text{bzw.} \quad Q_0'' = 100{,}8 - 0{,}8 = +100{,}0 \text{ m}^3/\text{s}$$

(Annahme +100,7 m³/s).

Diese Ergebnisse stimmen mit den Annahmen laut 2. Näherung so gut überein, daß sie als endgültig angesehen werden können.

h) 3. Fortschritt der Senkungswelle bis ans obere Haltungsende. Genau genommen wäre das unter h 1) und h 2) durchgeführte Verfahren in der Weise zu wiederholen, daß als Endzeit die des Eintreffens des Sunkes am oberen Haltungsende angenommen wird, was bedeutet, daß der Schwall um eine fiktive Strecke über das untere Haltungsende hinaus zu berechnen wäre. Diese komplizierte Rechnung können wir uns im vorliegenden Fall aber sparen und davon ausgehen, daß sich in der kurzen für den Sunkfortschritt zwischen km 0,225 und km 0,00 in Frage kommenden Zeit die Charakteristiken für den Querschnitt km 1,645 nicht mehr wesentlich ändern und die aus den früheren Berechnungen bekannten Werte h_0'', z_0'' und Q_0'' bei Auswertung der Gl. (45 u. 46) für die Strecke km 1,645 bis km 0,00 unverändert verwendet werden können. Die Berechnung bietet nichts besonderes und braucht hier nicht wiedergegeben zu werden. Erwähnt sei nur, daß die Wassertiefe h_1^+ in km 0 bei Eintreffen des Sunkes durch Extrapolation in Abb. 95a ermittelt wird.

Als Ergebnis ist festzustellen, daß der Sunk zur Zeit $t = 742$ s das Oberende erreicht und hier eine plötzliche Spiegelsenkung von $+7,194$ auf $+7,165$ m verursacht (Abb. 95a).

i) *Reflexion der Wellen an den Haltungsenden.* Sowohl der Schwall wie auch der Sunk werden an den Kanalenden gleichsinnig reflektiert. Der erstgenannte wird also in km 4,0 als Schwall zurückgeworfen, der letztere in km 0,0 als Sunk.

i) 1. Reflexion des Schwalles in km 4,0. — Die Kennwerte der ankommenden Schwallwelle sind aus Abschnitt h) 1. ersichtlich. Im Sinne unserer Bezeichnungsweise wird jetzt der dort verwendete Index 1 durch i ersetzt. Folgende Werte liegen vor:

$$z_i = +0,099 \text{ m},$$

$$a_i = +8,39 \text{ m/s},$$

$$Q_i = 60,0 + 0,099 \cdot 8,39 \cdot 100 = +143,1 \text{ m}^3/\text{s},$$

$$h_i = 6,963 \text{ m},$$

$$v_i = \frac{143,1}{100 \cdot 6,963} = +0,205 \text{ m/s},$$

$$B_i = 100,0 \text{ m}.$$

Da nach der Reflexion im Querschnitt nur die Werkswassermenge fließt (60 m³/s), ist $\Delta \overline{Q'} = 60,0 - 143,1 = -83,1$ m³/s. Bei vorläufiger Annahme von $\bar{z} = +0,102$ m wird

$$\bar{a} = +0,205 - \sqrt{9,81(6,963 + \tfrac{3}{2} 0,102)} = -8,14 \text{ m/s}$$

und

$$\bar{z} = \frac{-83,1}{100(-8,14)} = +0,102 \text{ m},$$

wie angenommen.

Bei der Reflexion tritt eine Spiegelhebung von $+6{,}963$ auf $+7{,}065$ m ein (Abb. 95c).

i) 2. Reflexion der Senkungswelle in km 0,0. — Aus h) 3. gehen die Daten der ankommenden Welle hervor:

$$z_t = -0{,}029 \text{ m},$$
$$a_t = -2{,}525 \text{ m/s},$$
$$Q_t = 60{,}0 + (-0{,}029)(-2{,}525)\,60 = +64{,}4 \text{ m}^3/\text{s},$$
$$h_t = 1{,}165 \text{ m},$$
$$v_t = \frac{64{,}4}{60 \cdot 1{,}165} = +0{,}922 \text{ m/s},$$
$$B_t = 60 \text{ m}.$$

Bei der Reflexion ist

$$\Delta \bar{Q}' = 60{,}0 - 64{,}4 = -4{,}4 \text{ m}^3/\text{s},$$
$$\bar{a} = +0{,}922 + \sqrt{9{,}81(1{,}165 - \tfrac{2}{3}\,0{,}017)} = +4{,}267 \text{ m/s},$$
$$\bar{z} = \frac{-4{,}40}{60{,}0 \cdot 4{,}267} = -0{,}017 \text{ m},$$

wie angenommen.

Der Spiegel sinkt plötzlich von $+7{,}165$ auf $+7{,}148$ m (Abb. 95a).

Die Ergebnisse zu g) bis i) gestatten eine Ergänzung der zeichnerischen Auftragungen über den Zeitpunkt $t = 338$ s der Wellenkreuzung hinaus.

Das Ort-Zeit-Bild (Abb. 93b) erfährt für $t > 338$ s eine Berichtigung, die jedoch nur für die Senkungswelle merklich ist. In Abb. 94a läßt sich die weitere Zustandslinie für $t = 664$ s eintragen. Auch hier ist dünn gezeichnet der Weg angegeben, den Kopf und Fuß der Wellen nach der Überschneidung zurücklegen. Durch Zwischenschaltung unter gleichzeitiger Mitbenutzung der Ganglinie (Abb. 95) ist es auch möglich, Zustandslinien für zwischenliegende Zeitpunkte abzuleiten. In Abb. 94 ist dies für $t = 150$ s und 450 s geschehen.

Ganglinien für die beiden Endquerschnitte und für den Querschnitt km 1,645 zeigen die Abb. 95a bis c.

Aus den Ganglinien für die Haltungsenden lassen sich die Fallhöhenverluste ermitteln. In Abb. 95d ist dies geschehen unter der Voraussetzung, daß sich unterhalb von km 4,0 eine weitere gleichartige Haltung anschließt.

Damit ist die Berechnung so weit geführt, daß die größten Ausschläge bekannt sind. Eine weitere Berechnung erübrigt sich. Der anschließende Schwingungsverlauf ist grundsätzlich in Abb. 84 dargestellt.

7 Translationswellen in Freispiegelstollen. Gemischtes Regime
7.1 Allgemeines

Die Translationswellen in Unterwasserstollen von Kraftwerken können, sofern die Wellen den Stollenscheitel nicht erreichen, berechnet werden, wie dies für die offenen Gerinne beschrieben worden ist.

Häufig müßte aber der Stollen sehr große Abmessungen erhalten, wenn er immer, auch bei hohen Außenwasserständen, als Freispiegelstollen arbeiten soll. Wirtschaftliche Überlegungen führen dann oft dazu, daß man in solchen Fällen zuläßt, daß der Stollen beim Ablauf von Schwallwellen vorübergehend unter Druck kommt („Gemischtes Regime"). Dadurch wird zwar in der Regel ein Wasserschloß erforderlich, das zwischen den Turbinenausläufen und dem Stollen einzuschalten ist, dieses braucht aber nur mit Rücksicht auf die Schwingungsausschläge, nicht aber auf die Wasserschloßstabilität bemessen zu werden, da sich der Schwingungsvorgang nur zum Teil so abspielt wie bei einem Druckwasserschloß, zum Teil aber mit freien Translationswellen, solange der Raum zwischen dem Ausgangsspiegel und dem Stollenscheitel noch nicht völlig mit Wasser angefüllt ist.

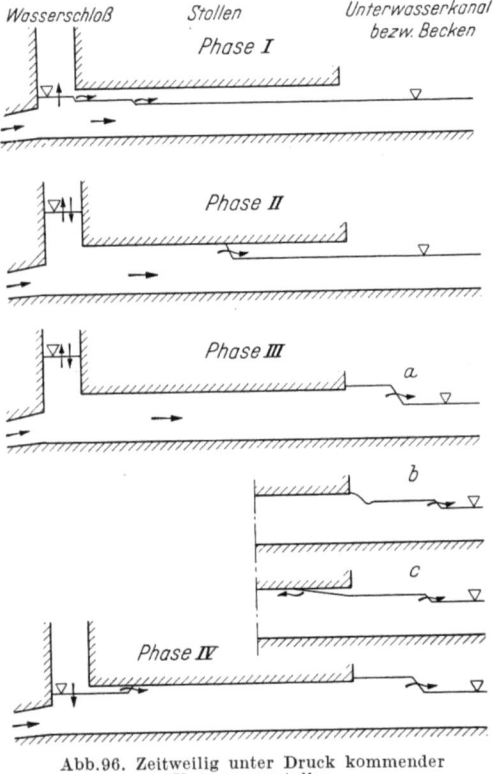

Abb. 96. Zeitweilig unter Druck kommender Unterwasserstollen

7.2 Die einzelnen Phasen des Vorganges

Der Vorgang spielt sich [MEYER-PETER und FAVRE] in den aus Abb. 96 ersichtlichen Phasen ab.

In Phase I beginnt sich das Wasserschloß zu füllen. Gleichzeitig baut sich im Stollen ein Füllschwall auf, bis das Stollenprofil bis zum Scheitel gefüllt ist, womit Phase II beginnt: die Schwallwelle nimmt den ganzen Raum oberhalb des Ausgangsspiegels ein und läuft flußabwärts, bis sie am unteren Ende in ein Becken oder einen offenen Ablaufkanal austritt und damit Phase II beendet. In Phase III kann die Oberfläche der im offenen Ablaufkanal entstehenden Hebungswelle entweder höher als der Stollenscheitel (IIIa) oder niedriger liegen (IIIc). Dies hat zur Folge, daß das Stollenprofil entweder gefüllt bleibt oder durch rückläufige Senkungswellen wieder teilweise freigelegt wird. Zwischen den Fällen IIIa und IIIc ist nach den Erfahrungen der genannten Verfasser aber noch der Fall IIIb möglich, bei dem die Wellenoberfläche zwar tiefer als der Stollenscheitel liegt, der Auslaufquerschnitt des Stollens aber trotzdem voll gefüllt bleibt. — Die höchste Spiegellage im Wasserschloß entsteht entweder in Phase II oder III. — In Phase IV hat der abwärts schwingende Wasserschloßspiegel den Stollenscheitel unterschritten, und es bilden sich talläufige Senkungswellen im Stollen.

7.21 Phase I

Denkt man sich den Wellenverlauf in Phase I in eine Reihe von kleinen Intervallen aufgelöst, so entsteht die in Abb. 97 dargestellte

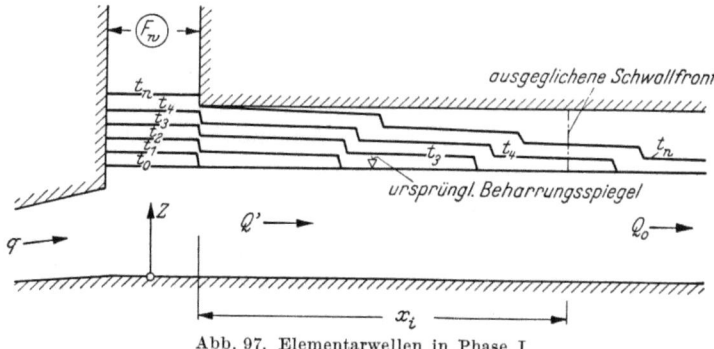

Abb. 97. Elementarwellen in Phase I

Überlagerung kleiner Wellen. Die schrittweise Berechnung ist von MEYER-PETER und FAVRE ausführlich dargestellt worden. Sie beruht im wesentlichen auf folgendem.

Bezeichnet man mit

q die Turbinenwassermenge (unter Umständen mit Zeit und Fallhöhe veränderlich),
Q' die Abflußmenge im Stollen,
Z die Wassertiefe im Wasserschloß,
ΔZ deren Änderung im Zeitintervall Δt,
F_w die Wasserschloßfläche,

so besteht die Raumgleichung

$$q \Delta t = F_w \Delta Z + Q' \Delta t. \tag{93}$$

Ein Ansteigen der Turbinenmenge q über den Abfluß im Stollen hinaus führt hiernach im Intervall Δt zunächst auf einen Anstieg ΔZ, unter dessen Einfluß sich wiederum eine kleine Schwallwelle bildet, die in den Stollen eindringt. Ihre Schnelligkeit ist ausreichend genau

$$a = v + \sqrt{g\frac{F}{B}}. \qquad (94)$$

Zwischen der Wassermengenerhöhung $\Delta Q'$ beim Durchgang des Schwalles, der Spiegelbreite B, der Schnelligkeit a und der Wellenhöhe besteht die Beziehung

$$\Delta Q' = a\,B\,z = a\,\Delta F'. \qquad (95)$$

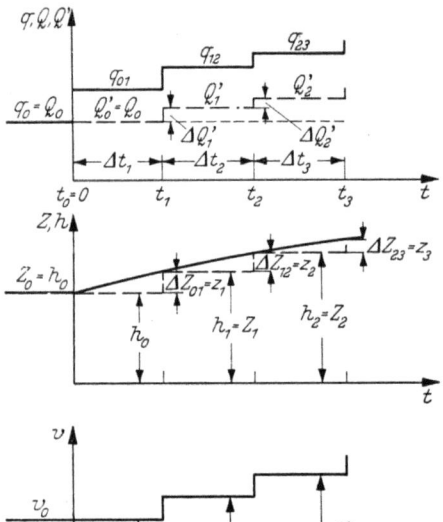

Abb. 98. Stufenweiser Vorgang

Die Wasserführung erhöht sich dabei von Q auf $Q' = Q + \Delta Q'$, woraus $v' = Q'/F'$. Bei der Bildung der Welle muß somit die Geschwindigkeit von v auf v' erhöht werden, wozu von der entstehenden Spiegelüberhöhung ΔZ ein Betrag

$$\Delta\frac{v^2}{2g} = \frac{v'^2}{2g} - \frac{v^2}{2g}$$

in Anspruch genommen wird. Als Wellenhöhe verbleibt dann

$$z = \Delta Z - \Delta\frac{v^2}{2g}. \qquad (96)$$

Da $\Delta\frac{v^2}{2g}$ von z abhängt, wird zunächst $z = \Delta Z$ gesetzt, $\Delta Q', Q', v'$ berechnet und daraus $\Delta\frac{v^2}{2g}$. Nun liefert Gl. (96) in zweiter Näherung die Wellenhöhe z. Gl. (96) setzt voraus, daß im Wasserschloß ruhendes Wasser oder gleichbleibende Fließgeschwindigkeit vorhanden ist.

Die Fortpflanzung der kleinen Schwallwellen kann in erster Näherung mit einem zur ursprünglichen Spiegellage parallelen Wellenrücken angenommen werden. MEYER-PETER und FAVRE empfehlen in zweiter Näherung, den Wellenlängenschnitt als Spiegellinie für die Wassermenge $\Delta Q'$ ausgehend vom Schwallkopf zu berechnen.

Nach den vorstehend angegebenen Gesichtspunkten ist es, wenn auch unter großem Arbeitsaufwand, mittels Intervallrechnung möglich, die einzelnen Wellen rechnerisch zu verfolgen, bis der Spiegel im Wasserschloß den Stollenscheitel erreicht hat (Ende der Phase I). Näheres kann der Arbeit der genannten Verfasser entnommen werden.—

Aus Gl. (94) geht hervor, daß die obersten Wellen wegen der geringen Spiegelbreite sehr schnell laufen, die vorausliegenden einholen und ein Branden des Schwalles herbeiführen. Es ist dann nicht mehr möglich, mit den Elementarwellen zu arbeiten, sondern man muß mit einer einheitlichen Schwallfront nach Abb. 99 rechnen. Diese ist am Übergang

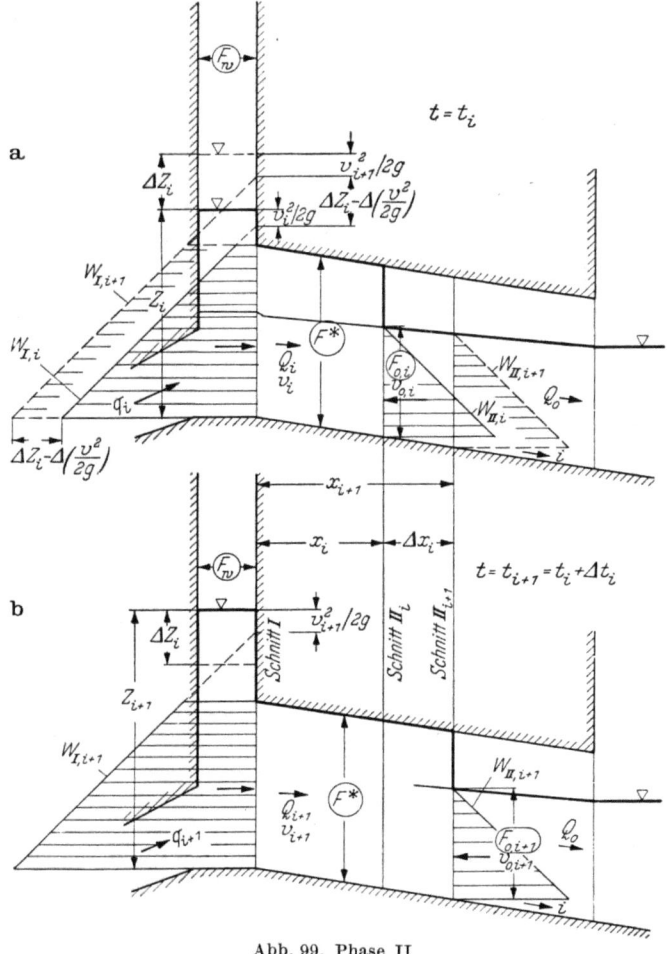

Abb. 99. Phase II

zwischen den Phasen I und II so zu ermitteln, daß die in Phase I im Stollen gespeicherte Wassermenge $\sum (Q' \Delta t) - \sum (Q_0 \Delta t)$ die ursprünglich freie Kalotte vom Wasserschloß bis zum Querschnitt des Schwallkopfes ausfüllt.

Nach unserer Meinung ist es fraglich, ob sich die mühevolle Arbeit bei der Verfolgung der Einzelwellen in der Phase I überhaupt lohnt, wenn man an ihrem Ende durch einen unstetigen Vorgang auf das summarische Verfahren übergehen muß. Eine wesentliche Vereinfachung der Berechnung für die Phase I ist mit folgendem Näherungsverfahren möglich:

Vernachlässigt man in Gl. (96) das Glied $\Delta \frac{v^2}{2g}$, wozu man in vielen Fällen mindestens zum Teil berechtigt ist, weil das Wasser unterhalb der Turbinenausläufe eine von Null verschiedene Geschwindigkeit hat, vernachlässigt man außerdem auch die Reibungseinflüsse, so läßt sich die Speichermenge etwa durch folgenden stufenweisen Vorgang ermitteln (Abb. 98). Zu Beginn des ersten Zeitintervalls, d. h. zur Zeit $t = 0$, wird dem Wasserschloß eine bestimmte erhöhte Turbinenwassermenge $q_{01} =$ konst. zugeführt, die, nach Abzug der im ersten Intervall noch unbeeinflußten Abflußmenge im Stollen Q_0 des vorausgehenden Beharrungszustandes nach Gl. (93) auf eine Spiegelhebung ΔZ_{01} führt. Am Ende des ersten Intervalls, bei t_1, steht am Stolleneinlauf eine Stufenhöhe $z_1 = \Delta Z_{01}$ zur Verfügung und erzeugt zur Zeit t_1 eine kleine Elementarwelle von der Höhe z_1 und der Schnelligkeit $a_1 = v_0 + \sqrt{g F_0 / B_0}$ nach Gl. (94). Gleichzeitig wird die Stollenmenge nach Gl. (95) um $\Delta Q'_1$ auf $Q'_1 = Q_0 + \Delta Q'_1$ erhöht. Hierzu $v'_1 = Q'_1 / F'_1$. Zu Beginn des neuen Intervalls Δt_2 hat sich die Turbinenwassermenge auf q_{12} erhöht und bleibt während Δt_2 konstant. Daher ist nach Gl. (93)

$$q_{12} \Delta t_2 = F_w \Delta Z_{12} + Q'_1 \Delta t_2,$$

woraus

$$\Delta Z_{12} \quad \text{und} \quad Z_2 = Z_1 + \Delta Z_{12}.$$

Zur Zeit $t_2 = \Delta t_1 + \Delta t_2$ hat man also im Wasserschloß die Tiefe Z_2, im Stollen Q'_1, v'_1 und an seinem Anfang die Stufe $z_2 = \Delta Z_{12}$. Eintrittsmenge im Stollen während Δt_2 Sekunden ... $Q'_1 \Delta t_2$. Zur Zeit t_2 liegen vor Z_2, h_1, $z_2 = \Delta Z_{12}$, v'_1. Die Welle z_2 läuft mit der Schnelligkeit

$$a_2 = v'_1 + \sqrt{g \frac{F_1}{B_1}}$$

ab und bewirkt eine Abflußvergrößerung $\Delta Q'_2 = a_2 \cdot \Delta F'_2$, so daß

$$Q'_2 = Q'_1 + \Delta Q'_2.$$

Während des Intervalls Δt_3 ist der Wasserspiegel gemäß Gl. (93) angestiegen:

$$q_{23} \Delta t_3 = F_w \Delta Z_{23} + Q'_2 \Delta t_3,$$

woraus ΔZ_{23} und $Z_3 = Z_2 + \Delta Z_{23}$.

Damit sind die Ausgangsgrößen bei t_3 bekannt, und die Berechnung kann in der angegebenen Weise, am besten tabellarisch, fortgeführt werden, bis der Spiegel den Stollenscheitel zur Zeit t_n erreicht hat. Die

während dieser Zeit im Stollen gespeicherte Wassermenge beträgt
$\sum_{0}^{t_n}(Q'\,\Delta t) - Q_0 t_n$ und wird durch stereometrische Rechnung im Kalottenraum über dem ursprünglichen Beharrungsspiegel und vom Eintrittsquerschnitt beginnend untergebracht (Querschnitt x_i, Abb. 97), wodurch sich die Stellung des einheitlich gedachten Schwalles am Beginn der Phase II ergibt.

7.22 Phase II

Die Verhältnisse in Phase II gehen aus Abb. 99 hervor. Der weitere Verlauf soll, nun wieder dem Vorgang von MEYER-PETER und FAVRE folgend, wie folgt beschrieben werden.

Gegeben sind die in Abb. 99a angegebenen Werte zu Beginn des Zeitintervalles Δt_i, zur Zeit t_i. Im Wasserschloß liegt der Spiegel auf der Höhe Z_i, die Turbinenwassermenge ist q_i, die in den Stollen abfließende Wassermenge $Q_i = v_i F^*$. Der Schwallkopf ist bei der Abszisse x_i angekommen. Dort ist aus der Raumbedingung: Zufluß − Abfluß = Speicherung im Stollen die relative Fortpflanzungsgeschwindigkeit des Schwallkopfes festzustellen:

$$w_i = (v_i - v_0)\frac{F^*}{\Delta F'}, \qquad (97)$$

wobei $\Delta F' = F^* - F_{0i}$. Im Intervall Δt_i legt der Schwall daher eine Strecke $\Delta x_i = \Delta t_i (w_i + v_{0i})$ zurück. In der gleichen Zeit steigt der Wasserschloßspiegel gemäß Gl. (93) um

$$\Delta Z_i = \frac{q_i - Q_i}{F_w}\,\Delta t_i, \qquad (98)$$

außerdem wächst die Geschwindigkeitshöhe am Stolleneinlauf an um

$$\Delta \frac{v^2}{2g} = \frac{v_{i+1}^2}{2g} - \frac{v_i^2}{2g}. \qquad (99)$$

Hierin ist v_{i+1} noch nicht bekannt und muß zunächst geschätzt und nach Bestimmung von Δv_i berichtigt werden. Oft genügt der Ansatz

$$\Delta \frac{v^2}{2g} = \frac{v_i^2}{2g} - \frac{v_{i-1}^2}{2g}. \qquad (100)$$

Sowohl für den oberen Begrenzungsquerschnitt I wie auch für den unteren II_i bzw. II_{i+1} lassen sich die Wasserdrücke zu den Zeiten t_i und $t_{i+1} = t_i + \Delta t_i$ angeben und daher auch ihre Differenzen

$$\Delta W_{I,i} = W_{I,i+1} - W_{I,i} = \gamma F^*\left[\Delta Z_i - \Delta \frac{v^2}{2g}\right] \qquad (101)$$

und

$$\Delta W_{II,i} = W_{II,i+1} - W_{II,i}. \qquad (102)$$

Beim Fortschreiten des Wellenkopfes im Intervall Δt_i durchläuft er eine im Beharrungszustand befindliche Strecke, in der sich die Fließfläche um

$$\Delta F_{0, i} = F_{0, i+1} - F_{0, i} \tag{103}$$

und die Wassergeschwindigkeit um

$$\Delta v_{0, i} = \frac{Q_0}{F_{0, i+1}} - \frac{Q_0}{F_{0, i}} \tag{104}$$

ändern.

Der Impulssatz besagt, daß die Änderung der Bewegungsgröße in der Zeiteinheit gleich ist der Summe der auf das betrachtete Stromelement wirkenden äußeren Kräfte, die sich aus den Wasserdrücken auf die Begrenzungsquerschnitte, der Reibungskraft und der Eigengewichtskomponente zusammensetzt, — alles auf die gleiche Achse bezogen. Diese Bedingung liefert (mit $\Delta v_i = v_{i+1} - v_i$ und w_i nach Gl. (97))

$$\frac{\gamma}{g} F^* \left[x_i \frac{\Delta v_i}{\Delta t_i} + w_i (v_i - v_{0, i}) - (v_i - v_{0, i})^2 \right] =$$
$$= W_{I, i} - W_{II, i+1} + \gamma F^* x_i i - \gamma F^* x_i \frac{v_i^2}{k^2 R^{4/3}}. \tag{105}$$

Die Gleichung kann zunächst nur schwer zur Ermittlung von Δv_i verwendet werden, weil das erste Glied der eckigen Klammer links anfänglich sehr klein gegenüber den anderen Gliedern ist. Die genannten Verfasser entwickeln daher die Gl. (105) weiter und erhalten nach Differentiation und Einführung der Raumbedingung und der absoluten Schnelligkeit $a_i = w_i + v_{0, i}$ die folgende Differenzengleichung:

$$\Delta v_i = \frac{g \frac{\Delta W_{I, i} - \Delta W_{II, i}}{\gamma F^*} + \left[g \left(i - \frac{v_i^2}{k^2 R^{4/3}} \right) a_i - x_i \frac{d^2 v_i}{d t^2} \right] \Delta t_i + 2(a_i - v_i) \Delta v_{0, i} - w_i^2 \frac{\Delta F_{0, i}}{F^*}}{3 a_i - 2 v_i \left(1 - \frac{g x_i}{k^2 R^{4/3}} \right)}. \tag{106}$$

Hierin setzt man zuerst in Annäherung $d^2 v_i/dt^2 = 0$. Nach Durchrechnung einiger Intervalle läßt sich eine Kurve $v_i = \varphi(t_i)$ aufzeichnen, aus der zeichnerisch die Beziehungen hervorgehen $\varphi'(t_i) = dv_i/dt$ und $\varphi''(t_i) = d^2 v_i/dt^2$. Damit wird die ganze Berechnung nochmals begonnen, wodurch sich Δv_i in zweiter Näherung ergibt. Falls erforderlich, kann auch noch eine dritte Näherung durchgeführt werden. Im weiteren Verlauf kann $d^2 v_i/dt^2$ durch Extrapolation vorausbestimmt werden, wodurch sich der Rechenaufwand verringert.

7.23 Phase III

Die Phase III beginnt, wenn die Schwallwelle das Stollenende erreicht. Wie in Abb. 96 gezeigt ist, sind drei Fälle möglich. Ob Fall a) vorliegt, kann durch Anwendung der Gl. (94 u. 95) auf den Anfangsquerschnitt des offenen Ablaufkanals leicht entschieden werden. Bei diesem einfachsten *Fall IIIa* ist vorzugehen wie folgt (Abb. 100):

Für die Zeit t_i sind bekannt v_i und Q_i, Z_i, q_i, $W_{I,i}$ und $W_{II,i}$, ferner v'_i, Q'_i, h'_i, F'_i, B'_i für den obersten Querschnitt des Ablaufkanals. Aus Gl. (93) erhalten wir zuerst

$$\Delta Z_i = \frac{q_i - Q_i}{F_w} \Delta t_i. \qquad (107)$$

Der Impulssatz, auf die ganze Stollenlänge angewendet, führt auf

$$\Delta v_i = \frac{g \Delta t_i}{\gamma F^* L} \left[W_{I,i} - W_{II,i} + \gamma F^* L i - \gamma F^* L \frac{v_i^2}{k^2 R^{4/3}} \right]. \qquad (108)$$

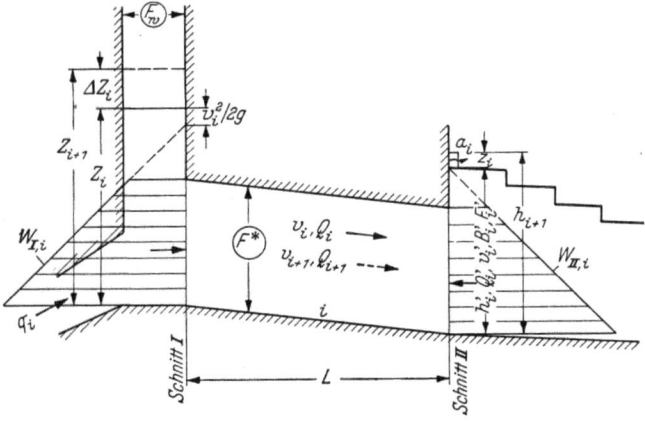

Abb. 100. Phase IIIa

Ferner gilt

$$v_{i+1} = v_i + \Delta v_i, \qquad (109)$$
$$Q_{i+1} = v_{i+1} F^*, \qquad (110)$$
$$\Delta Q' = Q_{i+1} - Q'_i. \qquad (111)$$

Nach Gl. (94 u. 95) lassen sich nun die Schnelligkeit und die Wellenhöhe ermitteln:

$$a_i = v'_i + \sqrt{g \frac{F'_i}{B'_i}}, \quad z_i = \frac{\Delta Q'_i}{B'_i a_i}. \qquad (112)$$

Damit sind alle Größen zur Zeit t_{i+1} bekannt bzw. angebbar, die Berechnung kann nunmehr zum Intervall Δt_{i+1} fortschreiten.

Die vorstehenden Überlegungen setzen voraus, daß der Ablaufkanal so kurz ist, daß bei der Berechnung der Wellen die Reibungseinflüsse vernachlässigt werden können. Anderenfalls müßte verfahren werden, wie bei Phase I beschrieben ist.

Eine Entscheidung darüber, ob Zustand IIIb oder Zustand IIIc vorliegt, kann zur Zeit rechnerisch nicht getroffen werden. Wie MEYER-

PETER und FAVRE ausführen, sind hierzu besondere experimentelle Untersuchungen nötig.

Im Fall IIIb wird der Vorgang im Stollen durch die Wellenfortpflanzung im Ablaufkanal nicht beeinflußt, und der Wasserdruck $W_{II,i}$ der Gl. (108) bleibt konstant, so daß man sich auf die Anwendung der Gl. (98 u. 108) beschränken kann.

Fall IIIc. Ist der Höchststand Z_{max} im Wasserschloß nicht schon in Phase II erreicht, so wird empfohlen, Phase IIIc zu berechnen wie Phase IIIb, d. h. unter der Annahme, daß am Stollenende das Außenwasser konstant bleibt und auf Höhe des Stollenscheitels liegt.

Aus dem Gesagten ist ersichtlich, daß Berechnungen der vorliegenden Art sehr kompliziert und zeitraubend sind. Man wird daher oft auf den Modellversuch zurückgreifen müssen.

Zum Schluß sei noch auf die Versuche von BLIND hingewiesen, die sich u. a. auch mit der Verformung der Schwallwellen im Stollen bei Phase I befassen. Der Schwall wölbt sich hiernach an den beiden Seiten auf und schlägt anschließend in der Mitte wieder zusammen, um sich dann abermals an den Rändern aufzuwölben usw. Es entsteht also eine Querschwingung, die sich unter Umständen auf die ganze Stollenlänge ausdehnt. Die so entstehende Überhöhung der rechnerischen mittleren Wellenhöhe wurde bis zu Werten von 50% beobachtet.

7.24 Schwallgeschwindigkeit in Phase II

Für die Wellengeschwindigkeit eines Schwalles, der den ursprünglich freien Raum des Stollenscheitels ganz ausfüllt und unter Druck

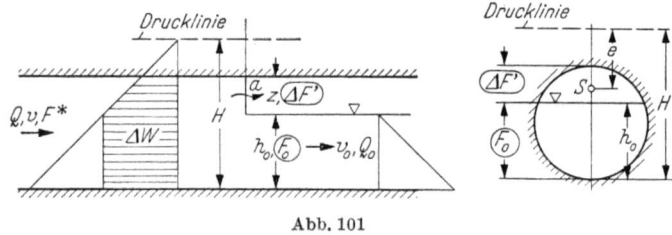

Abb. 101

setzt, kann analog dem Vorgang bei der Ableitung von Gl. (5) außerhalb des Zusammenhanges der vorstehenden Betrachtungen eine geschlossene Formel gefunden werden wie folgt:

Für die gemäß Abb. 101 mit der Schnelligkeit $a = w + v_0$ fortschreitende Welle gilt die Raumgleichung (97), also ist

$$w = (v - v_0) \frac{F^*}{\Delta F}. \tag{113}$$

Da ferner in der Zeiteinheit ein Wasservolumen von wF_0 beim Wellendurchgang von v_0 auf v beschleunigt wird, liefert der Impulssatz mit $W^* - W_0 = \Delta W$

$$\Delta W = \gamma w F_0 \frac{v - v_0}{g}, \qquad (114)$$

woraus sich nach Vereinigung mit Gl. (113) ergibt

$$w = \sqrt{g \frac{\Delta W}{\gamma} \frac{F^*}{F_0 \Delta F'}}. \qquad (115)$$

Mit

$$\Delta W = \gamma F_0 (H - h_0) + \gamma \Delta F' e$$

(worin $e =$ Schwerpunktsabstand der Fläche $\Delta F'$ von der Drucklinie) findet sich weiterhin

$$w = \sqrt{g F^* \left(\frac{H - h_0}{\Delta F'} + \frac{e}{F_0} \right)} \qquad (116)$$

und daraus

$$a = v_0 + \sqrt{g F^* \left(\frac{H - h_0}{\Delta F'} + \frac{e}{F_0} \right)} \qquad (117)$$

Für den Sonderfall des freien Schwallspiegels gilt $F^* = F_0 + yz$, $H - h_0 = z$, $\Delta F' = yz$ und $e = z/2$. Damit läßt sich Gl. (117) auf die schon bekannte Gl. (7) zurückführen.

Die Druckhöhe H der obigen Formeln ergibt sich aus der Höhendifferenz zwischen dem Wasserschloßspiegel (Abb. 99) und der Sohlenhöhe des betrachteten Querschnittes nach Abzug der Stollenverluste.

Schrifttum

Erster Teil

BIDONE: Mem. Accad. Sci. Torino. Bd. 30 (1826). (Versuche über die Fortpflanzung von Wellen.) — BLEINES: vgl. WITTMANN und BLEINES. — BÖSS: (a) Berechnung der Wasserspiegellage. Forschungsarbeiten, H. 284. Berlin: VDI-Verlag 1927. — (b) Versuche an einem HEYN'schen Wasseregel bei der Wasserkraftanlage der Papierfabrik Schoeller und Hoesch in Gernsbach. Bautechn. 1930. — BLIND: Nichtstationäre Strömungen in Unterwasserstollen. Siehe TÖLKE, Veröffentlichungen zur Erforschung der Druckstoßprobleme Heft 2. Berlin/Göttingen/Heidelberg: Springer 1956. — BOURGUIGNON: Relevés d'intumescences dans les ouvrages d'amenée et de restitution de l'usine de Kembs. Houille bl. 1948. — BOUSSINESQ: (a) Essai sur la théorie des eaux courantes. Mém. présentés par divers savants Acad. Sci. Bd. 23/24. Paris 1877. — (b) Théorie de l'écoulement tourbillonnant et tumultueux des liquides dans les lits rectilignes à grande section. Paris: Gauthier-Villars 1897.

CALAME: Calcul de l'onde de translation dans les canaux d'usines. Lausanne et Paris: Concorde et Gauthier-Villars 1932. — CHRISTALLER: Schwellbetrieb bei Laufwasserkräften. Elektrizitätswirtsch. 1952. — CITRINI: (a) Sull'attenuazione di un'onda positiva ad opera di uno sfioratore laterale. Energia elettr. 1949. — (b) Sull'efficacia di uno sfioratore laterale nelle manovre di arresto completo.

Energia elettr. 1950. — CLAUSNITZER: Der Schwellbetrieb in Flußkraftwerken, seine Möglichkeiten und Vorteile. Die Wasserwirtsch. 1952. — CRAYA: Calcul graphique des régimes variables dans les canaux. Houille bl. 1945. — CUÉNOD et GARDEL: Étude des ondes de translation de faible amplitude dans le cas des canaux d'amenée des usines hydroélectriques. Bull. tech. Suisse rom. 1952.

DARCY et BAZIN: Recherches hydrauliques 2. Recherches expérimentales relatives aux remous et à la propagation des ondes. Paris: Dunod 1865. — DRIOLI: Esperienze sul moto perturbato nei canali industriali (Onde di traslazione). Energia elettr. 1937. — EGIAZAROFF: (a) Zur Frage der täglichen Regulierung hydroelektrischer Anlagen. (Experimentelle Erforschung des Entnahmesunks in einem langen Gerinne.) Russisch, mit englischer Inhaltsübersicht. Leningrad 1931. — (b) Hydroelectric Power Plants, III. Teil, 1937 (Russisch).

EISNER: Praktisches Beispiel zur Berechnung eines Stauschwalles bei Vorhandensein einer Heberentlastung. Wasserkraft-Jb. 1925/26. — ESCANDE et NOUGARO: Régime variable dans un canal d'amenée associé à une galerie en charge. Houille bl. 1956.

FANTOLI: Sul passaggio dell'onda di piena nella supposta rotta di un serbatoio. Ann. Acque Pubb. 1925. — FAVRE: Étude théorique et expérimentale des ondes de translation dans les canaux découverts. Paris: Dunod 1935. — FAVRE: vgl. Meyer-Peter und Favre. — FEIFEL: Über die veränderliche, nicht stationäre Strömung in offenen Gerinnen, insbesondere über Schwingungen in Turbinen-Triebkanälen. Forsch.-Arb. H. 205, Berlin: VDI-Verlag 1918, in Komm. bei Springer. — FINZI: Caratteristiche dei sistemi differenziali e propagazione ondosa. Energia elettr. 1950. — FORCHHEIMER: (a) Hydraulische Folgerungen aus Beobachtungen in Trostberg. Schweiz. Bauztg. Bd. 75 (1920). — (b) Wasserschwall und Wassersunk. Leipzig und Wien: Franz Deuticke 1924. — (c) Hydraulik. Leipzig und Berlin: Teubner 1930. — (d) Grundriß der Hydraulik. Leipzig und Berlin: Teubner 1926. — FRANK: (a) Betrachtungen über den Ausfluß beim Bruch von Stauwänden. Schweiz. Bauztg. 1951. — (b) Die Hydraulik der Durchlaufspeicherung. Bauingenieur 1953. — FRANK und CURION: Elektrische Spitzenenergie aus Flußwasserkraftwerken mit Hilfe von Durchlaufspeicherung. Die Entwicklung der Starkstromtechnik (Siemens-Schuckertwerke A. G. 1953). — FRANK und SCHÜLLER: Schwingungen in den Zuleitungs- und Ableitungskanälen von Wasserkraftanlagen. Berlin: Springer 1938.

GARDEL: vgl. Cuénod et Gardel. — GENTILINI: L'azione di uno sfioratore laterale sull'onda positiva ascendente in un canale. Energia elettr. 1950. — GHERARDELLI: Sul moto vario in canali prismatici attorno al regime critico. Energia elettr. 1954. — GRASSBERGER und LAUSCH: Erfahrungen bei Planung und Betrieb einer Kraftwerkskette mit Schwellbetrieb. 5. Weltkraftkonferenz Wien 1956. — GRENGG: Schwallversuche im Oberwassergraben des Murkraftwerkes Mixnitz-Frohnleiten. Wasserwirtsch. 1934.

HAWS: Surges and Waves in Open Channels. Water Power 1954. — HOLSTER: Le calcul du mouvement non-permanent dans les rivières par la méthode dite des „lignes d'influence". Rev. générale hydr. 1947.

JAEGER: Technische Hydraulik. Basel: Birkhäuser 1949.

KIRSCHMER: Zerstörung und Schutz von Talsperren und Dämmen. Schweiz. Bauztg. 1949. — KOCH-CARSTANJEN: Von der Bewegung des Wassers und den dabei auftretenden Kräften. Berlin: Springer 1926. — KOBELT: Über eine künstlich erzeugte Hochwasserwelle in der Aare. Mitt. Nr. 14 d. Schweiz. Amtes f. Wasserwirtsch. Bern 1921. — KOŽENY: (a) Die Wasserführung der Flüsse. Leipzig und Wien: Franz Deuticke 1920. — (b) Hydraulik. Wien: Springer 1953. — KREY: (a) Die Wirkung der Schleusungen auf den Wasserstand und die Wasserbewegung in den Haltungen. Z. dtsch. Wasserwirtsch. u. Wasserkraftverb. E. V. 1921. — (b) Einfluß von künstlichen Querschnittseinengungen auf die Sturmfluthöhe im Tidegebiet der Flüsse. Zbl. Bauverw. 1923. — (c) Die Flutwelle in Flußmündungen und Meeresbuchten. Mitt. Versuchsanst. Wasserbau u. Schiffbau Berlin, H. 3. Berlin 1926. — Kurzmann: Der Betrieb von Werkkanälen großer Abmessungen. Wasserkr. Jb. 1927/28.

Lausch: vgl. Grassberger und Lausch. — Lemoine: Sur les ondes positives de translation dans les canaux et sur le ressaut ondulé de faible amplitude. Houille bl. 1948. — Levin: (a) Méthode graphique de calcul du mouvement non permanent dans les canaux à écoulement libre. Génie civ. 1942. — (b) Étude expérimentale du régime transitoire engendré par la rupture d'un barrage. Comptes rendus, t. 233, 1951. — (c) Evolution of Waves created by the Bursting of Large Dams (Serbisch). Belgrad 1954. — Ludin: (a) Die Wasserkräfte. Berlin: Springer 1913. — (b) Die Durchlaufspeicherung in Kraftstaffelflüssen. Schweiz. Wasserwirtsch. 1924/25. — (c) Fortschritte in der Durchlaufspeicherung. Schweiz. Wasserw. 1931. — (d) Wasserkraftanlagen, Erste Hälfte, Planung, Triebwasserleitungen und Kraftwerke. Berlin: Springer 1934.

Maier und Späth: (a) Über die Vorgänge in Stauhaltungen bei Anwendung der Tagesspeicherung. Zbl. Bauverw. 1920. — (b) Der Einfluß der Schiffsschleusungen auf die Wasserkraftanlagen an dem zu kanalisierenden Neckar. Die Schleusungsversuche am Wasserkraftwerk Poppenweiler. Zbl. Bauverw. 1920. — De Marchi: (a) Onde di depressione provocate da apertura di paratoia in un canale indefinito. Energia elettr. 1945. — (b) Sull'onda di piena che seguirebbe al crollo della diga di Cancano. Energia elettr. 1946. — (c) Azione di uno sfioratore a ventola sull'onda positiva provocata dall'arresto delle macchine nel canale adduttore di un impianto idroelettrico. Energia elettr. 1953. — Massé: Hydrodynamique fluviale. Régimes variables. Paris: Hermann 1935. — Meyer-Peter und Favre: Über die Eigenschaften von Schwällen und die Berechnung von Unterwasserstollen. Schweiz. Bauztg. Bd. 100 (1932).

Nougaro: Étude théorique et expérimentale de la propagation des intumescences dans les canaux découverts. Paris: Publications scientifiques et techniques du Ministère de l'Air. Nr. 284. 1953. — Nougaro: vgl. Escande et Nougaro.

Penati: Azione di uno sfioratore a ventola sull'onda positiva provocata dall'arresto delle macchine nel canale adduttore di un impianto idroelettrico. Energia elettr. 1954.

Ramponi: Risulati sperimentali sulla propagazione delle perturbazioni di regime nei canali. Energia elettr. 1940. — Ré: Étude du lacher instantané d'une retenue d'eau dans un canal par la méthode graphique. Houille bl. 1946. — Ritter: Die Fortpflanzung der Wasserwellen. Z. VDI Bd. 36 (1892). — Rouse: Engineering Hydraulics. New York: John Wiley & Sons 1950.

Saint-Venant: Théorie du mouvement non permanent des eaux avec application aux crues des rivières et à l'introduction des marées dans leur lit. C. R. Acad. Sci. Paris 1871. Ferner: C. R. Acad. Sci. Paris 1870. — Schneider: Versuche an Hebermodellen. Modellversuche über die zweckmäßigste Gestaltung einzelner Bauwerke. Veröff. Mittl. Isar A. G. München. Charlottenburg: Mittelbach 1923. — Schocklitsch: (a) Über Dammbruchwellen. Sitzungsberichte, Abt. 2a, Bd. 126. Wien 1917. — (b) Versuche mit Dammbruchwellen. „Die Wasserbaulaboratorien Europas". Berlin 1926. — Scimemi: Risulati sperimentali sulla propagazione delle perturbazioni di regime nei canali. Energia elettr. 1949. — Scott-Russel: (a) Report on the 7th meeting of the British Association for the Advancement of Science. York 1837. — (b) Report of the 14th meeting of the British Association for the Advancement of Science: Report on Waves. York

1844. — SUPINO: (a) La propagazione delle onde nei canali. Energia elettr. 1950. — (b) La propagazione delle onde di traslazione. Energia elettr. 1953. — (c) Propagazione di piccole onde su un moto-base permanente. Energia elettr. 1953. — (d) La riduzione delle piene del Reno da Cento alla Bastia. Giornale del Genio Civile 1953. — (e) Le oscillazioni del risalto idraulico durante una propagazione ondosa. Energia elettr. 1954.

TÖLKE: Veröffentlichungen zur Erforschung der Druckstoßprobleme in Wasserkraftanlagen und Rohrleitungen. Berlin/Göttingen/Heidelberg: Springer 1956.

VÖGERL: Beitrag und Beispiel zur Schwallberechnung. Wasserkr. u. Wasserwirtsch. 1935.

WINKEL: (a) Änderungen des Wasserstandes in den Haltungen infolge Schiffsschleusungen. Wasserkr. 1922. — (b) Die hydromechanischen Vorgänge beim Schleusen eines Schiffes. Bautechn. 1923. — (c) Aufnahme der beim Schleusen in einer Kanalhaltung entstandenen Senkungswellen. Bautechn. 1924. — (d) Besondere Wellenerscheinungen in Schiffahrtskanälen infolge von Schleusungen. Bautechn. 1926. — (e) Das Verhalten von Hebungs- und Senkungswellen bei verschiedener Fließbewegung. Dtsch. Wasserw. 1926. — (f) Die Grundlagen der Flußregelung. Berlin: Ernst & Sohn 1934. — WITTMANN und BLEINES: Kraftwerksschwalle und Schiffahrt. Schweiz. Bauztg. 1953.

Zweiter Teil

Wasserschlösser an Druckstollen

A. Allgemeines

1 Anordnung und Zweck des Wasserschlosses

Ergibt sich bei einer Wasserkraftanlage die Notwendigkeit, das Betriebswasser dem Kraftwerk unter Druck zuzuleiten, so zerfällt diese Zuleitung meist in zwei Teile, den schwach geneigten Druckstollen bzw. die Hangleitung und die steile, als offen verlegte Rohrleitung oder als Druckschacht ausgebildete Fall-Leitung zu den Turbinen. Am Übergang zwischen diesen beiden Elementen entsteht im Längenschnitt ein Knickpunkt, in dem meist ein Wasserschloß anzuordnen ist. Zunächst bietet sich auf diese Weise — bei bestimmten Wasserschloßtypen — die Möglichkeit, Rechen und Verschlußorgane unterzubringen. Der Hauptgrund für die Anordnung eines Wasserschlosses ist aber hydraulischer Natur: die des Druckausgleiches im Stollen und in der Fallrohrleitung.

Jede Belastungsänderung an den Maschinensätzen bringt eine Änderung der entnommenen Wassermenge mit sich und als Folge die als *Druckstoß* bekannte Schwingungserscheinung in der Fall-Leitung, also Druckerhöhungen und Druckminderungen, deren Größe u. a. von der Leitungslänge abhängt. Sie beeinflußt naturgemäß Abmessungen und Kosten der Druckrohrleitung und auch der Maschinen selbst, so daß ein technisches und wirtschaftliches Interesse besteht, die Druckleitung durch Anordnung eines Wasserschlosses möglichst kurz zu machen und durch dieses den schwach geneigten Zulaufstollen von ihr zu trennen. Dadurch wird einerseits erreicht, daß die Druckänderungen in der Fall-Leitung durch frühzeitige Reflexion der Druckwellen am freien Spiegel des Wasserschlosses größenmäßig begrenzt und andererseits Druckstöße aus dem hierfür besonders empfindlichen Druckstollen ferngehalten werden oder in ihm nur begrenzt zur Auswirkung kommen.

Abgesehen von den erwähnten Rücksichten auf die statische Beanspruchung von Druckrohrleitung und Stollen erfordert auch die Regulierung der Maschinen unter Umständen ein Wasserschloß, weil bestimmte Drehzahländerungen bei wechselnder Belastung eingehalten werden müssen und Schwungmassen nur in bestimmtem Umfang unterzubringen sind.

Unmittelbare Folge der Anordnung des Wasserschlosses sind *Massenschwingungen* in Stollen und Wasserschloß bei Änderungen des Wasserverbrauches im Kraftwerk. Sie ergeben sich daraus, daß bei Zunahme des Wasserbedarfes im Stollen nicht ausreichend und bei Abnahme zu viel Wasser zufließt. Das Manko bzw. der Überschuß wird durch den Speicherinhalt des Wasserschlosses geliefert bzw. aufgenommen, bis sich schließlich der den neuen Belastungsverhältnissen entsprechende Beharrungszustand eingestellt hat. Dieser Übergang zwischen zwei Beharrungszuständen vollzieht sich in Form von Schwingungen.

Die beiden Erscheinungen des Druckstoßes und der Massenschwingung spielen sich mit sehr verschiedener Periodendauer ab, so daß in den meisten praktischen Fällen der Druckstoß bereits abgeklungen ist, wenn sich die Massenschwingung noch im Anfangsstadium befindet. Aus diesem Grund ist es zulässig, beide Erscheinungen getrennt zu behandeln. Im Rahmen dieses Buches werden daher die Druckstoßeinflüsse nur gelegentlich erwähnt.

2 Grundsätze für die Wasserschloßberechnung

Beim Entwurf eines Wasserschlosses sind folgende Gesichtspunkte zu beachten:

Die Schwingungsausschläge bei den betrieblich zu erwartenden Laständerungen müssen durch das Bauwerk aufgenommen werden. Bei der Abwärtsschwingung darf Luft weder in die Druckleitungen noch in den Stollen eindringen. Bei der Aufwärtsschwingung darf die Wasserschloßkrone nicht oder nur dort überflutet werden, wo die entsprechenden Vorkehrungen baulicher Art getroffen sind.

Diese für die Bemessung der Bauwerke zu beachtenden Schwingungsweiten sind naturgemäß für die jeweils ungünstigsten Bedingungen zu ermitteln. Dies bezieht sich auf die Wahl der Rauhigkeitszahlen und sonstigen Verlustbeiwerte sowie auch auf eventuelle Überlagerung von Schwingungsvorgängen, die besonders hohe Amplituden erzeugen. Die Verlustbeiwerte liegen beim Entwurf eines Wasserschlosses in der Regel nicht in Form von gemessenen Größen eindeutig vor, sondern sind nach der Natur der Stollenauskleidung geschätzt, also innerhalb gewisser Grenzen unsicher. Aber auch dort, wo die Verluste in der Zuleitung gemessen sind, muß z. B. mit einer Verrauhung der Stollenwandungen im Laufe der Zeit gerechnet werden, so daß auch hier einer bestimmten Veränderlichkeit der Stollenverluste Rechnung zu tragen ist. Man wird daher zweckmäßig bei Wahl der Verluste im Stollen stets an *die* Grenze der Variationsmöglichkeit gehen, bei der sich ungünstigste Schwingungsverhältnisse ergeben. So ist es bei einfacher Entlastung üblich, möglichst geringe und bei einfacher Belastung möglichst große Verluste in der Zuleitung zugrunde zu legen.

Wo bei den gegebenen betrieblichen Verhältnissen mehrmalig aufeinanderfolgende Belastungswechsel (rhythmische Ent- und Belastung) denkbar sind, muß bei Ermittlung der ungünstigsten Schwingungsweiten hierauf Rücksicht genommen werden. Wie später näher ausgeführt wird, ist es z. B. möglich, daß der größte aufwärts gerichtete Spiegelausschlag nicht dann entsteht, wenn das Werk plötzlich ausfällt, d. h. der Wasserverbrauch von seinem Vollwert auf Null verringert wird, sondern dann, wenn das soeben in Betrieb gegangene Werk kurz nachher infolge Kurzschluß oder ähnlicher Ursachen in einem ungünstigen Augenblick wieder ausfällt. Solche Möglichkeiten sind besonders bei Speicheranlagen wohl abzuwägen, da sich diese für die Spitzendeckung gut eignen und daher rhythmischen Belastungsänderungen leicht ausgesetzt sein können.

Indessen sind die größten Amplituden für die Bemessung des Wasserschlosses nicht allein maßgebend: die Schwingungen müssen in nicht allzu langer Zeit abklingen, um einen ruhigen Betrieb der Maschinen zu gewährleisten und Resonanzerscheinungen auszuschließen. Es ist also durchaus denkbar, daß ein Wasserschloß größer gemacht werden muß, als die zulässigen Schwingungsweiten gestatten würden.

Auf gar keinen Fall dürfen aber die Schwingungen angefacht verlaufen. Solche zunehmenden Schwingungen sind beim Kraftwerksbetrieb (abgesehen von den oben erwähnten Resonanzerscheinungen bei rhythmischem Lastwechsel) nur denkbar, wenn sich der Wasserverbrauch entgegengesetztsinnig ändert wie die Nutzfallhöhe. Bei konstantem Wasserverbrauch, wie er bei der Verfolgung der Massenschwingungen oft vorausgesetzt werden darf, ist eine Anfachung nicht denkbar. Wohl ist dies aber dann der Fall, wenn ein Wasserkraftwerk auf konstante Leistung geregelt ist. Man spricht in diesem Zusammenhang von der *Stabilität des Wasserschlosses*. Diese Stabilität verlangt einen bestimmten Minimalquerschnitt des Wasserschlosses.

Die Wasserschloßfläche muß also so groß gemacht werden, daß die Schwingungsweiten in bestimmten praktisch tragbaren Grenzen bleiben und die Schwingungen ausreichend gedämpft verlaufen.

Wirtschaftliche Betrachtungen können sich bei Wasserkraftanlagen entweder auf die Gesamtanlage erstrecken oder aber auch auf Einzelteile des Werkes, wie z. B. auf die Druckrohrleitung und den Druckstollen, für die die Summe aus den Jahreskosten des Anlagekapitals und den Kosten für die Energieverluste zum Minimum werden muß. Die isolierte Betrachtung des Stollens ist bei Anlagen mit Wasserschloß jedoch nur bei langer Zuleitung statthaft. Im allgemeinen muß, da in seinen Abmessungen von den Stollenmaßen abhängig, das Wasserschloß in eine derartige Wirtschaftlichkeitsuntersuchung einbezogen werden. Es ist aber denkbar, daß hierbei gewisse Einschränkungen entstehen auf Grund der Stabilitätsverhältnisse oder anderer Gesichtspunkte (Schwingungsbegrenzung oder ähnliches). In dem Augenblick, wo der Betrieb verschlechtert würde, muß naturgemäß von der sogenannten „wirtschaftlichsten Lösung" abgegangen werden. Hierzu ist auch noch auf folgendes hinzuweisen: natürlich bringt das Wasserschloß oft bedeutende Kosten mit sich und daher das Streben, dieses so klein wie möglich zu machen oder sogar gleichzeitig damit eine gewisse Erschwerung der hydraulischen Verhältnisse in Kauf zu nehmen. So ist es etwa zugunsten einer Inhaltsverminderung sogar als annehmbar hingestellt worden, daß (beim gedrosselten Wasserschloß) kleine stehende Schwingungen auftreten. Berücksichtigt man, daß die allgemeine Entwicklung im Wasserschloßbau eine ausgesprochene Verschärfung der Anforderungen mit sich gebracht hat, so müssen solche Sparbestrebungen mit Reserve betrachtet werden, zumal man ja die Wasserschloßkosten nicht für sich allein betrachten darf, sondern stets auch im Verhältnis zu den wesentlich größeren Stollenkosten sehen muß.

3 Bezeichnungen (Abb. 102)

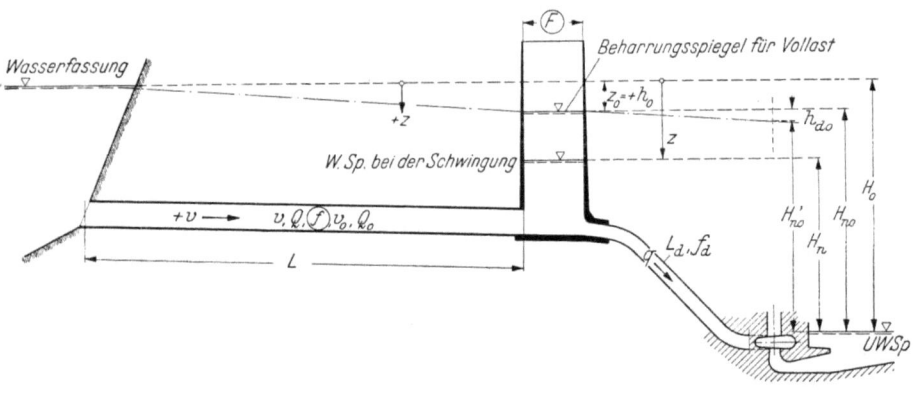

Abb. 102. Allgemeine Anordnung eines Wasserschlosses

H_0 Rohfallhöhe zwischen den während der Schwingung auf unveränderlicher Höhe angenommenen Wasserspiegeln im Oberwasser (Wasserfassung) und im Unterwasser,

H_n Fallhöhe zwischen dem Wasserschloßspiegel und dem Unterwasser,

H_{n0} wie vor, im Vollast-Beharrungszustand,

H'_n Nutzfallhöhe an den Turbinen unter Berücksichtigung der Verluste in der Fallrohrleitung,

H'_{n0} wie vor, im Vollast-Beharrungszustand,

Q Wassermenge im Stollen, positiv gerechnet, wenn Bewegung zum Wasserschloß vorliegt,

Q_0 wie vor, im Vollast-Beharrungszustand,

Bezeichnungen

$Q_a = n Q_0$ wie vor, im Teillast-Beharrungszustand,
$n = Q_a/Q_0 = v_a/v_0$ Belastungsgrad, nach Wasserverbrauch gerechnet,
q augenblicklicher Wasserverbrauch der Turbinen, im Beharrungszustand $q = Q$ bzw. $q_0 = Q_0$, $q_a = Q_a$,
v Wassergeschwindigkeit im Stollen, positiv bei Wasserbewegung zum Wasserschloß,
v_0 wie vor, bei Vollast-Wasserführung Q_0,
v_a wie vor, bei teilweiser Beaufschlagung der Turbinen (Beharrungszustand),
L Stollenlänge,
F horizontaler Wasserschloßquerschnitt,
f Querschnittsfläche des Druckstollens,
h Energieverlust im Stollen. Er stellt eine absolute Größe dar. In die Schwingungsgleichungen ist er mit dem gleichen Vorzeichen einzuführen, wie die Fließgeschwindigkeit v oder die Stollenwasserführung Q,
h_0 wie vor, jedoch im Vollast-Beharrungszustand,
h_a wie vor, für die Teil-Beharrungsmenge Q_a.

Der Druckverlust wird bei den meisten bekannten geschlossenen Berechnungsverfahren nach einem quadratischen Widerstandsgesetz ermittelt. Es gilt also

$$h = \alpha v^2 \quad \text{bzw.} \quad h_0 = \alpha v_0^2 \quad \text{oder} \quad h_a = \alpha v_a^2 = n^2 h_0.$$

Bei den schrittweisen Verfahren der numerischen oder graphischen Integration besteht diese Einschränkung nicht, hier kann jedes beliebige Widerstandsgesetz (z. B. das von PRANDTL-COOLEBROOK) verwendet werden.

Das quadratische Widerstandsgesetz läßt sich auch unter Benutzung der Stollenwassermenge wie folgt ausdrücken:

$$h = \frac{\alpha}{f^2} Q^2, \qquad h_0 = \frac{\alpha}{f^2} Q_0^2.$$

Manche Verfasser berücksichtigen die Vorzeichenregel des Druckverlustes in der Form, daß sie den Ausdruck $h = \pm \alpha v^2$ ersetzen durch $h = \alpha v|v|$.

h_d Verlust in der Druckrohrleitung,
h_{d0} wie vor, im Vollast-Beharrungszustand,
L_d Länge der Druckrohrleitung,
f_d Querschnittsfläche der Druckrohrleitung,
z Spiegelhöhe im Wasserschloß, bezogen auf den Wasserspiegel im Stausee (Wasserfassung), positiv gerechnet nach unten,
z_0 wie vor, im Vollast-Beharrungszustand; $z_0 = +h_0$,
z_a wie vor, im Teillast-Beharrungszustand; $z_a = +n^2 h_0$,
z_{max} Extremlage des Wasserspiegels im Wasserschloß,
z_i, z_k Höhenordinaten von Überfallkanten oder von plötzlichen Wechseln des Wasserschloßquerschnittes F,
Z^+ Schwingungsausschlag bei totaler Belastungsänderung und verlustfreiem Stollen

$$Z^+ = v_0 \sqrt{\frac{Lf}{gF}},$$

t Zeit in Sekunden,
g Schwerebeschleunigung.

Für das gedrosselte Wasserschloß (Abb. 159) gelten die Bezeichnungen:
k Druckverlust im Drosselwiderstand beim Durchfluß einer Wassermenge Q,
k_0 wie vor, beim Durchfluß der Wassermenge Q_0,

$\eta = \dfrac{k_0}{h_0}$ Dämpfungszahl.

Bei den geschlossenen Berechnungsverfahren ist es üblich, wiederum ein quadratisches Widerstandsgesetz anzuwenden, so daß $k_0 = \alpha_1 v_0^2$ und $k_0 = \dfrac{\alpha_1}{f^2} Q_0^2$ geschrieben werden kann. Somit ist $\alpha_1 = \dfrac{k_0}{v_0^2} = \eta \alpha$.

Bei den schrittweisen Verfahren läßt sich jede beliebige Abhängigkeit zwischen Durchfluß und Drosselwiderstand k berücksichtigen. k ist eine absolute Zahl und erhält in den Schwingungsgleichungen das gleiche Vorzeichen wie die Spiegeländerung dz; es ist also bei steigendem Wasserspiegel negativ und bei fallendem positiv.

Verhältniszahlen (VOGT).

$$x = \frac{z}{h_0},$$

$$x_{max} = \frac{x_{max}}{h_0},$$

$$y = \frac{Q}{Q_0} = \frac{v}{v_0},$$

$$y_a = \frac{q_a}{Q_0},$$

$$n = \frac{Q_a}{Q_0} = \frac{v_a}{v_0} \ldots \text{Belastungsgrad, nach Wasserverbrauch gerechnet,}$$

$$\varepsilon = \frac{L f v_0^2}{g F h_0^2} \ldots \text{Wasserschloßkennziffer,}$$

$$\beta = \frac{h_0}{H_0},$$

$$T = t \frac{g h_0}{L v_0} \ldots \text{relative Zeit.}$$

Sämtliche dimensionsbehafteten Größen sind im $(m\text{-}s\text{-}t)$-System auszudrücken.

4 Voraussetzungen und Annahmen

Der Berechnung der Wasserschlösser werden folgende Annahmen zugrunde gelegt:

Druckänderungen pflanzen sich im Stollen mit unendlich großer Geschwindigkeit fort. Dies besagt, daß zwischen einer Spiegeländerung im Wasserschloß und ihrer beschleunigenden und verzögernden Wirkung auf den gesamten Stolleninhalt keine zeitliche Verschiebung besteht. Aus dem Vergleich von beobachteten mit berechneten Schwingungen weiß man, daß diese Annahme zulässig ist. — Die Verluste im Stollen, im Drosselwiderstand und auch in der Druckrohrleitung werden bei den geschlossenen analytischen Verfahren nach quadratischen Widerstandsgesetzen berücksichtigt. Bei der schrittweisen numerischen oder graphischen Lösung kann jede beliebige andere Abhängigkeit eingeführt werden. — Die Trägheitswirkung des Wasserschloßinhaltes bleibt, wie allgemein üblich, unberücksichtigt, ferner wird gleichmäßige Geschwindigkeitsverteilung in den Leitungen vorausgesetzt. — Weitere Voraussetzungen sind dort erwähnt, wo sie angewendet werden.

5 Grundgleichungen, Schwingungsformen

Die beiden Hauptgleichungen für den Schwingungsvorgang bei Änderung des Wasserverbrauches sind bekannt. Es handelt sich um eine Raumgleichung und eine Beschleunigungsgleichung. Sie lauten:

$$\frac{dz}{dt} = \frac{q - vf}{F} \quad \text{(Raumgleichung)}, \tag{118}$$

$$\frac{dv}{dt} = \frac{g}{L}(z - h) \quad \text{(Beschleunigungsgleichung)}. \tag{119}$$

Die entnommene Wassermenge q kann hierbei entweder von der Spiegellage z oder der Zeit t oder von beiden abhängen oder sie kann auch konstant sein. Die Wasserschloßfläche ist entweder konstant oder mit z veränderlich. Der Verlust in der Zuleitung hängt von der Stollengeschwindigkeit ab, bei quadratischem Widerstandsgesetz nach der Beziehung

$$h = \alpha v^2 \quad \text{oder auch} \quad h = h_0 \left(\frac{v}{v_0}\right)^2 = h_0 \left(\frac{Q}{Q_0}\right)^2.$$

h erhält, wie schon erwähnt, das gleiche Vorzeichen wie die zugehörige Stollengeschwindigkeit, es ist also positiv bzw. negativ, wenn die Fließrichtung gegen das Wasserschloß bzw. gegen die Wasserfassung gerichtet ist.

Für den der Störung vorangehenden Beharrungszustand ist $q = vf$ und $z = h$, so daß $dz/dt = 0$ und $dv/dt = 0$, also weder eine Spiegel- noch eine Geschwindigkeitsänderung stattfindet. Durch die Belastungsänderung ändert sich nun zunächst in Gl. (118) die Entnahmemenge q. Als Folge hiervon stellt sich ein von Null verschiedener Wert dz/dt d. h. eine Spiegeländerung ein. Die so geänderte Spiegelhöhe z bedingt nun gemäß Gl. (119) auch eine Geschwindigkeitsänderung dv. Das Gleichgewicht des Systems ist also gestört, es setzt eine Schwingung ein, die je nach den besonderen Verhältnissen gedämpft oder angefacht verlaufen kann. Im ersten Fall wird schließlich der neue Beharrungszustand nach einer Anzahl von Schwingungsperioden erreicht. Auch aperiodische Formen sind möglich: der neue Beharrungszustand kann

136 Wasserschlösser an Druckstollen

ohne Schwingungen oder, in einzelnen Fällen und bei besonderen Verhältnissen, überhaupt nicht erreicht werden.

Die charakteristischen Merkmale dieser Schwingungsformen gehen aus den Abb. 103 bis 108 hervor.

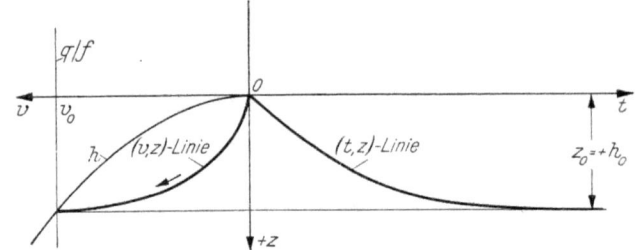

Abb. 103. Aperiodischer Übergang zum neuen Beharrungszustand

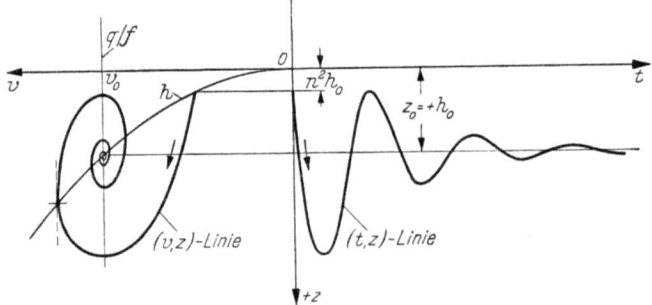

Abb. 104. Gedämpfte Belastungsschwingung

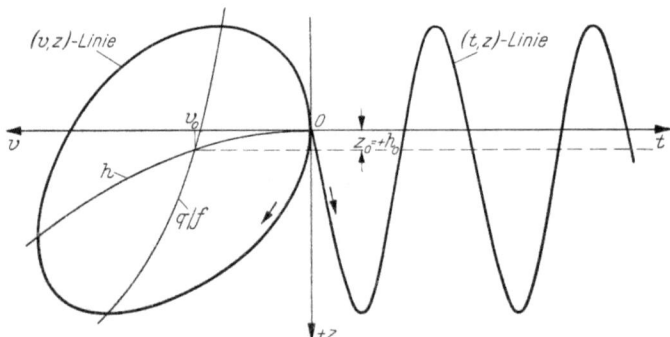

Abb. 105. Stehende Schwingung

Abb. 103. Es handelt sich um einen aperiodischen Übergang ohne Schwingung vom Ausgangs-Beharrungszustand (in Abb.: Ruhezustand) zum Endzustand (v_0, z_0). Diese Schwingungsform kommt praktisch selten vor. Meist ist sie durch eine sehr große Wasserschloßfläche bedingt.

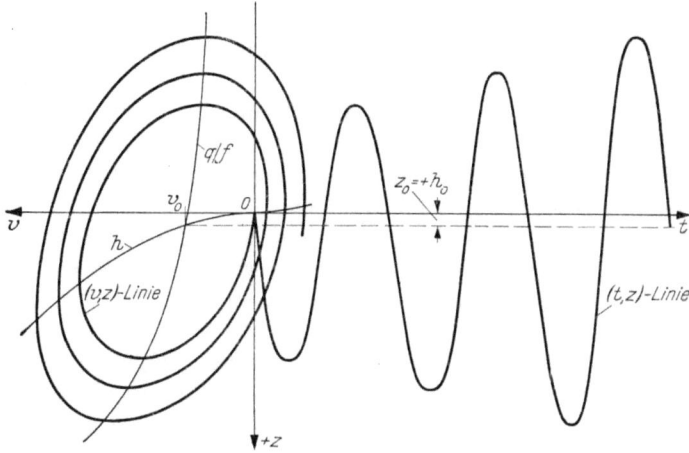

Abb. 106. Angefachte Belastungsschwingung

Abb. 104. Der neue Beharrungszustand wird durch gedämpfte Schwingungen erreicht. Hierher gehören z. B. die Massenschwingungen bei Belastungsänderungen mit konstanter Entnahmemenge (Belastung und Entlastung), Schwingungen bei gleichsinniger Änderung von Wasserverbrauch und Fallhöhe und allen „stabilen" Schwingungsfällen; ein Sonderfall ist die Entlastung auf Null, die in Abb. 115 dargestellt ist.

Abb. 105. Stehende Schwingungen treten auf bei verlustlosem Stollen, ferner als Grenzfall zwischen den stabilen und unstabilen Erscheinungen bei ungleichsinniger Änderung von Wasserverbrauch und Fallhöhe.

Abb. 106. Hierbei handelt es sich um angefachte Belastungsschwingungen bei ungleichsinniger Änderung von Wasserverbrauch und Fallhöhe. Ein analoger Fall ist auch bei Teilentlastungen möglich, nicht

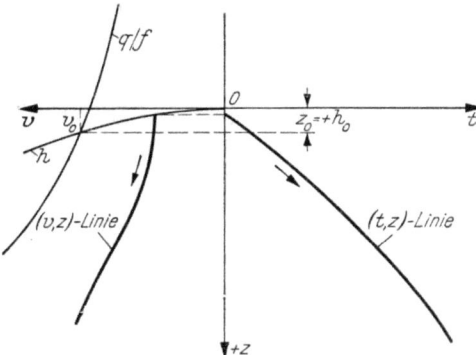

Abb. 107. Aperiodischer Übergang nach Unendlich

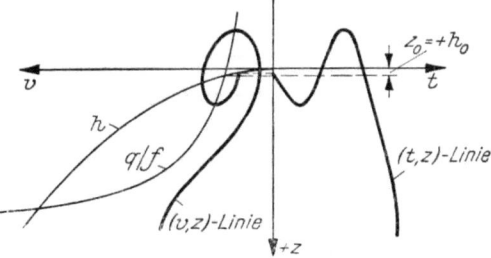

Abb. 108. Angefachte Schwingung mit folgendem Zusammenbruch des Systems

aber bei vollständiger Entlastung, denn diese entspricht dem Fall konstanter Entnahme, der stets gedämpfte Schwingungen ergibt (Abb. 115).

Abb. 107. Infolge der besonderen hydraulischen Verhältnisse kommt hier bei ungleichsinniger Änderung von Wasserverbrauch und Fallhöhe keine Schwingung mehr zustande, der Wasserspiegel sinkt (theoretisch) schon beim ersten Gang ins Unendliche.

Abb. 108 zeigt einen Fall, bei dem anfänglich die Verhältnisse von Abb. 106 (angefachte Schwingungen) vorliegen. Diese gehen aber nach einer oder nach mehreren Perioden in den Fall der Abb. 107 über.

Für die Wasserschloßbemessung kommen, abgesehen von dem seltenen Fall der Abb. 103 nur die Fälle Abb. 104 und 115 in Betracht.

Die Gl. (118 u. 119) gelten für das einfache Schacht- oder Kammerwasserschloß. Bei anderen Typen erhalten die Gleichungen gewisse Ergänzungsglieder. So muß die Gl. (118) bei einem Wasserschloß mit Überlauf bezüglich der Überlaufmenge erweitert werden. Beim gedrosselten Wasserschloß wiederum ist in Gl. (119) der Widerstandsdruck einzuführen, ebenso beim Differentialwasserschloß, bei dem außerdem für Zentralrohr und Becken getrennte Raumgleichungen anzuschreiben sind. Alle diese Ergänzungen werden bei der speziellen Behandlung der genannten Typen angeführt.

6 Allgemeine Differentialgleichung, Lösungsmöglichkeiten

Die geschlossene Lösung der beiden simultanen Gl. (118 u. 119), deren Vereinigung im allgemeinsten Fall auf die Differentialgleichung führt:

$$\frac{LF}{gf}\frac{d^2z}{dt^2} - \frac{\alpha F^2}{f^2}\left(\frac{dz}{dt}\right)^2 + \left\{\frac{L}{gf}\frac{dF}{dt} + \frac{2\alpha qF}{f^2}\right\}\frac{dz}{dt} + \\ + z - \frac{L}{gf}\frac{dq}{dt} - \frac{\alpha q^2}{f^2} = 0 \qquad (120)$$

ist nur in dem Sonderfall $q = $ konst. bzw. $q = mt$, $F = $ konst. und $\alpha = 0$ in vollständiger Form durchführbar. In anderen Fällen sind Teillösungen und in wieder anderen nur Aussagen über den Charakter der Schwingung möglich. Vielfach liegen auch empirische oder halbempirische Formeln für die größten Schwingungsweiten vor. Hierauf wird später eingegangen.

Als allgemeinstes Mittel für die vollständige Lösung des Problems steht das der numerischen und graphischen Integration der Gl. (118 u. 119) zur Verfügung. Hierzu sind diese in endlicher Form anzuschreiben:

$$\Delta z = \Delta t \frac{q-Q}{F}, \qquad (121)$$

oder, nach Multiplikation mit f:
$$\left.\begin{array}{l} \Delta v = \Delta t \cdot \dfrac{g}{L}(z-h) \\[1ex] \Delta Q = \Delta t \dfrac{gf}{L}(z-h), \end{array}\right\} \qquad (122)$$

und in der bekannten Art schrittweise zu lösen, wobei Verfahren erster oder zweiter Näherung denkbar sind. Das bekannteste ist das von

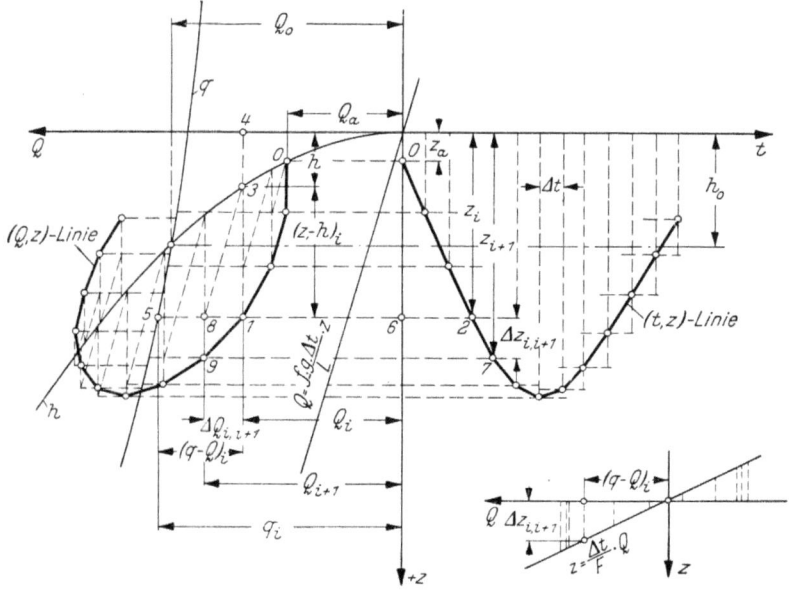

Abb. 109. Graphische Integration, Verfahren 1. Näherung

PRESSEL-MAYR. Für einige weniger geläufige Sonderfälle werden zweckmäßige Verfahren später gebracht.

Von den graphischen Verfahren seien die von SCHOCKLITSCH (b, c), BRAUN (b), CALAME und GADEN (a) und MÜHLHOFER (a) genannt. Im folgenden werden wir uns, mit Erweiterung auf eine Näherung 2. Grades, des Verfahrens von SCHOCKLITSCH bedienen, es zunächst kurz beschreiben und später auch für Sonderfälle erweitern.

Die graphische Auswertung der Gl. (121 u. 122) beruht darauf, die veränderlichen Größen $(q-Q)$ und $(z-h)$ mit den Konstanten $\dfrac{\Delta t}{F}$ bzw. $\Delta t \dfrac{gf}{L}$ zu multiplizieren, wobei das Zeitintervall beliebig und zweckentsprechend zu wählen ist. — Das Verfahren läuft auf die schrittweise Bestimmung der (z, t)-Linie und der (v, z)-Linie bzw. der (Q, z)-Linie hinaus. In dem Achsenkreuz der Abb. 109 sind zunächst, in Abhängigkeit von der Spiegelhöhe z, der Wasserverbrauch q und der Druckverlust $h = \alpha \left(\dfrac{Q}{f}\right)^2$ oder entsprechend einem beliebigen anderen Widerstandsgesetz aufzuzeichnen. — Der vorausgehende Beharrungszustand ist durch Q_a, $t = 0$ und $z_a = +h_a$ gekennzeichnet (Punkte 0—0).

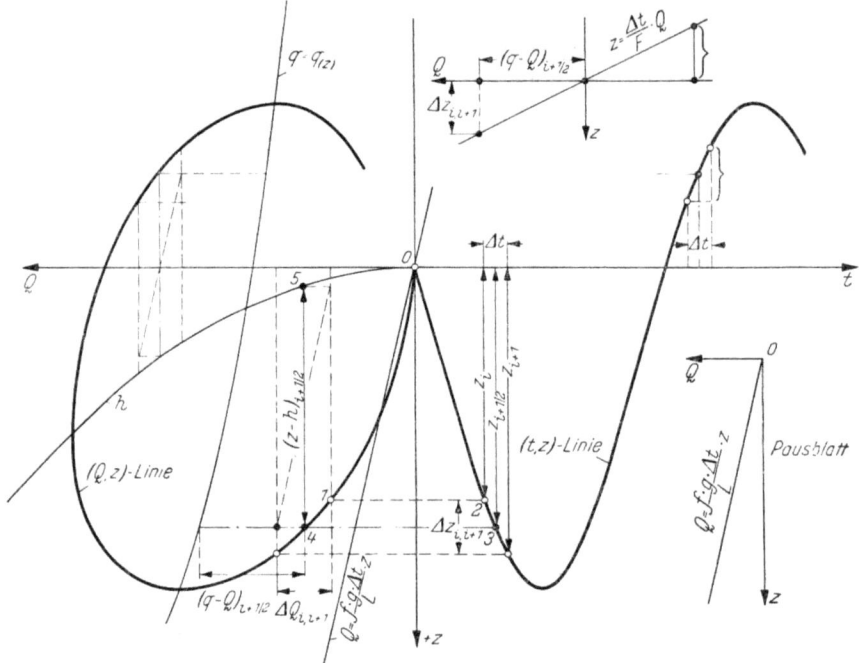

Abb. 110. Graphische Integration, Verfahren 2. Näherung

Zunächst soll an Hand von Abb. 109 ein zeichnerisches Verfahren 1. Näherung[1] beschrieben werden. Es besteht darin, daß für ein Intervall $i, i + 1$ die Differenzen ΔQ und Δz aus den am Beginn vorhandenen Veränderlichen ermittelt werden:

$$\Delta z_{i, i+1} = (q - Q)_i \cdot \frac{\Delta t}{F}, \tag{123}$$

$$\Delta Q_{i, i+1} = \frac{f g \Delta t}{L} (z - h)_i. \tag{124}$$

Ist die Schwingung (Abb. 109) bei den Punkten 1 und 2 angekommen,

---

[1] etwas abweichend vom SCHOCKLITSCHschen Originalverfahren.

Allgemeine Differentialgleichung, Lösungsmöglichkeiten

so sind die Veränderlichen $(q - Q)_i$ und $(z - h)_i$ durch die Strecken *1—5* und *1—3* gegeben. Gl. (123) kann mit Hilfe des Proportionalwinkels $z = \frac{\Delta t}{F} Q$ wie in der Nebenfigur der Abbildung angegeben ausgewertet werden. $(q - Q)_i$ wird auf die waagerechte Achse übertragen und ergibt als zugehörige Ordinate $\Delta z_{i, i+1}$ gemäß Gl. (123). — Durch den Ursprung des Koordinatennetzes ist eine Gerade $Q = \frac{f g \Delta t}{L} z$ gezeichnet. Zieht man hierzu durch *3* eine Parallele, so ergibt sich in der Strecke *1—8* der Wert $\Delta Q_{i, i+1}$ gemäß Gl. (124). Damit sind die neuen Kurvenpunkte *7* und *9* bzw. Q_{i+1} und z_{i+1} zur Zeit t_{i+1} gefunden. — Zu erwähnen ist, daß die (v, z)- bzw. die (Q, z)-Spirale streng genommen in ihrem Schnitt mit der q-Linie und der h-Linie eine waagerechte bzw. lotrechte Tangente haben. Beim Verfahren 1. Näherung kommt dies nicht genau zum Ausdruck.

Die beschriebene Konstruktion 1. Näherung läßt sich ohne wesentliche Komplikation auch zu einer solchen 2. Näherung ausweiten. Hierbei werden die Differenzen ΔQ und Δz nicht mehr aus den Anfangs-, sondern aus den Mittelwerten des betrachteten Intervalls bestimmt. Die entsprechenden Differenzengleichungen lauten

$$\Delta z_{i, i+1} = (q - Q)_{i+\frac{1}{2}} \frac{\Delta t}{F} \tag{125}$$

und

$$\Delta Q_{i, i+1} = (z - h)_{i+\frac{1}{2}} \frac{f g \Delta t}{L}, \tag{126}$$

worin die Mittelwerte durch die Zeiger $i + \frac{1}{2}$ bezeichnet sind. Die zeichnerische Auswertung ist in Abb. 110 gegeben.

Das Verfahren verlangt die schätzungsweise Vorausbestimmung des Halbierungspunktes *3*, dessen richtige Lage nach Durchführung des Berechnungsschrittes zu überprüfen ist. Zur Ermittlung der Intervallmitte *4—5* wird zweckmäßig ein bewegliches Pausblatt verwendet. Es enthält die Q- und die z-Achse und den Strahl durch den Ursprung und wird in der aus der Abbildung ersichtlichen Weise in der Zeichnung so verschoben, daß *4* und *5* von den Begrenzungsordinaten des Intervalls gleich weit entfernt sind, d. h. daß die Punkte *4* und *5* senkrecht übereinander liegen. Dabei müssen im Pausblatt und in der Hauptzeichnung die z- und die Q-Achsen paarweise parallel liegen. — Die Schätzung des Punktes *3* bedeutet keine wesentliche Erschwerung der Arbeit und ist bei einiger Übung und unter Beachtung des vorausgehenden Kurvenverlaufes durch Extrapolation leicht möglich. — Das gegebene Konstruktionsschema kann auf die Mehrzahl aller Berechnungsfälle in einfacher Weise ausgedehnt werden, wie dies bei der Behandlung der einzelnen Wasserschloßtypen noch gezeigt wird.

B. Verfahren zur Bestimmung der Schwingungsweiten, Bemessungsverfahren

1 Ungedrosseltes Wasserschloß mit konstanter Fläche an verlustfreiem Stollen

Für vollkommen verlustfreien Stollen ist eine Integration der Differentialgleichungen möglich, und es lassen sich alle Größen (z, v, t) scharf angeben. Im Wasserschloß entsteht die reine Sinus-Schwingung.

Da bei manchen Anlagen (mit kurzem glatten Stollen und kleiner Wassergeschwindigkeit) die Voraussetzung der Verlustlosigkeit annähernd erfüllt ist, sollen die wichtigsten Ergebnisse für den verlustlosen Stollen kurz wiedergegeben werden.

1.1 Plötzliche Entlastung

Zwischen Wasserstand, Wassergeschwindigkeit und Zeit ergeben sich bei *vollständiger Entlastung* folgende Beziehungen (Abb. 111):

$$t = \sqrt{\frac{LF}{gf}} \arcsin\left(\frac{z}{v_0}\sqrt{\frac{gF}{Lf}}\right), \tag{127}$$

$$z = -v_0 \sqrt{\frac{Lf}{gF}} \sin\left(t\sqrt{\frac{fg}{LF}}\right), \tag{128}$$

$$v = v_0 \cos\left(t\sqrt{\frac{fg}{LF}}\right). \tag{129}$$

Die größte Spiegelerhebung entsteht bei

$$T_1 = \frac{\pi}{2}\sqrt{\frac{LF}{gf}} \tag{130}$$

und beträgt

$$z_{\max} = \mp v_0 \sqrt{\frac{Lf}{gF}}. \tag{131}$$

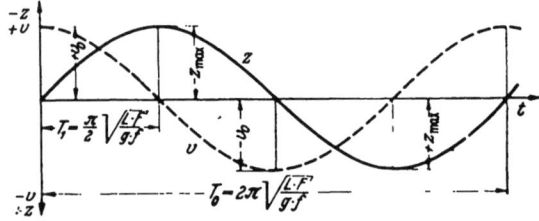

Abb. 111. Schwingungsverlauf bei verlustfreiem Stollen und plötzlicher vollständiger Entlastung

Die Dauer der Gesamtschwingung ist

$$T_0 = 2\pi\sqrt{\frac{LF}{gf}}. \tag{132}$$

Bei *teilweiser Entlastung*, d. h. Verringerung des Wasserverbrauches von $Q_0 = v_0 f$ auf $n_1 Q_0 = n_1 v_0 f$ schwingt der Wasserspiegel zwischen den Höhen

$$z_{\max} = \mp v_0 (1 - n_1)\sqrt{\frac{Lf}{gF}}. \tag{133}$$

1.2 Plötzliche Belastungsvergrößerung

Bei augenblicklicher Erhöhung der Entnahmemenge von nQ_0 auf Q_0 entsprechend den Stollengeschwindigkeiten v_a und v_0 ergibt sich das Schwingungsbild Abb. 112. Es ist

$$t = \sqrt{\frac{LF}{gf}} \arcsin\left(\frac{z}{v_0 - v_a}\sqrt{\frac{gF}{Lf}}\right), \tag{134}$$

$$z = (v_0 - v_a)\sqrt{\frac{Lf}{gF}} \sin\left(t\sqrt{\frac{gf}{LF}}\right), \tag{135}$$

$$v = v_a + (v_0 - v_a)\left[1 - \cos\left(t\sqrt{\frac{gf}{LF}}\right)\right]. \tag{136}$$

Die Schwingungsdauern T_0 und T_1 sind die gleichen wie bei der Entlastung, Gl. (130 u. 132).

Die tiefste Spiegellage entsteht bei T_1 und beträgt

$$z_{\max} = (v_0 - v_a)\sqrt{\frac{Lf}{gF}}. \tag{137}$$

Die größte Stollengeschwindigkeit tritt auf bei $t = 2T_1 = T_0/2$ und ist

$$v_{\max} = 2v_0 - v_a. \tag{138}$$

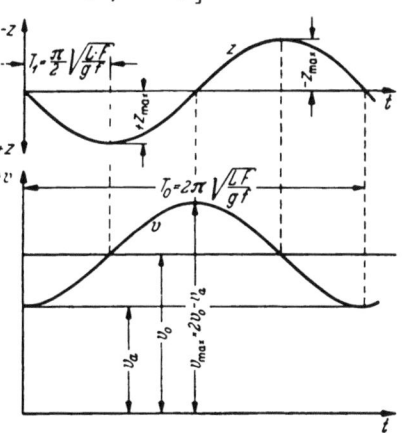

Abb. 112. Schwingungsverlauf bei verlustfreiem Stollen und plötzlicher Belastungsvergrößerung

1.3 Lineare Belastungsvergrößerung

Auch in diesem Fall läßt sich der Schwingungsverlauf bei verlustfreiem Stollen exakt verfolgen [CALAME und GADEN (a) und VOGT].

Der Belastungsvorgang ist in Abb. 113 für lineares, von Null ausgehendes Öffnen dargestellt.

Für $t < t_1$ lauten die Grundgleichungen

$$\frac{dv}{dt} = \frac{g}{L} z, \tag{139}$$

$$\frac{dz}{dt} = \frac{f}{F}\left(\frac{v_0}{t_1} t - v\right). \tag{140}$$

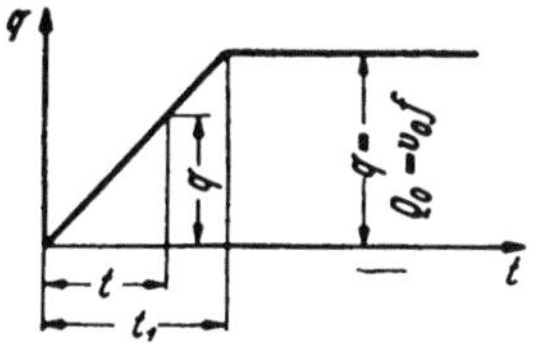

Abb. 113. Lineare Belastung

Für $t > t_1$ wird in Gl. (140) das erste Klammerglied zu v_0. Durch zweimalige Integration der Gl. (139 u. 140) ergeben sich für die *Dauer des*

Öffnens die Beziehungen:

$$t = \sqrt{\frac{LF}{gf}} \left\{ \arcsin\left(1 - \frac{t_1 g}{v_0 L} z\right) - \frac{\pi}{2} \right\}, \qquad (141)$$

$$z = \frac{v_0 L}{g t_1} \left[1 - \cos\left(t\sqrt{\frac{gf}{LF}}\right)\right], \qquad (142)$$

$$v = \frac{v_0}{t_1} \left[t - \sqrt{\frac{LF}{gf}} \sin\left(t\sqrt{\frac{gf}{LF}}\right)\right]. \qquad (143)$$

Die entsprechenden Größen bei bereits abgeschlossenem Öffnungsvorgang lauten:

$$t = \frac{t_1}{2} + \sqrt{\frac{LF}{gf}} \arcsin\left[z \frac{g t_1}{2 v_0 L} \cdot \frac{1}{\sin\left(\frac{t_1}{2}\sqrt{\frac{gf}{LF}}\right)}\right], \qquad (144)$$

$$z = \frac{2 v_0 L}{g t_1} \sin\left(\frac{1}{2} t_1 \sqrt{\frac{gf}{LF}}\right) \sin\left[\left(t - \frac{t_1}{2}\right)\sqrt{\frac{gf}{LF}}\right], \qquad (145)$$

$$v = v_0 \left\{1 - \frac{2}{t_1}\sqrt{\frac{LF}{gf}} \sin\left(\frac{t_1}{2}\sqrt{\frac{gf}{LF}}\right) \cos\left[\left(t - \frac{t_1}{2}\right)\sqrt{\frac{gf}{LF}}\right]\right\}. \qquad (146)$$

Die tiefste Absenkung kann eintreten sowohl während des Öffnens als auch nach beendetem Öffnungsvorgang. Der Grenzfall — Beschleunigungsdauer gleich Anfahrzeit — ist gekennzeichnet durch

$$t_{gr} = \pi \sqrt{\frac{LF}{gf}}. \qquad (147)$$

Ist $t_1 > t_{gr}$, so tritt die größte Absenkung während des Öffnens ein und ist

$$z_{max} = 2 \frac{v_0 L}{g t_1}. \qquad (148)$$

Für $t_1 < t_{gr}$ dagegen wird z_{max} erst nach vollendetem Öffnungsvorgang erreicht. Dann ist

$$z_{max} = \frac{2 v_0 L}{g t_1} \sin\left(\frac{t_1}{2}\sqrt{\frac{gf}{LF}}\right). \qquad (149)$$

Häufig ergibt sich bei Wasserschlössern, die für eine *Entnahmesteigerung von $v_a f$ auf $v_0 f$* bemessen sind, die Frage, wie lange eine Öffnung von Null auf Vollast mindestens dauern muß, damit der vorhandene Wasserschloßinhalt ausreicht. Diese läßt sich im vorliegenden Fall exakt beantworten:

Für $t_1 > t_{gr}$ gilt

$$t_1 = \frac{2 v_0}{v_0 - v_a} \sqrt{\frac{LF}{gf}}, \qquad (150)$$

für $t_1 < t_{gr}$

$$t_1 = \frac{2 v_0}{v_0 - v_a} \sqrt{\frac{LF}{gf}} \sin\left(\frac{t_1}{2}\sqrt{\frac{gf}{LF}}\right). \qquad (151)$$

Jene der Gl. (150 u. 151) ist anzuwenden, für die der angegebene Geltungsbereich zutrifft. Bei mehreren Wurzeln ist immer die größte maßgebend.

2 Ungedrosseltes Wasserschloß, Stollenverluste berücksichtigt
2.1 Entlastung

Wie leicht einzusehen ist, wirken die Verluste im Stollen verringernd auf den bei plötzlicher Vollentlastung auftretenden Spiegelausschlag. Aus Sicherheitsgründen wird man daher mit einem möglichst kleinen Druckverlust h_0 rechnen.

2.11 Vollständige Entlastung, konstante Wasserschloßfläche

Der Fall vollständiger Entlastung ist einer teilweisen strengen Behandlung insofern zugängig, als es gelingt, Beziehungen zwischen Wasserstand im Wasserschloß und der jeweiligen Zuflußmenge im Stollen anzugeben [CALAME und GADEN (a), FORCHHEIMER (b), PRASIL, VOGT].

Aus den Grundgleichungen

$$\frac{dv}{dt} = \frac{g}{L}\cdot(z-h) \quad \text{und} \quad \frac{dz}{dt} = -\frac{f}{F}v \qquad (152)$$

ergibt sich nach Elimination von t und Integration zwischen z und v die Beziehung

$$\left(\frac{v}{v_0}\right)^2 = \frac{L f v_0^2}{2gF h_0^2} + \frac{z}{h_0} + C\, e^{\frac{2gFh_0 z}{L f v_0^2}}. \qquad (153)$$

Die Konstante C kann für den Beginn der Schwingung bestimmt werden. Hierfür ist $v = v_0$ und $z = +h_0$. Aus Gl. (153) wird dann

$$\left(\frac{v}{v_0}\right)^2 = \frac{z}{h_0} + \frac{L f v_0^2}{2gF h_0^2}\left(1 - e^{\frac{2gFh_0}{L f v_0^2}(z-h_0)}\right). \qquad (154)$$

Führt man in Gl. (154) die VOGTschen Verhältniszahlen

$$\frac{v}{v_0} = y, \qquad \frac{z}{h_0} = x, \qquad \varepsilon = \frac{L f v_0^2}{gF h_0^2}$$

ein, so erhält man die Gleichung in folgender Form:

$$y^2 = x + \frac{\varepsilon}{2}\left(1 - e^{\frac{2}{\varepsilon}(x-1)}\right). \qquad (155)$$

Mit Hilfe von Gl. (154 u. 155) kann für das erste Aufschwingen des Wasserschloßspiegels die Frage beantwortet werden, welche Stollengeschwindigkeit bzw. Zulaufmenge einem bestimmten Wasserstand im Wasserschloß zugeordnet ist und umgekehrt. Dies ist von Bedeutung für die Bemessung von Überfallschwellen und für die Berechnung des höchsten Schwallspiegels z_{max}, für den $v = 0$ bzw. $y = 0$ ist.

Die Lösung der Gl. (154 bzw. 155) kann mit Hilfe der Netztafel Abb. 114 erfolgen, in der zu den Koordinaten x und ε der zugehörige Wert $v/v_0 = y$ in der Kurvenschar abgelesen wird.

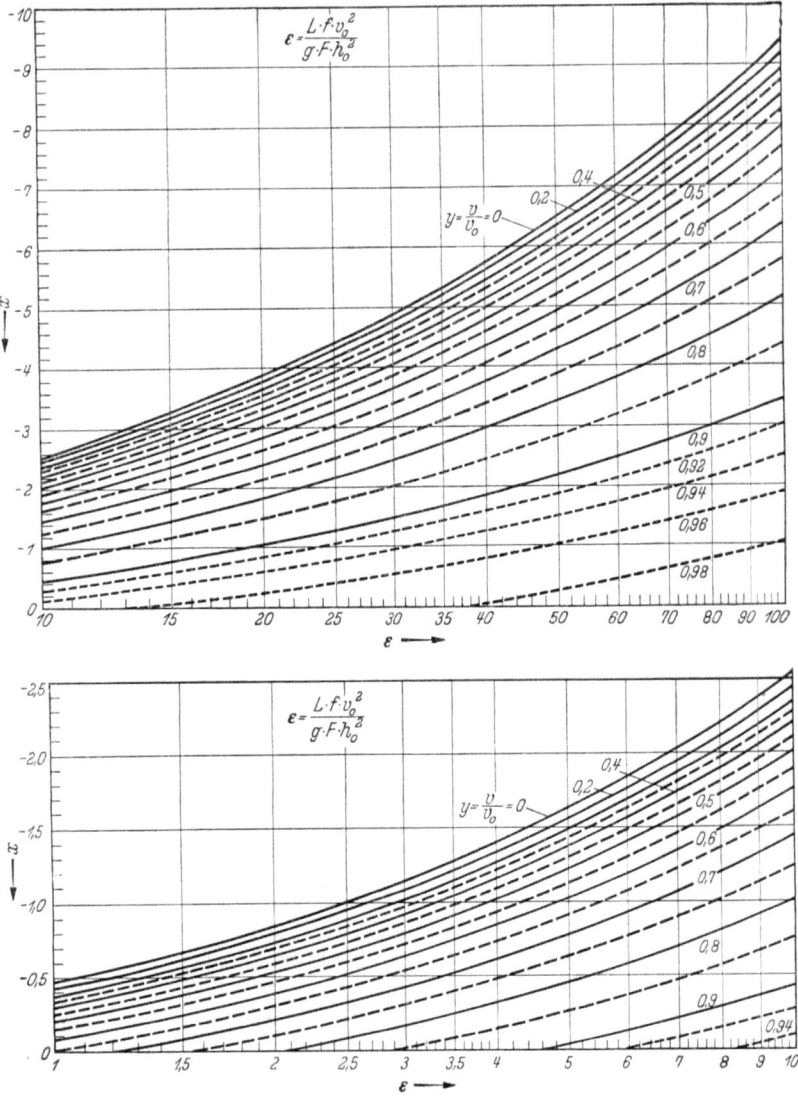

Abb. 114. Beziehung zwischen Wasserstand und Wasserführung des Stollens nach Gl. (155)

Im übrigen kann für den höchsten Spiegelanstieg aus Gl. (154) eine Beziehung gewonnen werden, indem für v Null gesetzt wird. Dann ergibt sich die von FORCHHEIMER gefundene Formel

$$(1 + m\,z_{max}) - \ln(1 + m\,z_{max}) = 1 + m\,h_0, \qquad (156)$$

wobei

$$m = \frac{2g\,F\,h_0}{L\,f\,v_0^2}.$$

Ungedrosseltes Wasserschloß, Stollenverluste berücksichtigt

Zur Auswertung von Gl. (156), d. h. zur Bestimmung von z_{max} bei gegebenem m und h_0 kann vorteilhaft die nachstehende Tab. 1 Verwendung finden.

Tabelle *1*

$m\,h_0$	$m\,z_{max}$	$m\,h_0$	$m\,z_{max}$	$m\,h_0$	$m\,z_{max}$	$m\,h_0$	$m\,z_{max}$
$\dfrac{2}{\varepsilon}$	$\dfrac{2}{\varepsilon}x_{max}$	$\dfrac{2}{\varepsilon}$	$\dfrac{2}{\varepsilon}x_{max}$	$\dfrac{2}{\varepsilon}$	$\dfrac{2}{\varepsilon}x_{max}$	$\dfrac{2}{\varepsilon}$	$\dfrac{2}{\varepsilon}x_{max}$
0,00005	−0,0100	0,026	−0,211	0,30	−0,589	0,92	−0,825
0,0001	−0,0145	0,028	−0,218	0,31	−0,596	0,94	−0,830
0,0002	−0,0200	0,030	−0,225	0,32	−0,602	0,96	−0,834
0,0003	−0,0241	0,035	−0,242	0,33	−0,609	0,98	−0,837
0,0004	−0,0280	0,040	−0,257	0,34	−0,615	1,00	−0,841
0,0005	−0,0312	0,045	−0,271	0,35	−0,621	1,05	−0,850
0,0006	−0,0342	0,050	−0,284	0,36	−0,627	1,10	−0,859
0,0007	−0,0370	0,055	−0,296	0,37	−0,633	1,15	−0,867
0,0008	−0,0396	0,060	−0,308	0,38	−0,639	1,20	−0,874
0,0009	−0,0419	0,065	−0,318	0,39	−0,644	1,25	−0,882
0,0010	−0,0439	0,070	−0,329	0,40	−0,650	1,30	−0,888
0,0015	−0,0535	0,075	−0,339	0,42	−0,661	1,35	−0,894
0,0020	−0,0615	0,080	−0,348	0,44	−0,671	1,40	−0,900
0,0025	−0,0686	0,085	−0,358	0,46	−0,680	1,45	−0,905
0,0030	−0,0750	0,090	−0,366	0,48	−0,689	1,50	−0,910
0,0035	−0,0809	0,095	−0,375	0,50	−0,698	1,60	−0,920
0,0040	−0,0864	0,10	−0,383	0,52	−0,707	1,70	−0,928
0,0045	−0,0915	0,11	−0,399	0,54	−0,715	1,80	−0,935
0,0050	−0,0962	0,12	−0,413	0,56	−0,723	1,90	−0,942
0,0060	−0,105	0,13	−0,427	0,58	−0,730	2,00	−0,948
0,0070	−0,113	0,14	−0,440	0,60	−0,737	2,10	−0,953
0,0080	−0,121	0,15	−0,453	0,62	−0,744	2,20	−0,957
0,0090	−0,128	0,16	−0,465	0,64	−0,751	2,30	−0,962
0,010	−0,134	0,17	−0,476	0,66	−0,758	2,40	−0,965
0,011	−0,141	0,18	−0,486	0,68	−0,764	2,50	−0,969
0,012	−0,147	0,19	−0,497	0,70	−0,770	2,60	−0,972
0,013	−0,153	0,20	−0,507	0,72	−0,776	2,70	−0,975
0,014	−0,158	0,21	−0,516	0,74	−0,782	2,80	−0,977
0,015	−0,163	0,22	−0,525	0,76	−0,787	2,90	−0,979
0,016	−0,168	0,23	−0,534	0,78	−0,792	3,00	−0,981
0,017	−0,173	0,24	−0,543	0,80	−0,798	3,50	−0,989
0,018	−0,178	0,25	−0,551	0,82	−0,803	4,00	−0,993
0,019	−0,182	0,26	−0,559	0,84	−0,807	4,50	−0,996
0,020	−0,187	0,27	−0,567	0,86	−0,812	5,00	−0,998
0,022	−0,196	0,28	−0,574	0,88	−0,817		
0,024	−0,204	0,29	−0,582	0,90	−0,821		

Bei Verwendung der VOGTschen Verhältniszahlen ist zu beachten, daß in Tab. 1 $m\,h_0$ und $m\,z_{max}$ zu ersetzen sind durch $\dfrac{2}{\varepsilon}$ und $\dfrac{2}{\varepsilon}x_{max}$, wie auch Gl. (156) in der VOGTschen Schreibweise lautet

$$\left(1 + \frac{2}{\varepsilon} x_{\max}\right) - \ln\left(1 + \frac{2}{\varepsilon} x_{\max}\right) = 1 + \frac{2}{\varepsilon}. \qquad (157)$$

Für den weiteren Schwingungsverlauf nach erfolgter vollständiger Entlastung können zur Bestimmung der Ausschläge die Formeln von BRAUN verwendet werden (vgl. Abb. 115):

$$\left.\begin{aligned}
(1 - m z_I) - \ln(1 - m z_I) &= (1 - m z_{\max}) - \ln(1 - m z_{\max}),\\
(1 + m z_{II}) - \ln(1 + m z_{II}) &= (1 + m z_I) - \ln(1 + m z_I),\\
(1 - m z_{III}) - \ln(1 - m z_{III}) &= (1 + m z_{II}) - \ln(1 - m z_{II}),\\
(1 + m z_{IV}) - \ln(1 + m z_{IV}) &= (1 + m z_{III}) - \ln(1 + m z_{III}).
\end{aligned}\right\} \quad (158)$$

. . .
. . .

Ist der erste Ausschlag $z_{\max}$ nach (155, 156 oder 157) ermittelt, so kann man hieraus nach (158) stufenweise die folgenden Amplituden $z_I, z_{II}, \ldots$ berechnen und so das Maß der allmählichen Schwingungsdämpfung beurteilen.

2.12 Teilweises plötzliches Schließen bei konstanter Wasserschloßfläche

Nach einem von GHIZZETTI entwickelten Verfahren ist es möglich, den Schwingungsverlauf noch eingehender zu diskutieren und mit Hilfe von Funktionstafeln den zeitlichen Verlauf sowohl der Spiegelbewegung wie auch der Geschwindigkeitsänderung im Stollen in den Hauptpunkten — den Extrem- und den Wendepunkten — festzulegen. Das Verfahren ist auch deshalb besonders interessant, weil es nicht nur die vollständige plötzliche Entlastung umfaßt, sondern auch die Entlastung von der Vollwassermenge Q_0 auf die Teilwassermenge $n Q_0$. Der Schwingungsverlauf ist in Abb. 115 grundsätzlich dargestellt. Die zahlenmäßigen Unterlagen für die Berechnung der Schwingung vom Ausgangspunkt 0 bis zum zweiten Hochpunkt 3 der (z, t)-Linie sind in Tab. 2 für die drei n-Werte 0 (vollständige Entlastung), 0,5 (Entlastung von der vollen auf die halbe Wassermenge) und 1,0 gegeben, wobei der letztgenannte Fall den fortdauernden Vollast-Beharrungszustand angibt und den für etwaige Interpolationen nötigen Grenzwert darstellt. Die Höhen und die Stollengeschwindigkeiten sind durch ihre Relativwerte $x = z/h_0$ und $y = v/v_0$ angegeben, die Zeiten durch die auf die Schwingungsdauer gemäß Gl. (132) bezogenen Verhältniswerte

$$\tau = \frac{t}{2\pi \sqrt{LF/gf}}. \qquad (159)$$

Die Daten des Wasserschlosses sind durch die Wasserschloßkennziffer ε bzw. die Werte $1/\sqrt{\varepsilon}$ am Kopf der Tabelle angegeben. In der Spalte für den verlustlosen Stollen ($1/\sqrt{\varepsilon} = 0$) können die Höhen wegen $h_0 = 0$ nicht durch den Relativwert x ausgedrückt werden. Die Ausschläge sind hier nicht in Relativzahlen sondern nach Gl. (131 bzw. 133) eingetragen.

Bei Anwendung der Tabelle auf einen beliebigen Fall ε, n ist zu interpolieren: für ε zwischen den Kolonnen, für n zwischen den Zonen.

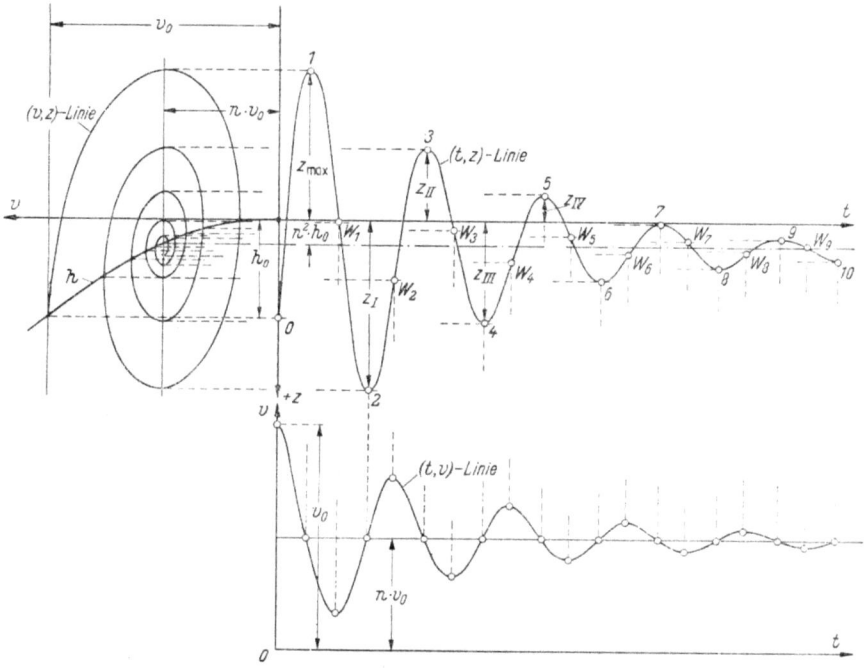

Abb. 115. Vollständiger Verlauf einer Entlastungsschwingung

2.13 Lineare Entlastung, konstante Wasserschloßfläche

Die Schließzeiten der Turbinen sind in der Regel so gering — von der Größenordnung weniger Sekunden —, daß bei Berechnung des höchsten Spiegelanstieges im Wasserschloß die Annahme plötzlicher Entlastung vollkommen gerechtfertigt ist. Lediglich Anlagen mit Freistrahlturbinen machen hiervon eine Ausnahme, sofern sie mit Strahlablenkern arbeiten. In diesem Fall wird nach Fortfall der Belastung automatisch der Strahl vom Laufrad abgelenkt und sodann — meist zur Vermeidung unzulässig hohen Druckanstieges in der Rohrleitung — ein allmähliches Schließen der Düsen eingeleitet. Ähnliche Verhältnisse liegen auch bei Druckreglern vor.

In einem derartigen Fall wird der Spiegelanstieg im Wasserschloß geringer sein als bei plötzlichem Abschluß.

Tabelle 2. *Plötzliche Entnahmeverminderung von Q_0 auf $n Q_0$*

$\dfrac{1}{\sqrt{\varepsilon}}$

$x = 1{,}0;\quad \tau = 0;\quad y = 1{,}0$

Punkt	Koordi-naten	n	0,00	0,050	0,100	0,150	0,200	0,250	0,300	0,350	0,400	0,450	0,500
Beginn der Schwingung		0,0	[z = 0]										
		0,5	[z = 0]										
		1,0	[z = 0]										
Erster Hochpunkt	x	0,0	$\left[z = -v_0 \sqrt{\dfrac{Lf}{gF}}\right]$	−19,20	−9,30	−5,99	−4,35	−3,36	−2,70	−2,24	−1,88	−1,61	−1,396
		0,5	$\left[z = -\dfrac{v_0}{2}\sqrt{\dfrac{Lf}{gF}}\right]$	−9,00	−4,20	−2,53	−1,70	−1,216	−0,890	−0,653	−0,481	−0,346	−0,240
		1,0	$[z = 0]$	+1,00	+1,00	+1,00	+1,00	+1,00	+1,00	+1,00	+1,00	+1,00	+1,00
	τ	0,0	0,250	0,255	0,261	0,267	0,273	0,279	0,286	0,293	0,300	0,307	0,315
		0,5	0,250	0,257	0,264	0,272	0,280	0,289	0,298	0,308	0,318	0,329	0,341
		1,0	0,250	0,258	0,267	0,277	0,288	0,299	0,312	0,326	0,340	0,357	0,374
	y	0,0	0,00	0,00	0,00	0,00	0,00	0,00	0,00	0,00	0,00	0,00	0,00
		0,5	0,50	0,50	0,50	0,50	0,50	0,50	0,50	0,50	0,50	0,50	0,50
		1,0	1,00	1,00	1,00	1,00	1,00	1,00	1,00	1,00	1,00	1,00	1,00
Erster Wendepunkt W_1	x	0,0	[z = 0]	−0,85	−0,76	−0,68	−0,62	−0,55	−0,49	−0,45	−0,41	−0,37	−0,34
		0,5	[z = 0]	+0,004	+0,006	+0,013	+0,021	+0,032	+0,044	+0,060	+0,072	+0,086	+0,100
		1,0	[z = 0]	+1,000	+1,000	+1,000	+1,000	+1,000	+1,000	+1,000	+1,000	+1,000	+1,000
	τ	0,0	0,500	0,501	0,502	0,504	0,507	0,511	0,515	0,520	0,525	0,531	0,537
		0,5	0,500	0,505	0,510	0,516	0,521	0,527	0,534	0,541	0,548	0,556	0,564
		1,0	0,500	0,501	0,502	0,505	0,510	0,515	0,522	0,530	0,540	0,550	0,563
	y	0,0	−1,000	−0,920	−0,870	−0,826	−0,785	−0,744	−0,704	−0,672	−0,637	−0,607	−0,580
		0,5	0,000	0,060	0,080	0,113	0,145	0,180	0,210	0,246	0,267	0,293	0,316
		1,0	1,000	1,000	1,000	1,000	1,000	1,000	1,000	1,000	1,000	1,000	1,000

			+17,60	+8,10	+5,02	+3,51	+2,61	+2,02	+1,63	+1,34	+1,11	+0,95
Erster Tiefpunkt	x	0,0										
		0,5	+8,80	+4,20	+2,665	+1,850	+1,360	+1,055	+0,833	+0,687	+0,582	+0,500
		1,0	+1,000	+1,000	+1,000	+1,000	+1,000	+1,000	+1,000	+1,000	+1,000	+1,000
	τ	0,0	0,756	0,761	0,768	0,775	0,782	0,789	0,797	0,805	0,813	0,822
		0,5	0,757	0,765	0,772	0,782	0,791	0,800	0,812	0,824	0,837	0,855
		1,0	0,757	0,769	0,783	0,797	0,815	0,834	0,856	0,879	0,907	0,937
	y	0,0	0,00	0,00	0,00	0,00	0,00	0,00	0,00	0,00	0,00	0,00
		0,5	0,50	0,50	0,50	0,50	0,50	0,50	0,50	0,50	0,50	0,50
		1,0	1,00	1,00	1,00	1,00	1,00	1,00	1,00	1,00	1,00	1,00
Zweiter Wendepunkt W_2	x	0,0	+0,71	+0,58	+0,49	+0,42	+0,35	+0,30	+0,256	+0,218	+0,193	+0,172
		0,5	+0,765	+0,740	+0,661	+0,585	+0,519	+0,476	+0,429	+0,394	+0,366	+0,343
		1,0	+1,000	+1,000	+1,000	+1,000	+1,000	+1,000	+1,000	+1,000	+1,000	+1,000
	τ	0,0	1,001	1,003	1,007	1,012	1,017	1,022	1,030	1,037	1,045	1,052
		0,5	1,001	1,003	1,007	1,012	1,017	1,023	1,032	1,041	1,053	1,068
		1,0	1,001	1,005	1,012	1,020	1,031	1,046	1,062	1,080	1,102	1,126
	y	0,0	0,840	0,760	0,700	0,645	0,592	0,546	0,505	0,467	0,438	0,414
		0,5	0,880	0,860	0,813	0,765	0,720	0,690	0,654	0,627	0,604	0,586
		1,0	1,000	1,000	1,000	1,000	1,000	1,000	1,000	1,000	1,000	1,000
Zweiter Hochpunkt	x	0,0	−16,00	−7,00	−4,30	−2,92	−2,13	−1,62	−1,274	−1,025	−0,850	−0,716
		0,5	−6,80	−2,90	−1,51	−0,825	−0,432	−0,211	−0,057	−0,038	−0,109	−0,148
		1,0	+1,00	+1,00	+1,00	+1,00	+1,00	+1,00	+1,00	+1,00	+1,00	+1,00
	τ	0,0	1,255	1,262	1,270	1,277	1,283	1,292	1,300	1,309	1,317	1,325
		0,5	1,258	1,266	1,274	1,284	1,299	1,309	1,321	1,337	1,352	1,372
		1,0	1,260	1,271	1,288	1,309	1,330	1,357	1,387	1,420	1,458	1,500
	y	0,0	0,00	0,00	0,00	0,00	0,00	0,00	0,00	0,00	0,00	0,00
		0,5	0,50	0,50	0,50	0,50	0,50	0,50	0,50	0,50	0,50	0,50
		1,0	1,00	1,00	1,00	1,00	1,00	1,00	1,00	1,00	1,00	1,00

Bracket entries in column 4:
- Erster Tiefpunkt: $\left[z=+v_0\sqrt{\dfrac{Lf}{gF}}\right]$, $\left[z=+\dfrac{v_0}{2}\sqrt{\dfrac{Lf}{gF}}\right]$, $[z=0]$
- τ: 0,750; 0,750; 0,750
- y: 0,00; 0,50; 1,00
- Zweiter Wendepunkt W_2: $[z=0]$; $[z=0]$; $[z=0]$
- τ: 1,000; 1,000; 1,000
- y: 1,000; 1,000; 1,000
- Zweiter Hochpunkt: $\left[z=-v_0\sqrt{\dfrac{Lf}{gF}}\right]$, $\left[z=-\dfrac{v_0}{2}\sqrt{\dfrac{Lf}{gF}}\right]$, $[z=0]$
- τ: 1,250; 1,250; 1,250
- y: 0,00; 0,50; 1,00

Wird die Schließzeit mit t_1 bezeichnet und der zugehörige Spiegelausschlag mit z_{t_1}, so gilt allgemein

$$z_{t_1} = \zeta \, z_{max}, \qquad (160)$$

wobei z_{max} den Ausschlag bei plötzlichem Schließen bedeutet. Führt man als Maßstab für die Schließzeit die Schwingungsdauer T_0 nach Gl. (132) ein — $T_0 = 2\pi \sqrt{LF/gf}$ — und setzt nach (159) $\tau = t_1/T_0$, so können die ζ-Werte der Gl. (160) aus der Tab. 3 gefunden werden, die sich auf Grund numerischer Integrationen ergab [CALAME und GADEN (a)].

Für Werte rechts der starken treppenförmigen Trennungslinie tritt die tiefste Absenkung bereits während des Öffnungsvorganges ein.

Tabelle 3

$\dfrac{1}{\sqrt{\varepsilon}}$	ζ-Werte für $\tau =$									
	0,00	0,10	0,20	0,30	0,40	0,50	0,60	0,70	0,80	0,90	1,00
0,0	1,00	0,98	0,93	0,86	0,76	0,64	0,53	0,46	0,40	0,35	0,32
0,1	1,00	0,98	0,93	0,86	0,76	0,65	0,54	0,45	0,38	0,33	0,29
0,2	1,00	0,98	0,93	0,86	0,77	0,68	0,57	0,46	0,37	0,31	0,27
0,3	1,00	0,98	0,94	0,87	0,79	0,70	0,60	0,49	0,39	0,31	0,26
0,4	1,00	0,98	0,95	0,89	0,81	0,73	0,63	0,53	0,43	0,35	0,27
0,5	1,00	0,99	0,96	0,90	0,83	0,75	0,66	0,57	0,48	0,39	0,31
0,6	1,00	1,00	0,97	0,92	0,86	0,79	0,70	0,62	0,54	0,46	0,37
0,7	1,00	1,00	0,98	0,93	0,88	0,81	0,74	0,67	0,59	0,52	0,44
0,8	1,00	0,99	0,97	0,95	0,89	0,85	0,78	0,71	0,64	0,58	0,50
0,9	1,00	0,99	0,97	0,95	0,92	0,87	0,82	0,75	0,69	0,63	0,57
1,0	1,00	0,99	0,98	0,97	0,93	0,89	0,85	0,80	0,73	0,68	0,64

2.14 Schrittweise Lösung

Das Verfahren der *numerischen Integration* an Hand der Differenzengleichungen (121 u. 122) ist bekannt und braucht hier nicht näher berührt zu werden. Zudem ist, wie die vorausgegangenen Ausführungen gezeigt haben, der behandelte einfache Fall in ausreichendem Umfang analytisch erfaßbar. Es ist aber vielleicht von Interesse, wenn das schon eingangs grundsätzlich beschriebene *graphische Verfahren* auf den in geschlossener Form überhaupt nicht lösbaren Sonderfall *veränderlicher Wasserschloßfläche* und einer *Teilentlastung mit z-abhängiger Wasserentnahme* angewandt wird (Abb. 116).

In das Q, z, t-Achsenkreuz sind folgende Hilfskurven einzutragen: die Verlustkurve $h = \dfrac{\alpha}{f^2} \cdot Q^2$, die Wasserbedarfslinie $q = q(z)$, ein Strahlendiagramm $z = \dfrac{\Delta t}{F_z} \cdot Q$ mit einer z-Teilung zur fallweisen Festlegung der Strahlneigung und eine Schräge durch den Ursprung

Ungedrosseltes Wasserschloß, Stollenverluste berücksichtigt

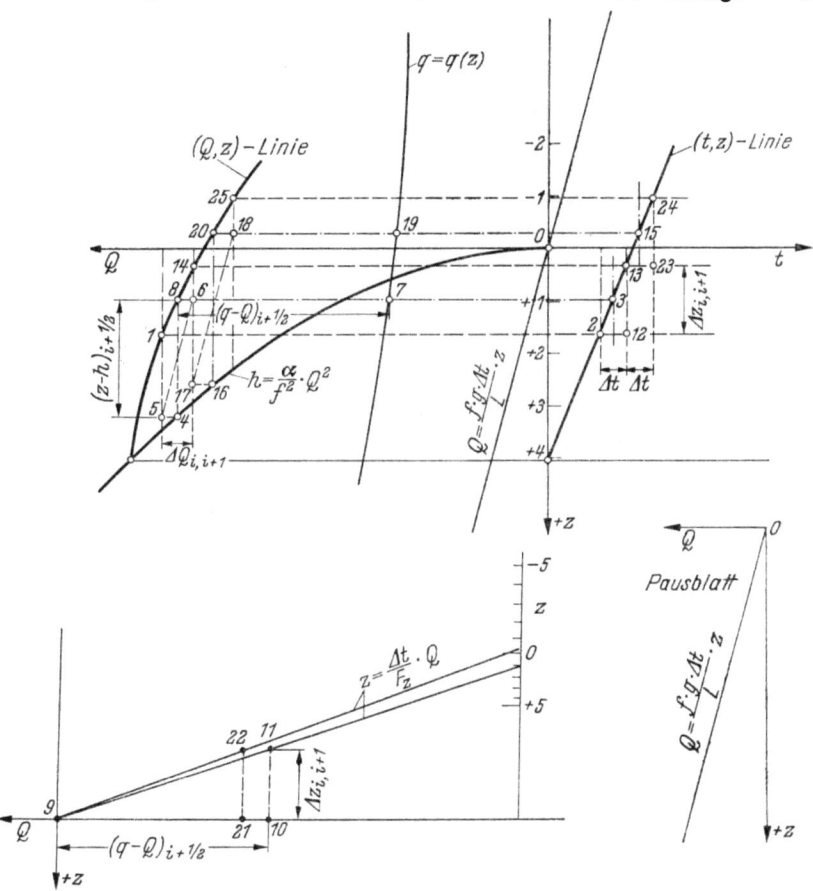

Abb. 116. Graphische Berechnung einer Teilentlastung bei veränderlicher Wasserschloßfläche

$Q = \dfrac{gf\Delta t}{L} z$, die, zusammen mit der Q- und der z-Achse in ein verschiebbares Pausblatt übernommen wird.

Die Konstruktion sei bis zu den Punkten *1* und *2* vorgeschritten. Im voraus wird Punkt *3* in Intervallmitte geschätzt. Mit Hilfe des Pausblattes wird der Linienzug *4-5-6* so festgelegt, daß *4* in Intervallmitte bzw. *4* und *8* senkrecht untereinander liegen. Im Schnitt der Schrägen mit der Waagerechten durch *3* wird ein Punkt *6* erhalten. Der Vertikalabstand zwischen *5* und *6* entspricht, bei entsprechender Berücksichtigung der Vorzeichenregeln, dem Wert $(z-h)_{i+\frac{1}{2}}$, der Horizontalabstand zwischen *5* und *6* gibt gemäß Gl. (126) die Wassermengenänderung $\Delta Q_{i,\,i+1}$. Die Waagerechte *3-6* liegt auf Höhe $z = +1$ (in unserem Beispiel). Im Nebendiagramm wird der Strahl nach $z = +1$ gezogen. *8-7* = $(q-Q)$ = *9-10*. Aus dem Strahlenbild ergibt sich

$\Delta z_{i,\,i+1}$ gemäß Gl. (125): *10–11 = 12–13*. — Nunmehr kann die zutreffende Wahl von *3* überprüft werden.

Beim nächsten Berechnungsschritt wird *15* im voraus geschätzt. Mit dem Pausblatt wird bis zum Schnitt mit der Horizontalen durch *15* der Linienzug *16-17-18* festgelegt. Punkt *18* liegt auf der Höhe $z = -0,3$. Entsprechend ist im Nebendiagramm der geneigte Strahl zu zeichnen. *20–19 = 9–21; 21–22 = Δz = 23–24*. Aus *13* und *24* kann die richtige Schätzung von *15* überprüft werden.

2.15 Wasserschloß mit Überlauf

Grundgleichungen. Ist das Wasserschloß mit einem Überfall nach Abb. 117 ausgerüstet, so gelten zunächst die mehrfach genannten Differentialgleichungen:

$$\frac{dv}{dt} = \frac{g}{L}(z-h) \quad \text{und} \quad \frac{dz}{dt} = \frac{f}{F}(v_a - v).$$

Übersteigt der Wasserschloßspiegel die Überfallkante, so ändert sich die Raumgleichung in

$$\frac{dz}{dt} = \frac{f}{F}(v_a - v) + \frac{Q_ü}{F}, \qquad (161)$$

worin $Q_ü$ die Überfallwassermenge bedeutet und für *vollkommene Entlastung* $v_a = 0$ wird.

$$Q_ü = \tfrac{2}{3}\mu B \sqrt{2g}\, h_ü^{3/2}. \qquad (162)$$

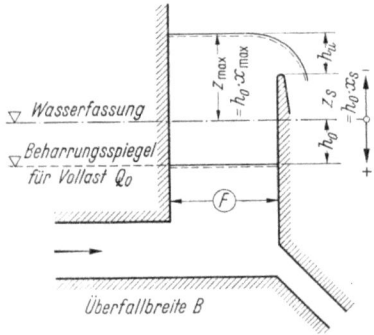

Abb. 117. Wasserschloß mit Überlauf

Geschlossene Berechnung. Wie aus dem bisherigen ersichtlich ist, braucht der Überfall nicht für die Vollast-Wassermenge $Q_0 = v_0 f$ bemessen zu werden, da die Zuflußgeschwindigkeit bereits um einen gewissen Betrag verringert ist, wenn der Spiegel die Schwellenhöhe z_s erreicht. Überschlägig kann man also nach den Gl. (154 u. 155) die Zuflußmenge im Stollen vf ermitteln und entweder (bei gegebenem z_s und gegebener Schwellenbreite B) die Überfallhöhe $h_ü$ nach Gl. (162) und damit den Höchstanstieg bestimmen oder aber (bei gegebenem z_{max} und gegebenem z_s) die erforderliche Überfallbreite B berechnen.

Wie VOGT ausführt, verringert sich die Zulaufwassermenge beim Spiegelanstieg von z_s auf z_{max} noch weiter. Dieser Anstieg erfolgt aber meist in so kurzer Zeit, daß man hierauf keine Rücksicht zu nehmen braucht.

Mitunter ist von Interesse, welche Gesamtwassermenge während des Ausschlages nach oben verloren geht, bzw. unter Umständen abzuführen oder seitlich aufzuspeichern ist. Diese Frage ist von ESCANDE (h) beantwortet worden. Die Dauer des Überlaufens ist

$$t_2 = \frac{L\,v_0}{g\,h_0\,\sqrt{0{,}5[|x_{max}| + |x_s|]}} \text{ arc tg}\left[y_s\sqrt{\frac{1}{0{,}5[|x_{max}| + |x_s|]}}\right] \quad (163)$$

und das gesamte Abflußvolumen

$$V = \frac{L\,f\,v_0^2}{2\,g\,h_0}\ln\left[1 + \frac{y_s^2}{0{,}5(|x_{max}| + |x_s|)}\right]. \quad (164)$$

y_s geht mit x_s aus Gl. (155) oder Abb. 114 hervor.

Gl. (164) unterscheidet sich von der später gegebenen Gl. (190) für den Inhalt der oberen Wasserschloßkammer nach Abb. 146 durch die „mittlere" Verzögerungshöhe: $0{,}5\,|x_{max}| + 0{,}5\,|x_s|$ hier gegen $0{,}85\,|x_{max}| + 0{,}15\,|x_s|$ dort. Dieser Unterschied kann aus der abweichenden Anordnung erklärt werden: Gl. (164) bezieht sich auf eine Auffangkammer, die unter der Überfallschwelle liegt oder durch einen freien Ablauf ersetzt ist, Gl. (190) dagegen auf eine obere Kammer, die bis über die Überlaufkrone auf die Höhe x_{max} angefüllt wird. — Ferner ist bei Gl. (164) die Speicherung im Schacht zwischen den Höhen x_{max} und x_s vernachlässigt.

Schrittweise Berechnung, graphisches Verfahren. Bei der schrittweisen Berechnung bedient man sich der Beschleunigungsgleichung (122) und, solange der Wasserspiegel unter der Überlaufschwelle liegt, der Raumgleichung (121). Wird aber die Schwelle überronnen, dann gilt die Raumgleichung

$$\Delta z = \frac{\Delta t}{F}(q + Q_{\ddot{u}} - Q), \quad (165)$$

in der als Entnahme aus dem Wasserschloß nicht nur die Turbinenwassermenge q sondern auch die Überfallmenge $Q_{\ddot{u}}$ auftritt. Den graphischen Berechnungsvorgang für $F = $ konst. und $q = 0$ (vollständige Entlastung) und überfließendes Wasserschloß bringt Abb. 118. Hierbei handelt es sich um eine mit z veränderliche Wasserentnahme. Die Berechnung kann also in der gleichen Weise durchgeführt werden wie das Beispiel Abb. 116. Während der Überströmung stellen sich aber sehr kleine Unterschiede zwischen Ablauf und Zulauf ein und damit kleine Δz-Werte, die in der Nähe des Ursprungs im Nebendiagramm nur ungenau zu ermitteln sind. Daher empfiehlt sich der folgende, etwas modifizierte Konstruktionsgang.

Als Hilfskurven dienen die Verlustkurve $h = \frac{\alpha}{f^2}Q^2$ und die Gerade $z = \frac{\Delta t}{F}Q$, letztere zweckmäßig im 2. Quadranten zu zeichnen. Über der Überfallschwelle werden, in Abhängigkeit von den z-Werten

(Ordinaten), statt der Überfallmengen $q_{\ddot{u}}$ die Größen $\frac{\Delta t}{F} q_{\ddot{u}}$ (Abszissen) gezeichnet. Ferner wird die Schräge durch den Ursprung $Q = \frac{fg\Delta t}{L} z$ gezeichnet und, zusammen mit der z- und der Q-Achse, auf ein bewegliches Pausblatt übertragen.

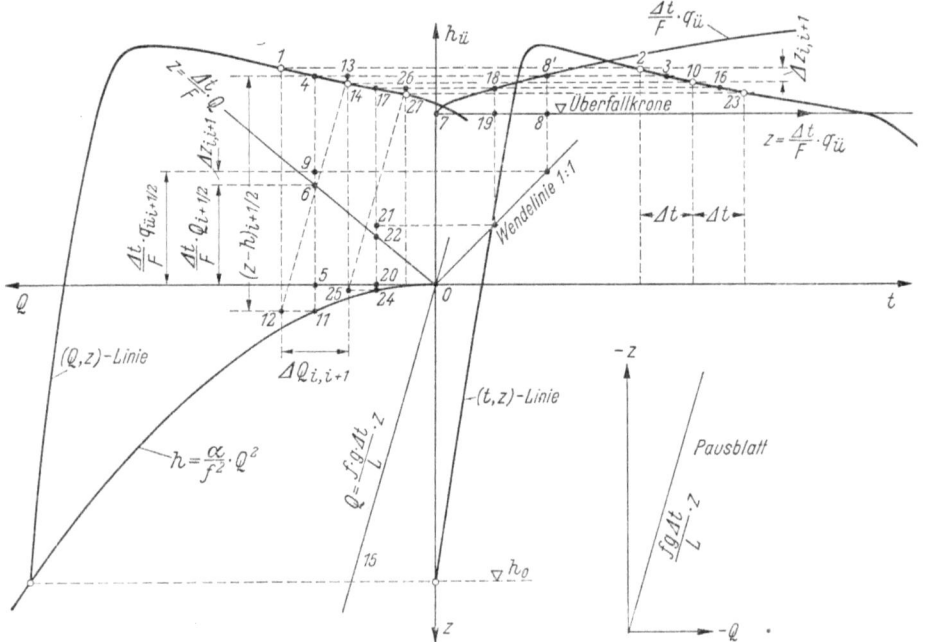

Abb. 118. Wasserschloß mit konstanter Fläche und Überlauf. Graphische Berechnung bei vollständiger Entlastung

Solange der Spiegel die Schwelle noch nicht erreicht hat, ist zu verfahren wie in Abb. 116 (wobei wegen $q = 0$ die Entnahmekurve mit der z-Achse zusammenfällt). Ist die Überfallkrone überschritten, dann ist wie folgt vorzugehen: angenommen wird, daß die Ermittlung bis zu den Punkten *1* und *2* fortgeschritten ist. Der Punkt *3* in Intervallmitte wird geschätzt. Mit dem Pausblatt wird der Linienzug *11–12–13* bis zur Horizontalen durch *3* so gelegt, daß die Punkte *4* und *11* in Intervallmitte liegen. Da der Vertikalabstand zwischen *12* und *13* die Größe $(z - h)_{i+\frac{1}{2}}$ bedeutet, ist der Horizontalabstand *12–13* der Wert ΔQ nach Gl. (122). — Dem Stollenzufluß *0–5* entspricht ein Spiegelanstieg *5–6*. Der mittlere Ablauf ist durch *3* gegeben. Er verursacht eine Senkung *7–8*, die durch die gezeichnete Wendelinie nach *5–9* übertragen wird. Die Differenz zwischen *5–9* und *5–6* ist *6–9* und stellt die (positive) Spiegeländerung nach Gl. (165) dar. Sie ergibt, von *2* lotrecht nach abwärts abgetragen, die neuen Punkte *10* und (auf gleicher Höhe) *14*. Nach *2* und *10* kann die richtige Lage von *3* überprüft werden.

Der nächste Berechnungsschritt: *16* ist anzunehmen; mit Pausblatt Linienzug *24-25-26* so, daß *24* und *17* in Intervallmitte. Lotrechte durch *24* schneidet Strecke *20-22* ab; Linienzug *16-18-19*-Wendelinie-*21*; $\Delta z = 21$-$22 = 10$-23 (lotrecht nach abwärts). Überprüfung des angenommenen Punktes *16*. Auf Waagerechter durch *23* liegt *27*.

Nach Beendigung des Überlaufes deckt sich der Vorgang wieder mit dem von Abb. 116.

2.2 Belastungsvergrößerung

2.21 Allgemeines, Wasserverbrauch

Während bei der Entlastung bis auf Ausnahmefälle vollständiges Schließen der Turbinenregler, also eine totale Belastungsänderung vorausgesetzt wird, weil ein solcher Fall z. B. bei Kurzschluß in der Freileitung tatsächlich entsteht, sind bei der Belastungsvergrößerung ebenso strenge Voraussetzungen oft nicht nötig. Die Annahme plötzlicher vollständiger Belastung von Null auf Vollast wird nur in besonders gelagerten Fällen berechtigt sein. Oft genügt es, das Wasserschloß für eine Belastungssteigerung von einer bestimmten Teilwassermenge nQ_0 auf die Vollwassermenge Q_0 zu bemessen. Eine plötzliche Vollöffnung der Regler ist denkbar, wenn die Maschinen synchronisiert mit Leerlaufwassermenge laufen und dann bei einer Lastanforderung im Versorgungsnetz automatisch in wenigen Sekunden auf Vollwassermenge öffnen. Hierbei kommt es aber auf die Zahl der Maschinensätze im Werk und auf das Größenverhältnis zwischen Werksleistung und Netzleistung an. Je weniger Maschinensätze vorhanden sind, desto wahrscheinlicher ist der Fall plötzlicher Vollöffnung und je kleiner die Werksleistung im Vergleich zu der Gesamtleistung des Netzes ist, desto leichter ist der Fall denkbar, daß das gesamte Schluckvermögen aller Maschinen plötzlich in Anspruch genommen wird. Auch ist von Bedeutung, welche Rolle dem Kraftwerk z. B. bei der Spitzendeckung oder als Momentanreserve zugewiesen ist.

Der Fall konstanter Wassermenge, der den meisten gebräuchlichen Formeln zugrunde liegt, kommt in der Praxis nur näherungsweise vor, denn entweder ist der Leitapparat der Turbine voll geöffnet, dann tritt mit abwärts schwingendem Wasserspiegel eine Verminderung des Wasserverbrauches ein — oder der Leitapparat ist nicht voll geöffnet, dann ist mit sinkendem Wasserschloßspiegel eine Vergrößerung der Entnahme verbunden, wenn auf konstante Drehzahl bzw. Frequenz geregelt ist.

Die Verhältnisse sind in Abb. 119 dargestellt.

Ist eine Turbine für eine Wassermenge Q_k und ein Gefälle H_k konstruiert, so ist ihr Schluckvermögen bei einem beliebigen Nutzgefälle H_x angenähert

$$Q_x = Q_k \sqrt{\frac{H_x}{H_k}}. \qquad (166)$$

Diese Beziehung gilt auch, wenn an Stelle der Konstruktionswerte Q_k und H_k beliebige andere, zueinander gehörende Werte treten. Allgemein verhalten sich also die von der Turbine verarbeiteten Wassermengen wie die Wurzeln aus den Nutzgefällen, der Wasserverbrauch entspricht der in Abb. 119 gezeichneten Kurve, wobei, wie auch bei Gl. (166), von der Veränderlichkeit des Wirkungsgrades abgesehen ist.

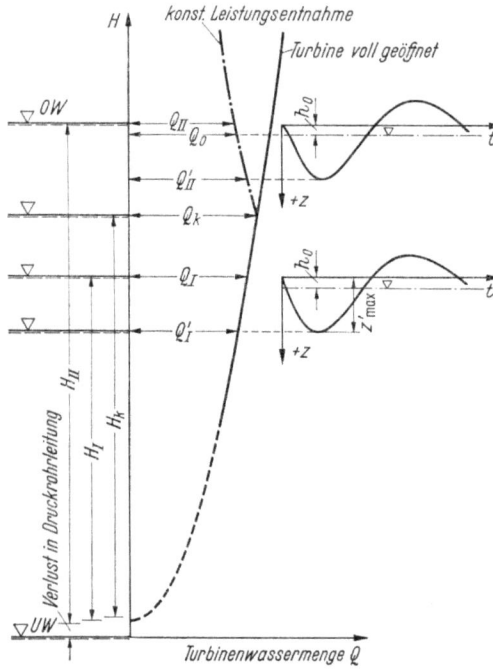

Abb. 119. Veränderliche Wasserentnahme

Vollzieht sich also die Schwingung (bei voller Öffnung des Turbinenleitapparates) in einem Höhenbereich $H < H_k$, so nimmt im Laufe der Abwärtsschwingung der Wasserverbrauch ab, die den Anfangswerten von Wassermenge und Fallhöhe entsprechende Leistung kann während der Schwingung im Alleinbetrieb des Werkes nicht aufrechterhalten werden.

Vollzieht sich dagegen die Schwingung in einem Höhenbereich $H > H_k$ und ist der Generator für die Leistung aus Q_k und H_k begrenzt, so kann das mit wachsender Fallhöhe vergrößerte Schluckvermögen der Turbinen nicht ausgenutzt werden, die Entnahme sinkt mit steigendem und wächst mit sinkendem Wasserstand. Bei Belastungsvergrößerung nimmt also die Entnahmemenge bis zur Erreichung der tiefsten Absenkung ständig zu, vorausgesetzt, daß dabei H_k nicht unterschritten wird. — Sieht man von der Veränderlichkeit des Turbinenwirkungsgrades ab, so ist bei konstanter Leistungsentnahme das Produkt QH unveränderlich. Ist (Abb. 119) die verlangte Leistung durch die Werte Q_k und H_k festgelegt, so muß bei höheren Gefällen die Turbine gedrosselt werden, damit eine dauernde Überlastung des Generators ausgeschlossen ist. Der Wasserverbrauch verläuft nach der strichpunktierten Hyperbel. Für die Fallhöhe H_{II} beispielsweise ist der Wasserverbrauch

$$Q_{II} = \frac{Q_k H_k}{H_{II}}. \qquad (167)$$

Was die Bemessung des Generators betrifft, so ist noch folgendes zu sagen: Er ist im allgemeinen für eine bestimmte kVA-Zahl ausgelegt, die mit $\cos \varphi$ zu multiplizieren ist, wenn man kW erhalten will. Die Phasenverschiebung ist aber in einem Netz gewöhnlich keine feststehende Zahl, sondern gewissen betriebsmäßig bedingten Schwankungen unterworfen. Um extreme Verhältnisse zu berücksichtigen, wird man daher den jeweils ungünstigst wirkenden, d. h. größten Wert $\cos \varphi$ annehmen müssen, um die denkbar größte Wasserentnahme zu erhalten, wobei wiederum durch die Schluckfähigkeit der Turbinen unter Umständen eine Grenze gesetzt ist.

Die Festlegung der einer Entnahmevergrößerung vorausgehenden Teillast beruht auf einer mehr oder weniger schätzungsweisen Beurteilung der Betriebsverhältnisse. Meist wird daher mit Recht darauf verzichtet, bei Ermittlung der tiefsten Spiegellage im Wasserschloß durch Berücksichtigen der veränderlichen Wasserentnahme eine unnötige Komplikation in die Rechnung hineinzutragen. Im allgemeinen nimmt man also konstanten Wasserverbrauch an, was freilich nicht ausschließt, in besonderen Fällen in dem angedeuteten Sinn genauer zu rechnen.

2.22 Konstanter Wasserverbrauch

Die vor der Störung verarbeitete Wassermenge ist $Q_a = n Q_0$, die Vollastmenge Q_0. Für einen derartigen Belastungsfall ist eine exakte mathematische Lösung der Differentialgleichung nicht mehr möglich, und man muß sich daher mit Näherungslösungen begnügen. Aus der großen Fülle derartiger Verfahren sollen hier nur zwei herausgegriffen werden.

FRANK (c)[1] nimmt das (z, t)-Bild von vornherein an als Sinuslinie von der Form

$$z = n^2 h_0 + (z_{\max} - n^2 h_0) \sin(a\, t),$$

wobei

$$a = \frac{f v_0 (1 - n)}{F(z_{\max} - n^2 h_0)}$$

und erhält durch Integration für den tiefsten Spiegelausschlag die Beziehung

$$z_{\max} = h_0(n^2 + c) + \sqrt{c^2 h_0^2 + \frac{L f v_0^2}{g F}(1 - n)^2} \qquad (168)$$

mit

$$c = (1 - n)\left[\frac{\pi}{8}(3 + n) - 1\right].$$

das der Tab. 4 entnommen werden kann.

---

[1] Die Formeln der Originalarbeit sind hier etwas umgestellt worden.

Tabelle 4

$n=$	0,0	0,1	0,2	0,273	0,3	0,4
$c=$	0,1781	0,1956	0,2056	0,2074	0,2071	0,2011
$n=$	0,5	0,6	0,7	0,8	0,9	1,0
$c=$	0,1872	0,1655	0,1359	0,0984	0,0532	0,0000

Als Sonderfall der Gl. (168) ergibt sich für $n=0$ (plötzliche Vollbelastung nach Betriebsstillstand) die von FORCHHEIMER (b) gegebene Formel

$$z_{max} = 0{,}178\, h_0 + \sqrt{0{,}0317\, h_0^2 + \frac{Lf}{gF} \cdot v_0^2}. \tag{169}$$

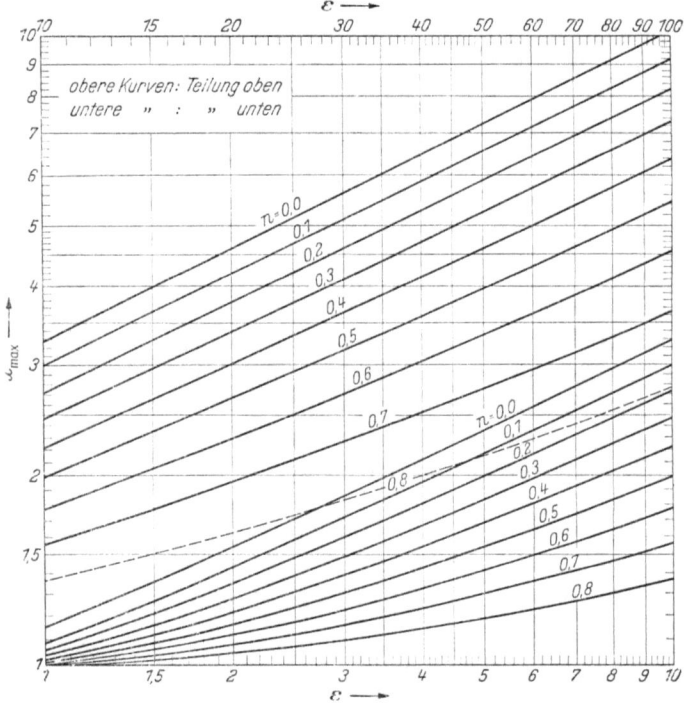

Abb. 120. Belastungsvergrößerung, Auswertung von Gl. (171)

Bei Verwendung der VOGTschen Verhältniszahlen kann Gl. (168) auch wie folgt geschrieben werden:

$$x_{max} = n^2 + c + \sqrt{c^2 + \varepsilon(1-n)^2}. \tag{170}$$

Ein anderes, sehr gute Ergebnisse lieferndes Verfahren stammt von VOGT. Hiernach ist

$$x_{max} = 1 + \left[\sqrt{\varepsilon - 0{,}275\sqrt{n}} + \frac{0{,}05}{\varepsilon} - 0{,}9\right](1-n)\left(1 - \frac{n}{\varepsilon^{0{,}62}}\right). \tag{171}$$

Diese Gleichung kann an Hand der Netztafel Abb. 120 aufgelöst werden.

Ungedrosseltes Wasserschloß, Stollenverluste berücksichtigt

Das unter 2.12 erwähnte Berechnungsverfahren von GHIZZETTI liefert auch für die Belastungsvergrößerung bei konstanter Wassermenge den zeitlichen und größenmäßigen Verlauf der z- und v-Schwingung in den Hauptpunkten. Abb. 121 zeigt den grundsätzlichen Ablauf der Schwingung, in Tab. 5 sind, in Abhängigkeit von $1/\sqrt{\varepsilon}$, für $n = 0$, $n = 0{,}5$ und $n = 1$ die relativen Höhen x, die relativen Wasserführungen y und die relativen Zeiten τ nach Gl. (159) angegeben. Die Zahlenwerte für $n = 1$ entsprechen dem Vollast-Beharrungszustand als Grenzfall und dienen zur (unter Umständen graphischen) Interpolation für zwischenliegende n-Werte.

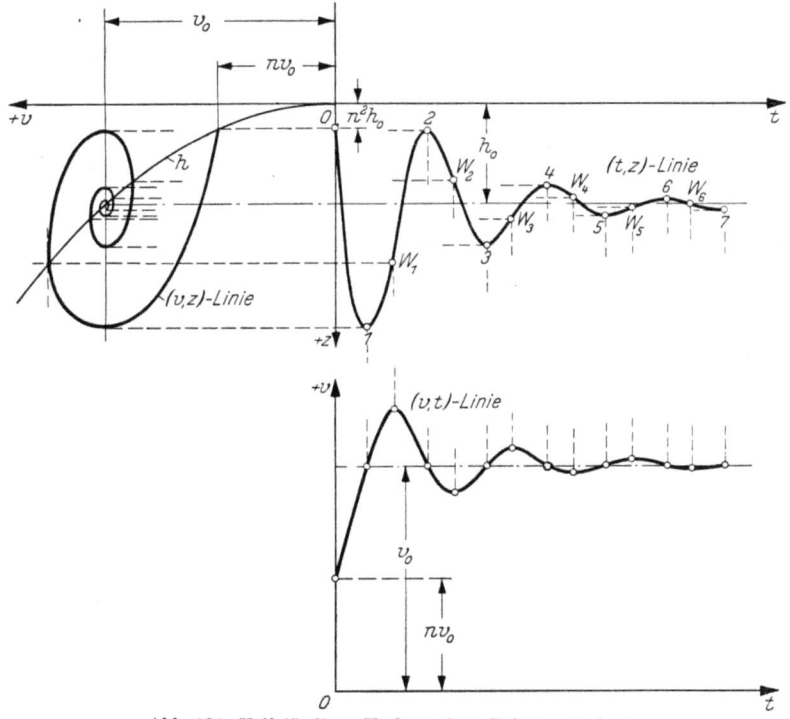

Abb. 121. Vollständiger Verlauf einer Belastungsschwingung

2.23 Veränderlicher Wasserverbrauch

Wasserverbrauch sinkt mit abnehmender Fallhöhe. Für den Fall plötzlicher Vollbelastung nach einem Ruhezustand haben CALAME und GADEN (a) den Einfluß der nach Gl. (166) veränderlichen Schluckfähigkeit an Hand von zeichnerischen Integrationen untersucht. Auf Grund ihrer Ergebnisse ist Tab. 6 bearbeitet.

Wurde unter Voraussetzung konstanten, der Ausgangsspiegelhöhe H_I (Abb. 119) entsprechenden Wasserverbrauchs Q_I eine Absenkung z_{max}

Tabelle 5. Plötzliche Entnahmevergrößerung von nQ_0 auf Q_0

$$\frac{1}{\sqrt{\epsilon}}$$

$x = n^2, \quad \tau = 0, \quad y = n$

Punkt	Koordinaten	n	0,00	0,05	0,10	0,15	0,20	0,25	0,30	0,35	0,40	0,45	0,50
Beginn der Schwingung		0											
		0,5											
		1,0											
Erster Tiefpunkt	x	0	$[z=+v_0\sqrt{\frac{Lf}{gF}}]$	+20,00	+10,10	+6,75	+5,10	+4,11	+3,44	+2,96	+2,61	+2,34	+2,11
		0,5	$[z=+\frac{v_0}{2}\sqrt{\frac{Lf}{gF}}]$	+10,60	+5,40	+3,75	+2,90	+2,41	+2,06	+1,83	+1,66	+1,52	+1,41
		1,0	$[z=+1,00]$	+1,00	+1,00	+1,00	+1,00	+1,00	+1,00	+1,00	+1,00	+1,00	+1,00
	τ	0	0,250	0,252	0,255	0,258	0,262	0,265	0,268	0,272	0,276	0,280	0,284
		0,5	0,250	0,255	0,261	0,267	0,274	0,281	0,288	0,297	0,306	0,314	0,325
		1,0	0,250	0,258	0,267	0,277	0,288	0,299	0,312	0,326	0,340	0,357	0,374
	y	0	1,000	1,000	1,000	1,000	1,000	1,000	1,000	1,000	1,000	1,000	1,000
		0,5	1,000	1,000	1,000	1,000	1,000	1,000	1,000	1,000	1,000	1,000	1,000
		1,0	1,000	1,000	1,000	1,000	1,000	1,000	1,000	1,000	1,000	1,000	1,000
Erster Wendepunkt W_1	x	0	$[z=0]$	+3,46	+3,06	+2,75	+2,50	+2,30	+2,14	+2,00	+1,864	+1,755	+1,660
		0,5	$[z=0]$	+2,02	+1,88	+1,76	+1,64	+1,54	+1,46	+1,39	+1,33	+1,28	+1,23
		1,0	$[z=0]$	+1,00	+1,00	+1,00	+1,00	+1,00	+1,00	+1,00	+1,00	+1,00	+1,00
	τ	0	0,500	0,490	0,484	0,479	0,475	0,472	0,469	0,466	0,465	0,463	0,462
		0,5	0,500	0,495	0,493	0,492	0,491	0,493	0,495	0,498	0,501	0,504	0,510
		1,0	0,500	0,501	0,502	0,505	0,510	0,515	0,522	0,530	0,540	0,550	0,563
	y	0	2,000	1,861	1,750	1,660	1,580	1,516	1,460	1,410	1,367	1,325	1,289
		0,5	1,500	1,420	1,370	1,323	1,280	1,240	1,210	1,180	1,153	1,130	1,110
		1,0	1,000	1,000	1,000	1,000	1,000	1,000	1,000	1,000	1,000	1,000	1,000

Erster Hochpunkt	x	0	$\left[z=-v_0\sqrt{\dfrac{Lf}{gF}}\right]$	$-14{,}40$	$-5{,}00$	$-2{,}13$	$-0{,}83$	$-0{,}14$	$+0{,}27$	$+0{,}52$	$+0{,}68$	$+0{,}80$	$+0{,}87$
		0,5	$\left[z=-\dfrac{v_0}{2}\sqrt{\dfrac{Lf}{gF}}\right]$	$-\ 6{,}40$	$-2{,}00$	$-0{,}58$	$+0{,}08$	$+0{,}43$	$+0{,}64$	$+0{,}78$	$+0{,}85$	$+0{,}90$	$+0{,}94$
		1,0	$[z=0]$	$+\ 1{,}00$	$+1{,}00$	$+1{,}00$	$+1{,}00$	$+1{,}00$	$+1{,}00$	$+1{,}00$	$+1{,}00$	$+1{,}00$	$+1{,}00$
	τ	0	0,750	0,753	0,760	0,768	0,779	0,791	0,804	0,817	0,833	0,850	0,870
		0,5	0,750	0,756	0,765	0,775	0,787	0,801	0,815	0,834	0,853	0,873	0,895
		1,0	0,750	0,757	0,769	0,783	0,797	0,815	0,834	0,856	0,879	0,907	0,937
	y	0	1,000	1,000	1,000	1,000	1,000	1,000	1,000	1,000	1,000	1,000	1,000
		0,5	1,000	1,000	1,000	1,000	1,000	1,000	1,000	1,000	1,000	1,000	1,000
		1,0	1,000	1,000	1,000	1,000	1,000	1,000	1,000	1,000	1,000	1,000	1,000
Zweiter Wendepunkt W_2	x	0	$[z=0]$	$+0{,}07$	$+0{,}21$	$+0{,}37$	$+0{,}51$	$+0{,}63$	$+0{,}72$	$+0{,}80$	$+0{,}85$	$+0{,}90$	$+0{,}93$
		0,5	$[z=0]$	$+0{,}41$	$+0{,}55$	$+0{,}64$	$+0{,}73$	$+0{,}80$	$+0{,}86$	$+0{,}90$	$+0{,}93$	$+0{,}95$	$+0{,}97$
		1,0	$[z=0]$	$+1{,}00$	$+1{,}00$	$+1{,}00$	$+1{,}00$	$+1{,}00$	$+1{,}00$	$+1{,}00$	$+1{,}00$	$+1{,}00$	$+1{,}00$
	τ	0	1,000	1,000	1,001	1,002	1,006	1,012	1,018	1,026	1,035	1,047	1,060
		0,5	1,000	1,000	1,002	1,007	1,012	1,020	1,030	1,040	1,053	1,068	1,086
		1,0	1,000	1,001	1,005	1,012	1,020	1,031	1,046	1,062	1,080	1,102	1,126
	y	0	0,000	0,260	0,460	0,607	0,715	0,790	0,850	0,892	0,923	0,947	0,962
		0,5	0,500	0,640	0,740	0,805	0,854	0,897	0,927	0,950	0,962	0,973	0,984
		1,0	1,000	1,000	1,000	1,000	1,000	1,000	1,000	1,000	1,000	1,000	1,000
Zweiter Tiefpunkt	x	0	$\left[z=+v_0\sqrt{\dfrac{Lf}{gF}}\right]$	$+15{,}20$	$+5{,}80$	$+3{,}15$	$+2{,}05$	$+1{,}54$	$+1{,}29$	$+1{,}16$	$+1{,}09$	$+1{,}05$	$+1{,}02$
		0,5	$\left[z=+\dfrac{v_0}{2}\sqrt{\dfrac{Lf}{gF}}\right]$	$+\ 8{,}00$	$+3{,}30$	$+2{,}09$	$+1{,}52$	$+1{,}28$	$+1{,}14$	$+1{,}08$	$+1{,}04$	$+1{,}02$	$+1{,}01$
		1,0	$[z=0]$	$+\ 1{,}00$	$+1{,}00$	$+1{,}00$	$+1{,}00$	$+1{,}00$	$+1{,}00$	$+1{,}00$	$+1{,}00$	$+1{,}00$	$+1{,}00$
	τ	0	1,250	1,253	1,261	1,272	1,286	1,302	1,322	1,345	1,370	1,399	1,430
		0,5	1,250	1,256	1,267	1,280	1,296	1,316	1,339	1,364	1,393	1,422	1,458
		1,0	1,250	1,260	1,271	1,288	1,309	1,330	1,357	1,387	1,420	1,458	1,500
	y	0	1,000	1,000	1,000	1,000	1,000	1,000	1,000	1,000	1,000	1,000	1,000
		0,5	1,000	1,000	1,000	1,000	1,000	1,000	1,000	1,000	1,000	1,000	1,000
		1,0	1,000	1,000	1,000	1,000	1,000	1,000	1,000	1,000	1,000	1,000	1,000

nach einem der unter 2.22 gegebenen Verfahren ermittelt, so verringert sich infolge des sinkenden Schluckvermögens die Schwingungsweite auf

$$z'_{max} = \sigma \, z_{max}, \qquad (172)$$

wobei der Wert σ aus Tab. 6 zu entnehmen ist.

Tabelle 6

$\dfrac{1}{\sqrt{\varepsilon}}$	σ-Werte für $\dfrac{H_f}{h_0} \dfrac{1}{\sqrt{\varepsilon}} =$										
	2	3	4	5	10	20	30	40	60	80	100	∞
0,0	0,83	0,88	0,91	0,93	0,96	0,98	0,99	0,99	0,99	1,00	1,00	1,00
0,2	0,82	0,87	0,90	0,92	0,96	0,97	0,98	0,99	0,99	0,99	0,99	1,00
0,4	0,81	0,87	0,90	0,92	0,95	0,97	0,98	0,98	0,99	0,99	0,99	1,00
0,6	0,81	0,86	0,89	0,91	0,95	0,97	0,98	0,98	0,99	0,99	0,99	1,00
0,8	0,80	0,85	0,89	0,91	0,95	0,97	0,98	0,98	0,99	0,99	0,99	1,00
1,0	0,78	0,84	0,87	0,90	0,94	0,96	0,97	0,97	0,97	0,98	0,99	1,00

Wasserbedarf steigt mit abnehmender Fallhöhe (konstante Leistung). Dieser Fall liegt vor, wenn dem Wasserschloß eine konstante Leistung entnommen werden soll. Dann steigt beim Absinken des Spiegels der Wasserverbrauch gemäß Gl. (167), womit auch eine Verstärkung der Absenkung verbunden ist. Der tiefste Spiegelausschlag x_{max} hängt von dem Ausgangswasserverbrauch n, der Wasserschloßkennziffer ε und dem relativen Druckverlust $\beta = h_0/H_0$ ab. Hierfür gibt es Näherungsformeln von THOMA und von VOGT, die aber teilweise ungenau sind. SCHREIBER hat den tiefsten Ausschlag auf Grund graphischer Integrationen ermittelt und gibt in seiner Dissertation das Kurvenblatt Abb. 122,

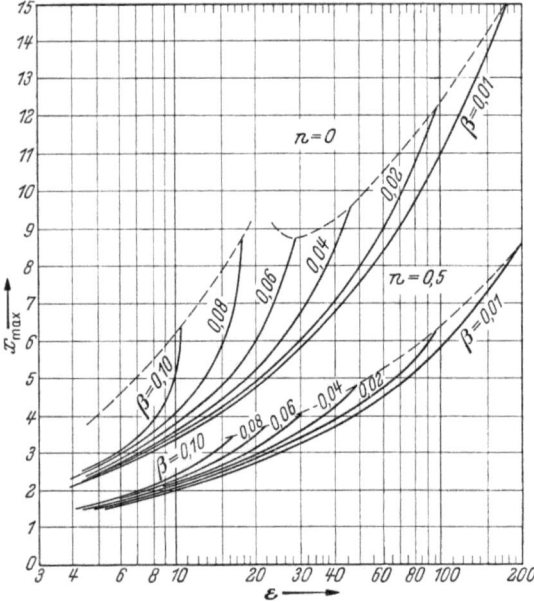

Abb. 122. Tiefste Absenkung bei Entnahme konstanter Leistung. (Nach G. SCHREIBER)

nach dem für $n = 0$ und $n = 0,5$ bei gegebenen ε und β der Wert x_{max}

bestimmt werden kann. Für Interpolationen kann auch noch der Grenzfall $n = 1$ herangezogen werden, für den $x_{max} = 1$. — Die β-Kurven enden bei einer (gestrichelt gezeichneten) oberen Kurve, die die Stabilitätsgrenze angibt. Vgl. hierzu C. 2.21.

Häufig ist nicht der Teillast-Wasserverbrauch, also das Verhältnis n, gegeben, sondern das Verhältnis der Leistungen (PS, kW oder mt/s) $n' = \frac{\text{Teillast}}{\text{Vollast}}$. In einem solchen Fall ist $n' = \frac{Q_a(H_0 - h_a)}{Q_0(H_0 - h_0)}$, woraus sich mit $\frac{Q_a}{Q_0} = n$, $h_a = h_0\left(\frac{Q_a}{Q_0}\right)^2 = h_0 n^2$ und $\beta = \frac{h_0}{H_0}$ die Beziehung finden läßt:

$$n(1 - \beta n^2) = n'(1 - \beta). \quad (173)$$

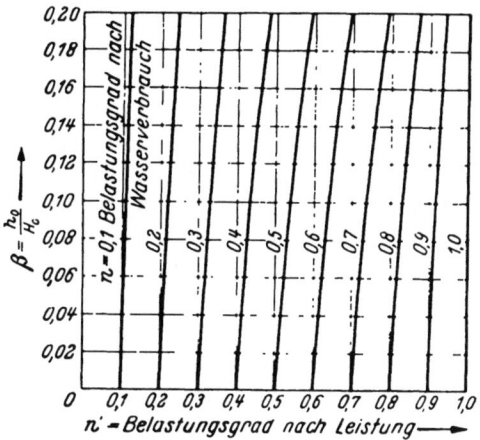

Abb. 123. Zusammenhang zwischen Belastungsgrad nach Wasserverbrauch und nach Leistung entspr. Gl. (173)

Die Auflösung dieser Gleichung nach n bei gegebenem n' und β kann mit Hilfe von Abb. 123 geschehen.

Linearer Anstieg des Wasserverbrauchs. Entsteht bei plötzlicher Öffnung von Null aus ein Sunk von der Größe z_{max} und bei linearer Öffnung in t_2 s ein solcher von der Größe z_{t_2}, so gilt

$$z_{t_2} = \varrho\, z_{max}, \quad (174)$$

wobei ϱ aus Tab. 7 [s. auch CALAME u. GADEN (a)] in Abhängigkeit von den Werten

$$\frac{1}{\sqrt{\varepsilon}} \quad \text{und} \quad \tau = \frac{t_2}{T_0} = \frac{t_2}{2\pi\sqrt{\frac{LF}{gf}}}$$

entnommen werden kann.

Im Bereich der Werte rechts oberhalb der starken Trennungslinie tritt die tiefste Absenkung noch während des Öffnungsvorganges ein.

Die Tab. 7 kann auch zur Beantwortung der Frage benutzt werden, in welcher kürzesten Zeit t_2 eine Belastung von Null auf Vollast vor sich gehen darf, wenn das Wasserschloß an sich für eine plötzliche Entnahmevergrößerung von nQ_0 auf Q_0 und eine zugehörige Absenkung $z_{max(n)}$ bemessen ist. Mit dem Ausschlag z_{max} für Öffnen von Null auf Voll ist das Verhältnis

$$\varrho = \frac{z_{max(n)}}{z_{max}}$$

Tabelle 7

$\dfrac{1}{\sqrt{\varepsilon}}$	ϱ-Werte für $\tau =$										
	0,00	0,10	0,20	0,30	0,40	0,50	0,60	0,70	0,80	0,90	1,00
0,0	1,00	0,98	0,93	0,85	0,75	0,63	0,53	0,46	0,40	0,35	0,32
0,1	1,00	0,98	0,93	0,86	0,76	0,64	0,54	0,47	0,41	0,36	0,32
0,2	1,00	0,98	0,93	0,86	0,78	0,67	0,56	0,48	0,41	0,37	0,33
0,3	1,00	0,98	0,93	0,87	0,79	0,69	0,59	0,50	0,42	0,39	0,36
0,4	1,00	0,98	0,94	0,88	0,80	0,71	0,62	0,54	0,48	0,46	0,45
0,5	1,00	0,98	0,94	0,88	0,81	0,74	0,65	0,59	0,54	0,54	0,54
0,6	1,00	0,99	0,95	0,89	0,83	0,76	0,69	0,64	0,61	0,60	0,60
0,7	1,00	0,99	0,95	0,90	0,85	0,79	0,73	0,69	0,68	0,67	0,67
0,8	1,00	0,99	0,95	0,91	0,87	0,82	0,78	0,75	0,74	0,74	0,74
0,9	1,00	0,99	0,96	0,92	0,88	0,85	0,83	0,81	0,80	0,80	0,80
1,0	1,00	0,99	0,96	0,93	0,90	0,88	0,87	0,87	0,87	0,87	0,87

zu bilden und in der Tabelle bei dem entsprechenden $1/\sqrt{\varepsilon}$ aufzusuchen. Am Kopf der Tabelle kann dann $\tau = t_2/T_0$ abgelesen werden, woraus sich t_2 ergibt.

2.24 Graphisches Verfahren

Zeitveränderlicher Wasserverbrauch bei konstanter Wasserschloßfläche. Die graphische Berechnung nach den Gl. (125 u. 126) ist für eine Entnahmevergrößerung und eine z-veränderliche Entnahme q schon im allgemeinen Teil an Hand von Abb. 110 beschrieben. Ergänzend hierzu wird das zeichnerische Verfahren auf den Fall eines zeitveränderlichen Wasserverbrauchs bei konstanter Wasserschloßfläche angewandt (Abb. 124).

Zunächst werden die Hilfslinien $h = \dfrac{\alpha}{f_2} Q^2$, $z = \dfrac{\Delta t}{F} Q$ und parallel zur z-Achse die Verbrauchslinien q für die in den Intervallmitten zu verzeichnenden Entnahmemengen, wie sie sich aus dem Anstieg von $q = nQ_0$ auf $q = Q_0$ in der Zeit T_1 ergeben. Die Schräge durch den Ursprung $Q = \dfrac{fg\Delta t}{L} z$ wird mit den zugehörigen Achsen (z und Q) auf ein besonderes Pausblatt übertragen.

Die Punkte *1* und *2* seien aus der vorangegangenen Konstruktion bereits bekannt. Schätzungsweise wird *3* angenommen. Der Linienzug *4–5–6* bis zum Schnitt mit der Horizontalen durch *3* wird mit Hilfe des Pausblattes so gelegt, daß die Lotrechte *4–7* in Intervallmitte liegt. *7-4* = $(z - h)_{i+\frac{1}{2}}$ und *6-5* (horizontal gemessen) $\Delta Q_{i,\,i+1}$. In dem betrachteten Zeitintervall wird $q = 0{,}88\, Q_0$ entnommen, also ist *7-8* = $(q - Q)_{i+\frac{1}{2}}$; *7-8 = 9-10*; *10-11* = Δz = *12-13*. Der angenommene Punkt *3* muß sich nun als in halber Höhe zwischen *12* und *13* liegend erweisen. Die Horizontale durch *13* liefert den neuen Punkt *14* der Q-Kurve.

Im nächsten Berechnungsschritt wird *15* angenommen. Linienzug *16-17-18* so, daß *16* und *19* in Intervallmitte; $q = 0,96\,Q_0$;

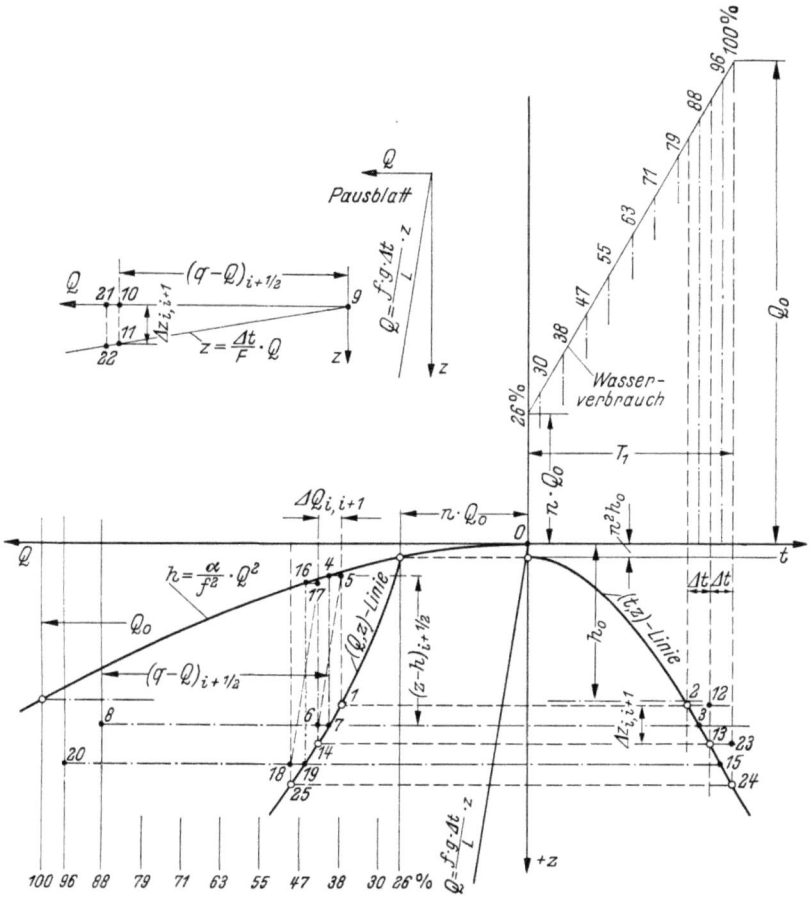

Abb. 124. Wasserschloß mit konstanter Fläche, linearer Anstieg des Wasserverbrauchs

19-20 = *9-21*; *21-22* = *23-24*, woraus eine Überprüfung der richtigen Annahme von *15* möglich; Horizontale durch *24* liefert *25*.

Für $t > T_1$ fällt die Veränderlichkeit von q fort. Dann ist $q = Q_0$.

Linearer Anstieg der Leistung. Ein anderer allgemeiner Fall, für den sich das zeichnerische Verfahren gut eignet, ist der in Abb. 125 dargestellte. Es handelt sich um eine Leistungsvergrößerung von Teil- auf Vollast, beispielsweise um ein lineares Anwachsen von 50 auf 100% in der Zeit T_1. Damit sind die Teillasten in den Intervallmitten bekannt,

168 Wasserschlösser an Druckstollen

hier 55, 65, 75, 85, 95%. Der Wasserbedarf in Abhängigkeit von z ist durch die Kurve q_{voll} (100%) gegeben; durch lineare Teilung der Abszissen können die Verbrauchslinien bei den Teilbelastungen abgeleitet werden. Wie früher werden ferner gezeichnet der Proportionalwinkel links oben $z = \frac{\Delta t}{F} Q$ und der Strahl $Q = \frac{fg\Delta t}{L} z$. Er wird, zusammen mit den zugehörigen Achsen auf ein bewegliches Pausblatt

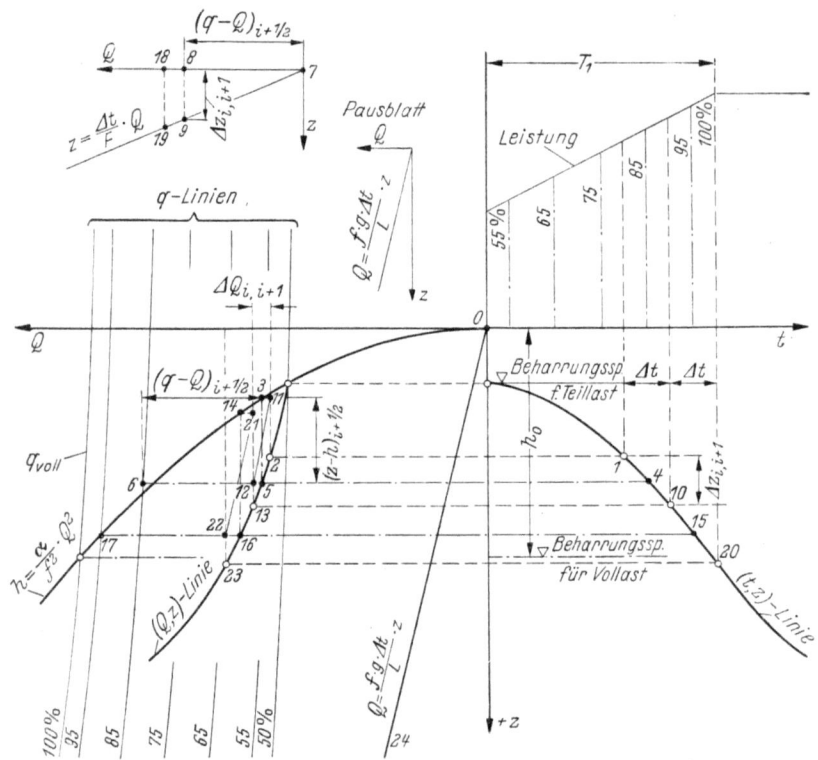

Abb. 125. Wasserschloß mit konstanter Fläche, linearer Leistungsanstieg

übertragen. — Die Ausgangsspiegellage ist durch den Schnitt der Teillastkurve (hier für 50%) mit der Verlustparabel gegeben, ebenso wie die Endspiegellage als deren Schnitt mit der q_{voll}-Kurve (100%).

Die Ermittlung sei bis zu den Punkten *1* und *2* vorgeschritten. Aus dem bisherigen Kurvenverlauf wird die Intervallmitte *4* geschätzt. Mit dem Pausblatt wird der Linienzug *3–11–12* bis zum Schnitt mit der Horizontalen durch *4* so festgelegt, daß die Vertikale durch *3* das Intervall halbiert, d. h. daß *3* und *5* übereinander liegen. Der Vertikalabstand zwischen *11* und *12* stellt die Größe $(z-h)_{i+\frac{1}{2}}$ dar, der Horizontalabstand dieser Punkte den Wert $\Delta Q_{i,\,i+1}$ gemäß Gl. (126). Der

Abstand 5-6 bedeutet $(q - Q)_{i+\frac{1}{2}}$, wobei 6 auf der für das behandelte Zeitintervall gültigen Entnahmekurve $q = 0{,}85\, Q_0$ liegt. $5\text{-}6 = 7\text{-}8$; $8\text{-}9 = \varDelta z_{i,\,i+1} = 1\text{-}10$ (lotrecht nach abwärts); Kontrolle der richtigen Annahme von *4*. Die Horizontale durch *10* gibt lotrecht unter *12* den Punkt *13*.

Beim nächsten Schritt ist zuerst *15* anzunehmen. Mit dem Pausblatt wird der Linienzug *14-21-22* so festgelegt, daß $14\text{-}21 = 22\text{-}16$ (Intervallmitte). $16\text{-}17 = 7\text{-}18$, wobei *17* auf der jetzt gültigen Kurve $q = 0{,}95\, Q_0$ liegt. $18\text{-}19 = 10\text{-}20$, womit eine Kontrolle der angenommenen Lage von *15* möglich wird. Durch eine Horizontale durch *20* ergibt sich *23*.

2.3 Rhythmischer Lastwechsel[1]

Die aus der Bedingung einfacher Belastung und einfacher Entlastung gefundenen Schwingungsweiten können dann noch überschritten werden, wenn mehrere Lastwechsel in einem bestimmten Rhythmus aufeinanderfolgen. Solche Fälle sind erst in letzter Zeit mit

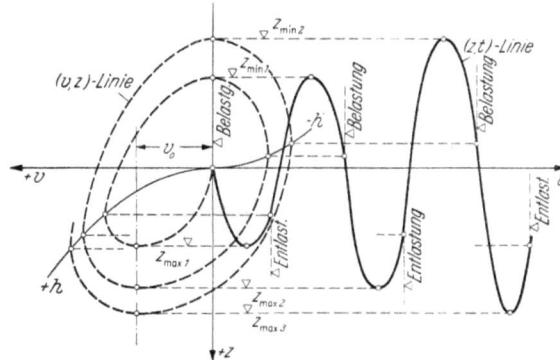

Abb. 126. Rhythmischer Lastwechsel, erste Störung ist eine Belastung

den immer weiter gesteigerten Anforderungen an das Wasserschloß in Betracht gezogen worden. Zu nennen sind hier die Arbeiten von CALAME, RAMPONI (c), SCIMEMI und GHETTI und FRANK (f).

Eine derartige Aufschaukelung der Schwingungen kann sowohl von einem Belastungsvorgang wie auch von einer Entlastung ausgehen, wie die Abb. 126 und 127 zeigen[2]. Die größte Anfachung ist zu erwarten,

---

[1] Die folgenden Ausführungen gelten ganz grundsätzlich für alle Wasserschloßtypen. Sie werden an dieser Stelle gebracht, weil für das einfache Schachtwasserschloß auch direkte Lösungen möglich sind, was bei den übrigen Typen nicht zutrifft. Hier können *nur* schrittweise Berechnungen zum Ziel führen.

[2] Abb. 126—131a nach FRANK (f), Die Wasserwirtschaft 1953.

wenn die Laständerungen bei den größten bzw. kleinsten Stollengeschwindigkeiten eintreten, d. h. bei den Wendepunkten der Wasser-

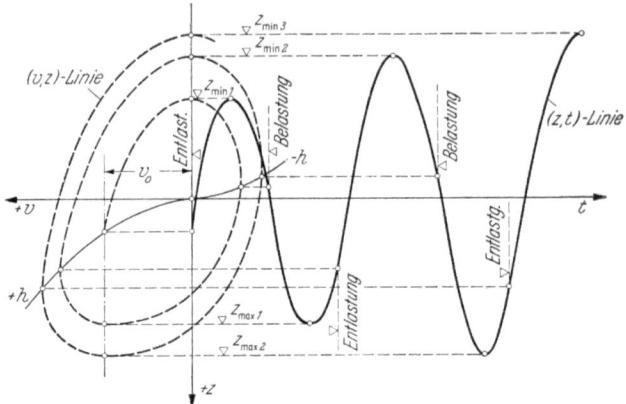

Abb. 127. Rhythmischer Lastwechsel, erste Störung ist eine Entlastung

standsganglinien. Abb. 128 gibt ein Diagramm von RAMPONI für rhythmisch aufeinanderfolgende totale Lastwechsel wieder, die sich an eine totale Entlastung anschließen; die Ausschläge sind durch ihre Relativwerte $x/\sqrt{\varepsilon}$ in Abhängigkeit von der Wasserschloßkennziffer ε bzw. $1/\sqrt{\varepsilon}$ angegeben, ihre Bezeichnungsweise ist aus Abb. 127 zu erkennen. Die Abbildung zeigt, daß die Steigerung der Schwingungsweite bei kleinen $1/\sqrt{\varepsilon}$ bzw. großen ε am stärksten ausgeprägt ist, besonders also beim verlustlosen Stollen ($\varepsilon = \infty$, $1/\sqrt{\varepsilon} = 0$).

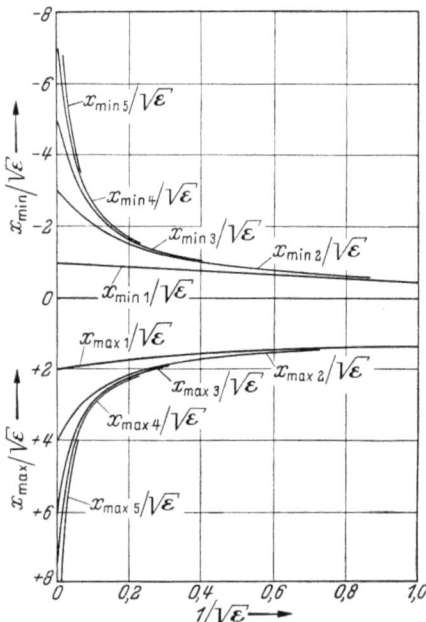

Abb. 128. Rhythmische Ent- und Belastung, erste Störung ist eine Entlastung [RAMPONI(c)]

Es entsteht nun die Frage, inwieweit bei der Bemessung der Bauwerke auf eine rhythmische Belastungsänderung Rücksicht genommen werden soll oder wieviele Laständerungen vorauszusetzen sind. RAMPONI bezeichnet in seiner Arbeit den Fall: Schließen-Öffnen-Schließen als für die Praxis noch interessant. SCIMEMI und GHETTI treten ebenfalls dafür ein, daß man die Möglichkeit derartiger Laständerungen nicht außer acht lassen sollte. Auch MAINARDIS (b) berichtet von einer dreimaligen Laständerung, die in einem praktischen Fall zu besonders großen Schwingungen geführt habe.

Es ist klar, daß hier eine zu weit getriebene Vorsicht zu erheblichen zusätzlichen Kosten führen muß, und man muß sich von Fall zu Fall Gedanken über das übernommene Risiko machen, ehe man sich zu diesen Ausgaben entschließt. Dabei spielen, wenn man von ganz besonderen Verhältnissen absieht, in erster Linie *Wahrscheinlichkeitsfragen* eine Rolle.

Wenn man den Fall plötzlicher vollständiger Entlastung bei speicherfähigen Anlagen mit dem Zustand des gefüllten Speichers und den Fall der Belastung mit dem des leeren Speichers kombiniert, so verringert die Kombination dieser beiden voneinander unabhängigen Ereignisse (nämlich Speicherfüllung und Belastungsänderung), die Wahrscheinlichkeit nicht wesentlich, weil das erstgenannte Ereignis sehr lange anhält. Fügt man aber noch eine dritte Bedingung hinzu, nämlich die, daß das Werk nach dem Abschalten innerhalb eines ganz bestimmten kurzen Zeitabschnittes wieder (plötzlich) in Betrieb geht oder daß das eben angefahrene Werk unter analogen Umständen wieder ausfallen soll, so ist die Wahrscheinlichkeit des gleichzeitigen Auftretens aller Teilereignisse schon wesentlich reduziert, und sie wird es in immer stärkerem Maße, je mehr solcher bedingter Ereignisse angefügt werden.

Ein wichtiger weiterer Gesichtspunkt ist die *Erfahrung*. Es gibt eine große Anzahl von Werken mit Wasserschlössern, die nur für einmalige Laständerung bemessen sind. Von keiner dieser Anlagen ist aber, soweit uns bekannt, mitgeteilt worden, daß infolge rhythmischer Laständerung die Wasserschloßkrone überströmt oder daß Luft in die Druckrohre eingezogen worden wäre.

Es hat daher den Anschein, daß man hier die Vorsicht nicht auf Kosten der Wirtschaftlichkeit übertreiben darf. Im allgemeinen wird es wohl ausreichen, wenn man höchstens zweimaligen Lastwechsel in Betracht zieht und bei den so errechneten Extrem-Spiegellagen auf weitere Reserven verzichtet. Die Untersuchung dieses wiederholten Lastwechsels soll daher gewissermaßen den Zweck haben, neben der „normalen" Berechnung auf vollständige Entlastung und auf eine bestimmte Leistungssteigerung die Sicherheitsmaße festzulegen, also das Freibordmaß und eine zusätzliche Tiefenlage der Druckrohre. Aber auch diese Empfehlung soll nicht als starres Schema aufgefaßt werden, denn in manchen Fällen wird auch die vorstehende reduzierte Forderung nicht ganz aufrechtzuerhalten sein.

Für die Feststellung der Wasserschloßkrone kommt somit in Betracht eine Belastungssteigerung von Null oder Teillast (nQ_0) auf Vollast (Q_0)

und zeitgerecht folgendes plötzliches Schließen. Für die Feststellung der höchstzulässigen Lage der Druckrohreinläufe wäre plötzliche vollständige Entlastung anzunehmen mit entsprechender Wiederbelastung von Null auf eine Teillast ($n_1 Q_0$) oder auf Vollast (Q_0). Zwischen den angegebenen Belastungsgraden muß folgerichtig die Beziehung bestehen $n_1 = 1 - n$.

Es wäre denkbar, an diesen Berechnungen noch gewisse Verfeinerungen anzubringen, etwa die Veränderlichkeit des Wasserverbrauches mit der Fallhöhe. Da aber die ganze Anlage der Berechnung so weitgehend vom Ermessen abhängt, kann man wohl darauf verzichten, falls nicht besondere Verhältnisse vorliegen.

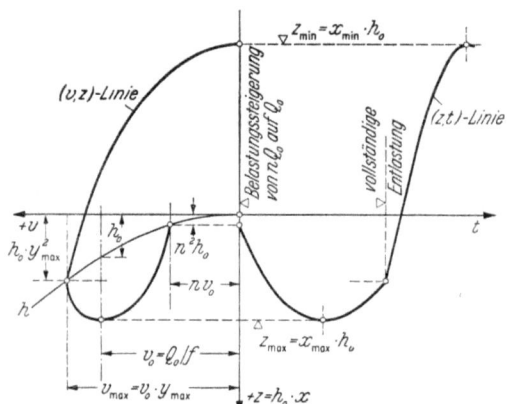

Abb. 129. Belastung von n auf 1, mit anschließender Entlastung

Als allgemeine Berechnungsverfahren kommen numerische oder graphische Integrationen in Betracht, jedoch kann auch das schon oben erwähnte Verfahren von GHIZZETTI weitgehend herangezogen werden. Im einzelnen ist zu den erwähnten beiden Fällen folgendes zu sagen:

Größte Aufschwingung, erste Störung ist eine Belastung. Wie aus Abb. 129 ersichtlich, läuft die Anlage zunächst mit einer Beharrungswassermenge $n Q_0$, die plötzlich, zur Zeit Null, auf Q_0 erhöht wird. Der Spiegel schwingt zuerst auf eine Tiefstlage z_{max}, deren Entstehung zeitlich zusammenfällt mit dem Erreichen der Vollastgeschwindigkeit im Stollen (v_0). Während die Geschwindigkeit weiterhin bis auf $v_{max} = v_0 \, y_{max}$ ansteigt, erreicht die (z, t)-Linie den Wendepunkt. Der Punkt v_{max} der (v, z)-Spirale hat bekanntlich eine vertikale Tangente ($dv/dz = 0$) und liegt im Schnitt der (v, z)-Linie mit der Parabel der Druckverluste. Die entsprechende Ordinate ist $h_0 (v_{max}/v_0)^2 = h_0 y_{max}^2$ (quadratisches Widerstandsgesetz). Nun tritt die vollständige Entlastung ein, und der Wasserspiegel schwingt zu einem Höchststand z_{min} auf, der den bei einfacher vollständiger Entlastung auftretenden übersteigt.

Die interessierenden Wasserstands- und Geschwindigkeitswerte können mit Hilfe von Abb. 130 bestimmt werden. Mit den Abszissen $1/\sqrt{\varepsilon}$ und den Ordinaten $x/\sqrt{\varepsilon}$ sind für $n = 0$, $0,5$ und 1 die Spiegellagen

$x_{max}/\sqrt{\varepsilon}$ und $x_{min}/\sqrt{\varepsilon}$ aufgetragen, woraus sich die wirklichen Werte

$$z_{max} = \frac{x_{max}}{\sqrt{\varepsilon}} h_0 \sqrt{\varepsilon} \quad \text{und} \quad z_{min} = \frac{x_{min}}{\sqrt{\varepsilon}} h_0 \sqrt{\varepsilon}$$

ergeben. — Die größte Stollengeschwindigkeit v_{max} findet sich mit Hilfe der y_{max}-Kurven, wiederum für $n = 0, 0,5$ und 1 zu $v_{max} = v_0 y_{max}$.

Die Kurven mit dem Parameterwert $n = 1$ stellen den Grenzfall einfacher vollständiger Entlastung, ausgehend vom Vollast-Beharrungszustand $n = 1$, dar. In diesem Fall ist $z_{max} = +h_0$ und $v_{max} = +v_0$,

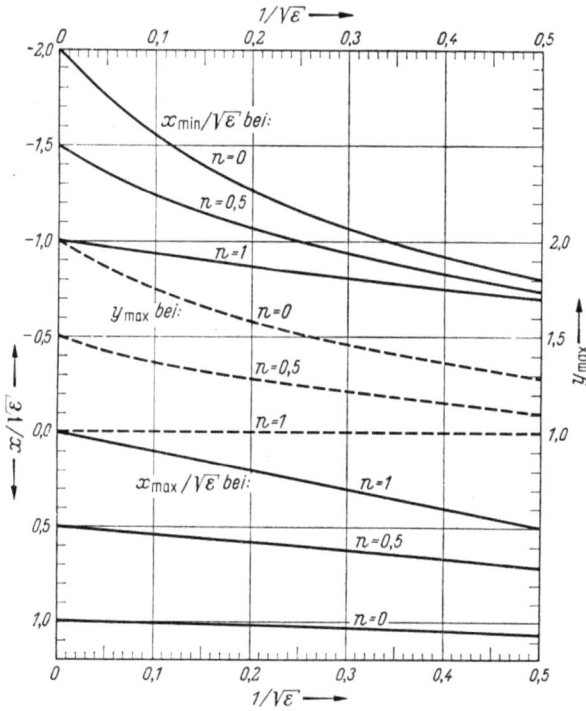

Abb. 130. Belastung von n auf 1, mit anschließender vollständiger Entlastung

während z_{min} die höchste Spiegellage für plötzliche vollständige Entlastung der Wassermenge $Q_0 = v_0 f$ bedeutet. Die Kurventafel erfaßt den praktisch überwiegenden Bereich $1/\sqrt{\varepsilon} = 0 \ldots 0,5$ oder $\varepsilon = \infty \ldots 4$.

Größte Abwärtsschwingung, erste Störung ist eine Entlastung. Das System ist (Abb. 131) mit der Vollastgeschwindigkeit v_0 im Beharrungszustand. Zur Zeit Null schließen die Turbinen, der Wasserspiegel schwingt auf und erreicht die Höchstlage z_{min}, wenn $v = 0$. Von hier ab wird v negativ und erreicht einen Kleinstwert v_{min}, wenn die (v, z)-Linie die Druckverlustkurve schneidet.

Gleichzeitig liegt der Wasserspiegel auf der Ordinate

$$-h_0\left(\frac{v_{\min}}{v_0}\right)^2 = -h_0 y_{\min}^2.$$

Die anschließende Belastung auf die Entnahmemenge $n_1 Q_0$ führt zur tiefsten Absenkung $z_{\max}$.

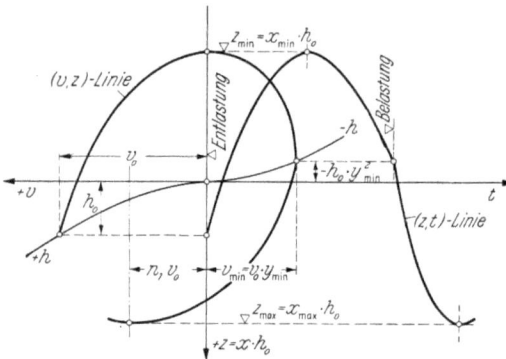

Abb. 131. Vollständige Entlastung mit anschließender Wiederbelastung von 0 auf n_1

Für die zahlenmäßige Auswertung dient Abbildung 131 a. Sie enthält zur Berechnung der Hauptdaten die Werte $x_{\min}/\sqrt{\varepsilon}$ (Schwallspiegel), $x_{\max}/\sqrt{\varepsilon}$ (tiefste Absenkungen für $n_1 = 0, 0,5$ und 1) und $y_{\min}$. Damit können ermittelt werden:

$$z_{\min} = -\frac{x_{\min}}{\sqrt{\varepsilon}} \sqrt{\varepsilon}\, h_0,$$

$$z_{\max} = \frac{x_{\max}}{\sqrt{\varepsilon}} \sqrt{\varepsilon}\, h_0 \quad \text{und} \quad v_{\min} = v_0 y_{\min}.$$

Die Kurve $x_{\min}/\sqrt{\varepsilon}$ für $n_1 = 0$ bezieht sich als Grenzfall auf die erste Abwärtsschwingung nach vollständiger Entlastung, ohne neuerliche

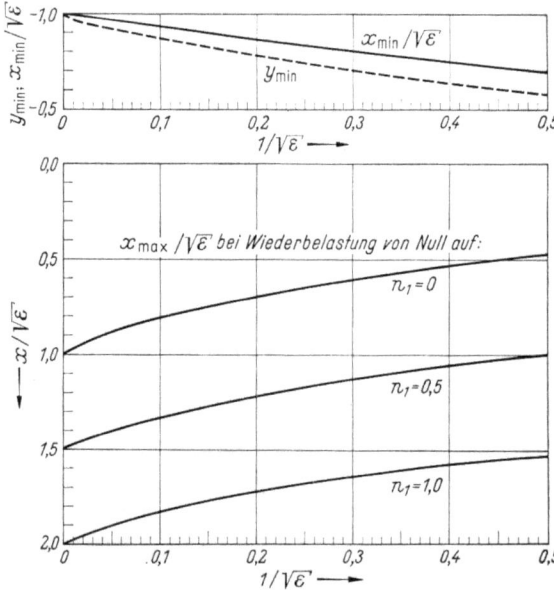

Abb. 131a. Vollständige Entlastung mit anschließender Wiederbelastung von 0 auf n_1

Tabelle 8. *Rhythmischer Lastwechsel für das einfache Wasserschloß*, nach ESCANDE (m)

Lastfall	n_1	$x/\sqrt{\varepsilon}$	Amplituden $x/\sqrt{\varepsilon}$ für $1/\sqrt{\varepsilon} =$						
			0,0	0,1	0,2	0,4	0,6	0,8	1,0
Abb. 132a		$x_{\max 1}/\sqrt{\varepsilon}$	+1,00	+1,012	+1,025	+1,05	+1,075	+1,103	
		$x_{\min 1}/\sqrt{\varepsilon}$	−2,00	−1,555	−1,25	−0,91	−0,72	−0,579	
		$x_{\max 2}/\sqrt{\varepsilon}$	+2,00	+1,295	+0,93	+0,585	+0,45	+0,347	
Abb. 132b	0,25 ÷ 1,00	$x'_{\min 1}/\sqrt{\varepsilon}$	−1,00	−0,935	−0,875	−0,755	−0,65	−0,555	−0,475
	0,25	$x'_{\max 1}/\sqrt{\varepsilon}$	+1,25	+1,097	+0,97	+0,800	+0,697	+0,614	+0,561
		$x'_{\min 2}/\sqrt{\varepsilon}$	−1,25	−0,885	−0,654	−0,400	−0,249	−0,158	−0,09
	0,50	$x'_{\max 1}/\sqrt{\varepsilon}$	+1,50	+1,35	+1,227	+1,062	+0,963	+0,882	+0,836
		$x'_{\min 2}/\sqrt{\varepsilon}$	−1,50	−0,953	−0,623	−0,254	−0,058	+0,081	+0,190
	0,75	$x'_{\max 1}/\sqrt{\varepsilon}$	+1,75	+1,603	+1,48	+1,328	+1,230	+1,152	+1,106
		$x'_{\min 2}/\sqrt{\varepsilon}$	−1,75	−0,98	−0,547	−0,06	+0,216	+0,404	+0,556
	1,00	$x'_{\max 1}/\sqrt{\varepsilon}$	+2,00	+1,848	+1,719	+1,580	+1,493	+1,437	+1,397
		$x'_{\min 2}/\sqrt{\varepsilon}$	−2,00	−0,962	−0,402	+0,192	+0,55	+0,787	+1,00

Belastung. — Für Zwischenwerte n bzw. n_1 kann in den Abb. 130 u. 131a interpoliert werden.

Ähnliche Untersuchungen wie die vorstehend behandelten hat später ESCANDE (m) durchgeführt, und zwar für die in Abb. 132 dargestellten

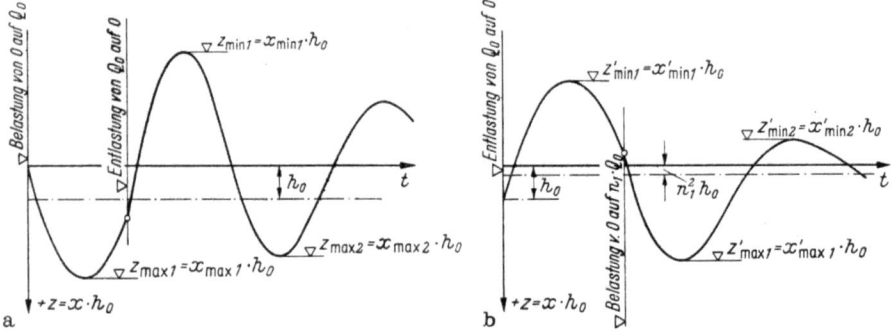

Abb. 132. Rhythmische Be- und Entlastung nach ESCANDE (m)

Belastungsfälle (zweimaliger Lastwechsel). Die ersten drei Extremhöhen sind in Tab. 8 zusammengestellt. Zwischenwerte können, unter Umständen zeichnerisch, interpoliert werden.

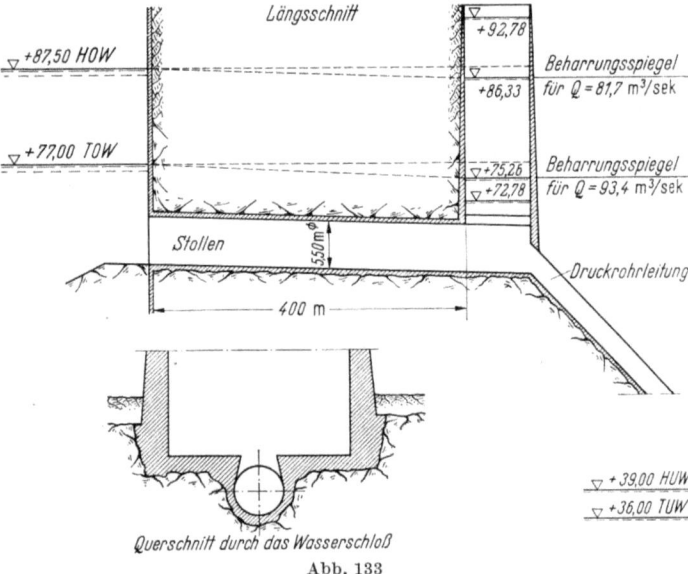

Abb. 133

Zahlenbeispiele. 2.41 Die in Abb. 133 dargestellte Anlage ist im Oberwasser mit einem Jahresspeicher, im Unterwasser mit einem Tagesausgleichbecken versehen. Mit jedem Wasserstand im oberen Becken können täglich beide Grenzwasserstände im Ausgleichbecken zusammentreffen. Hauptdaten:

$L = 400$ m, $\quad f = 23{,}76$ m², $(5{,}50$ m $\varnothing)$, $\quad F = 314$ m²,

Druckrohrleitung $2 \times 3{,}65$ m $\varnothing$;

Verlust in der Druckrohrleitung $h_R = 0{,}0001892\, q^2$.

Die Francis-Turbinen sind ausgelegt für $H_k = 41{,}0$ m und $Q_k = 95$ m³/s, also für eine Leistung von $41{,}0 \cdot 95 = 3895$ mt/s. Hierfür ist auch der Generator bemessen. Der Wasserverbrauch ist somit

für $H_n > 41{,}0$ m: $\quad q = \dfrac{3895}{H_n}$, nach Gl. (167),

für $H_n < 41{,}0$ m: $\quad q = 95\sqrt{\dfrac{H_n}{41{,}0}} = 14{,}83\sqrt{H_n}$, nach Gl. (166).

Der Rauhigkeitswert der Stollenwandungen kann zwischen den Grenzwerten $k = 90$ und $k = 75$ der Formel von MANNING-STRICKLER erwartet werden.

Plötzliche vollständige Entlastung. Als ungünstigster Fall wird die Abgabe der verlangten Volleistung bei höchstem Stau im Oberwasser und höchstem Wasserstand im unteren Becken untersucht, wobei außerdem mit den wahrscheinlich kleinsten Verlusten in der Zuleitung gerechnet wird.

$$H_0 = 87{,}50 - 39{,}00 = 48{,}50 \text{ m}.$$

Verluste: Eintritt und Rechen . . . . $0{,}3\,\dfrac{v^2}{2g} = 0{,}0153\, v^2$

Reibung im Stollen, $k = 90$

$$R = \dfrac{5{,}50}{4} = 1{,}375 \text{ m}$$

$$h_r = 400\,\dfrac{v^2}{90^2 \cdot 1{,}375^{4/3}} = 0{,}0322\, v^2$$

Zusammen im Stollen: $\quad h = 0{,}0475\, v^2 = 0{,}0000842\, Q^2$

In der Druckrohrleitung entsteht, da zwei gleiche Turbinen vorhanden sind, mit $q = Q/2$ ein Verlust

$$h_R = 0{,}0001892 \left(\dfrac{Q}{2}\right)^2 = 0{,}0000473\, Q^2.$$

Insgesamt ist also mit einer Verlusthöhe von

$$h_v = (0{,}0000842 + 0{,}0000473)\, Q^2 = 0{,}0001315\, Q^2$$

zu rechnen. Die Vollastwassermenge ergibt sich dann aus

$$3895 = Q_0 (48{,}50 - 0{,}0001315\, Q_0^2)$$

zu

$$Q_0 = 81{,}7 \text{ m}^3\text{/s}, \quad v_0 = \dfrac{81{,}7}{23{,}76} = 3{,}44 \text{ m/s}.$$

Bei Bestimmung des Wertes h_0 ist zu beachten, daß er durch die Ordinate der Piezometerlinie am Wasserschloß gekennzeichnet ist. Bei der gewählten Durchführung des Stollens unter der Wasserschloßsohle liegt, da die Stollengeschwindigkeit erhalten bleibt, der Wasserspiegel im Wasserschloß außer um die Eintritts- und die Reibungsverluste näherungsweise auch um die volle Geschwindigkeitshöhe unter dem Ruhespiegel.

Für Eintritt und Reibung ergab sich oben . . . . . $0{,}0475\,v^2$,

die Geschwindigkeitshöhe ist . . . . $\dfrac{v^2}{2g} = 0{,}0510\,v^2$

$\overline{\qquad\qquad 0{,}0985\,v^2}$

Somit $h_0 = 0{,}0985 \cdot 3{,}44^2 = 1{,}166 = $ rd. $1{,}17$ m.

Der größte Spiegelanstieg soll nach Gl. (156) bestimmt werden:

$$m = \frac{2g\,F\,h_0}{L\,f\,v_0^2} = \frac{19{,}62 \cdot 314 \cdot 1{,}17}{400 \cdot 23{,}76 \cdot 3{,}44^2} = 0{,}0642,$$

$$m\,h_0 = 0{,}0642 \cdot 1{,}17 = 0{,}0752.$$

Hierzu ergibt Tabelle 1

$m\,z_{max} = -0{,}339$, so daß $z_{max} = -0{,}339 : 0{,}0642 = -5{,}28$ m.

Eine Kontrollrechnung soll nach Gl. (155) bzw. nach Abb. 114 vorgenommen werden:

$$\varepsilon = \frac{400 \cdot 23{,}76 \cdot 3{,}44^2}{9{,}81 \cdot 314 \cdot 1{,}17^2} = 26{,}6.$$

Hierzu ergibt Abb. 114 für $v/v_0 = 0 \ldots x = -4{,}51$

und $\qquad\qquad z_{max} = -4{,}51 \cdot 1{,}17 = -5{,}28$ m

wie oben.

Der Spiegel steigt also höchstens auf Höhe

$$+ 87{,}50 - (-5{,}28) = +92{,}78 \text{ m}$$

an.

Die Schließdauer der Turbinen ist mit $t_1 = 6$ s bemessen. Mit

$$T_0 = 2\pi \sqrt{\frac{400 \cdot 314}{9{,}81 \cdot 23{,}76}} = 146 \text{ s}$$

entsprechend Gl. (132) ist nach Gl. (159) $\tau = 6/146 = 0{,}041$. Hierzu würde sich nach Tab. 3 für den Spiegelanstieg eine Abminderungszahl $\zeta = 0{,}99$ ergeben. Der Einfluß der endlichen Schließzeit ist also von untergeordneter Bedeutung.

Belastungsvergrößerung. Eine Untersuchung der zu erwartenden Betriebsverhältnisse zeigt, daß es genügt, das Wasserschloß für eine Entnahmevergrößerung von $n = 0{,}5$ auf Vollast zu bemessen. Für die Berechnung ist abgesenktes oberes und abgesenktes unteres Becken anzunehmen, außerdem ein möglichst großer Druckverlust im Stollen.

$$H_0 = 77{,}0 - 36{,}0 = 41{,}0 \text{ m}.$$

Da die Turbinen für ein Nettogefälle von 41 m ausgelegt sind, wird der Wasserverbrauch mit sinkendem Wasserschloßspiegel abnehmen, entsprechend der eingangs gegebenen Beziehung $q = 14{,}83 \sqrt{H_n}$.

Der Gesamtverlust in Stollen und Druckleitung ergibt sich in ähnlicher Weise wie früher mit $k = 75$ zu $h_v = 0{,}000167 Q^2$. Das Schluckvermögen der Turbinen geht aus der Beziehung

$$Q_0 = q = 14{,}83 \sqrt{41{,}00 - 0{,}000167 Q_0^2}$$

hervor zu $Q_0 = 93{,}4 \text{ m}^3/\text{s}$,

$$Q_a = n Q_0 = 0{,}5 \cdot 93{,}4 = 46{,}7 \text{ m}^3/\text{s},$$

$$v_0 = \frac{93{,}4}{23{,}76} = 3{,}93 \text{ m/s}.$$

In gleicher Weise wie oben errechnet sich der Wert h_0:

$$h_0 = 1{,}3 \frac{3{,}93^2}{2g} + \frac{400 \cdot 3{,}93^2}{75^2 \cdot 1{,}375^{4/3}} = 1{,}74 \text{ m},$$

$$h_a = 0{,}5^2 \cdot 1{,}74 = 0{,}435 \text{ m}.$$

$$\varepsilon = \frac{400 \cdot 23{,}76 \cdot 3{,}93^2}{9{,}81 \cdot 314 \cdot 1{,}74^2} = 15{,}65.$$

Nach Tab. 4 ist für $n = 0{,}5 \ldots c = 0{,}1872$. Damit ergibt Gl. (170)

$$x_{\max} = 0{,}5^2 + 0{,}1872 + \sqrt{0{,}1872^2 + 15{,}65 (1 - 0{,}5)^2} = 2{,}416.$$

$$z_{\max} = 2{,}416 \cdot 1{,}74 = 4{,}20 \text{ m}.$$

Der abgesenkte Spiegel liegt auf $+77{,}00 - 4{,}20 = +72{,}80$ m.

Die Ermittlung nach Gl. (171) bzw. Abb. 120 liefert fast das gleiche Ergebnis. Mit $\varepsilon = 15{,}65$ und $n = 0{,}5$ ist nach Abb. 120 $x_{\max} = +2{,}38$ und $z_{\max} = +2{,}38 \cdot 1{,}74 = +4{,}14$ m.

Die Dauer der Gesamtschwingung bei vernachlässigter Reibung ist nach Gl. (132) wie früher $T_0 = 146$ s.

Mit Hilfe der Tab. 5 ist es möglich, ein Bild über etwa $1^1/_4$ Perioden der Schwingung zu geben. — Mit $1/\sqrt{\varepsilon} = 1/15{,}65 = 0{,}253$ und $n = 0{,}5$ können aus der Tabelle durch Interpolation die Relativwerte x, τ und y und aus ihnen wiederum die Spiegellagen z, Zeiten t und die Stollengeschwindigkeiten v der Hauptpunkte ermittelt werden, wie sie in folgender Aufstellung angegeben sind. Ihre Auftragung ergibt die Schwingungsbilder Abb. 134.

Hauptpunkte	x	τ	y	$z = 1{,}74\,x$ (m)	$t = 146\,\tau$ (s)	$v = 3{,}93\,y$ (m/s)
Beginn der Schwingung	0,25	0,000	0,500	0,435	0	1,965
1. Tiefpunkt	2,39	0,281	1,000	4,16	41	3,93
1. Wendepunkt W_1	1,54	0,493	1,238	2,68	72	4,86
1. Hochpunkt	0,44	0,802	1,000	0,77	117	3,93
2. Wendepunkt W_2	0,80	1,021	0,899	1,39	149	3,53
2. Tiefpunkt	1,27	1,317	1,000	2,21	192	3,93

Aus dieser Ermittlung geht ein weiterer Wert für z_{max} hervor, der mit den früheren gut übereinstimmt.

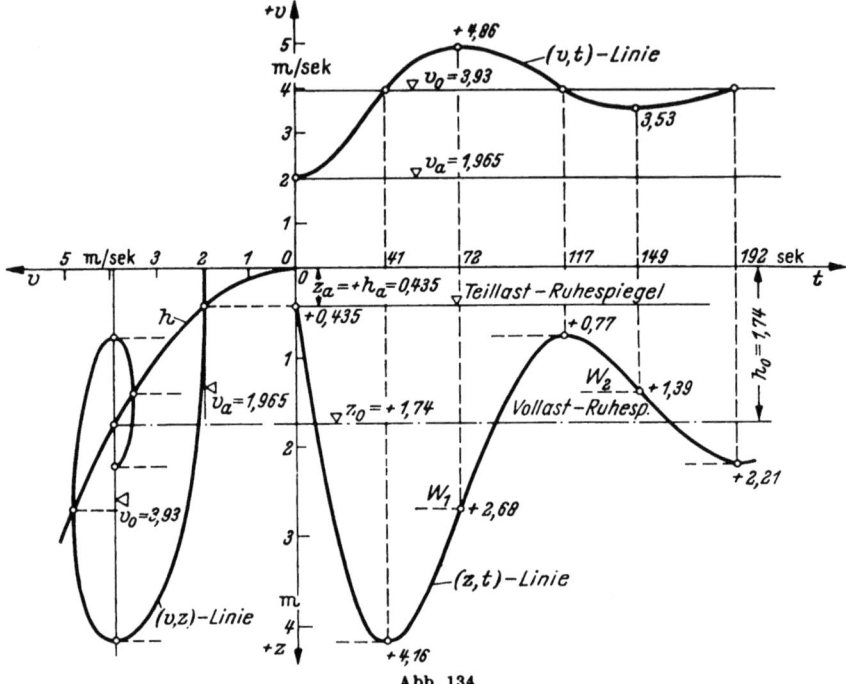

Abb. 134

Nunmehr sei die kürzeste zulässige Dauer für volle Öffnung von Null auf Vollast ermittelt, bei der die oben für $n = 0,5$ errechnete Absenkung nicht überschritten wird. Aus Abb. 120 wird für plötzliche Vollbelastung ($n = 0$)
$$z'_{max} = +4,06 \cdot 1,74 = +7,06 \text{ m}.$$
Der Abminderungswert ϱ der Tab. 7 wird damit $\varrho = 4,14/7,06 = 0,59$, ferner ist $1/\sqrt{\varepsilon} = 0,253$.

Zu diesen Werten entnehmen wir der Tabelle durch Zwischenschalten
$$\tau \cong 0,59.$$
Die kleinste zulässige Zeit für totales Öffnen ist also
$$t_2 = 0,59 \cdot 2\pi \sqrt{\frac{400 \cdot 314}{9,81 \cdot 23,76}} = 86 \text{ s}.$$

Zum Schluß sei noch daran erinnert, daß die oben berechneten Absenkungen noch einige Sicherheit enthalten, weil die angenommene Unveränderlichkeit der Wassermenge mit Rücksicht auf die mit abnehmendem Gefälle sinkende Schluckfähigkeit der Turbinen nicht streng zutrifft.

Die vorstehenden Berechnungen setzen einmalige Laständerungen voraus. Sind die Verhältnisse so, daß mit rhythmischen Belastungsänderungen gerechnet werden muß, so ist zu verfahren wie unter 2.3 angegeben.

2.42 Ein Schachtwasserschloß hat nachstehende Daten:

$$L = 3000 \text{ m}, \qquad f = 5{,}0 \text{ m}^2,$$
$$F = 10 \text{ m}^2, \qquad Q_0 = 15 \text{ m}^3/\text{s},$$
$$v_0 = 3{,}00 \text{ m/s}, \qquad h_0 = 11{,}05 \text{ m}.$$

Zur Begrenzung des Spiegelanstieges bei Entlastung ist eine Überfallschwelle von der Breite $B = 2{,}80$ m ($\mu = 0{,}62$) in $z_s = -2{,}00$ m Höhe vorgesehen.

$$x_s = -\frac{2{,}00}{11{,}05} = -0{,}181,$$

$$\varepsilon = \frac{3000 \cdot 5{,}0 \cdot 3{,}00^2}{9{,}81 \cdot 10{,}0 \cdot 11{,}05^2} = 11{,}28.$$

Die Wasserführung des Stollens in dem Augenblick, da der Schwallspiegel die Überlaufschwelle erreicht, kann aus Gl. (155) bestimmt werden. Wir verwenden dazu Abb. 114, die zu x_s und ε

$$y_s = 0{,}94$$

liefert, also die Zulaufmenge $Q_s = y_s Q_0 = 0{,}94 \cdot 15 = 14{,}1$ m³/s. Das ist gleichzeitig genau genug die Überlaufmenge $Q_{\ddot{u}}$. Sie erfordert eine Strahlstärke

$$h_{\ddot{u}} = \left(\frac{14{,}1}{\frac{2}{3} \, 0{,}62 \cdot 2{,}8 \sqrt{2g}}\right)^{2/3} = 1{,}97 \text{ m}.$$

Der Wasserspiegel steigt demgemäß auf $-2{,}00 - 1{,}97 = -3{,}97$ m an.

3 Das Kammerwasserschloß

Der Wert einer Raumeinheit für die Dämpfung der Schwingungen ist um so größer, je weiter sie vom Ruhespiegel entfernt liegt. Diese Erkenntnis führte dazu, daß man die größten Querschnitte auf die Höhe der Extremwasserstände legte. So entstand das Kammerwasserschloß, das eine obere und eine untere Kammer aufweist. Der Verbindungsschacht zwischen den Kammern wird nur so groß gemacht, daß auch kleinere Schwingungen, die die Kammern nicht erreichen, gedämpft verlaufen.

Im folgenden werden die wichtigsten Typen des Kammerwasserschlosses besprochen.

3.1 Idealisiertes Kammerwasserschloß

Die vollkommenste Form des Kammerwasserschlosses würde nach dem oben Gesagten einen Schachtquerschnitt Null und den gesamten Kammerinhalt auf der Höhe des höchsten bzw. tiefsten Wasserspiegels vereinigt haben. Selbstverständlich ist eine derartige Ausführung nicht möglich — in erster Linie, weil der Schacht mit Rücksicht auf die Stabilität einen bestimmten Mindestquerschnitt haben muß —, trotzdem aber soll dieser Fall erwähnt werden, weil er auch für Wasserschlösser, die dem Idealfall nicht streng entsprechen, von Bedeutung ist.

Da der Schacht den Querschnitt Null hat und der Kammerinhalt auf der Höhe z_{max} vereinigt gedacht ist, fällt aus den Differentialgleichungen die Veränderlichkeit von z fort, und es ist eine strenge Lösung möglich.

3.11 Vollständige plötzliche Entlastung

Der Kammerinhalt, der voraussetzungsgemäß auf Schwallhöhe $z_{max} = h_0 x_{max}$ vereinigt ist, wird [VOGT]

$$V = \frac{L f v_0^2}{2 g h_0} \ln\left(1 + \frac{1}{|x_{max}|}\right). \qquad (175)$$

Die Verzögerung des Stolleninhaltes auf $v = 0$ ist erstmalig erreicht zur Zeit

$$T_v = \frac{L v_0}{g h_0 \sqrt{|x_{max}|}} \operatorname{arc\,tg} \sqrt{\frac{1}{|x_{max}|}}. \qquad (176)$$

3.12 Plötzliche Belastungsvergrößerung

Bei Belastungssteigerung von $n v_0$ auf v_0 ist der notwendige Kammerinhalt

$$V = \frac{L f v_0^2}{2 g h_0} \ln\left\{\frac{x_{max} - 1}{x_{max} - n^2}\left(\frac{\sqrt{x_{max}} + 1}{\sqrt{x_{max}} - 1} \cdot \frac{\sqrt{x_{max}} - n}{\sqrt{x_{max}} + n}\right)^{\frac{1}{\sqrt{x_{max}}}}\right\}. \qquad (177)$$

Die Vollastgeschwindigkeit ist erstmalig erreicht zur Zeit

$$T_b = \frac{L v_0}{2 g h_0 \sqrt{x_{max}}} \ln\left\{\frac{\sqrt{x_{max}} + 1}{\sqrt{x_{max}} - 1} \cdot \frac{\sqrt{x_{max}} - n}{\sqrt{x_{max}} + n}\right\}. \qquad (178)$$

3.2 Wasserschloß mit offenen Kammern

Hierunter wird ein Wasserschloß nach Abb. 135 verstanden, bei dem am Übergang vom Schacht zu den Kammern keinerlei Einbauten, z. B. Schwellen, vorhanden sind.

3.21 Vollständige plötzliche Entlastung

Für den sich ein- oder mehrmals sprunghaft ändernden Wasserschloßquerschnitt kann die Berechnung nach Gl. (153) genau durchgeführt werden. Sie lautet für den auf Höhe z_I beginnenden Wasserschloßteil vom Querschnitt F_I (vgl. Abb. 136)

$$\left(\frac{v}{v_0}\right)^2 = \frac{L f v_0^2}{2 g F_I h_0^2} + \frac{z}{h_0} + C\, e^{\frac{2 g F_I h_0 z}{L f v_0^2}}.$$

Die Konstante C ergibt sich mit Hilfe der Werte z_I und v_I, die dem Schwingungszustand in dem Augenblick entsprechen, da der Wasserspiegel den Querschnittsübergang erreicht. Werden diese statt v und z

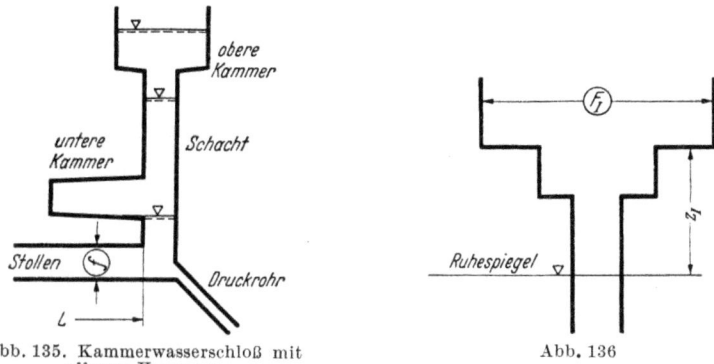

Abb. 135. Kammerwasserschloß mit offenen Kammern

Abb. 136

in die obige Gleichung eingesetzt, so kann C bestimmt werden, und für die Spiegelbewegung im Bereich der Fläche F_I ergibt sich die Beziehung

$$\left(\frac{v}{v_0}\right)^2 = \frac{L f v_0^2}{2 g F_I h_0^2} + \frac{z}{h_0} + \left[\left(\frac{v_I}{v_0}\right)^2 - \frac{L f v_0^2}{2 g F_I h_0^2} - \frac{z_I}{h_0}\right] e^{\frac{2 g F_I h_0}{L f v_0^2}(z - z_I)}. \quad (179)$$

Mit Gl. (179) läßt sich ein Wasserschloß nach Abb. 137 berechnen. — Für den Bereich bis a gilt Gl. (154 bzw. 155), aus der der zu z_a gehörige Wert v_a hervorgeht. Beide Werte, als z_I und v_I in Gl. (179) eingeführt,

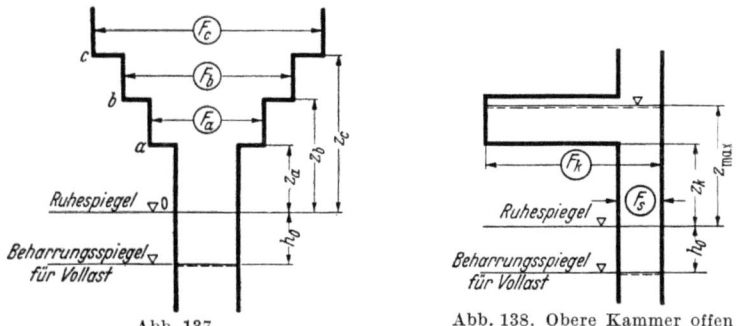

Abb. 137

Abb. 138. Obere Kammer offen

ergeben zu $z = z_b$ den Wert $v = v_b$. Eine abermalige Anwendung von Gl. (179) mit $z_I = z_b$ und $v_I = v_b$ ergibt zu $z = z_c$ die Größe $v = v_c$. Für den obersten Kammerteil von der Fläche F_c endlich ist gegeben $v_I = v_c$, $z_I = z_c$ und $v = 0$ (höchster Spiegelanstieg!). Hierzu kann aus Gl. (179) $z = z_{max}$ ermittelt werden.

Für den gebräuchlichsten Fall einer einfachen Kammer nach Abb. 138 ergibt sich demnach folgender Berechnungsgang:

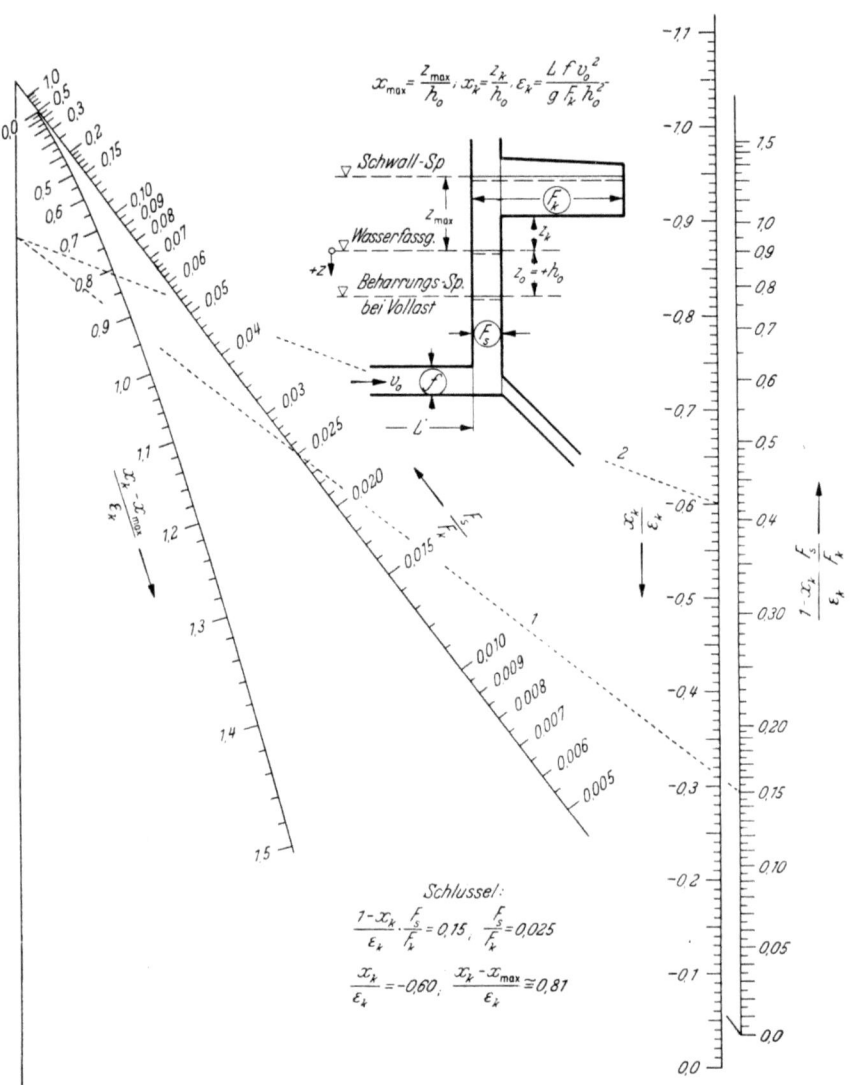

Abb. 139. Kammerwasserschloß mit oberer offener Kammer.
Plötzliche vollständige Entlastung
nach Gl. (182)

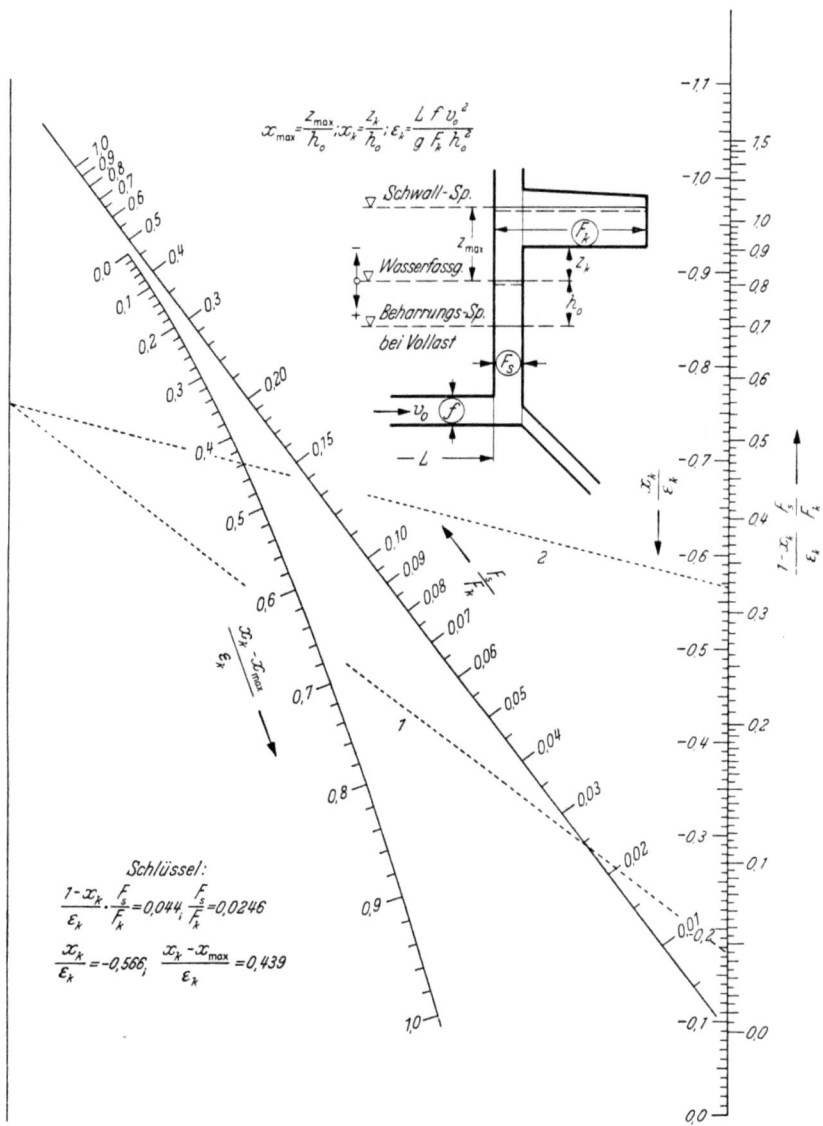

Abb. 140. Kammerwasserschloß mit oberer offener Kammer.
Plötzliche vollständige Entlastung
nach Gl. (182)

Nach Gl. (154):

$$\left(\frac{v_k}{v_0}\right)^2 = \frac{z_k}{h_0} + \frac{L f v_0^2}{2 g F_s h_0^2}\left(1 - e^{\frac{2 g F_s h_0}{L f v_0^2}(z_k - h_0)}\right). \qquad (180)$$

Hieraus errechnet sich $(v_k/v_0)^2$. Nach Gl. (179):

$$0 = \frac{L f v_0^2}{2 g F_k h_0^2} + \frac{z_{max}}{h_0} + \left[\left(\frac{v_k}{v_0}\right)^2 - \frac{L f v_0^2}{2 g F_k h_0^2} - \frac{z_k}{h_0}\right] e^{\frac{2 g F_k h_0}{L f v_0^2}(z_{max} - z_k)}. \qquad (181)$$

Aus Gl. (181) kann z_{max} durch Versuchsrechnung ermittelt werden. Führt man die Werte

$$x_{max} = \frac{z_{max}}{h_0}, \quad x_k = \frac{z_k}{h_0} \quad \text{und} \quad \varepsilon_k = \frac{L f v_0}{g F_k h_0^2}$$

ein und vereinigt Gl. (180 u. 181), so ergibt sich für die Berechnung von x_{max} die Gleichung:

$$1 + 2\frac{x_{max}}{\varepsilon_k} - \left\{\frac{F_k}{F_s} e^{2\frac{x_k - 1}{\varepsilon_k}\frac{F_s}{F_k}} + 1 - \frac{F_k}{F_s}\right\} e^{2\frac{x_{max} - x_k}{\varepsilon_k}}, \qquad (182)$$

deren Auflösung mit Hilfe der Nomogramme Abb. 139 u. 140 erfolgen kann. Der Wert $\frac{1 - x_k}{\varepsilon_k} \cdot \frac{F_s}{F_k}$ wird mit $\frac{F_s}{F_k}$ verbunden. Der durch den Fluchtstrahl auf der Zapfenlinie abgeschnittene Punkt wird dann mit $\frac{x_k}{\varepsilon_k}$ verbunden. Die Verbindungslinie schneidet auf der gekrümmten Leiter den Wert $\frac{x_k - x_{max}}{\varepsilon_k}$ ab, aus dem x_{max} bzw. z_{max} bestimmt werden kann. — Die Nomogramme umfassen zwei verschiedene Bereiche der Berechnungsgrößen.

Für die zahlenmäßige Auswertung der Gl. (182) läßt sich diese noch etwas weiter entwickeln: Wird der Klammerausdruck gesetzt

$$\frac{F_k}{F_s} e^{2\frac{x_k - 1}{\varepsilon_k}\frac{F_s}{F_k}} + 1 - \frac{F_k}{F_s} = B',$$

so vereinfacht sich Gl. (182) zu

$$2\frac{x_k}{\varepsilon_k} = \ln \frac{B'}{1 + 2\frac{x_{max}}{\varepsilon_k}} + 2\frac{x_{max}}{\varepsilon_k}, \qquad (183)$$

woraus x_{max} durch Probieren gefunden werden kann.

3.22 Belastungsvergrößerung (Abb. 141)

Die Wirkungsweise wird zum Teil so wie beim gewöhnlichen Schachtwasserschloß sein und zum Teil ähnlich wie beim idealisierten Kammerwasserschloß, da sich das Wasserschloß aus beiden Elementen zusammensetzt.

Ist die tiefste Absenkung $z_{\max}$ bzw. $x_{\max} = z_{\max}/h_0$ gegeben, so sind für ein *Schachtwasserschloß* die Abmessungen durch Gl. (171) festgelegt; man kann daraus für n und $x_{\max}$ den ε-Wert bestimmen, der ja die Wasserschloßfläche enthält. Dieser ε-Wert soll mit dem Index 2 bezeichnet werden: ε_2.

Ebenso kann für das *idealisierte Kammerwasserschloß* bei gegebenen $x_{\max}$ und n nach Gl. (177) der Inhalt V bestimmt werden. Diesen kann man sich auf die Höhe zwischen dem Teillastspiegel und dem tiefsten Sunkspiegel, also zwischen den Höhen $h_a = n^2 h_0$ und $x_{\max}$ gleichmäßig mit einer bestimmten Querschnittsfläche verteilt denken, wenn

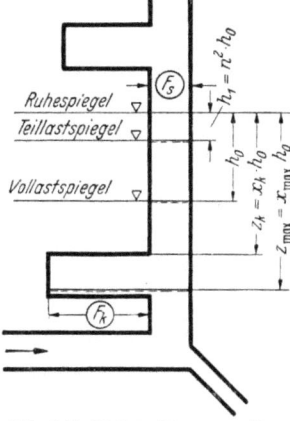

Abb. 141. Untere Kammer offen

man nur durch geeignete Maßnahmen dafür sorgt, daß die hydraulische Wirkung des Inhaltes auf der Höhe $z_{\max}$ vereinigt ist.

$$V = (z_{\max} - n^2 h_0) F.$$

Mit V nach Gl. (177) und $z_{\max} = x_{\max} h_0$ ist

$$\frac{L f v_0^2}{g F h_0^2} \cdot \frac{1}{2} \ln\{\cdots\} = x_{\max} - n^2.$$

Der erste Faktor links kann mit ε_1 bezeichnet werden, und es ergibt sich dann die Beziehung

$$\frac{x_{\max} - n^2}{\varepsilon_1} = \frac{1}{2} \ln \left\{ \frac{x_{\max} - 1}{x_{\max} - n^2} \left(\frac{\sqrt{x_{\max}} + 1}{\sqrt{x_{\max}} - 1} \cdot \frac{\sqrt{x_{\max}} - n}{\sqrt{x_{\max}} + n} \right)^{\frac{1}{\sqrt{x_{\max}}}} \right\}, \quad (184)$$

aus der die Kennziffer ε_1 bestimmbar ist. Dies kann mit Hilfe von Abb. 150 geschehen. Das Verhältnis $\varepsilon_1/\varepsilon_2$ hängt nur von n und von $x_{\max}$ ab und kann aus Abb. 142 ohne weiteres entnommen werden. VOGT hat festgestellt, daß sowohl für das idealisierte Kammerwasserschloß als auch für das einfache Schachtwasserschloß das Moment des Nutzinhaltes vom $(\varepsilon_1/\varepsilon_2 - 1)$-ten Grad bezüglich des Teillast-Beharrungsspiegels den Wert

$$\frac{1}{\varepsilon_1} (x_{\max} - n^2)^{\frac{\varepsilon_1}{\varepsilon_2}}$$

annimmt. Für eine zwischenliegende Ausführung, wie sie das Wasserschloß mit unterer offener Kammer darstellt, kann angenommen werden, daß das Moment den gleichen Wert erhält, und es besteht dann die Beziehung

$$\int_{n^2}^{x_{\max}} \frac{(x - n^2)^{\frac{\varepsilon_1}{\varepsilon_2} - 1} dx}{\varepsilon} = \frac{1}{\varepsilon_1} (x_{\max} - n^2)^{\frac{\varepsilon_1}{\varepsilon_2}}. \quad (185)$$

Für Wasserschloßteile, die sich mit konstanter Fläche (d. h. unveränderlichem ε) zwischen den Höhen x_0 und x_u erstrecken, ist das Integral der Gl. (185)

$$\int_{x_0}^{x_u} \frac{(x - n^2)^{\frac{\varepsilon_1}{\varepsilon_2} - 1} dx}{\varepsilon} = \frac{1}{\varepsilon} \cdot \frac{\varepsilon_2}{\varepsilon_1} \left[(x_u - n^2)^{\frac{\varepsilon_1}{\varepsilon_2}} - (x_0 - n^2)^{\frac{\varepsilon_1}{\varepsilon_2}}\right]. \quad (186)$$

Für ein Wasserschloß nach Abb. 141, bei dem *sowohl Schacht als auch untere Kammer* unveränderliche Flächen (F_s und F_k) haben, kann zur

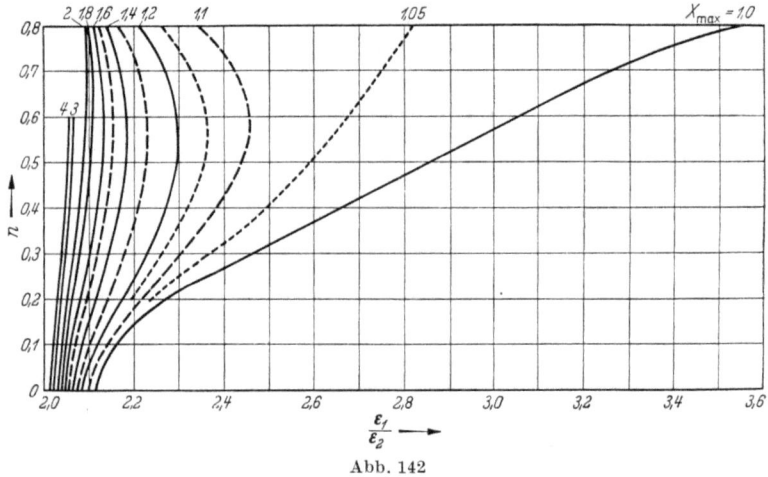

Abb. 142

Bestimmung des Kammerquerschnittes F_k bei gegebenen n und $x_{\max}$ mit Hilfe von Gl. (185 u. 186) eine geschlossene Formel gefunden werden:

$$F_k = \frac{\left(\frac{\varepsilon_s}{\varepsilon_2} - 1\right)}{1 - \left(\frac{\xi_k}{\xi_{\max}}\right)^{\frac{\varepsilon_1}{\varepsilon_s}}} \cdot F_s, \quad (187)$$

wobei ε_s der Kennwert des Schachtes $\varepsilon_s = \frac{L f v_0^2}{g F_s h_0^2}$ und $\xi_k = x_k - n^2$, $\xi_{\max} = x_{\max} - n^2$.

Die Annahme einer unveränderlichen Kammerfläche wird in den weitaus meisten Fällen gerechtfertigt sein und somit auch die Verwendung von Gl. (187). Einen Behälterstollen von kreisförmigem Querschnitt wird man z. B. genau genug durch einen Quadratstollen ersetzen, dessen Achse auf gleicher Höhe wie die des Kreisstollens liegt.

Für die Auswertung von Gl. (187) sind die Fluchtlinientafeln Abb. 143 u. 144 entworfen. Ihre Anwendung ist folgende:

Das Kammerwasserschloß

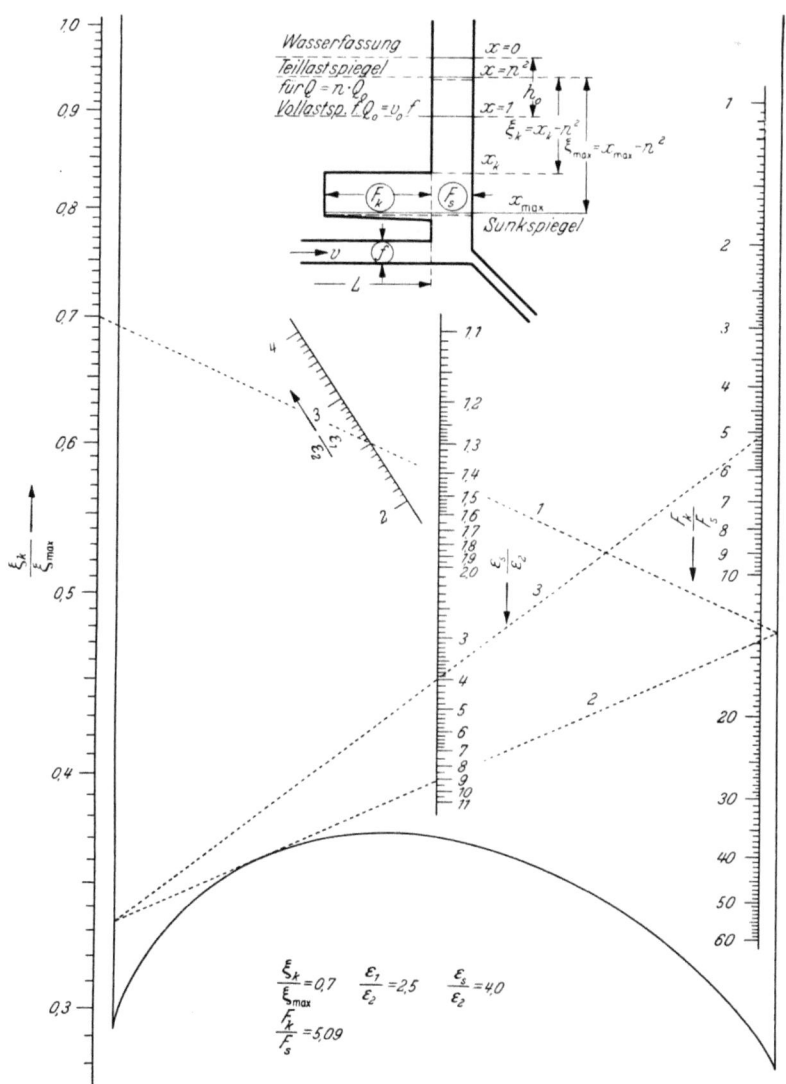

Abb. 143. Kammerwasserschloß mit unterer Kammer.
Nomogramm zu Gl. (187)

Verbinde ξ_k/ξ_{max} mit $\varepsilon_1/\varepsilon_2$ und verlängere bis zum Schnitt mit der unbezifferten Zapfenlinie rechts, ziehe von hier aus eine Tangente an die Gleitkurve bis zur unbezifferten Zapfenlinie links und sodann durch $\varepsilon_s/\varepsilon_2$ einen Fluchtstrahl, der auf der F_k/F_s-Leiter den gesuchten Wert abschneidet.

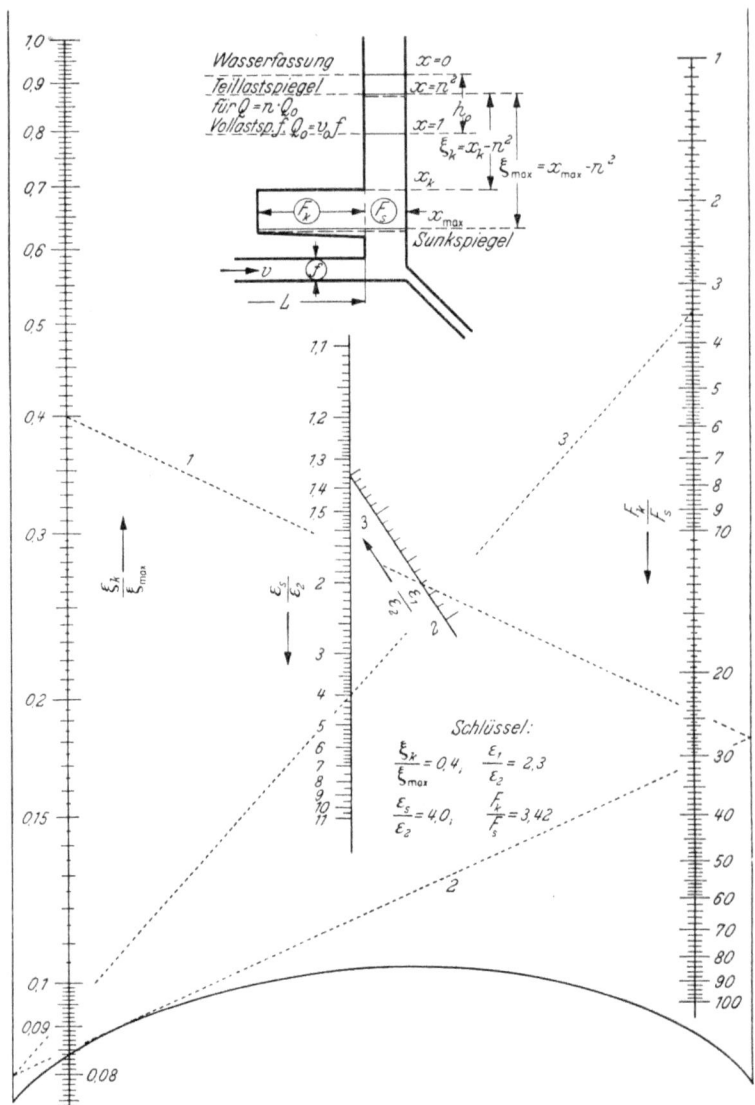

Abb. 144. Kammerwasserschloß mit unterer Kammer.
Nomogramm zu Gl. (187)

In vielen Fällen wird die Bildung des Integrals der Gl. (185) auf Schwierigkeiten stoßen. Will man dann nicht mit der vereinfachten Formel (187) rechnen, so kann die Integration in endlicher Form durchgeführt werden.

Das Kammerwasserschloß

In diesem Fall geht das Integral $\int_{x_k}^{x_{\max}} \dfrac{(x-n^2)^{\frac{\varepsilon_1}{\varepsilon_2}-1}}{\varepsilon} dx$ über in

$\sum\limits_{x_k}^{x_{\max}} \dfrac{(x-n^2)^{\frac{\varepsilon_1}{\varepsilon_2}-1}}{\varepsilon} \varDelta x$, wobei ε veränderlich ist entsprechend der veränderlichen Horizontalfläche $F = s L_k$ (L_k = Kammerlänge).

$$\sum_{x_k}^{x_{\max}} \frac{(x-n^2)^{\frac{\varepsilon_1}{\varepsilon_2}-1}}{\varepsilon} \varDelta x = \frac{g L_k h_0^2}{L f v_0^2} \sum_{x_k}^{x_{\max}} (x-n^2)^{\frac{\varepsilon_1}{\varepsilon_2}-1} s \varDelta x. \quad (188)$$

Die Summe wird durch Zerlegen des Vertikalschnittes in eine Anzahl von Streifen $s\varDelta x$ gebildet, für die die Momentanarme genau genug gleich den Abständen ihrer Mitten vom Teillastspiegel gesetzt werden. Zum Schluß werden die Teilmomente addiert.

Für ein Wasserschloß nach Abb. 141, dessen untere Kammer einen beliebigen Querschnitt, etwa wie Abb. 145 hat, gilt dann die folgende Gleichung, in welcher der Einfluß des Schachtes nach Gl. (186) und der Kammer nach Gl. (188) berücksichtigt sind.

$$\frac{1}{\varepsilon_s} \cdot \frac{\varepsilon_2}{\varepsilon_1} (x_{\max} - n^2)^{\frac{\varepsilon_1}{\varepsilon_2}} +$$
$$+ \frac{g L_k h_0^2}{L f v_0^2} \sum_{x_k}^{x_{\max}} (x-n^2)^{\frac{\varepsilon_1}{\varepsilon_2}-1} s \varDelta x \quad (189)$$
$$= \frac{1}{\varepsilon_1} (x_{\max} - n^2)^{\frac{\varepsilon_1}{\varepsilon_2}}.$$

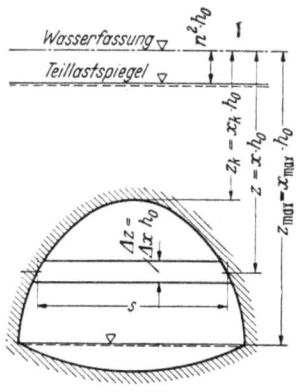

Abb. 145. Untere Kammer

In dieser Gleichung sind alle Größen bis auf L_k, die Kammerlänge, bekannt bzw. ohne weiteres zu ermitteln; L_k kann somit daraus bestimmt werden.

3.3 Wasserschloß mit abgetrennten Kammern

Hierunter fallen alle jene Ausführungen, bei denen die Speicherkammern nicht in unmittelbarer Verbindung mit dem Schacht bzw. dem Stollen stehen, sondern von diesen durch Schwellen bzw. Tauchwände getrennt sind. Bei ihnen ist der Grundsatz des Kammerwasserschlosses insofern noch deutlicher als bei der unter 3.2 behandelten Form herausgebildet, als die Kammerinhalte noch ausgesprochener auf den Höhen der Extremwasserstände zusammengefaßt sind. Hierher gehören das Wasserschloß mit einer Überfallschwelle in der oberen

Kammer, ferner die von KAMMÜLLER entwickelten Formen mit Saugschwelle oder Tauchwand in der unteren Kammer.

3.31 Obere Kammer mit Überfallschwelle, vollständige Entlastung (Abb. 146)

Der notwendige Kammerinhalt des idealisierten Kammerwasserschlosses ist in Gl. (175) gegeben worden. Vor Übertragung dieser Formel auf den vorliegenden Fall ist zu berücksichtigen:

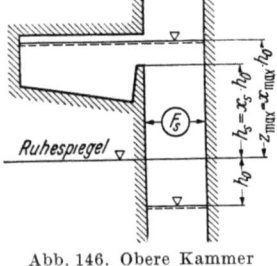

Abb. 146. Obere Kammer mit Schwelle

1. daß die Zulaufmenge bereits teilweise abgebremst ist, wenn der Schwallspiegel die Krone der Überlaufschwelle erreicht. Zur Ermittlung dieser Zulaufmenge sind Gl. (154 bzw. 155) oder Abb. 114 heranzuziehen;
2. ist der Kammerinhalt nicht genau auf Höhe des Extremwasserstandes zusammengefaßt, sondern auf einer etwas geringeren Höhe, die VOGT auf Grund numerischer Integrationen zu $0{,}85\,|x_{\max}| + 0{,}15\,|x_s|$ angibt;
3. ist der Einfluß des Steigschachtes oberhalb der Überfallkrone zu berücksichtigen.

Unter Beachtung dieser Gesichtspunkte ergibt sich für den Inhalt der oberen Kammer die Beziehung:

$$V = \frac{L f v_0^2}{2 g h_0} \ln\left[1 + \frac{y_s^2}{0{,}85\,|x_{\max}| + 0{,}15\,|x_s|}\right] - F_s h_0 (|x_{\max}| - |x_s|). \quad (190)$$

Zur Bestimmung von $\ln[\ldots]$ der Gleichung dient das Nomogramm Abb. 147.

Die Breite der Überlaufschwelle kann nach den für das einfache Schachtwasserschloß mit Überlauf (2.15) gegebenen Gesichtspunkten bestimmt werden.

Da die Überlaufhöhe $h_{\ddot{u}}$ durch $z_{\max}$ und z_s gegeben ist, ebenso die angenäherte Überlaufmenge $y_s Q_0$, kann näherungsweise B ermittelt werden zu

$$B = \frac{y_s Q_0}{\tfrac{2}{3}\mu\sqrt{2g}\,h_{\ddot{u}}^{3/2}}.$$

Selbstverständlich ist darauf zu achten, daß der errechnete Wert von B bei den gegebenen räumlichen Verhältnissen auch wirklich untergebracht werden kann. Macht dies Schwierigkeiten, so ist $|z_s|$ zu verkleinern oder $|z_{\max}|$ zu vergrößern.

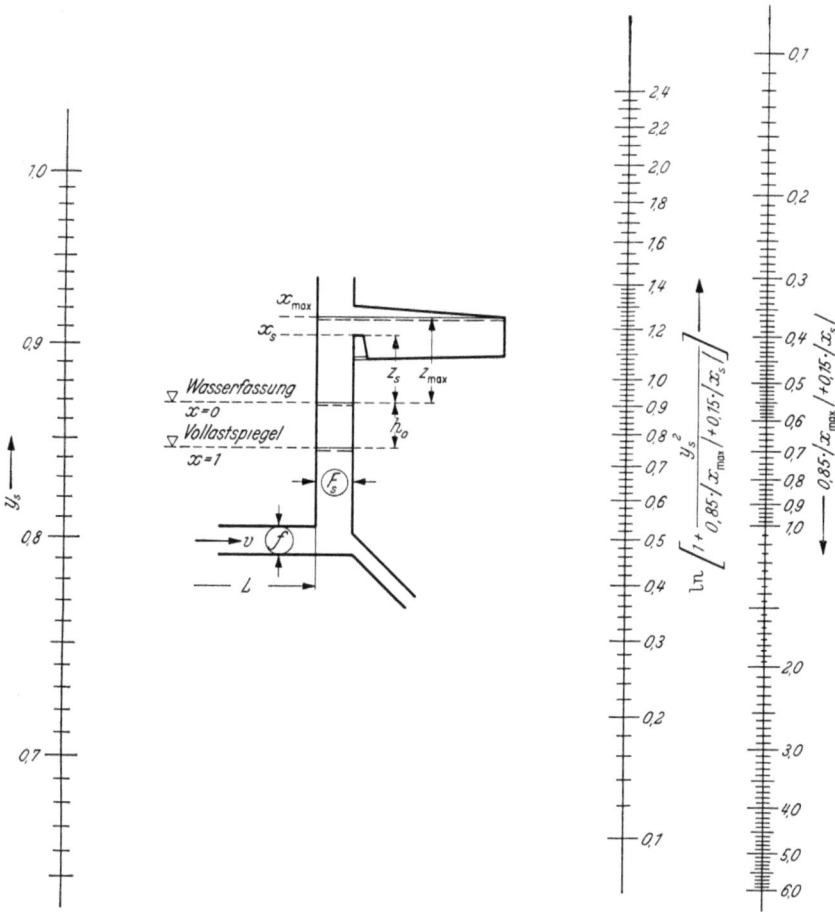

Abb. 147. Kammerwasserschloß mit Überlaufschwelle. Vollständige Entlastung

3.32 Belastungsvergrößerung, untere Kammer mit Saugschwelle und Tauchwand

Der Gedanke, durch Schwelleneinbauten in ähnlicher Weise wie bei der oberen Kammer auch die Wirkungsweise der unteren Kammer zu verbessern, führte KAMMÜLLER (b, c, d) auf die Saugschwelle und auf die Tauchwand zwischen Kammer und Stollen.

Die Saugschwelle ist in den Abb. 148 und 149 in zwei verschiedenen Ausführungen dargestellt. — Ihre Wirkungsweise ist so, daß bei Belastungssteigerung der Wasserspiegel im Schacht sofort bis zur Unterkante der Saugschwelle (z_{max}) absinkt und die untere Öffnung des Luftkanals c freilegt. Dann dringt Luft in die Kammer, und von jetzt ab entleert sich diese, wobei in ihr wie im Stollen unabhängig vom jeweiligen Kammerwasserspiegel ein Druck herrscht, der der tiefsten Spiegellage z_{max}, die im Schacht tatsächlich vorliegt, entspricht. — Das Wieder-

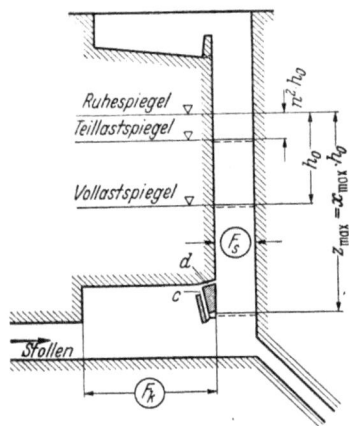
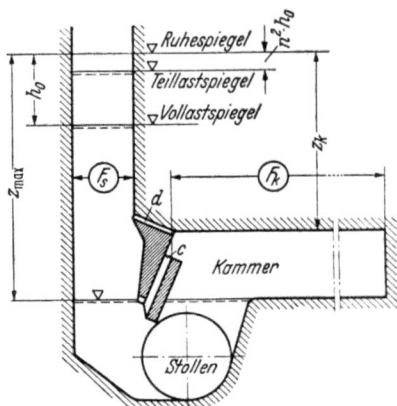

Abb. 148. Untere Kammer mit Saugschwelle, Kammer als Erweiterung des Stollendaches

Abb. 149. Untere Kammer mit Saugschwelle

füllen der Kammer ist nur möglich, wenn die Luft daraus entweichen kann. Diesem Zweck dient das Rohr d, das aber nicht allzu groß gemacht werden darf, da es bei der Abwärtsbewegung des Spiegels die Wirkung der Saugschwelle beeinträchtigt. KAMMÜLLER weist hierzu auf die Möglichkeit hin, Rückschlagklappen einzubauen. Zweifellos ergeben sich aber aus der Notwendigkeit der Entlüftung d gewisse konstruktive Schwierigkeiten, zu deren Lösung in jedem Fall Modellversuche zu empfehlen sind.

Bei Bemessung des Entlüftungsquerschnittes ist an Hand numerischer oder zeichnerischer Integrationen das Ansteigen $\Delta z/\Delta t$ des Kammerwasserspiegels zu bestimmen. Die verdrängte sekundliche Luftmenge wird dann $\frac{\Delta z}{\Delta t} F_k$, wobei F_k bei nicht rechteckigem Kammerquerschnitt veränderlich ist. Unter Annahme einer bestimmten Luftgeschwindigkeit ist der Entlüftungsquerschnitt für den Größtwert $\frac{\Delta z}{\Delta t} F_k$ festzulegen, wobei gegebenenfalls auch der Luftüberdruck in der Kammer zu beachten ist. — Im übrigen ist durch Modellversuche gezeigt worden, daß die Saugschwelle ruhig und gleichmäßig arbeitet, wenn die Bauwerke richtig bemessen sind. Günstig wirkt sich in dieser Hinsicht die zickzackförmige Ausbildung der Saugkante aus, die aus Abb. 149 ersichtlich ist.

Die hydraulische Berechnung des Kammerinhaltes geschieht nach Gl. (185), wobei für den Integralanteil der Kammer $x = x_{max} = $ konst.

zu setzen ist. Dann ergibt sich

$$V = \frac{Lfv_0^2}{gh_0}\left\{\frac{x_{max}-n^2}{\varepsilon_1} - \frac{x_{max}-n^2}{\varepsilon_s}\frac{\varepsilon_2}{\varepsilon_1}\right\}.$$

Ein Vergleich mit Gl. (184) zeigt, daß das erste Kammerglied dem idealisierten Kammerwasserschloß entspricht. Das zweite Glied gibt

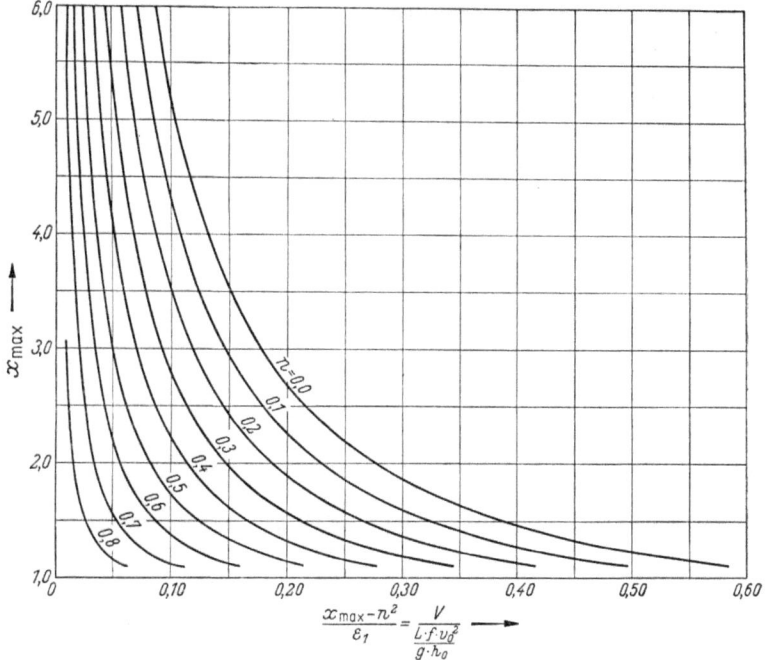

Abb. 150. Idealisiertes Kammerwasserschloß, Inhalt bei Belastungsvergrößerung nach Gl. (177) und (184)

den Einfluß des Schachtes an. Die weitere Entwicklung der obigen Formel liefert

$$V = \frac{Lfv_0^2}{gh_0}\frac{x_{max}-n^2}{\varepsilon_1}\left(1 - \frac{\varepsilon_2}{\varepsilon_s}\right). \qquad (191)$$

Hierin wird $\frac{x_{max}-n^2}{\varepsilon_1}$ nach Gl. (184) oder Abb. 150 gefunden und ε_2 nach Gl. (171) oder Abb. 120.

Die Unterkante der Saugschwelle kann man bis unterhalb des Stollenscheitels hinabführen, dagegen ist der Kammerinhalt über ihm anzuordnen, da sonst der Stollen nicht mehr voll mit Wasser angefüllt wäre. Liegt der gesamte Kammerinhalt höher als der Stollenscheitel, die Unterkante dagegen tiefer, so tritt im Stollen zwar ein gewisser Unterdruck auf (entsprechend der Höhendifferenz zwischen dem

Stollenscheitel und der Unterkante der Saugschwelle), der Querschnitt ist aber ganz mit Wasser angefüllt.

Bei Anordnung der KAMMÜLLERschen *Tauchwand* dagegen kann, soweit nicht durch die Größe des auftretenden Unterdruckes u gewisse Grenzen einzuhalten sind, die untere Kammer beliebig tief gelegt werden, auch in gleiche Höhe mit dem Zulaufstollen (vgl. Abb. 151).

Die Berechnung geschieht genau wie bei der offenen Kammer, also nach den Gl. (185 bzw. 187 oder 189). Der Unterschied gegenüber der offenen Kammer ist lediglich der, daß die Kammer tiefer liegt. Bei

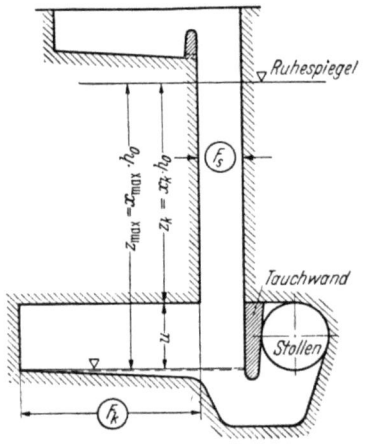

Abb. 151. Untere Kammer mit Tauchwand

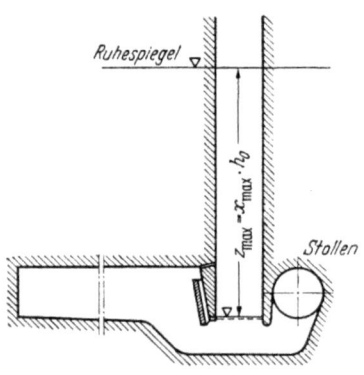

Abb. 152 Untere Kammer mit Tauchwand und Saugschwelle

Festsetzung des zulässigen Unterdruckes u (Abb. 151) sind die Seehöhe des Wasserschlosses zu berücksichtigen[1] und unter Umständen auch statische Gesichtspunkte. Bei günstigen Verhältnissen kann man äußerstenfalls bis 7 m gehen.

Als weitere Verbesserung ist die Anordnung nach Abb. 152 anzusehen, bei der Tauchwand und Saugschwelle verbunden sind. Der Vorteil gegenüber der bloßen Tauchwand besteht darin, daß die Beschleunigung des Stolleninhaltes nicht mehr unter dem Einfluß des *allmählich* von z_k bis z_{max} sinkenden Wasserspiegels vor sich geht, sondern daß der Spiegel sofort bis z_{max} sinkt und während der Beschleunigungszeit auf gleicher Höhe verharrt. Für die Berechnung des Inhaltes ist Gl. (191) zu verwenden.

3.33 Plötzliche Belastungsvergrößerung, konstante Leistung

Da das Kammerwasserschloß in erster Linie bei größerer Fallhöhe Anwendung findet, macht sich der Einfluß des im Verlauf der Schwingung veränderlichen Nutzgefälles auf den Wasserverbrauch nicht sehr bemerkbar.

---

[1] Luftdruck und Dampfspannung!

Die Spiegelganglinie des Kammerwasserschlosses (Abb. 153) ist dadurch gekennzeichnet, daß der Schacht verhältnismäßig schnell leer ist und dann im Bereich der Kammer sich die Spiegelhöhe nicht mehr stark ändert. Man kann daher praktisch annehmen, daß während der *ganzen Beschleunigungsdauer* die dem Gefälle $(H_0 - z_{max})$ entsprechende Wassermenge verbraucht wird. — Da alle Berechnungen für das Kammerwasserschloß von gegebenem z_{max} ausgehen, kann die zur Erzielung der verlangten Leistung nötige Wassermenge an Hand von Gl. (167) bestimmt werden. Es ist

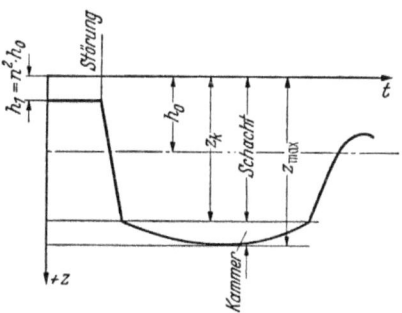

Abb. 153. Spiegelganglinie infolge Belastungsvergrößerung beim Kammerwasserschloß

$$Q_0' = \frac{Q_k H_k}{H_0 - z_{max} - h_r}, \quad (192)$$

wobei Q_k und H_k die Konstruktionswerte der Turbinen sind und h_r der Verlust in der Druckrohrleitung, der seinerseits wieder von Q_0' abhängig ist.

Die Berechnung wird nunmehr auf Q_0' abgestellt und nach den für konstante Wasserentnahme gegebenen Formeln durchgeführt.

3.34 Allmähliche Belastungsvergrößerung von Null auf Vollast

Für den praktischen Kraftwerksbetrieb hat die Frage Bedeutung, auf welche Zeit eine Belastung von Null auf Vollast verteilt werden muß, damit der für eine plötzliche Belastungsvergrößerung von der Teillast n auf Vollast vorgesehene Speicherraum ausreicht.

Nach den Untersuchungen von VOGT ist wichtig, ob die Öffnungszeit t_2 kleiner oder größer als die Dauer der Entleerung des Schachtes ist. Im Grenzfall wird während des linearen Öffnens (der mittlere Wasserverbrauch ist dabei $\frac{1}{2} f v_0$) der Inhalt des Schachtes $F_s z_{max}$ verbraucht.

Unter der Annahme, daß während der Schachtentleerung praktisch kein Wasser im Stollen zufließt, dauert diese

$$2 z_{max} \cdot \frac{F_s}{f v_0} \text{ Sekunden.}$$

Ist nun die Öffnungszeit

$$t_2 > 2 z_{max} \frac{F_s}{f v_0},$$

so gilt

$$t_2 = \frac{L v_0}{g h_0} \left\{ A + \frac{7 x_{max} - 9 n^2}{9 \varepsilon_s} + \frac{4}{3} \sqrt{\frac{2 x_{max}}{\varepsilon_s} \left(A - \frac{9 n^2 + x_{max}}{9 \varepsilon_s} \right)} \right\}, \quad (193)$$

wobei

$$A = \ln \left[\left(\frac{x_{max} - n^2}{x_{max}} \right) \cdot \left(\frac{\sqrt{x_{max}} + n}{\sqrt{x_{max}} - n} \right)^{\frac{1}{\sqrt{x_{max}}}} \right]$$

und ε_s die Kennziffer des Schachtes ist.

Für $t_2 < 2 z_{max} \dfrac{F_s}{f v_0}$ ist

$$t_2 = \frac{L v_0}{g h_0} \sqrt{12 \frac{x_{max}}{\varepsilon_s} \left(A - \frac{n^2}{\varepsilon_s} \right)}. \quad (194)$$

Bei praktischen Berechnungen ist zunächst *eine* der beiden Gleichungen anzuwenden und dann festzustellen, ob die Geltungsbedingung erfüllt ist. Ist dies nicht der Fall, so gilt die andere Formel.

Bei Wasserschlössern mit offener Kammer oder mit Tauchwand ist in den Gl. (193 u. 194) x_{max} zu ersetzen durch

$$x'_{max} = x_{max} - \frac{x_{max} - x_k}{3}.$$

3.4 Das Einkammer-Wasserschloß
3.41 Wasserschloß von SCHÜLLER

Der Gedanke, die obere und die untere Kammer zusammenzulegen, hat SCHÜLLER (a, b) zu der in Abb. 154 dargestellten Wasserschloßform

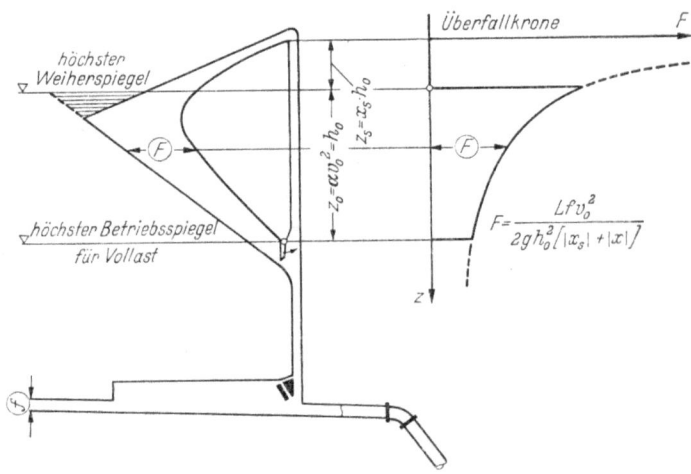

Abb. 154. Einkammer-Wasserschloß von SCHÜLLER

geführt. Der Kammerinhalt ist über die Höhe so verteilt, daß beim Schließen der Turbinen bei jeder beliebigen Zulaufmenge die Kammer höchstens bis zum Stauseespiegel gefüllt werden darf. Aus dieser Forderung ergibt sich eine kelchartige Form der Speicherkammer nach Art der Abbildung oder auch eine prismatische Kammer mit kelchartigem Querschnitt.

Zur Berechnung der oberen Kammer verwendet SCHÜLLER die Gl. (175 u. 176) für das idealisierte Kammerwasserschloß, wobei er den Höchstspiegel angenähert auf Schwellenhöhe annimmt ($x_{max} \cong x_s$). Aus $F = dV/dz$ ergibt sich die Querschnittsverteilung nach der Höhe x

$$F = \frac{L f v_0^2}{2 g h_0^2 (|x_s| + |x|)}.\qquad(195)$$

Soll die Kammer auch bei Belastungsvorgängen wirksam werden, so setzt dies *unveränderliche oder annähernd unveränderliche Höhenlage des Wasserspiegels im Stausee* voraus, und der Kammerinhalt ist je nach der Berechnungsteillast entweder unter der Wasserfassungshöhe ($x = 0$) oder unter dem Teillastspiegel ($x = n^2$) unterzubringen. — Der hydraulische Vorgang bei vollständiger Entlastung ist nun der, daß anfänglich Schacht und Kammer auf die Vollastbeharrungshöhe $z_0 = + h_0$ gefüllt sind. Durch das zunächst im Schacht ansteigende Wasser wird ein in der Verbindungsleitung zwischen Schacht und Kammer eingebautes Abschlußorgan automatisch (durch den Wasserüberdruck oder sonstige Steuerung) geschlossen, so daß die Kammer so lange leer bleibt, bis der Spiegel im Schacht die Überlaufschwelle erreicht (Stadium I). Dann wird die Kammer von obenher gefüllt (Stadium II). — Sinkt der Schachtspiegel im weiteren Schwingungsverlauf wieder unter die Überfallkrone ab, dann bleibt der Kammerinhalt zunächst unverändert (Stadium III). Erst wenn der Schachtspiegel unter den Kammerwasserstand absinkt, öffnet sich das automatische Verschlußorgan, Wasser strömt aus dem Becken in den Schacht (Stadium IV). Der weitere Vorgang braucht nicht näher beschrieben zu werden und ist aus dem Gesagten leicht abzuschätzen. — Der gesamte Ablauf einer Entlastungsschwingung ist in Abb. 155 dargestellt.

Liegen die Verhältnisse so, daß man nicht ohne weiteres $x_{max} = x_s$ setzen oder die Abbremsung der Zulaufmenge bis zum beginnenden Überlauf in die Kammer vernachlässigen kann, so verwendet man zweckmäßig Gl. (164). Man geht dabei von verschiedenen Anfangs-Zulaufmengen, d. h. auch von verschiedenen Ausgangs-Spiegellagen aus und erhält analog dem SCHÜLLERschen Vorgang die Höhenverteilung des Kammerinhaltes, aus der sich die Horizontalflächen in den verschiedenen Höhen ableiten lassen.

Die nach den bisher angeführten Verfahren ermittelten Kammerformen zeigen die schon erwähnte starke Flächenzunahme nach oben hin, die oft zu einem unverhältnismäßig hohen Bauaufwand (große Spannweiten der Scheitelgewölbe der Kammer) führt.

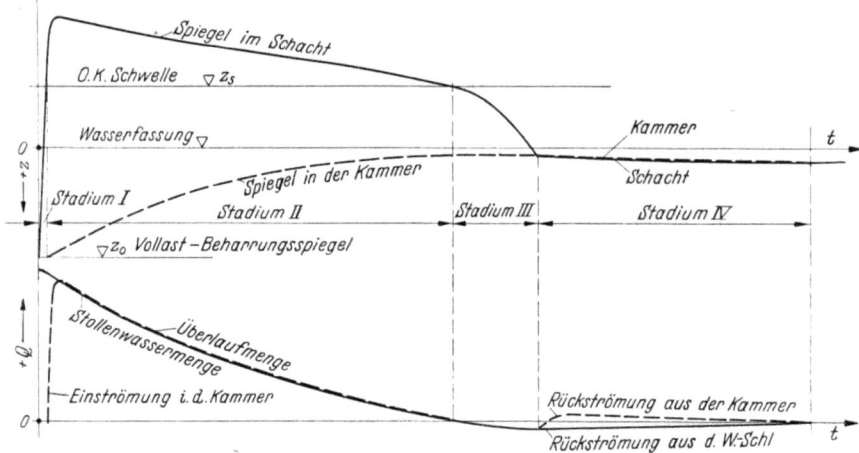

Abb. 155. Entlastungsschwingung in einem Einkammer-Wasserschloß

3.42 Kammer mit konstanter Fläche

Man wird aus den angeführten Gründen häufig dazu gezwungen sein, die Kammer mit konstanter Fläche auszuführen (Abb. 156)[1]. Dann ist es zwar nicht mehr möglich, den festgesetzten Höchstspiegel bei Entlastung von Teilzuflüssen auf $x = 0$ oder $x = n^2$ zu fixieren; das ist

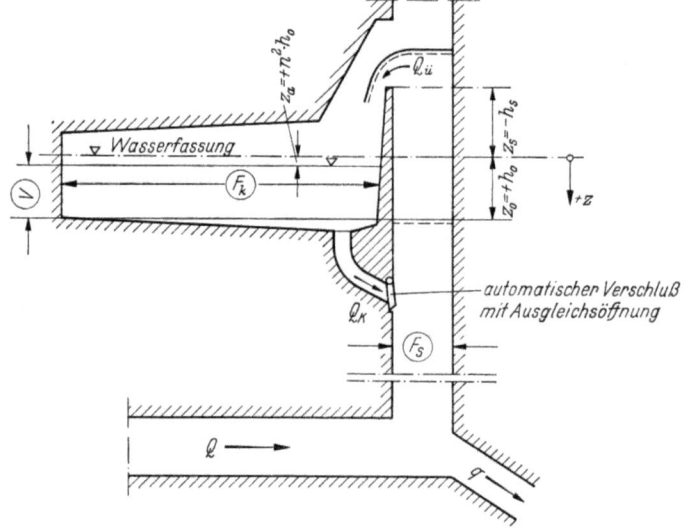

Abb. 156. Einkammer-Wasserschloß

---

[1] SCHÜLLER hat sich in seiner Dissertation (a) auch mit dieser Möglichkeit befaßt.

aber, da ja die Überfallschwelle ohnehin wesentlich über dem Ruhespiegel liegt, ganz unbedenklich: die Kammer wird sich eben vorübergehend etwas höher füllen als die erwähnten Höhen besagen.

Für die schrittweise Untersuchung von Entlastungsvorgängen sind folgende Gleichungen maßgebend (vgl. auch Abb. 155):

Beschleunigungsgleichung:

$$\varDelta Q = \frac{g f}{L} \varDelta t (z - h). \tag{196}$$

Raumgleichungen:
Stadium I, steigender Wasserspiegel liegt unter der Überfallkante.

$$\varDelta z = \frac{\varDelta t}{F_s} (q - Q). \tag{197}$$

Bei vollständiger Entlastung ist $q = 0$. F_s = Schachtfläche.

Stadium II, Wasser fließt über die Schwelle in die Kammer.

$$\varDelta z = \frac{\varDelta t}{F_s} (q - Q + Q_{\ddot{u}}), \tag{198}$$

wobei $Q_{\ddot{u}}$ als Überlaufmenge bei der Strahlstärke $h_{\ddot{u}} = z_s - z$ zu bestimmen ist.

Der Spiegelanstieg in der Kammer folgt gleichzeitig der Beziehung:

$$\varDelta z_k = - \frac{Q_{\ddot{u}} \varDelta t}{F_k}. \tag{199}$$

z_k = Spiegelkote in der Kammer, bezogen auf die Stauseehöhe, F_k = Kammerfläche.

Ist F_s gegenüber F_k klein, so kann die Speicherung im Schacht vernachlässigt werden. Die Spiegellage im Schacht ergibt sich dann aus der Überfallhöhe, die die gesamte aufzuspeichernde Wassermenge $Q - q$ beim Abfluß in die Kammer benötigt:

$$z = z_s - \left[\frac{Q - q}{\tfrac{2}{3} \mu B \sqrt{2g}} \right]^{2/3}. \tag{200}$$

Stadium III, sinkender Wasserspiegel im Schacht liegt zwischen der Überfallkante und dem Wasserspiegel in der Kammer. Hierfür gilt die Formel von Stadium I, Gl. (197).

Stadium IV, Wasserspiegel im Schacht liegt tiefer als der in der Kammer: Rückströmung aus dieser.

$$\varDelta z = \frac{\varDelta t}{F_s} (q - Q - Q_k), \tag{201}$$

$$\varDelta z_k = \frac{\varDelta t}{F_k} Q_k. \tag{202}$$

Die Rückflußmenge Q_k errechnet sich nach der Formel

$$Q_k = \lambda \sqrt{z - z_k}, \tag{203}$$

in der λ unter anderem die Abmessungen der Verbindungsleitung und deren Widerstandszahlen berücksichtigt. Für eine Leitung vom konstanten Querschnitt f_a und den Widerstandszahlen ζ ist z. B.

$$\lambda = f_a \sqrt{\frac{2g}{1 + \Sigma \zeta}}.$$

Die Gl. (201 bis 203) stellen den allgemeinen Fall von Stadium IV dar und decken sich vollständig mit den entsprechenden Formeln für das Differentialwasserschloß, als das die Einkammeranordnung somit aufzufassen ist. Die Übereinstimmung wird vollständig, wenn auf die Rückschlagklappen in der Verbindungsleitung zwischen Schacht und Kammer verzichtet wird. — Bei genügend weiter Verbindungsleitung sind hier die Widerstände meist sehr klein und entsprechend auch die Spiegeldifferenzen zwischen Kammer und Schacht. In diesen Fällen (deren numerische Integration nach den angegebenen Gleichungen zudem ebenso wie beim Differentialwasserschloß sehr kleine Zeitintervalle und genaue, mühsame Zahlenrechnung verlangt) reicht es völlig aus, wenn man ein gleichartiges Absinken der beiden Spiegel annimmt, F_k und F_s als *eine* Fläche rechnet. Alsdann gilt die Raumgleichung:

$$\varDelta z = \varDelta z_k = \frac{\varDelta t}{F_s + F_k}(q - Q). \tag{204}$$

Dem Abschwingen von Phase IV folgt ein abermaliges Aufschwingen, das zunächst, solange noch Wasser aus der Kammer rückfließen kann, nach den gleichen Formeln (201 bis 203) zu berechnen ist. Gelangt aber der Schachtspiegel über den Kammerspiegel, dann schließt sich das automatische Verschlußorgan in der Verbindungsleitung, und es liegen wiederum die Verhältnisse von Stadium I vor. Ein abermaliges Überfließen in die Kammer nach Stadium II kommt nur ganz selten und höchstens in beschränktem Umfang vor.

Eine unmittelbare Bemessung der für die Entlastung ausgelegten Kammer auch für den Fall der *Entnahmevergrößerung* ist nicht möglich. Da hier aber häufig eine kleinere Entnahmeänderung (z. B. von $n = 0{,}5$ auf 1) angenommen wird als es bei der totalen Entlastung der Fall ist, reicht in vielen Fällen der Kammerinhalt aus, die Schwingung geht bis $z = +h_0$ träge vor sich. Mit dem Erreichen der genannten Höhe steht aber nur noch die Schachtfläche zur Verfügung, der Spiegel sinkt daher lebhafter ab, findet aber meist schon bald seinen Tiefstpunkt. Wo dies nicht der Fall ist, wird eine Vertiefung der Kammer unter die Höhe $+h_0$ in Betracht kommen.

Die Berechnung der Belastungsschwingung kann nach den Formeln (196 u. 201 bis 203) vorgenommen werden, also unter Zugrundelegung des Differentialschemas. Ist aber die Verbindungsleitung zwischen Kammer und Schacht genügend weit, kann als Raumgleichung auch Gl. (204) verwendet werden. Nach Erschöpfen des Kammerinhaltes und beim Wiederaufschwingen des Schachtspiegels gilt die Raumgleichung (197), ebenso auch im ganzen weiteren Verlauf, es sei denn, daß der Spiegel so hoch schwingt, daß die Kammer vom Überfall her wieder teilweise gefüllt wird, was aber nur ganz selten eintritt.

Die für die numerische Integration notwendigen Rechenschemen lassen sich, zum Teil unter Benutzung derjenigen für das Differentialwasserschloß, leicht aufstellen, so daß sich hier ein näheres Eingehen erübrigt. — Schließlich sei auch noch erwähnt, daß unter Umständen für den Fall der Entnahmevergrößerung die direkten Bemessungsverfahren für das einfache oder das Differentialwasserschloß verwendet werden können, dann nämlich, wenn die Kammer so liegt, daß ihr Inhalt vor Erreichen der tiefsten Spiegellage nicht erschöpft ist.

Zahlenbeispiel. Eine Hochdruckspeicheranlage hat nachstehende Daten: $L = 4200$ m, $f = 4,91$ m², $Q_0 = 10,3$ m³/s, $v_0 = 2,10$ m/s. Der Wasserspiegel im Stausee schwankt zwischen den Höhen $+116,00$ und $+126,00$ m. Für die zu erwartende Spiegeldifferenz zwischen Wasserfassung und Wasserschloß wurde als möglicher Größtwert $h_0 = 9,00$ m und als möglicher Kleinstwert $h_0 = 7,50$ m errechnet. Mit Rücksicht auf die Stabilitätsverhältnisse ist der Schachtquerschnitt $F_s = 4,91$ m² gewählt worden. Das Wasserschloß ist als Kammerwasserschloß auszubilden.

Obere Kammer. Die Sohle der oberen *offenen Kammer* liegt auf $+129,50$ m, also $z_k = -(129,50 - 126,00) = -3,50$ m; Kammerfläche $F_k = 200$ m².

$$\varepsilon_k = \frac{4200 \cdot 49,1 \cdot 2,10^2}{9,81 \cdot 200 \cdot 7,50^2} = 0,825;$$

$$x_k = -\frac{3,50}{7,50} = -0,467;$$

$$\frac{F_s}{F_k} = \frac{4,91}{200} = 0,0246;$$

$$\frac{1-x_k}{\varepsilon_k} \frac{F_s}{F_k} = \frac{1+0,467}{0,825} \cdot 0,0246 = 0,0437.$$

Mit diesen Werten ergibt sich aus Abb. 140

$$\frac{x_k - x_{max}}{\varepsilon_k} = 0,439,$$

woraus

$$x_{max} = -0,467 - 0,439 \cdot 0,825 = -0,829$$

und

$$z_{max} = -0,829 \cdot 7,50 = -6,22 \text{ m},$$

was einer Schwallhöhe von

$$+126,00 + 6,22 = +132,22 \text{ m}$$

entspricht. Zur Kontrolle sei auch noch die zahlenmäßige Berechnung nach Gl. (183) gegeben:

$$B' = \frac{200}{4,91} e^{2\frac{-0,467-1}{0,825}0,0246} + 1 - \frac{200}{4,91} = -2,42,$$

$$2\frac{-0,467}{0,825} = \ln \frac{-2,42}{1+2\frac{x_{max}}{0,825}} + 2\frac{x_{max}}{0,825}.$$

Hieraus wird durch Probieren gefunden: $x_{max} = -0,829$ wie oben.

Der Speicherstollen ist 77,75 m lang zu machen. Dann hat er zusammen mit dem Steigschacht die vorgeschriebene Fläche $F_k = 200$ m². Sein Nutzinhalt ohne den Anteil des Schachtes ist bei 2,50 m Breite und $6,22 - 3,50 = 2,72$ m Wassertiefe $V = 77,75 \cdot 2,50 \cdot 2,72 = 529$ m³.

Dieser Inhalt läßt sich bei *Anordnung einer Schwelle* noch weiter verringern. Der Zulauf im Stollen wird sich nicht sehr stark verringert haben, wenn der Schwallspiegel die Schwelle erreicht. Man kann einigermaßen zutreffend annehmen, daß der Zulauf auf etwa $0,95 \cdot Q_0 = 9,8$ m³/s gesunken sein wird. Für diese Wassermenge ist, da die Schwellenbreite nicht wesentlich vom Schachtdurchmesser und von der Kammerbreite abweichen kann, eine Überlaufhöhe von ungefähr 1,5 m erforderlich. Wir legen dementsprechend die Überfallschwelle auf Höhe $+130,75$ m.

$$z_s = -(130,75 - 126,00) = -4,75 \text{ m},$$

$$x_s = -\frac{4,75}{7,50} = -0,633,$$

$$x_{max} = -0,829$$

wie oben,

$$\varepsilon_s = \frac{4200 \cdot 4,91 \cdot 2,10^2}{9,81 \cdot 4,91 \cdot 7,50^2} = 33,6.$$

Nach Abb. 114 [auch nach Gl. (155)] kann zu diesen Werten die relative Wasserführung des Stollens zu $y_s = v/v_0 \cong 0,96$ ermittelt werden. Der Rauminhalt wird nach Gl. (190)

$$V = \frac{4200 \cdot 4,91 \cdot 2,10^2}{2 \cdot 9,81 \cdot 7,50} \ln\left[1 + \frac{0,96^2}{0,85 \cdot 0,829 + 0,15 \cdot 0,633}\right] -$$
$$- 4,91 \cdot 7,50 (0,829 - 0,633).$$

Den Logarithmus der Klammer entnehmen wir für $y_s = 0,96$ und $0,85|x_{max}| + 0,15|x_s| = 0,800$ aus Abb. 147 zu 0,766. Damit ergibt sich

$$V = 466 \text{ m}^3.$$

Die Raumersparnis gegenüber der offenen Kammer ist

$$\frac{529 - 466}{529} 100 = 12\%.$$

Die größte Überlaufmenge ist angenähert $Q_{\ddot{u}} = y_s Q_0 = 0{,}96 \cdot 10{,}3 =$
$= 9{,}89$ m³/s. Mit $\mu = 0{,}7$ wird die erforderliche Überlaufbreite bei
$h_{\ddot{u}} = 132{,}22 - 130{,}75 = 1{,}47$ m

$$B = \frac{9{,}89}{\frac{2}{3} 0{,}7 \cdot 4{,}43 \cdot 1{,}47^{3/2}} = 2{.}68 \text{ m}.$$

Sie läßt sich konstruktiv ohne weiteres unterbringen.

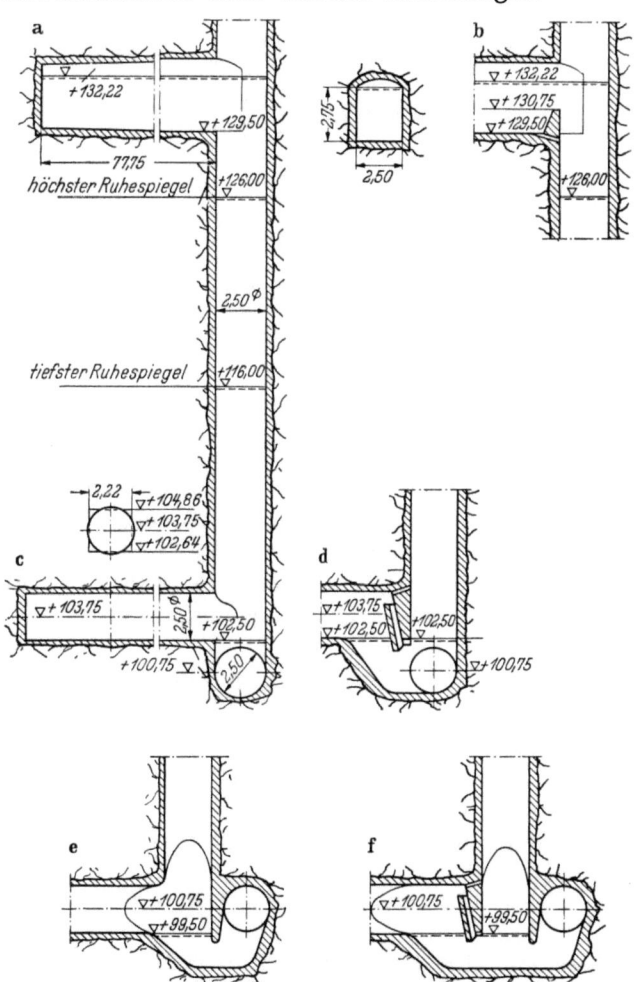

Abb. 157. Kammerwasserschloß (zum Zahlenbeispiel)
a Kammer offen, b Kammer mit Schwelle, c Kammer offen, d Saugschwelle,
e Tauchwand, f Tauchwand und Saugschwelle

Untere Kammer. Das Wasserschloß ist für eine Belastungssteigerung von $n = 0{,}4$ auf 1 zu bemessen. Tiefster Seespiegel $+116{,}00$ m, $h_0 = 9{,}00$ m.

Zunächst soll eine *offene Kammer* ins Auge gefaßt werden. Sie soll Kreisquerschnitt (⌀ = 2,50 m) erhalten. Die Achse des Speicherstollens ist auf Höhe +103,75 m angenommen. Für die Anwendung von Gl. (187) wird statt des Kreisquerschnittes näherungsweise ein flächengleiches Quadrat von 2,22 m Seitenlänge und gleicher Schwerpunktshöhe +103,75 m gesetzt. Somit ist

$$z_k = 116,00 - 103,75 + \left(\frac{2,22}{2}\right) = +11,14 \text{ m};$$

$$z_{max} = 116,00 - 103,75 - \left(\frac{2,22}{2}\right) = +13,36 \text{ m};$$

$$x_k = +\frac{11,14}{9,00} = +1,238;$$

$$x_{max} = +\frac{13,36}{9,00} = +1,485;$$

$$\xi_k = x_k - n^2 = 1,238 - 0,40^2 = 1,078;$$

$$\xi_{max} = 1,485 - 0,40^2 = 1,325;$$

$$\frac{\xi_k}{\xi_{max}} = \frac{1,078}{1,325} = 0,813.$$

Für $n = 0,4$ und $x_{max} = +1,485$ wird nach Abb. 150 [auch nach Gl. (184)] $\frac{x_{max} - n^2}{\varepsilon_1} = 0,1685$ und daraus $\varepsilon_1 = \frac{1,325}{0,1685} = 7,86$. Ebenso ergibt sich nach Abb. 120 oder nach Gl. (171) $\varepsilon_2 = 3,65$.

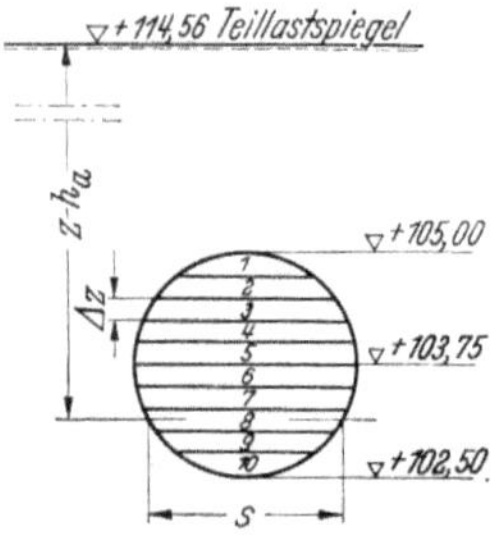

$\varepsilon_1/\varepsilon_2 = 7,86/3,65 = 2,15$. Das gleiche Ergebnis geht auch unmittelbar aus Abb. 142 hervor.

$$\varepsilon_s = \frac{4200 \cdot 4,91 \cdot 2,10^2}{9,81 \cdot 4,91 \cdot 9,00^2} = 23,3;$$

$$\frac{\varepsilon_s}{\varepsilon_2} = \frac{23,3}{3,65} = 6,39.$$

Abb. 158

Zu diesen Werten gibt Abb. 143 [oder Gl. (187)]

$$\frac{F_k}{F_s} = 15 \quad \text{bzw.} \quad F_k = 15 \cdot 4,91 = 73,7 \text{ m}^2.$$

Die Kammerlänge wird $L_k = 73,7/2,22 = 33,2$.

Um das Verfahren zu zeigen, sei auch noch die allgemeinere Formel (189) herangezogen (vgl. Abb. 158):

$$z_{max} = 116,00 - 102,50 = +13,50 \text{ m};$$

$$x_{max} = +\frac{13,50}{9,00} = +1,500.$$

Zur Auswertung der Größe $\sum_{x_k}^{x_{max}}(x-n^2)^{\varepsilon_1/\varepsilon_1-1}s\,\varDelta x$ wird der Querschnitt in Streifen von $\varDelta z = 0{,}25$ m Höhe eingeteilt. $\varDelta x = 0{,}25/9{,}00 = 0{,}0278$. Die Streifenbreiten s sind aus Abb. 158 abgemessen, ebenso die mittleren Abstände $z - h_a$ der Streifen vom Teillastspiegel, der $h_a = 0{,}4^2 \cdot 9{,}00 = 1{,}44$ m unter Wasserfassung, also auf Höhe $+114{,}56$ m liegt. Die Ermittlung ist in nachstehender Tabelle gegeben:

Streifen	Mittlere Breite s	$z - h_a$	$x - n^2 = \dfrac{z - h_a}{9{,}00}$	$(x - n^2)^{1,15}$	$s\,\varDelta x (x - n^2)^{1,15}$
1	1,00	9,710	1,079	1,091	0,0304
2	1,77	9,935	1,104	1,121	0,0552
3	2,16	10,185	1,132	1,153	0,0692
4	2,38	10,435	1,159	1,185	0,0785
5	2,48	10,685	1,189	1,220	0,0842
6	2,48	10,935	1,215	1,251	0,0863
7	2,38	11,185	1,243	1,284	0,0851
8	2,16	11,435	1,271	1,318	0,0790
9	1,77	11,685	1,298	1,350	0,0664
10	1,00	11,910	1,323	1,380	0,0384

$$\sum_{x_k}^{x_{max}}(x - n^2)^{\frac{\varepsilon_1}{\varepsilon_1}-1}s\,\varDelta x = 0{,}6727$$

Gl. (189) lautet nunmehr:

$$\frac{1}{23{,}3}\frac{3{,}65}{7{,}86}(1{,}500 - 0{,}16)^{2,15} + \frac{9{,}81 \cdot L_k \cdot 9{,}0^2}{4200 \cdot 4{,}91 \cdot 2{,}10^2} 0{,}6727 =$$

$$= \frac{1}{7{,}86}(1{,}500 - 0{,}16)^{2,15}.$$

Hieraus ergibt sich $L_k = 34{,}2$ m. [Nach Gl. (187) war $L_k = 33{,}2$ m.] Kammerinhalt $V = 34{,}2 \cdot 4{,}91 = 168$ m³.

Bei Ausführung der Kammer mit *Saugschwelle* würde sich folgendes ergeben:

Unterkante Saugschwelle $+102{,}50$ m, also $z_{max} = +13{,}50$ m und $x_{max} = +1{,}500$ wie oben, ebenso

$$\frac{x_{max} - n^2}{\varepsilon_1} = 0{,}1685.$$

Kammerinhalt nach Gl. (191)

$$V = \frac{4200 \cdot 4{,}91 \cdot 2{,}10^2}{9{,}81 \cdot 9{,}00} 0{,}1685 \left(1 - \frac{3{,}65}{23{,}3}\right) = 146{,}2 \text{ m}^3.$$

Dies bedeutet gegenüber der offenen Kammer eine Raumersparnis von 13%.

Eine weiter verbesserte Ausführung besteht in der Anordnung einer *Tauchwand*, die so weit herabgeführt wird, daß der Sunkspiegel auf Höhe der Stollensohle ($+99{,}50$ m) zu liegen kommt.

Die Kammer wird als offene Kammer berechnet, Gl. (187 u. 189). Von der Wiedergabe der Rechnung soll hier abgesehen werden.

Zum Schluß soll noch gezeigt werden, wie die erwähnte *Tauchwand* mit einer *Saugschwelle* verbunden werden kann. Es ist

$$z_{max} = 116{,}00 - 99{,}50 = +16{,}50 \text{ m},$$

$$x_{max} = +\frac{16{,}50}{9{,}00} = +1{,}833.$$

Die Anwendung von Gl. (191) mit $(x_{max} - n^2)/\varepsilon_1 = 0{,}127$ für $x_{max} = +1{,}833$ und $n = 0{,}4$ nach Abb. 150, ferner mit $\varepsilon_2 = 6{,}32$ nach Abb. 120 gibt

$$V = \frac{4200 \cdot 4{,}91 \cdot 2{,}18^2}{9{,}81 \cdot 9{,}00} \, 0{,}127 \left(1 - \frac{6{,}32}{23{,}3}\right) = 95{,}5 \text{ m}^3.$$

Die Raumersparnis gegenüber der zuerst behandelten offenen Kammer (168 m³) beträgt 43%.

Der am Stollenscheitel (+102,00 m) auftretende Unterdruck ist $u = 102{,}00 - 99{,}50 = 2{,}50$ m.

4 Das gedrosselte Schachtwasserschloß

4.1 Allgemeines über gedrosselte Typen

Gedrosselte Wasserschlösser[1] sind dadurch gekennzeichnet, daß zwischen Stollen und Druckleitung einerseits und dem Wasserschloß andererseits keine freie, d. h. verlustlose Verbindung besteht, sondern

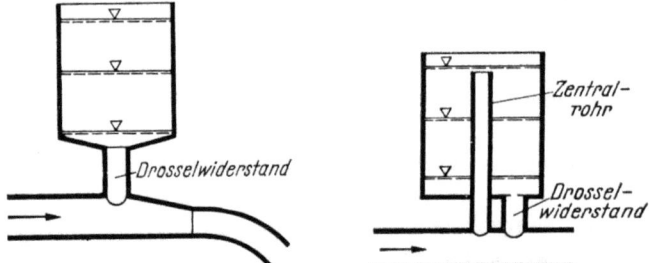

Abb. 159 und 160. Gedrosselte Wasserschlösser

daß das Zuschuß- bzw. Überschußwasser am Übergang zwischen Wasserschloß und Stollen ein besonderes Organ, den Drosselwiderstand, durchströmen muß. Derartige Wasserschlösser sind aus den Abb. 159, 160, 179 und 180 zu ersehen. Ihre Wirkungsweise beruht

---

[1] Die mit einer Drosselung versehenen Wasserschlösser werden mitunter auch als „gedämpfte Wasserschlösser" bezeichnet. Da die Bezeichnung „gedämpft" unter Umständen falsche Schlüsse hinsichtlich des Schwingungsverlaufes in „ungedämpften" Wasserschlössern mit sich bringen könnte, wird hier der treffendere Ausdruck „gedrosseltes Wasserschloß" verwendet.

darauf, daß bei Belastungsänderungen beim Wasserdurchfluß durch den Widerstand ein zusätzlicher Druck auftritt, der die Beschleunigung oder Verzögerung des Stolleninhaltes maßgebend beeinflußt.

Fährt beispielsweise das Kraftwerk nach Betriebsstillstand an, so muß das erforderliche Wasser im ersten Augenblick zur Gänze und weiterhin bis zur erreichten Vollbeschleunigung des Stolleninhaltes zum Teil aus dem Wasserschloß kommen, d. h. den Widerstand durchströmen. Die hierzu nötige Druckhöhe zur Erzeugung der Geschwindigkeit und zur Deckung sonstiger Verluste kommt so zustande, daß sich im Stollen ein entsprechender Unterdruck gegenüber dem Wasserschloßspiegel bildet, der zur Beschleunigung des Stolleninhaltes beiträgt. Ähnlich ist es bei der Entlastung. Dann bildet sich vor dem Widerstand ein zusätzlicher Überdruck, der einerseits das Wasser durch die Widerstandsöffnung ins Wasserschloß preßt, andererseits aber auch stark bremsend auf die Wassermasse im Stollen wirkt.

4.2 Ermittlung des Drosselwiderstandes

Der Druckverlust im Widerstand setzt sich zusammen aus Umlenkverlusten, aus Verlusten an Rohrverzweigungen, an Einschnürungen und Erweiterungen und aus Reibungsverlusten. Da die richtige Berechnung des Widerstandes für die entwurfsmäßige Wirkung des gedrosselten Wasserschlosses von ausschlaggebender Bedeutung ist, soll hierauf etwas näher eingegangen werden. Wegen der Formelzeichen siehe auch A. 3.

Umlenkverluste. Für die rechtwinklige Umlenkung eines Kreisrohres vom gleichen Querschnitt vor und hinter dem Knie fand WEISBACH einen Energieverlust von $h_v = 0{,}98 \cdot v^2/2g$. Neuere Versuche (HOFFMANN, KIRCHBACH, SCHUBART, WASIELEWSKI)[1] haben $h_v = 1{,}125 \cdot v^2/2g$ ergeben.

Strenggenommen entspricht die Umlenkung des Wasserstromes am Widerstand nicht einem Knierohr, bei dem das ankommende Wasser gegen die Rohrwand prallt. Besser werden daher die bekannten Münchener Versuchsergebnisse und die von GARDEL[2] über Rohrverzweigungen und Rohrvereinigungen herangezogen.

In diesen Veröffentlichungen sind die aus Abb. 161 ersichtlichen Anordnungen für verschiedene Abzweigwinkel δ, verschiedene Durchmesserverhältnisse d_a/d und verschiedene Ausrundungshalbmesser der Durchdringungskanten untersucht.

---

[1] Mitt. Hydraul. Inst. Techn. Hochsch. München, Hefte 3 u. 5. München 1926.
[2] Mitt. Hydraul. Inst. Techn. Hochsch. München, Hefte 1, 2, 3, 4, München 1926, Arbeiten von VOGEL, PETERMANN, KINNE. Wegen GARDEL siehe Literaturverzeichnis.

Tabelle 9

$\frac{Q_a}{Q} =$		\multicolumn{6}{c}{Trennung}
		0,0	0,2	0,4	0,6	0,8	1,0
$\frac{d_a}{d} = 1,0$	ζ_a	0,98	0,87	0,84	0,91	1,08	1,28
$\frac{f_a}{f} = 1,0$	ζ_d	+0,02	−0,03	−0,02	+0,08	0,21	0,35
$\frac{d_a}{d} = 0,582$	ζ_a	1,30	1,50	2,35	4,30	—	—
$\frac{f_a}{f} = 0,338$	ζ_d	+0,16	−0,14	−0,05	+0,07	+0,20	+0,30
$\frac{d_a}{d} = 0,350$	ζ_a	1,00	3,0	8,9	19,5	31,3	—
$\frac{f_a}{f} = 0,122$	ζ_d	\multicolumn{6}{c}{um 0,0 schwankend zwischen +0,4 und −0,4}

Die auftretenden Energieverluste sind, bezogen auf die Geschwindigkeitshöhe des gesamten Wasserstromes, zu $h_v = \zeta \cdot v^2/2g$ ermittelt. — h_v ist als Energieverlust mit h_I, h_{II} und h_{III} als den in I, II und III wirksamen Druckhöhen (Höhen der Piezometerlinie) folgendermaßen gekennzeichnet, wobei Reibungsverluste vernachlässigt sind:

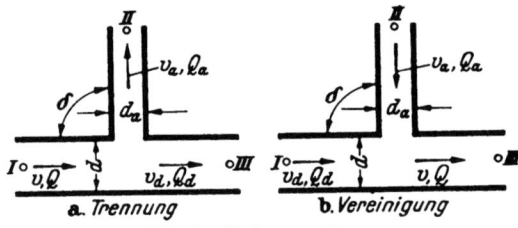

Abb. 161. Rohrverzweigungen

Trennung der Wasserströme (Abb. 161 a):

$$h_{va} = h_I - h_{II} + \frac{v^2 - v_a^2}{2g} = \zeta_a \frac{v^2}{2g},$$

$$h_{vd} = h_I - h_{III} + \frac{v^2 - v_d^2}{2g} = \zeta_d \frac{v^2}{2g}.$$

Vereinigung der Wasserströme (Abb. 161 b):

$$h_{va} = h_{II} - h_{III} + \frac{v_a^2 - v^2}{2g} = \zeta_a \frac{v^2}{2g},$$

$$h_{vd} = h_I - h_{III} + \frac{v_d^2 - v^2}{2g} = \zeta_d \frac{v^2}{2g}.$$

(205)

Die Beiwerte ζ_a und ζ_d sind in den genannten Arbeiten in Kurven- und Tabellenform, zum Teil auch durch Formeln, wiedergegeben.

(Fortsetzung)

Vereinigung					
0,0	0,2	0,4	0,6	0,8	1,0
−0,96	−0,26	+0,25	+0,63	+0,90	+1,12
0,00	0,30	0,47	0,54	0,57	0,55
−0,68	+0,20	1,25	2,79	4,75	7,25
+0,28	0,51	0,76	1,00	1,25	1,50
−1,3	+2,5	11,6	29,2	—	—
−0,04	0,00	+0,03	+0,22	+0,46	—

Für die (häufigste) rechtwinklige Verzweigung ($\delta = 90°$) und scharfkantigen Übergang sind in Tabelle 9 die Beiwerte nach den Münchener Versuchen angegeben.

In allen übrigen Fällen müssen die angegebenen Veröffentlichungen herangezogen werden. Hier sollen — in unserer Schreibweise — noch die Formeln von GARDEL angegeben werden.

Trennung der Wasserströme:

$$\zeta_a = 0{,}95 \left(1 - \frac{Q_a}{Q}\right)^2 + \left(1{,}3 \operatorname{ctg} \frac{\delta}{2} - 0{,}3 + \frac{0{,}4 - 0{,}1\,\varphi}{\varphi^2}\right) \times$$
$$\times \left(1 - 0{,}9 \sqrt{\frac{\varrho}{\varphi}}\right) \left(\frac{Q_a}{Q}\right)^2 + 0{,}4 \left(1 + \frac{1}{\varphi}\right) \operatorname{ctg} \frac{\delta}{2} \frac{Q_a}{Q} \left(1 - \frac{Q_a}{Q}\right),$$
$$\zeta_d = 0{,}03 - 0{,}26 \left(\frac{Q_a}{Q}\right) + 0{,}58 \left(\frac{Q_a}{Q}\right)^2,$$

Vereinigung der Wasserströme:

$$\zeta_a = \left[(1 - \varphi) \frac{\cos\delta}{\varphi} - (1{,}2 - \sqrt{\varrho}) \left(\frac{\cos\delta}{\varphi} - 1\right) - 0{,}8 \left(1 - \frac{1}{\varphi^2}\right)\right] \times$$
$$\times \left(\frac{Q_a}{Q}\right)^2 - 0{,}92 \left(1 - \frac{Q_a}{Q}\right)^2 + (2 - \varphi) \left(1 - \frac{Q_a}{Q}\right) \left(\frac{Q_a}{Q}\right),$$
$$\zeta_d = 0{,}03 \left(1 - \frac{Q_a}{Q}\right)^2 - \left[1 + (1{,}62 - \sqrt{\varrho}) \left(\frac{\cos\delta}{\varphi} - 1\right) - \right.$$
$$\left. - 0{,}38(1 - \varphi)\right] \left(\frac{Q_a}{Q}\right)^2 + (2 - \varphi) \left(\frac{Q_a}{Q}\right) \left(1 - \frac{Q_a}{Q}\right).$$

(206)

Hierin: $\delta =$ Abzweigwinkel nach Abb. 161, $\varphi = f_a/f$, $\varrho = r/d$ und $r =$ Ausrundungshalbmesser der Abzweigkanten.

Bemerkt sei, daß die Ergebnisse von Lausanne (GARDEL) zum Teil von denen von München abweichen.

Plötzliche Verengungen (Abb. 162). Plötzliche Verengungen verursachen nach WEISBACH einen Energieverlust

$$h_v = \xi \frac{v_e^2}{2g} \quad \text{mit} \quad \xi = \left(\frac{1}{\mu} - 1\right)^2 + 0{,}04. \tag{207}$$

Die Werte μ und ξ sind in Tabelle 10 enthalten.

Tabelle 10

$F_e/F =$	0,01	0,1	0,2	0,4	0,6	0,8	1,0
$\mu =$	0,60	0,61	0,62	0,65	0,70	0,77	1,00
$\xi =$	0,49	0,45	0,42	0,33	0,22	0,13	(0,00)

Verluste in Blenden (Diaphragmen). Für den Scheibenring im Ansatz nach Abb. 163 ist nach WEISBACH der Energieverlust

$$h_v = \xi_s \frac{v_2^2}{2g} \quad \text{mit} \quad \xi_s = \left(\frac{F_2}{\mu F_3} - 1\right)^2. \tag{208}$$

Für ξ_s und μ gilt Tabelle 11.

Tabelle 11

$F_3/F_2 =$	0,1	0,2	0,3	0,4	0,5	0,6	0,7	0,8	0,9	1,0
$\mu =$	0,616	0,614	0,612	0,610	0,607	0,605	0,603	0,601	0,598	0,596
$\xi_s =$	231,7	50,99	19,78	9,61	5,26	3,08	1,88	1,17	0,73	0,48

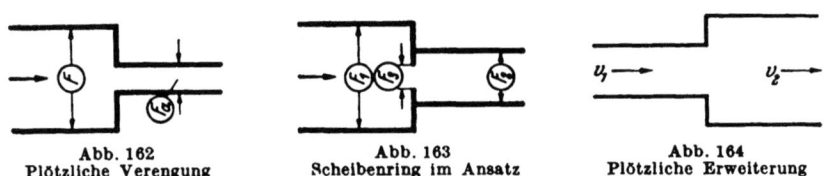

Abb. 162
Plötzliche Verengung

Abb. 163
Scheibenring im Ansatz

Abb. 164
Plötzliche Erweiterung

Für den Scheibenring in der Leitung ($F_1 = F_2$) gehen die Werte ξ_s und μ der Gl. (208) aus Tabelle 12 hervor.

Tabelle 12

$F_3/F_2 =$	0,1	0,2	0,3	0,4	0,5	0,6	0,7	0,8	0,9	1,0
$\mu =$	0,624	0,632	0,643	0,659	0,681	0,712	0,755	0,813	0,892	1,000
$\xi_s =$	225,9	47,77	17,51	7,80	3,75	1,80	0,80	0,29	0,06	0,00

Plötzliche Erweiterungen. Der Energieverlust in plötzlichen Erweiterungen nach Abb. 164 beträgt nach BORDA

$$h_v = \frac{(v_1 - v_2)^2}{2g} \tag{209}$$

und wird auch durch neuere Versuche bestätigt[1]. Der bei der Geschwindigkeitsverminderung auftretende Rückgewinn an Druckhöhe ist

$$\Delta h = \frac{v_2(v_1 - v_2)}{g}. \tag{210}$$

---

[1] SCHÜTT: Versuche zur Bestimmung der Energieverluste bei plötzlicher Rohrerweiterung. Mitt. Hydraul. Inst. Techn. Hochsch. München. Heft 1.

Es handelt sich nun darum, aus den angegebenen Einzelzahlen den Drosselverlust k zu ermitteln. Eine einfache Superposition ist nur möglich, wenn die einzelnen Hindernisse genügend weit voneinander entfernt sind. LEVIN gibt als ihre Mindestentfernung den Wert

$$L_0 = 0{,}5(D - d)\sqrt[4]{Re - 10000}$$

an, wobei D den Leitungsdurchmesser unterhalb des Hindernisses, d den Strahldurchmesser im Kontraktionsquerschnitt und Re die REYNOLDSsche Zahl für die Strecke unterhalb des Hindernisses bedeuten.

Unter dieser Voraussetzung werden zunächst für die gebräuchlichsten Anordnungen des Drosselwiderstandes durch einfache Überlagerung der Einzelverluste nach den Formeln (205 bis 210) geschlossene Ausdrücke für k abgeleitet.

Widerstand nach Abb. 165 bei Entlastung. Geht man vom Zulaufquerschnitt (1) mit der Druckhöhe h_I aus, so liegt dort die Energielinie um den Wert $v^2/2g$ über dem Druckhorizont. Von (1) bis (2) fällt die Energielinie um den Umlenkverlust $\zeta_a \dfrac{v^2}{2g}$ und die Reibungshöhe h_r. Der Spiegel im Piezometerrohr in Querschnitt (2) liegt um $v_a^2/2g$ unter der

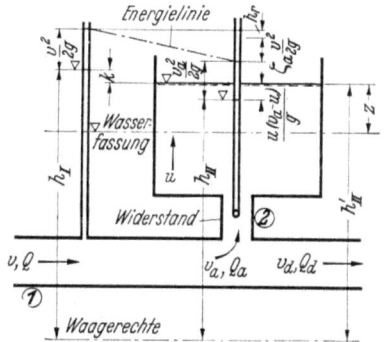

Abb. 165. Drosselwiderstand bei Entlastung

Energielinie, also auf Höhe h_{II}, die ihrerseits wieder um den Wert $\Delta h = \dfrac{u(v_a - u)}{g}$ nach Gl. (210) kleiner als die Druckhöhe h'_{II} des freien Wasserschloßspiegels ist. Unter Zugrundelegung des BERNOULLIschen Gesetzes läßt sich demnach anschreiben:

$$h_I + \frac{v^2}{2g} = h'_{II} - \frac{u(v_a - u)}{g} + \frac{v_a^2}{2g} + \zeta_a \frac{v^2}{2g} + h_r,$$

woraus der Widerstandsdruck $k = h_I - h'_{II}$ erhalten wird zu

$$k = \frac{v_a^2}{2g} - \frac{u(v_a - u)}{g} + (\zeta_a - 1)\frac{v^2}{2g} + h_r. \qquad (211)$$

Darin ist u die lotrechte Fließgeschwindigkeit im Wasserschloß, ζ_a ist aus Tabelle 9 (Trennung) oder den Formeln (206) zu entnehmen und ist z. B. für vollständige Entlastung ($Q_a/Q = 1{,}0$) und $f_a/f = 1 \ldots$ $\zeta_a = 1{,}28$. Die Reibungshöhe kann bei verhältnismäßig geringen Längen vernachlässigt werden, sonst ist sie nach den bekannten Formeln (STRICKLER, CHEZY) zu ermitteln.

Widerstand nach Abb. 166 bei Belastungsvergrößerung. Aus der Begriffsbestimmung der Energieverluste bei Vereinigung zweier Wasserströme [Gl. (205)] läßt sich die Druckdifferenz zwischen den Querschnitten ② und ① leicht ableiten. Es ist

$$\delta = h_{II} - h_I = \frac{v_d^2}{2g} - \frac{v_a^2}{2g} + (\zeta_a - \zeta_d)\frac{v^2}{2g}. \tag{212}$$

Da ferner

$$h'_{II} = h_{II} + (1 + \xi)\frac{v_a^2}{2g} + h_r,$$

so ergibt sich der Widerstandsdruck

$$k = h'_{II} - h_I = \delta + (1 + \xi)\frac{v_a^2}{2g} + h_r$$

oder

$$k = \frac{v_d^2}{2g} + \xi\frac{v_a^2}{2g} + (\zeta_a - \zeta_d)\cdot\frac{v^2}{2g} + h_r, \tag{213}$$

wobei ξ nach Gl. (207) oder Tabelle 10 zu bestimmen ist und h_r den Reibungsverlust darstellt, der im allgemeinen nur bei längeren Verbindungsleitungen zwischen Stollen und Wasserschloß zu berücksichtigen ist. Die Größen ζ_a und ζ_d können nach Tab. 9 oder Gl. (206) (Vereinigung) bestimmt werden. Dabei ergibt sich Q_a/Q aus dem Belastungsgrad n vor der Störung zu $Q_a/Q = 1 - n$. ζ_a und ζ_d wechseln mit dem während der Schwingung veränderlichen Wert

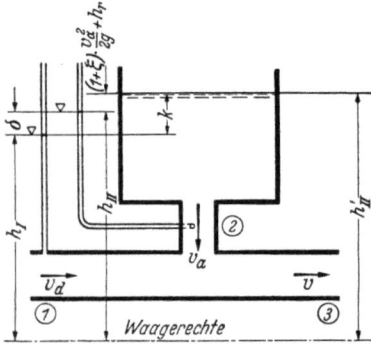

Abb. 166. Drosselwiderstand bei Belastung

$$\frac{v_0 - v}{v_0} = \frac{Q_a}{Q} = 1 - y.$$

In der Praxis wird aber vereinfacht meist so verfahren, daß man k für die im Augenblick der Störung durch den Widerstand strömende Wassermenge bestimmt und weiterhin für k eine quadratische Veränderlichkeit mit der Widerstandswassermenge voraussetzt.

Widerstand nach Abb. 167, Entlastung. In ähnlicher Weise wie für Abb. 165 läßt sich für k der Ausdruck ableiten:

$$k = \frac{v_b^2}{2g} - \frac{u(v_b - u)}{g} + (\zeta_a - 1)\frac{v^2}{2g} + h_r, \tag{214}$$

wobei mit F_b als Öffnungsfläche der Blende $v_b = \frac{Q_a}{\mu F_b}$; $\mu = 0{,}62$. ζ_a nach Tab. 9 oder Gl. (206). h_r = Reibungsverlust.

Das gedrosselte Schachtwasserschloß

Widerstand nach Abb. 168, Belastungsvergrößerung. Unter Zugrundelegung von Gl. (208) und von Tab. 11 ergibt sich ähnlich wie für Abb. 166 der Widerstandsdruck

$$k = \frac{v_d^2}{2g} + \xi_s \frac{v_s^2}{2g} + (\zeta_a - \zeta_d) \frac{v^2}{2g} + h_r. \tag{215}$$

Der Wert k gibt den zusätzlichen Beschleunigungsdruck, der auf den Stolleninhalt wirkt. Er ist maßgebend für die Ermittlung der Spiegelausschläge bei konstanter Wasserentnahme und ist in die Beschleunigungsgleichung einzuführen. Bei konstanter Leistungsentnahme ist da-

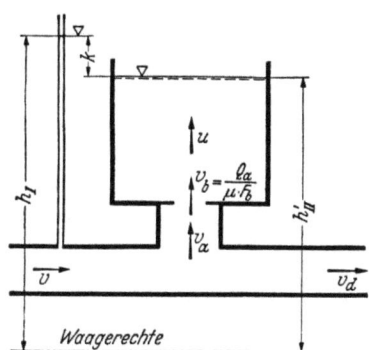
Abb. 167. Drosselwiderstand bei Entlastung

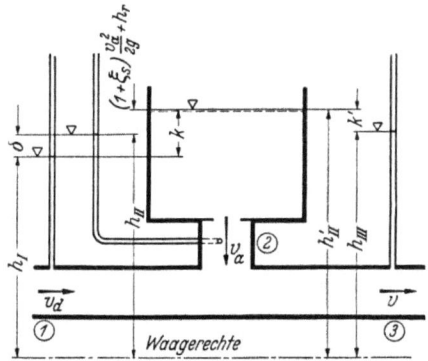
Abb. 168. Drosselwiderstand bei Belastung

gegen zur Ermittlung des Wasserverbrauches ein anderer Widerstandsdruck k' einzuführen. Daß k und k' verschieden sein müssen, geht ohne weiteres aus Gl. (205) hervor.

Für die Anordnung nach Abb. 168 läßt sich k' ableiten zu

$$k' = \frac{v^2}{2g}(1 + \zeta_a) + \xi_s \frac{v_s^2}{2g} + h_r. \tag{216}$$

Bei Ausbildung des Widerstandes nach Abb. 166 gilt die gleiche Formel, nur tritt an die Stelle von ξ_s der Wert ξ der Gl. (207).

Folgen die einzelnen Hindernisse kurz aufeinander, in Abständen von höchstens

$$L_0' = 3 \text{ bis } 4R,$$

(R = hydraulischer Radius des die Kontraktion verursachenden Querschnittes), so handelt es sich, nach LEVIN, um ein „kurzes" Bauwerk, bei dem die Einzelwiderstände in ihrer Wirkung nicht überlagert werden dürfen. Der Genannte führt aus, daß man, bei 5 bis 10% Genauigkeit, bei mehreren Hindernissen nur den Widerstand desjenigen zu berücksichtigen brauche, das für sich allein den größten Einzelverlust verursacht.

Liegen aber die Entfernungen der Hindernisse innerhalb der durch die Beziehungen für L_0 und L_0' festgelegten Grenzen, so lasse sich eine Widerstandszahl überhaupt nur durch den Modellversuch ermitteln.

Diese Empfehlung dürfte wohl auf alle Fälle auszudehnen sein. — Auf jeden Fall wird durch den Drosselwiderstand — neben dem meist nur innerhalb von Grenzwerten bekannten Stollenverlust — ein neues Unsicherheitselement in die Rechnung getragen, solange keine Meß- oder Beobachtungswerte vorliegen. Man kann aber so vorgehen, daß man bei der Wasserschloßbemessung brauchbare mögliche Widerstandsverluste festlegt und später, vor der Bauausführung, auf Grund von Modellversuchen die Drosselöffnungen entsprechend wählt.

Anknüpfend an das schon früher Gesagte soll nochmals darauf hingewiesen werden, daß der Durchfluß durch die Drosselung im allgemeinen keinem quadratischen Widerstandsgesetz folgt. Trotzdem wird bei der geschlossenen Behandlung ein solches näherungsweise vorausgesetzt. Bei den numerischen oder graphischen Verfahren kann demgegenüber jedes beliebige Widerstandsgesetz (wie auch beim Druckstollen) verwendet werden. Zu beachten ist ferner auch noch, daß die Widerstandsdrücke davon abhängen, ob das Wasser vom Stollen ins Wasserschloß oder umgekehrt fließt. Bei steigendem Wasserschloßspiegel gilt also eine andere Abhängigkeit als bei sinkendem. Für die geschlossenen Verfahren, die meist bei erreichtem Höchst- oder Tiefststand enden, spielt dies keine Rolle, wohl aber dann, wenn sich eine schrittweise Untersuchung über mehr als $1/4$ Periode erstrecken soll.

4.3 Grundgleichungen

Die Raumgleichung ist dieselbe wie beim ungedrosselten Wasserschloß:

$$\frac{dz}{dt} = \frac{q - vf}{F}. \tag{217}$$

In der Beschleunigungsgleichung erscheint zusätzlich der Dämpfungsdruck k. Es ist:

$$\frac{dv}{dt} = \frac{g}{L}(z + k - h). \tag{218}$$

k ist positiv bei positivem, negativ bei negativem dz einzusetzen. h ist positiv, wenn das Wasser von der Wasserfassung zum Wasserschloß fließt. Der Drosselwiderstand wird von der Wassermenge $q - Q$ durchflossen. Wie unter A. 3. ausgeführt, wird mit k_0 der Druckverlust im Widerstand verstanden, der beim Durchfluß der Vollast-Beharrungsmenge Q_0 auftritt. Bei Annahme eines quadratischen Widerstandsgesetzes verursacht die Durchflußmenge $|q - Q|$ einen Widerstandsdruck von

$$k = k_0 \left(\frac{q - Q}{Q_0}\right)^2 \tag{219}$$

und, da $k_0 = \frac{\alpha_1}{f^2} Q_0^2$,
$$k = \frac{\alpha_1}{f^2} (q - Q)^2. \tag{220}$$

Führt man die VOGTschen Relativwerte ein, so nehmen die Gl. (217 u. 218) die Form an:
$$\frac{dx}{dT} = \varepsilon(y_a - y) \tag{221}$$
und
$$\frac{dy}{dT} = x - y^2 + \eta(y_a - y)^2. \tag{222}$$
Bei konstanter Wasserentnahme $q = Q_0$ ist $y_a = 1$.

4.4 Plötzliche vollständige Entlastung

Für das gedrosselte Wasserschloß lassen sich die Berechnungen für den höchsten Spiegelanstieg in ganz ähnlicher Weise exakt durchführen wie beim ungedrosselten Wasserschloß [CALAME und GADEN (a), VOGT].
Der Zusammenhang zwischen Spiegellage und zugehöriger Stollengeschwindigkeit wird ausgedrückt durch die Beziehung

$$\left(\frac{v}{v_0}\right)^2 = \frac{z}{h_0 + k_0} + \frac{L f v_0^2}{2g F(h_0 + k_0)^2} + \\ + \left(\frac{k_0}{h_0 + k_0} - \frac{L f v_0^2}{2g F(h_0 + k_0)^2}\right) e^{\frac{2gF(h_0 + k_0)}{L f v_0^2}(z - h_0)} \tag{223}$$

oder in der VOGTschen Schreibweise

$$y^2 = \frac{x}{1+\eta} + \frac{\varepsilon}{2} \frac{1}{(1+\eta)^2} + \left(1 - \frac{\varepsilon}{2(1+\eta)^2} - \frac{1}{1+\eta}\right) e^{\frac{2(1+\eta)}{\varepsilon}(x-1)}. \tag{224}$$

Aus diesen Gleichungen läßt sich die einer bestimmten Höhenlage x des aufschwingenden Wasserspiegels entsprechende Stollenwasserführung ermitteln. Für $v = 0$ bzw. $y = 0$ ergibt sich der höchste Spiegelanstieg $z = z_{\max}$ bzw. $x = x_{\max}$.
Gl. (224) nimmt dann die Form an:

$$0 = \frac{x_{\max}}{1+\eta} + \frac{\varepsilon}{2} \frac{1}{(1+\eta)^2} + \\ + \left(1 - \frac{\varepsilon}{2(1+\eta)^2} - \frac{1}{1+\eta}\right) e^{\frac{2(1+\eta)}{\varepsilon}(x_{\max} - 1)}. \tag{225}$$

Die rechnerische Auflösung dieser Gleichung nach $x_{\max}$ oder nach ε (bzw. F) ist nur durch Probieren möglich.
Für die Bestimmung des höchsten Spiegelanstieges $z_{\max}$ aus Gl. (223) läßt sich diese mit $z = z_{\max}$ und $v = 0$ zur bequemeren rechnerischen Auswertung noch umformen. Mit

$$m' = \frac{2gF(h_0 + k_0)}{L f v_0^2}$$

wird für $k_0 m' < 1$:

$$(1 + m' z_{max}) - \ln(1 + m' z_{max}) = (1 + m' h_0) - \ln(1 - m' k_0), \quad (226)$$

für $k_0 m' > 1$:

$$(m' z_{max} - 1) + \ln(m' z_{max} - 1) = \ln(m' k_0 - 1) - (m' h_0 + 1). \quad (227)$$

Aus Gl. (226) ergibt sich z_{max} als negativer Wert. Er kann unter Zuhilfenahme der für das ungedrosselte Wasserschloß gegebenen Tab. 1

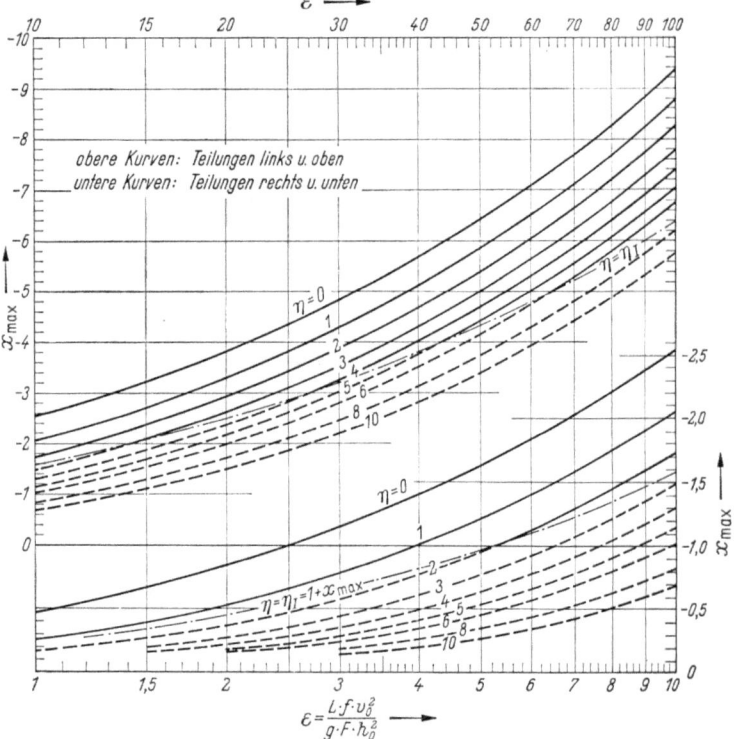

Abb. 169. Gedrosseltes Wasserschloß, Entlastung nach Gl. (225)

gefunden werden, wobei an den Kopf statt $m h_0$ der Wert $m' h_0 - \ln(1 - m' k_0)$ und statt $m z_{max}$ der Wert $m' z_{max}$ zu setzen ist. Aus Gl. (227) wird z_{max} als Absolutwert erhalten.

Eine allgemeine Lösung zur Bestimmung des maximalen Spiegelanstieges ist mit Hilfe der Netztafel Abb. 169 möglich, die x_{max} in Abhängigkeit von η und ε liefert und auch für das ungedrosselte Wasserschloß ($\eta = 0$) brauchbar ist.

Das Schwingungsbild für vollständige Entlastung ist in Abb. 170 dargestellt. Die unterbrochen gezeichneten Linien stellen den am Stollenende vorhandenen Druckhorizont dar. Es sind drei Fälle möglich.

1. $\eta < |x_{max}| + 1$ oder $k_0 < |z_{max}| + h_0$.

Der Druck steigt im Augenblick der Entlastung nicht bis zur Höhe des höchsten Schwallspiegels an.

2. $\eta = |x_{max}| + 1$ oder $k_0 = |z_{max}| + h_0$.

("Optimale Drosselung".)

Der Druck steigt im Augenblick der Entlastung bis zur gleichen Höhe z_{max}, die der Spiegel höchstens einnimmt und bleibt bis zur erreichten Abbremsung der

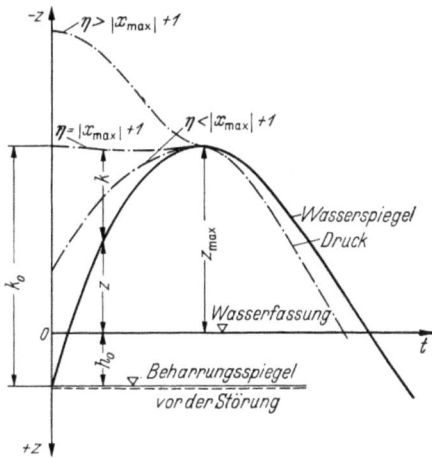

Abb. 170. Ganglinien für Druck und Wasserschloßspiegel bei Entlastung

Stollengeschwindigkeit ungefähr konstant. Dieser durch die Dämpfungszahl

$$\eta = \eta_I = 1 + |x_{max}| \qquad (228)$$

gekennzeichnete Fall wird häufig „optimale Drosselung" genannt.

3. $\eta > |x_{max}| + 1$ oder $k_0 > |z_{max}| + h_0$.

Der Druck steigt augenblicklich auf einen über z_{max} liegenden Wert und sinkt bis zur vollständigen Abbremsung ($v = 0$) allmählich auf z_{max} herab.

Im allgemeinen macht man beim einfachen gedrosselten Wasserschloß $\eta \leqq |x_{max}| + 1$ bzw. $k_0 \leqq |z_{max}| + h_0$. Dementsprechend wird man die Dämpfungszahl η nicht größer wählen als in Abb. 169 durch die strichpunktierte Kurve gekennzeichnet.

Beim ungedrosselten Wasserschloß ergab sich

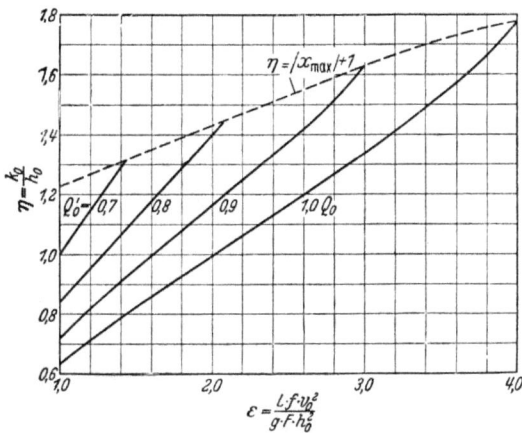

Abb. 171. Gedrosseltes Wasserschloß. Darstellung der Fälle, in denen der höchste Schwallspiegel nicht bei Entlastung der Vollwassermenge Q_0, sondern einer kleineren Q_0' entsteht

die absolut höchste Spiegellage stets bei Abschaltung der vollen Wassermenge Q_0. Beim gedrosselten Wasserschloß trifft dies im allgemeinen nur zu, solange $\varepsilon > 4$ [CALAME und GADEN (a)]. Ist dagegen $\varepsilon < 4$, so entsteht die höchste Spiegellage bei Abschaltung einer kleineren Wassermenge Q_0', die aus Abb. 171 in Abhängigkeit von ε und η entnommen werden kann. ε ist für die volle Wassermenge Q_0 zu bestimmen.

Durch die endliche Reglerschließzeit τ wird nach VOGT der Spiegelanstieg noch etwas vergrößert, und zwar von x_{max} der obigen Formeln auf x'_{max}. Es ist

$$x'_{max} = x_{max} + \frac{x_{max}}{15} \frac{\eta}{|x_{max}|+1}. \tag{229}$$

Hat ein Wasserschloß *zwei Widerstände*, deren Dämpfungszahlen η_1 und η_2 sind, so verhalten sich die durch die beiden Öffnungen fließenden Wassermengen Q_I und Q_{II}, wie sich leicht zeigen läßt, umgekehrt wie die Wurzeln aus den Dämpfungszahlen:

$$\frac{Q_I}{Q_{II}} = \frac{\sqrt{\eta_2}}{\sqrt{\eta_1}}. \tag{230}$$

In die gegebenen Formeln ist ein mittlerer η-Wert einzuführen, der sich aus der Bedingung ergibt, daß an beiden Öffnungen der gleiche Widerstandsdruck auftritt:

$$\eta = \frac{\eta_1 \eta_2}{(\sqrt{\eta_1}+\sqrt{\eta_2})^2}. \tag{231}$$

4.5 Plötzliche Belastungsvergrößerung
4.51 Wasserverbrauch konstant

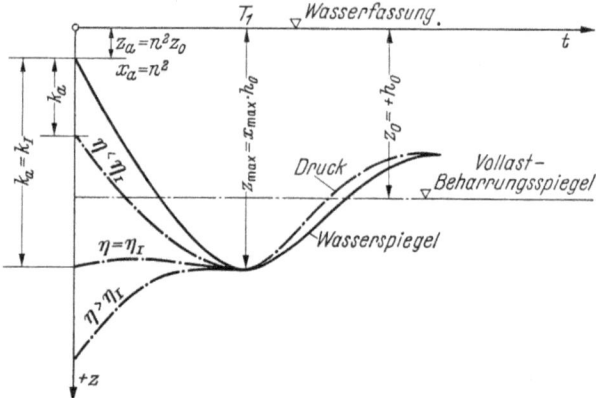

Abb. 172. Ganglinien für Wasserstand und Druck bei Belastungszunahme

Das grundsätzliche Schwingungsbild bei Belastung von n auf 1 ist in Abb. 172 gegeben.

Im Augenblick der Belastungsvergrößerung entsteht ein Wassermengendefizit von $Q_0(1-n)$, das aus dem Wasserschloß zu decken ist.

Diese Wassermenge hat also die Drosselung zu durchfließen. Dabei stellt sich eine Druckminderung von

$$k_a = k_0 \left[\frac{Q_0(1-n)}{Q_0}\right]^2 = k_0(1-n)^2 = \eta h_0 (1-n)^2$$

ein. Dieser Wert k_a kann nun kleiner, gleich oder größer als der Spiegelausschlag $z_{\max} - n^2 h_0$ sein. Im Falle der Gleichheit ist also

$$x_{\max} - n^2 = \eta(1-n)^2,$$

woraus

$$\eta = \eta_I = \frac{x_{\max} - n^2}{(1-n)^2}. \tag{232}$$

Wird die Dämpfungszahl $\eta = \eta_I$ nach Gl. (232) gewählt, dann sinkt der Druck im Stollen unterhalb des Wasserschloßbodens nicht unter den bei der tiefsten Spiegellage im Wasserschloß zu erwartenden Wert ab. Anderenfalls ist der anfängliche Druck größer oder kleiner als der zur Zeit T_1 zu erwartende, je nachdem $\eta > \eta_I$ oder $\eta < \eta_I$ (Abb. 172). Die auf Gl. (232) beruhende Drosselung wird, insbesondere in der französischen Literatur, mit „optimaler Drosselung" bezeichnet. Aus dem Vergleich der Gl. (228 u. 232) geht hervor, daß die Bedingungen für die optimale Drosselung bei Entlastung und Belastung verschieden sind.

Optimale Drosselung bei Belastungsvergrößerung. Für Wasserschlösser, deren Widerstand nach Gl. (232) bemessen ist,

$$\eta = \eta_I = \frac{x_{\max} - n^2}{(1-n)^2},$$

hat VOGT festgestellt, daß jede Raumeinheit doppelt so gut ausgenützt ist wie beim einfachen Schachtwasserschloß. Daher kann Gl. (171) unmittelbar benutzt werden, wenn man darin statt ε die Größe $\varepsilon/2$ setzt. Also:

$$x_{\max} = 1 + \left[\sqrt{0,5\,\varepsilon - 0,275\,\sqrt{n}} + \frac{0,1}{\varepsilon} - 0,9\right] \times \\ \times (1-n)\left(1 - \frac{n}{(0,5\,\varepsilon)^{0,82}}\right). \tag{233}$$

Zur Auswertung dieser Gleichung kann Abb. 120 verwendet werden, nur ergibt sie lediglich die halben ε-Werte, mit anderen Worten: die abgelesenen Kennziffern ε sind zu verdoppeln. Ist ε gegeben und $x_{\max}$ gesucht, so ist andererseits von den halben ε-Werten der Abszissenachse auszugehen.

Ebenso kann auch Gl. (170) benutzt werden, wobei ε durch $\varepsilon/2$ zu ersetzen ist.

Beliebige Drosselung. Wesentlich schwieriger ist die geschlossene Behandlung, wenn $\eta \neq \eta_I$. Sie erfordert eine Linearisierung der Differentialgleichung oder ähnliches und führt zu unhandlichen Formeln, auf deren Wiedergabe hier verzichtet werden soll. Es sei nur auf eine Formel von VOGT hingewiesen, die für $\eta \leq \eta_l$ gilt, und im übrigen eine einfache Formel von KARAS (c) wiedergegeben, die ähnlich wie Gl. (168) aufgebaut und entwickelt ist. Sie lautet (in unserer Schreibweise):

$$x_{\max} = n^2 + \mu + \sqrt{\mu^2 + \varepsilon(1-n)^2} \qquad (234)$$

mit
$$\mu = \frac{1-n}{2}\left[\pi - 2 - \frac{\pi}{4}(1-n)(1+\eta)\right]$$

und stimmt für $\eta = 0$ mit dieser überein. Die Ergebnisse sind auf $\pm 7\%$ genau in dem nachstehend umrissenen Anwendungsbereich.

Tabelle 13

Ausgangs-belastung	Größtzulässige η-Werte für $\varepsilon =$								
	2	3	4	5	7	10	20	30	50	100
$n = 0$	1,5	2	3	3,5	4,5	5,5	9	11	*	*
$n = 0,5$	2,5	3	4	4,5	6	9	15	*	*	*

* Formel (234) ohne Einschränkung anwendbar.

Für genauere Berechnungen sind auf Grund von numerischen Integrationen die beiden Netztafeln Abb. 173 und 174 für $n = 0$ und $n = 0,5$ entworfen. Da für $n = 1$ stets $x_{\max} = 1$ ist, kann für jedes zwischenliegende n aus 3 Kurvenpunkten interpoliert werden.

In beiden Abbildungen ist der Fall der optimalen Drosselung durch eine strichpunktierte Kurve eingezeichnet. Netzpunkte unterhalb derselben wird man somit im allgemeinen nur mit Vorsicht verwenden dürfen.

4.52 Leistung konstant

Widerstand nach Gl. (232) bemessen. Im Augenblick der Belastungsvergrößerung stellt sich sofort ein Druck ein, der der späteren Vollabsenkung entspricht. Das an den Turbinen wirksame Nutzgefälle ist dann $H_n = H_0 - z_{\max} - h_r$ (h_r = Verlust in der Druckrohrleitung) und bleibt bis zur Vollbeschleunigung ungefähr gleich[1]. Der zugehörige Wasserverbrauch Q_0' läßt sich dann ermitteln, wie in Gl. (192) angegeben und ist größer als die Vollast-Beharrungsmenge Q_0. Die Berechnung ist nun auf Q_0' abzustellen, d. h. für eine Entnahmevergrößerung von Q_a auf Q_0' statt auf Q_0. Bei Anwendung von Gl. (233) bzw. Abb. 120 wird man zweckmäßig von $x_{\max}$ ausgehen und ε bzw. F bestimmen.

---

[1] Die Verschiedenheit der Werte k und k' (vgl. 4.2) ist hierbei näherungsweise vernachlässigt.

Das gedrosselte Schachtwasserschloß

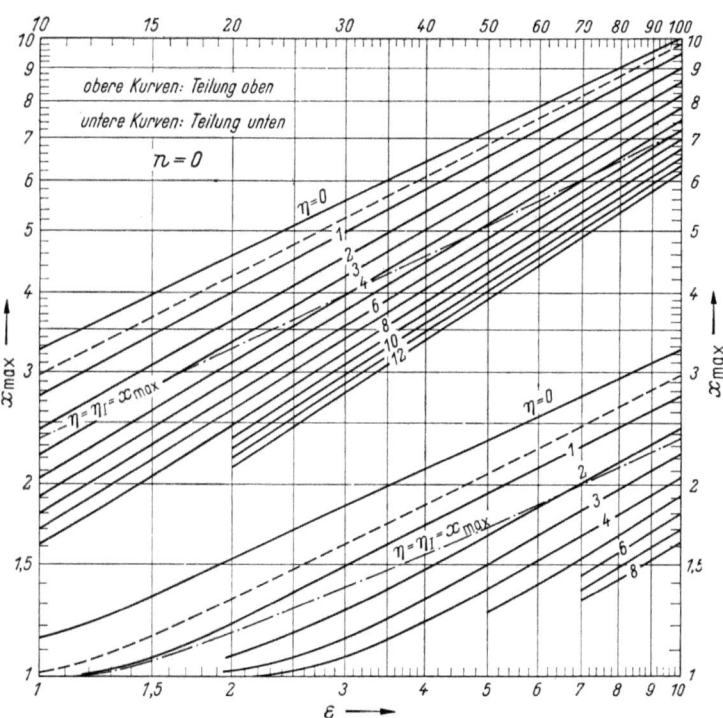

Abb. 173. Gedrosseltes Wasserschloß, Entnahmevergrößerung von $n = 0$ auf $n = 1$

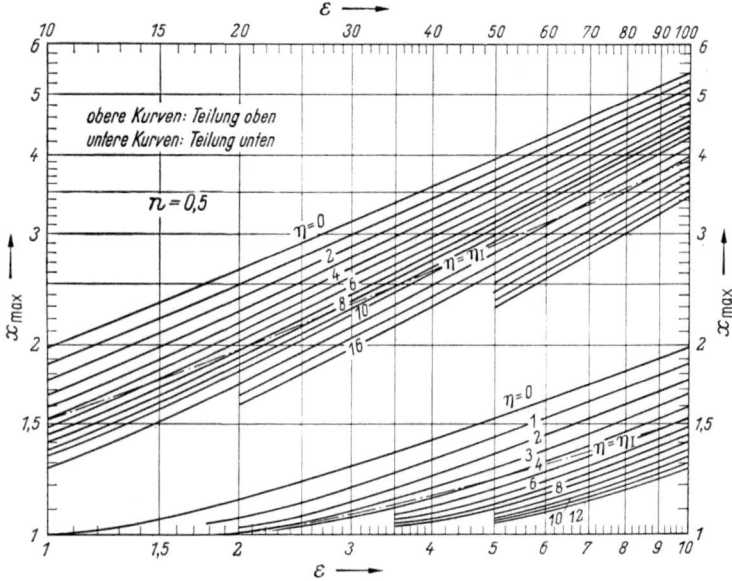

Abb. 174. Gedrosseltes Wasserschloß, Entnahmevergrößerung von $n = 0,5$ auf $n = 1$

Widerstand beliebig. In diesem Fall verläuft die Druckminderung wie in Abb. 172 angegeben. Zur Zeit $t = 0$ ist das Nutzgefälle

$$H_{na} = H_0 - (n^2 h_0 + k_a),$$

zur Zeit T_1

$$H_{nT_1} = H_0 - z_{max}.$$

Zu diesen Werten ergibt sich nach Gl. (167) der Wasserverbrauch Q'_{0a} und Q'_{0T_1}. Nimmt man den Verlauf der Drucklinie bis T_1 annähernd parabolisch an, so ist der mittlere Wasserverbrauch

$$Q'_0 = \tfrac{2}{3} Q'_{0T_1} + \tfrac{1}{3} Q'_{0a},$$

auf den die gesamte Berechnung abzustellen ist, die selbstverständlich nur Näherungsergebnisse liefert. Mehrfache Proberechnungen sind kaum zu umgehen.

4.6 Allmähliche Belastungsvergrößerung

4.61 Öffnungszeiten sind kurz

Unter „kurzen Öffnungszeiten" sind solche verstanden, wie sie die Turbinenregler zur Vollöffnung benötigen, also einige wenige Sekunden. Wird die Vollbelastung auf eine derartige kurze Zeit τ Sekunden erstreckt, so sinkt der Spiegel im Wasserschloß etwas tiefer ab (x'_{max}), als für plötzliches Öffnen (x_{max}) berechnet wurde. Nach VOGT ist für ein Wasserschloß mit $\eta = \eta_I$ nach Gl. (232)

$$x'_{max} = x_{max} + \frac{1}{6}(1-n)\tau \frac{f v_0}{F h_0}. \tag{235}$$

Für Wasserschlösser mit beliebiger Dämpfung η ist

$$x'_{max} = x_{max} + \frac{x_{max}-1}{15} \frac{\eta}{\eta_I}. \tag{236}$$

4.62 Langsame Vollbelastung von Null aus, wenn das Wasserschloß für Belastungssteigerung von n auf 1 entworfen ist

Eine allgemeine Formulierung liegt zur Zeit noch nicht vor. Soweit man aus den Erörterungen von VOGT sehen kann, verhält sich das gedrosselte Wasserschloß mit $\eta = \eta_I$, wenn es sich nicht um die oben erwähnten kurzen Öffnungszeiten handelt, im großen und ganzen so günstig (zum Teil noch günstiger) wie ein ungedrosseltes Wasserschloß, das für den gleichen Spiegelausschlag x_{max} bemessen ist. Mit Hilfe des unter 2.23 Gesagten lassen sich also die Verhältnisse ungefähr überblicken. Zur eindeutigen Klärung solcher Fragen wird man zweckmäßig auf numerische oder graphische Integrationen zurückgreifen.

4.7 Gedrosseltes Schachtwasserschloß mit Überlauf

Ein gedrosseltes Wasserschloß mit Überlauf (Abb. 175) kann ähnlich berechnet werden wie das ungedrosselte Wasserschloß Abb. 117.

Die Stollenwassermenge $y_s Q_0$ in dem Zeitpunkt, da der Spiegel die Überlaufkrone (x_s) erreicht, kann nach Gl. (223 oder 224) bestimmt werden. Näherungsweise ist die größte Überlaufhöhe

$$h_{\bar{u}} = \left(\frac{y_s Q_0}{\frac{2}{3} \mu B \sqrt{2g}} \right)^{2/3} \quad (237)$$

und die höchste Spiegellage

$$z_{\max} = z_s - h_{\bar{u}} . \quad (238)$$

Der VOGTsche Abminderungswert[1], aus dem sich eine genauere maximale Überlaufmenge durch Multiplikation mit $y_s Q_0$ ergibt, ist

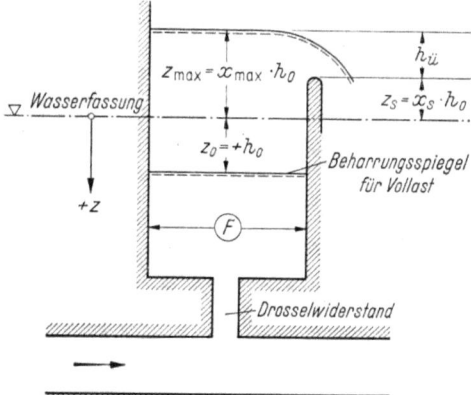

Abb. 175. Gedrosseltes Wasserschloß mit Überlauf

$$v = 1 - \left\{ \frac{1 - 0{,}75 \dfrac{x_s}{y_s^2 (1+\eta)}}{1 - 0{,}75 \dfrac{x_s}{y_s^2 (1+\eta)} + \dfrac{0{,}1415 \mu B L v_0}{F h_0^{1/2} (1+\eta)^{1/2}}} \right\}^{3/4} , \quad (239)$$

so daß
$$Q_{\bar{u}} = v \, y_s Q_0 \quad (240)$$

und

$$z_{\max} = z_s - \left(\frac{v \, y_s Q_0}{\frac{2}{3} \mu B \sqrt{2g}} \right)^{2/3} . \quad (241)$$

Im allgemeinen wird der Abminderungswert zahlenmäßig nicht viel bedeuten, so daß man sich oft mit der Näherung (237 u. 238) begnügen kann.

Die Dauer des Überfalles t_2 und die gesamte Verlustwassermenge V können nach den folgenden Formeln von ESCANDE (h) bestimmt werden, von denen die früher wiedergegebenen Gl. (163 u. 164) den Sonderfall $\eta = 0$ darstellen. Es gilt

$$t_2 = \frac{L v_0}{g h_0 \sqrt{0{,}5 [|x_{\max}| + |x_s|](1+\eta)}} \operatorname{arc\,tg} \left\{ y_s \sqrt{\frac{(1+\eta)}{0{,}5 [|x_{\max}| + |x_s|]}} \right\}, \quad (242)$$

$$V = \frac{L f v_0^2}{2 g h_0 (1+\eta)} \ln \left\{ 1 + \frac{y_s^2 (1+\eta)}{0{,}5 [|x_{\max}| + |x_s|]} \right\} . \quad (243)$$

---

[1] Er kann, mit $\eta = 0$, auch für das ungedrosselte Wasserschloß verwendet werden. In Abschnitt 2.15 wurde hierauf nicht weiter eingegangen.

4.8 Gedrosseltes Kammerwasserschloß

Ist das gedrosselte Wasserschloß mit einer *oberen offenen Kammer* versehen (Abb. 176), so kann der größte Schwingungsausschlag ebenso wie für das normale Kammerwasserschloß in geschlossener Form gefunden werden.

Mit den vereinfachenden Bezeichnungen

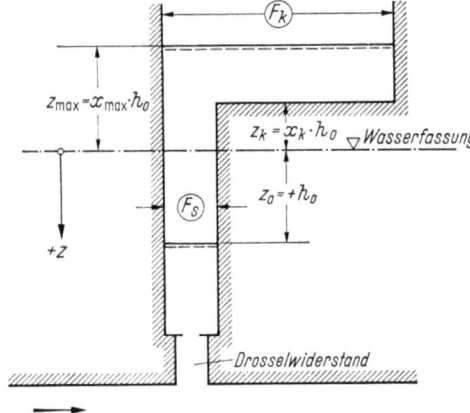

Abb. 176. Gedrosseltes Wasserschloß mit oberer Kammer

$$\bar{\varepsilon}_s = \frac{\varepsilon_s}{2(1+\eta)^2},$$

$$\bar{\varepsilon}_k = \frac{\varepsilon_k}{2(1+\eta)^2},$$

$$\bar{x}_{max} = \frac{x_{max}}{1+\eta}, \qquad (244)$$

$$\bar{x}_k = \frac{x_k}{1+\eta},$$

erhielt BENINI (b) zur Ermittlung von $\bar{x}_{max}$ die Gleichung

$$\bar{\varepsilon}_k + \bar{x}_{max} + B'' e^{\frac{\bar{x}_{max} - \bar{x}_k}{\bar{\varepsilon}_k}} = 0, \qquad (245)$$

worin

$$B'' = \bar{\varepsilon}_s + \left(\frac{\eta}{1+\eta} - \bar{\varepsilon}_s\right) e^{-\frac{1}{\bar{\varepsilon}_s}\left(\dot{x}_k + \frac{1}{1+\eta}\right)} - \bar{\varepsilon}_k. \qquad (246)$$

Hieraus muß $\bar{x}_{max}$ durch Probieren gefunden werden; x_{max} ergibt sich dann nach Gl. (244), woraus $z_{max} = x_{max} h_0$.

$$\varepsilon_k = \frac{L f v_0^2}{g F_k h_0^2} \quad \text{und} \quad \varepsilon_s = \frac{L f v_0^2}{g F_s h_0^2}.$$

Erhält die obere Kammer eine *Überfallschwelle*, die bei der Füllung vom Unterwasser (d. h. von der Kammer) her nicht wesentlich eingestaut wird (wie es z. B. beim Einkammer-Wasserschloß Abb. 156 oder bei Anordnungen der Fall ist, bei denen das Speichervolumen im wesentlichen unter der Überlaufschwelle liegt), dann kann der Kammerinhalt nach Gl. (243) bestimmt werden.

Bei höherer Lage der Kammer, die einen Spiegelausgleich zwischen dieser und dem Steigschacht bedingt, kann man näherungsweise Gl. (243) wie folgt modifizieren:

$$V = \frac{L f v_0^2}{2 g h_0 (1+\eta)} \ln\left\{1 + \frac{y_s^2 (1+\eta)}{0{,}85 |x_{max}| + 0{,}15 |x_s|}\right\} - \qquad (247)$$
$$- F_s h_0 [|x_{max}| - |x_s|].$$

Zur Berechnung des Inhaltes der *unteren Kammer* bei einer Entnahmevergrößerung sind noch keine geschlossenen Formeln bekanntgeworden. Man muß hier zu numerischen Integrationen nach den Gl. (248 u. 249) greifen oder zu zeichnerischen Verfahren nach Abb. 178.

4.9 Schrittweises Verfahren

Zur schrittweisen Lösung sind die schon bekannten Differentialgleichungen in endlicher Form zu schreiben:

$$\Delta z_{i,\,i+1} = \frac{\Delta t}{F}\,(q - Q)_{i+\frac{1}{2}}, \tag{248}$$

$$\Delta Q_{i,\,i+1} = \frac{g\,f}{L}\,\Delta t\,(z + k - h)_{i+\frac{1}{2}}, \tag{249}$$

wobei durch die Zeiger zum Ausdruck kommt, daß die Änderungen Δz und ΔQ aus den Mittelwerten des betreffenden Intervalls berechnet werden.

4.91 Numerische Integration

Die Berechnung kann mit dem nachstehenden Rechenschema[1] erledigt werden, dessen Spalten in der Reihenfolge der eingeschriebenen Ziffern auszufüllen sind.

Das Rechenschema ist allgemein anwendbar. Bei veränderlichem F oder q sind weitere Spalten anzufügen, z. B. bei konstanter Leistungsentnahme. Die Werkswassermenge ist dann — bei idealem Regler und vernachlässigten Verlusten in den Turbinenleitungen —

$$q = \frac{Q_0(H_0 - h_0)}{H_0 - z - k'}. \tag{250}$$

Hierzu werden weitere Spalten für $(H_0 - z - k')$ und $(H_0 - z - k')_{\text{mittel}}$ benötigt. Vgl. hierzu auch Abschn. 4.2.

4.92 Graphisches Verfahren

Das graphische Verfahren soll für einen Fall vollständiger Entlastung und für eine Belastungssteigerung bei veränderlicher Wasserschloßfläche gezeigt werden.

Vollständige plötzliche Entlastung. Abb. 177 zeigt die Konstruktion bei vollständiger plötzlicher Entlastung. Wie schon früher sind zu zeichnen: die Druckverlustkurve[2] $h = \frac{\alpha}{f^2}\,Q^2$, das Strahlendiagramm

---

[1] Das Schema kann selbstverständlich auch für das ungedrosselte Wasserschloß verwendet werden. Dann ist $\alpha_1 = 0$ zu setzen.
[2] Sie ist in den Bereich der negativen Q hinein zu verlängern, weil bei dem gezeichneten Fall eine Umkehrung der Fließrichtung zu erwarten ist.

Tabelle 14. *Rechenschema der numerischen Integration für das gedrosselte Wasserschloß*

t	Δt	b	$Q-b$	$(Q-b)_{t+1/2}$ [Mittel]	$\Delta z_{t,t+1}=\frac{\Delta t}{F}(Q-b)_{t+1/2}$	z	$h=\frac{\alpha_2}{f^2}Q^2$	$h=\frac{\alpha_1}{f^2}(Q-b)^2$	$z-h+\eta$	$(z-h+\eta)_{t+1/2}$ [Mittel]	$\Delta Q_{t,t+1}=\frac{gf\Delta t}{L}(z-h+\eta)_{t+1/2}$	Q
1		2	5			3	6	7	8			4
12	9	13	15	16	10* = 17	18	19	20	21	22	11* = 23	14
27	24	28	30	31	25* = 32	33	34	35	36	37	26* = 38	29

* Diese Werte sind zunächst schätzungsweise anzunehmen und im Lauf der Rechnung nachzuprüfen; eventuell Wiederholung derselben.

Das gedrosselte Schachtwasserschloß 229

$z = \frac{\Delta t}{F} Q$, die Schräge durch den Ursprung $Q = \frac{f g \Delta t}{L} z$, ferner auf einem verschieblichen Pausblatt *1* eben diese Schräge samt z- und Q-Achse, auf einem Pausblatt *2* die Kurve der Widerstandsdrücke $k = \frac{\alpha_1}{f^2} Q^2$.

Die Konstruktion geht wie folgt vor sich:

Der Ausgangszustand ist durch die Punkte *1* und *2* gegeben. Durch Anlegen von Pausblatt *2* so, daß sich *2* und *6* decken und Parallellage

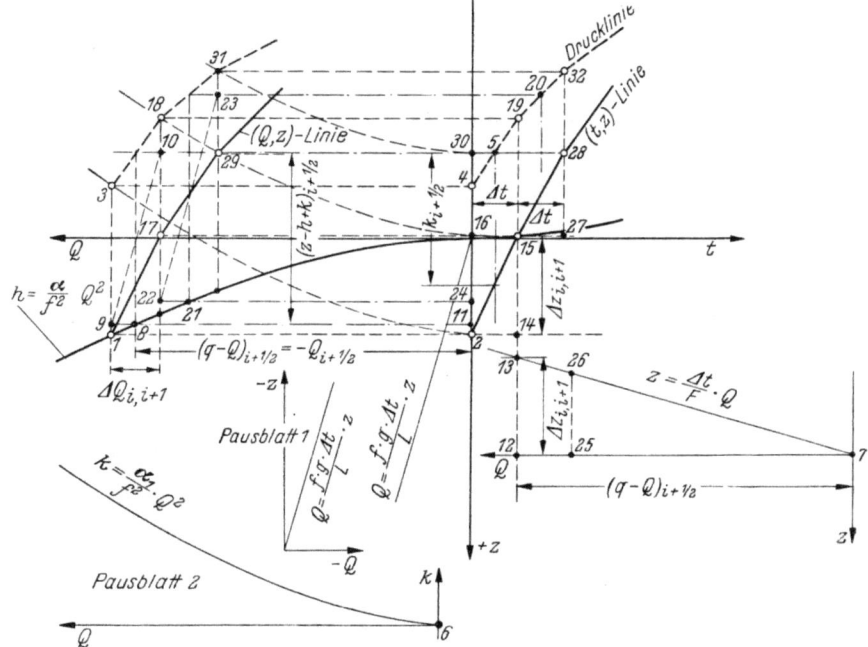

Abb. 177. Gedrosseltes Wasserschloß, plötzliche vollständige Entlastung, graphisch

der Achsen gewahrt ist, ergeben sich die Druckpunkte *3* bzw. *4* im Augenblick des Abschaltens. Angenommen wird die mittlere Druckhöhe des Intervalls durch Punkt *5*. Mit Pausblatt *1* wird bis zur Horizontalen durch *5* der Linienzug *8-9-10* so festgelegt, daß *8* das Intervall halbiert. Durch den erhaltenen Punkt *10* wird eine Vertikale gezogen. Der Vertikalabstand zwischen *8* und *10* stellt, unter Beachtung der Vorzeichenregeln für z, h und k, die Größe $(z - h + k)_{i+\frac{1}{2}}$ und der Horizontalabstand *1-10* den Wert $\Delta Q_{i, i+1}$ dar gemäß Gl. (249). *8-11* ist der mittlere Wasserüberschuß $(q - Q)_{i+\frac{1}{2}} = (-Q)_{i+\frac{1}{2}}$ und wird nach *7-12* ins Nebendiagramm übertragen, wo sich gemäß Gl. (248) die Spiegeländerung $\Delta z_{i, i+1}$ ergibt. *12-13* = *14-15*; durch *15* Horizontale bis *16* und *17*. Mit dem Pausblatt *2*, dessen Ursprung *6* mit Punkt *16* in richtiger Achslage zur Deckung zu bringen ist, erhält man die Druckpunkte *18* und *19* am Intervall-Ende, woraus eine Kontrolle für den früher angenommenen Punkt *5* möglich ist. Der nächste Berechnungsschritt: *20* ist anzunehmen, eine Horizontale hindurchzulegen; mit Deckblatt *1* findet man *21-22-23* und die Vertikale durch den erstgenannten Punkt. *21-24* = *7-25*; *25-26* = Δz = *27-28*. Waagerechte durch *28* gibt *29* und *30*. Pausblatt *2* liefert die Punkte *31* und *32*,

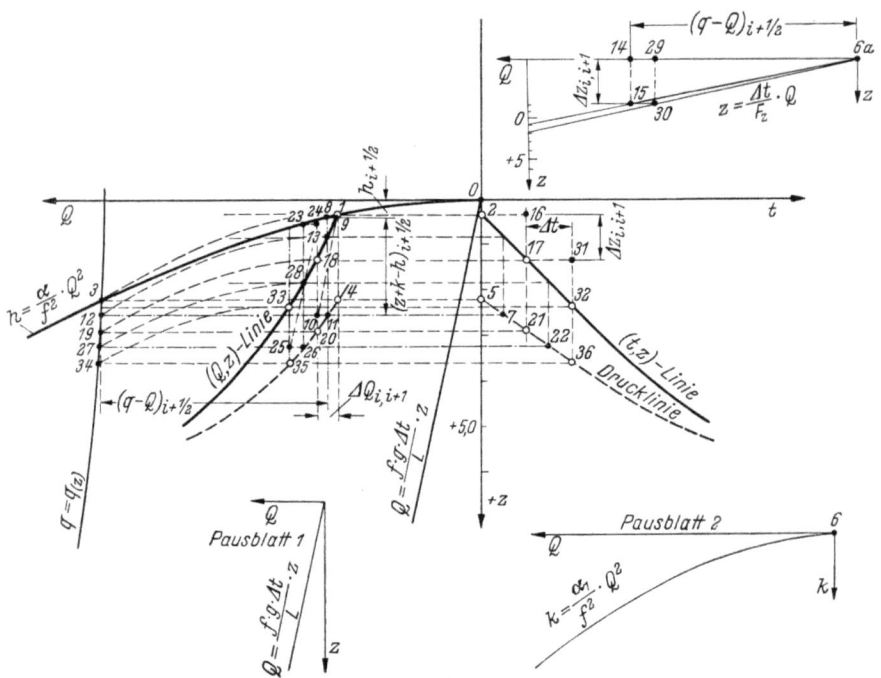

Abb. 178. Gedrosseltes Wasserschloß, Wasserverbrauch mit z veränderlich, ebenso die Wasserschloßfläche

wonach Kontrolle von *20* durchführbar. — Sobald die Druck-Geschwindigkeitsspirale die h-Kurve unterschneidet, sind Pausblatt *1* und *2* umzudrehen, so daß die aus Abb. 178 ersichtliche Form zustande kommt.

Belastungsvergrößerung auf konstante Leistung, veränderliche Wasserschloßfläche. Wie üblich werden (Abb. 178) gezeichnet: die Druckverlustkurve $h = \dfrac{\alpha}{f^2} Q^2$ des Stollens, die Wasserbedarfslinie $q = q(z)$, die Gerade $Q = \dfrac{g f \Delta t}{L} z$ durch den Ursprung und das Strahlendiagramm $z = \dfrac{\Delta t}{F_z} Q$, in dem die entsprechend den verschiedenen F_z-Werten veränderlichen Strahlneigungen mittels einer z-Skala hergestellt werden können. Die Schräge durch den Ursprung zusammen mit den z- und Q-Achsen wird auf ein verschiebliches Pausblatt *1* übertragen. Die Kurve der Widerstandsdrücke $k = \frac{a_1}{f^2} Q^2$ wird ebenfalls auf ein Pausblatt *2* übernommen.

Der vorausgehende Teillastbetrieb ist durch die Punkte *1* und *2* gegeben. Bei Erhöhung der Leistung entsteht ein Widerstandsdruck. Zu seiner Bestimmung wird das Pausblatt *2* mit seinem Ursprung *6* auf Punkt *1* gelegt, wobei die Q-Achse parallel zur gleichen Achse der Hauptabbildung liegen muß (gestrichelte Eintragung). Es ergeben sich die Punkte *3*, *4* und *5*. Nun wird der Punkt *7* der Druck-Zeit-Linie in Intervallmitte geschätzt und durch ihn eine Horizontale bis *12* gezogen. Mit dem Pausblatt *1* wird der Linienzug *8-9-10* so festgelegt, daß *8-9* = *10-11*, also das Intervall durch *8* halbiert wird. Durch *12* ist mit Pausblatt *2* die k-Parabel so zu legen, daß Punkt *6* auf die Vertikale durch *8* fällt. Man erhält dort Punkt *13*, die mittlere Spiegelhöhe im Intervall auf $z = +0.8$ m (in unserem Beispiel). Im Nebendiagramm wird *6a* mit $\dot{z} = +0.8$ der Skala verbunden. Nun wird *11-12* gleich *6a-14* gemacht. Dann ist Δz = *14-15* = *16-17*. Durch *17* Horizontale, wodurch *18* erhalten wird. Von *18* ausgehend ermittelt man mit Pausblatt *2* den Punkt *19*, der den Druck am Intervall-Ende angibt und durch horizontale Übertragung die zugehörigen Punkte *20* und *21* liefert. Dann ist auch eine Kontrolle des angenommenen Punktes *7* möglich. Des besseren Verständnisses halber soll auch noch der Konstruktionsgang für das nächste Zeitintervall kurz angegeben werden: Angenommen Punkt *22*, durch ihn Waagerechte. Auf gleicher Höhe liegt *27*. Mit Pausblatt *1* Linienzug *23-24-25* so, daß Lotrechte *23-26* in Intervallmitte liegt. Mit Pausblatt *2* wird k-Parabel durch *27* mit dem Scheitel *6* auf *23-26* angebracht. So ergibt sich *28* bei $z = +1.8$ m. Zugehöriger Strahl im oberen Nebendiagramm. *26-27* = *6a-29* und *29-30* = Δz = *31-32*. Punkt *33* liegt auf der Horizontalen durch *32* und der Vertikalen durch *25*. Von *33* aus mit Deckblatt *2* Punkt *34* zu ermitteln, auf dessen Höhe *35* und *36* liegen müssen.

Sonderfälle hierzu:

Konstanter Wasserverbrauch. Dann liegt die q-Linie parallel zur z-Achse; ferner F *konstant.* Dann gibt es nur *einen* geneigten Strahl im Nebendiagramm.

Zu beachten ist auch noch, daß die Pausblätter zu wenden sind, wenn die Druckspirale oberhalb der h-Kurve liegt. — Die q-Linie kann jeden beliebigen Verlauf haben, z. B. auch nach Gl. (166).

Unter 4.2 und 4.91 ist schon darauf hingewiesen worden, daß der Druck vor und hinter der Verbindungsöffnung zum Wasserschloß nicht der gleiche ist, daß also für die Beschleunigung und die Verzögerung des Wassers im Stollen ein anderer Druck maßgebend ist als für die

Tabelle 15. *Rhythmischer Lastwechsel für das gedrosselte Wasserschloß mit optimaler Drosselung; nach* ESCANDE (m)

Lastfall	n_1	$x/\sqrt{\varepsilon}$	\multicolumn{7}{c}{Amplituden $x/\sqrt{\varepsilon}$ für $1/\sqrt{\varepsilon}$ =}						
			0,0	0,1'	0,2	0,4	0,6	0,8	1,0
Abb. 132a		$x_{\max 1}/\sqrt{\varepsilon}$	+0,707	+0,713	+0,72	+0,74	+0,775	+0,84	+1,00
		$x_{\min 1}/\sqrt{\varepsilon}$	−1,028	−0,830	−0,687	−0,49	−0,365		
		$x_{\max 2}/\sqrt{\varepsilon}$	+0,512	+0,420	+0,354	+0,262	+0,204		
Abb. 132b	0,25 ÷ 1,00	$x'_{\min 1}/\sqrt{\varepsilon}$	−0,707	−0,64	−0,57	−0,455	−0,357	−0,28	−0,23
	0,25	$x'_{\max 1}/\sqrt{\varepsilon}$	+0,577		+0,507	+0,436	+0,38	+0,34	+0,316
		$x'_{\min 2}/\sqrt{\varepsilon}$	−0,372		−0,252	−0,161	−0,092	−0,05	−0,003
	0,50	$x'_{\max 1}/\sqrt{\varepsilon}$	+0,740		+0,670	+0,612	+0,553	+0,523	+0,487
		$x'_{\min 2}/\sqrt{\varepsilon}$	−0,44		−0,222	−0,062	+0,056	+0,15	+0,222
	0,75	$x'_{\max 1}/\sqrt{\varepsilon}$	+0,891		+0,816	+0,759	+0,72	+0,695	+0,689
		$x'_{\min 2}/\sqrt{\varepsilon}$	−0,480		−0,123	+0,110	+0,288	+0,435	+0,56
	1,00	$x'_{\max 1}/\sqrt{\varepsilon}$	+1,028		+0,953	+0,902	+0,881	+0,90	+1,00
		$x'_{\min 2}/\sqrt{\varepsilon}$	−0,512		−0,027	+0,317	+0,581	+0,798	+1,00

Druckrohrleitung. Korrekterweise müßte man daher bei der soeben beschriebenen graphischen Berechnung zwei verschiedene Pausblätter 2 verwenden, je nachdem es sich um die Ermittlung der Wassermengenänderung ΔQ im Stollen handelt oder um die Bestimmung des Wasserbedarfes q, d. h. um die Ermittlung der Spiegeländerung Δz. Ein solcher Vorgang ist ohne besondere Schwierigkeiten möglich. Da im vorstehenden nur das Prinzip gezeigt werden sollte, ist auf diese Verfeinerung verzichtet worden. — Im übrigen hat sie nur dann Sinn, wenn man genaue Unterlagen (z. B. nach Modellversuchen) über die entstehenden Verluste zur Verfügung hat.

4.10 Rhythmischer Lastwechsel

Hierüber liegen Untersuchungen von ESCANDE (m) vor, die sich auf ein Wasserschloß mit optimaler Drosselung beziehen, dessen Widerstandsziffer also der Beziehung (228) folgt. — Die ersten drei, aus Abb. 132 ersichtlichen Extremspiegellagen können der vorstehenden Tab. 15 entnommen werden.

5 Das Differentialwasserschloß
5.1 Allgemeine Anordnung, Bezeichnungen

Die grundsätzliche Anordnung des Differentialwasserschlosses ist aus den Abb. 179 und 180 zu ersehen. Folgende neuen Bezeichnungen sind einzuführen:

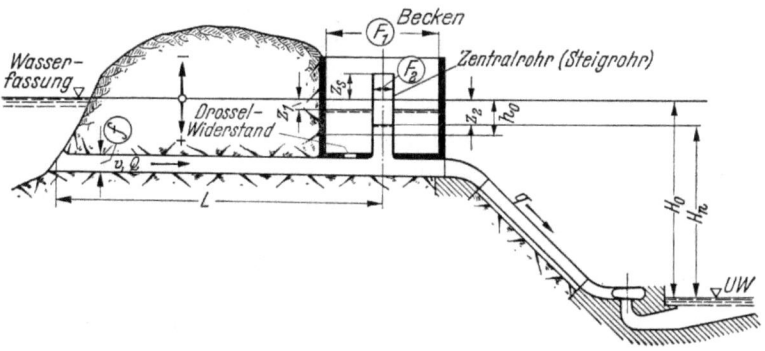

Abb. 179. Anordnung des Differentialwasserschlosses von JOHNSON

Q_I Durchflußmenge im Drosselwiderstand, positiv bei Entleerung des Beckens,
Q_{II} Wassermenge, die das Zentralrohr durchfließt, positiv bei Leerung des Zentralrohres,
$Q_ü$ Überfallmenge bei überströmtem Zentralrohr, positiv, wenn Überfall vom Becken ins Zentralrohr stattfindet,
F_1 Horizontalfläche des Beckens,
F_2 Horizontalfläche des Zentralrohres (Steigrohres),

$F = F_1 + F_2$,
$s = F_2/F$,
z_1 Spiegellage im Becken bezüglich der Wasserfassungshöhe, positiv nach unten,
z_2 Spiegellage im Steigrohr bezüglich der Wasserfassungshöhe, positiv nach unten,
z_{max} Extremlage des Wasserspiegels,
z_s Höhenkote der Steigrohrkrone, negativ, da Oberkante Zentralrohr stets über Wasserfassung,
h_a Höhendifferenz zwischen dem Oberwasser des vollkommenen Überfalles und der Steigrohrkrone; $h_a = z_s - z_2$ bzw. $h_a = z_s - z_1$, je nach Fließrichtung des überfallenden Wassers,
$p = z_2 - z_1$ Druckhöhendifferenz für den Durchfluß durch den Drosselwiderstand.

Beim einfachen gedrosselten Wasserschloß ergeben sich bei der Bemessung des Widerstandes insofern gewisse Schwierigkeiten, als man ihn nur für *einen* Belastungsfall bemessen kann, also entweder für Entlastung oder für Belastungsvergrößerung. Für den jeweiligen anderen Fall ist dann der Widerstand entweder zu groß oder er ist zu klein, so daß die Raumeinheit weniger gut ausgenützt ist. Diesem Übelstand kann durch die Anordnung von JOHNSON abgeholfen werden. Dabei wird der Drosselwiderstand für Belastungsvergrößerung bemessen. Bei Entlastung tritt das Zentralrohr in Tätigkeit und nimmt einen Teil des Wassers auf, so daß zu hohe Widerstandsdrücke vermieden werden.

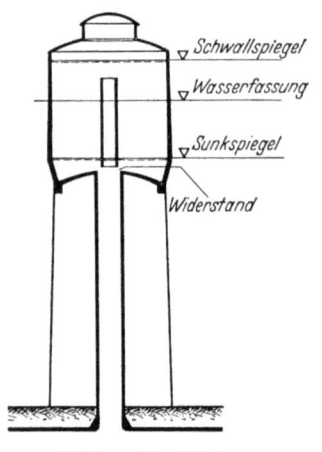

Abb. 180. JOHNSON-Wasserschloß

Wegen der Bemessung der Drosselung wird auf die unter 4.2 gemachten Ausführungen verwiesen. Die hydraulischen Verhältnisse sind jedoch beim Differentialwasserschloß noch wesentlich komplizierter als beim einfachen gedrosselten Wasserschloß, so daß hier in verstärktem Maße auf Modellversuche zurückzugreifen ist.

5.2 Wirkungsweise und Grundgleichungen

5.21 Belastungszunahme

Vor der Gleichgewichtsstörung liegen die Wasserspiegel in Becken und Zentralrohr auf gleicher Höhe, nämlich um den der Teilbelastung entsprechenden Druckverlust h_a unterhalb der Wasserfassungshöhe. Es fließt genau so viel Wasser zu, wie von den Turbinen verbraucht wird: $Q_a = q_a =$ konst., weder dem Becken noch dem Zentralrohr wird somit Wasser entnommen. Im Augenblick der Belastungsvergrößerung wächst der Verbrauch der Turbinen auf q. Die Fehlwassermenge $(q - Q_a)$ wird dem Zentralrohr entnommen, da ja bei $t = 0 \ldots z_1 = z_2$, für eine Wasserentnahme durch den Widerstand also keinerlei Druckhöhe zur Verfügung steht. Diese ergibt sich erst im Laufe des ersten Zeitabschnittes dt, in dem wegen des entzogenen Fehlwassers der Spiegel im Zentralrohr um einen gewissen Betrag gesunken ist. Da zunächst vorausgesetzt wird, daß bei Entnahme aus dem Zentralrohr keinerlei Zusatzdrücke auftreten, entspricht der an der Stollenseite der Widerstandsöffnung herrschende Druck dem Wasserstand z_2 im Zentralrohr, und für den Wasserdurchtritt durch den Widerstand steht als Druckhöhe die Differenz der Wasserstände im Becken und im Zentralrohr zur Verfügung. Die in den ersten Augenblicken durch den Widerstand gelieferten Wassermengen reichen zur Deckung des Bedarfes nicht aus, so daß das Fehlwasser auch weiterhin dem Zentralrohr entzogen werden muß. Der Spiegel im Zentralrohr wird daher rasch so tief sinken, bis die Druckhöhe am Widerstand auf jenes Maß angewachsen ist, das dazu nötig ist, um annähernd das gesamte Fehlwasser durch den Widerstand zu pressen. Dieser Zustand wird nach wenigen Sekunden erreicht sein.

Von da an liegt — richtige Bemessung des Drosselwiderstandes vorausgesetzt — der Zentralrohrspiegel auf annähernd konstanter Höhe. Man hat also schon nach wenigen Sekunden den tiefsten Sunkspiegel erreicht, was den Stolleninhalt entsprechend beschleunigt. Bei aufsteigender Schwingung (nach erreichter Beschleunigung des Stolleninhaltes) ist der Vorgang analog.

Die Beschleunigung der Wassermenge im Stollen geschieht unter dem Einfluß von z_2. Die Beschleunigungsgleichung lautet somit:

$$dv = \frac{g}{L}(z_2 - h)\,dt \quad \text{bzw.} \quad dQ = \frac{gf}{L}(z_2 - h)\,dt. \quad (251)$$

Die den Widerstand durchströmende Wassermenge errechnet sich aus der Beziehung

$$p = k = k_0 \left(\frac{Q_I}{Q_0}\right)^2$$

zu

$$Q_I = Q_0 \sqrt{\frac{|p|}{k_0}} = Q_0 \sqrt{\frac{|p|}{\eta\,h_0}}. \quad (252)$$

Die dem Zentralrohr entnommene Wassermenge ist

$$Q_{II} = (q - Q) - Q_I. \quad (253)$$

Für konstante Leistungsentnahme kann q aus der bekannten Beziehung gefunden werden:

$$q = \frac{Q_0(H_0 - h_0)}{H_0 - z_2}.$$

Nunmehr lassen sich folgende Raumgleichungen aufstellen:

$$dz_1 = \frac{Q_I}{F_1} dt, \qquad (254)$$

$$dz_2 = \frac{Q_{II}}{F_2} dt. \qquad (255)$$

Die Gl. (252 bis 255) lassen sich auch vereinigt anschreiben:

$$dz_1 = \frac{Q_0 \sqrt{\frac{|p|}{\eta\, h_0}}}{F_1} dt, \qquad (256)$$

$$dz_2 = \frac{q - Q - Q_0 \sqrt{\frac{|p|}{\eta\, h_0}}}{F_2} dt. \qquad (257)$$

Bei Ableitung der obigen Formeln ist angenommen, daß das Zentralrohr selbst keine Dämpfungswertigkeit besitzt. Wird jedoch eine solche vorausgesetzt, und zwar in der Größe k_{0z} (Druckverlust beim Durchfluß von Q_0 durch das Zentralrohr), so erhalten die oben gegebenen Beschleunigungsgleichungen folgende Form:

$$\left. \begin{array}{l} dv = -\dfrac{g}{L}\left[z_2 + k_{0z}\left(\dfrac{Q_{II}}{Q_0}\right)^2 - h \right] dt, \\[6pt] q = \dfrac{Q_0(H_0 - h_0)}{H_0 - z_2 - k_{0z}\left(\dfrac{Q_{II}}{Q_0}\right)^2}, \\[6pt] p = z_2 - z_1 + k_{0z}\left(\dfrac{Q_{II}}{Q_0}\right)^2. \end{array} \right\} \qquad (258)$$

k_{0z} ist mit positivem Vorzeichen einzusetzen, wenn dz_2 positiv ist, im anderen Fall negativ. Die Zentralrohrdämpfung spielt nur bei engen Zentralrohren eine Rolle, und auch da nur in den ersten Sekunden nach der Belastungsänderung, so daß sie nur in seltenen Fällen berücksichtigt zu werden braucht.

5.22 Entlastung

Im Augenblick der Belastungsminderung von Q_0 auf nQ_0 wird das Überschußwasser vom Zentralrohr aufgenommen, da für $t = 0$ die Wasserspiegel in Becken und Steigrohr gleich hoch liegen, für den Wasserdurchtritt also kein Überdruck vorhanden ist. Er ergibt sich auch hier ähnlich wie früher erst durch die Füllung des Zentralrohres. Dann liegt hier der Spiegel höher als im Becken, und unter dem Einfluß dieser Druckdifferenz wird Wasser durch den Widerstand ins Becken strömen. Da die Wassermenge Q_I jedoch in den ersten Sekunden beträchtlich kleiner als der Wasserüberschuß ist, wird das Steigrohr bei größeren Entlastungen rasch durch die Wassermenge Q_{II} bis zur Oberkante gefüllt, bis das Wasser ins Becken überfällt. Für Entlastung gelten unverändert die Gl. (251, 252 u. 253). Bei Aufstellung der Raumgleichungen sind jedoch verschiedene Zustände zu unterscheiden.

Zustand 1 (Abb. 181). Der Spiegel im Zentralrohr liegt unter dessen Oberkante. Bei Beachtung der Vorzeichen gelten die Raumgleichungen (254 u. 255). Für die Zeit unmittelbar nach der Entlastung ergibt sich

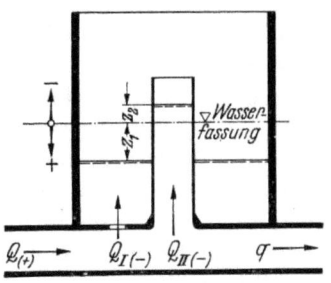

Abb. 181. Zustand 1   Abb. 182. Zustand 2

z. B. $p = z_2 - z_1$ negativ, ebenso Q_I; Q_{II} errechnet sich aus Gl. (253) gleichfalls als negative Größe. Mithin werden auch dz_1 und dz_2 negativ (Spiegelanstieg).

Zustand 2 (Abb. 182). Der Zentralrohrspiegel ist über die Überlaufkante angestiegen, vom Zentralrohr ins Becken findet vollkommener Überfall statt (Wasserspiegel im Becken unter der Zentralrohrkrone).

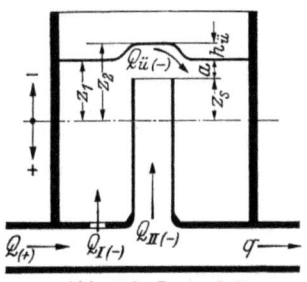 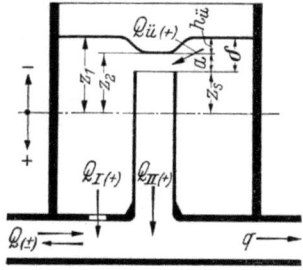

Abb. 183. Zustand 3   Abb. 184. Zustand 4

Die Überfallmenge $Q_ü$ ist beim Überfall ins Becken negativ. Die Raumgleichungen lauten (bei Beachtung der Vorzeichenregeln)

$$dz_1 = \frac{Q_I + Q_ü}{F_1} dt, \qquad (259)$$

$$dz_2 = \frac{Q_{II} - Q_ü}{F_2} dt. \qquad (260)$$

Zustand 3 (Abb. 183). Es herrschen die gleichen Verhältnisse wie bei Zustand 2, nur ist der Spiegel im Becken über Steigrohroberkante angestiegen. Demnach liegt unvollkommener Überfall vor. Da immer noch

Wasser ins Becken überfällt, ist $Q_ü$ negativ. Gl. (259 u. 260) gelten unverändert.

Zustand 4 (Abb. 184). Die Zuflußmenge Q ist weitgehend abgebremst, bei voller Entlastung sogar bis unter Null. Für den Augenblick $Q = q$ ist $z_1 = z_2$. Durch den Widerstand fließt kein Wasser. Sinkt Q unter q, so erfolgt Entnahme aus dem Wasserschloß, und zwar zunächst wegen $p = 0$ nur aus dem Zentralrohr, wo sich der Spiegel senkt und so einen Widerstandsdruck erzeugt, der Wasser aus dem Becken in den Stollen preßt. Gleichzeitig fließt Wasser auch aus dem Becken über die Krone des Zentralrohres in letzteres ab. In die Gl. (259 u. 260) ist $Q_ü$ mit positivem Vorzeichen einzusetzen, ebenso Q_I und Q_{II}.

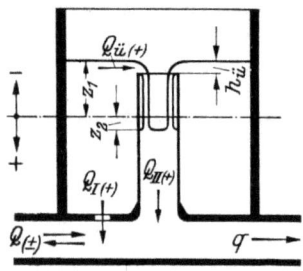

Abb. 185. Zustand 5

Zustand 5 (Abb. 185). Er unterscheidet sich vom Zustand 4 nur dadurch, daß der Spiegel im Zentralrohr tiefer als dessen Oberkante liegt, mithin vollkommener Überfall ins Steigrohr stattfindet.

Zustand 1 ist wieder erreicht, wenn auch der Beckenspiegel unter Überfallkrone gesunken ist.

Die obigen Formeln beziehen sich auf die Grundform des Differentialwasserschlosses. Man hat auch kompliziertere Formen dieses Typs ausgeführt. So hat man in der Zentralrohrwand Schlitze angeordnet, die als Widerstände aufzufassen sind und unter anderem bei Teilentlastungen ein zu hohes Ansteigen des Wassers im Zentralrohr verhindern. Man hat das JOHNSON-Wasserschloß auch mit Überläufen versehen (Ontario 3), auch das Steigrohr räumlich vom Becken getrennt (Innertkirchen, Sta. Giustina-Mollaro, Prutz-Imst). Als Sonderformen sind auch die von VOGT und von EBNER aufzufassen, die weiter unten noch gestreift werden.

5.3 Geschlossene Berechnung

5.31 Entlastung

Wie aus Abb. 188 zu ersehen ist, bleibt der Druck während der ganzen Beschleunigungsperiode annähernd konstant. Das Differentialwasserschloß kann also als idealisiertes Kammerwasserschloß aufgefaßt werden, wie dies auch dem Vorgang von JOHNSON entspricht. In Betracht kommen die Gl. (175 u. 176).

VOGT geht ebenfalls vom idealisierten Wasserschloß aus, bringt aber an Gl. (175)

$$V = \frac{L f v_0^2}{2 g h_0} \ln\left(1 + \frac{1}{|x_{max}|}\right)$$

noch einige Berichtigungen an, und zwar setzt er

a) den Nenner in der Klammer wie beim Kammerwasserschloß mit Überfallschwelle $0{,}85\,|x_{\max}| + 0{,}15\,|x_s|$, weil der Spiegel im Zentralrohr nicht genau konstant auf Höhe $z_{\max}$ liegt;

b) ist der Inhalt gegenüber dem idealisierten Kammerwasserschloß noch etwas zu vergrößern, weil das Steigrohrvolumen nicht die gleiche Dämpfungswertigkeit hat wie das Becken von der Fläche F_1. Diese Vergrößerung wird erhalten, indem der Inhalt durch den Wert

$$1 - \frac{|x_{\max}| + 0{,}3}{2|x_{\max}| + 0{,}3} \cdot \frac{s}{1 - \frac{2}{3}\sqrt{\frac{1 + |x_{\max}|}{\eta}}}$$

dividiert wird. Der Wasserschloßinhalt wird damit

$$V = \frac{L f v_0^2}{2 g h_0} \cdot \frac{\ln\left(1 + \frac{1}{0{,}85\,|x_{\max}| + 0{,}15\,|x_s|}\right)}{1 - \frac{|x_{\max}| + 0{,}3}{2|x_{\max}| + 0{,}3} \cdot \frac{s}{1 - \frac{2}{3}\sqrt{\frac{1 + |x_{\max}|}{\eta}}}}. \tag{261}$$

Der Zähler des zweiten Bruches rechts kann mit Hilfe des Nomogramms Abb. 147 mit $y_s = 1$ bestimmt werden.

Die Höhenlage der Zentralrohroberkante wird genau genug so bestimmt, daß die zu Beginn des Schwingungsvorganges überfallende Wassermenge Q_{II} ins Becken abfließen kann, ohne die Schwallhöhe $z_{\max}$ zu überschreiten. Der Zentralrohrspiegel ist also auf $z_{\max}$ anzunehmen, während im Becken der Spiegel praktisch noch auf Höhe h_0 liegt. Gemäß Gl. (252) ist die Wassermenge im Widerstand

$$Q_I = Q_0 \sqrt{\frac{h_0 + |z_{\max}|}{\eta\, h_0}} = Q_0 \sqrt{\frac{1 + |x_{\max}|}{\eta}} \tag{262}$$

und die Überfallmenge

$$Q_{II} = Q_0 \left(1 - \sqrt{\frac{1 + |x_{\max}|}{\eta}}\right). \tag{263}$$

Der Abfluß von Q_{II} ins Becken wird als vollkommener Überfall berechnet, dessen Überlaufhöhe ist

$$h_{\ddot{u}} = \left(\frac{Q_{II}}{2/3\,\mu\,B\,\sqrt{2g}}\right)^{2/3}. \tag{264}$$

Die Oberkante des Steigrohres ist um $h_{\ddot{u}}$ tiefer zu legen als der Schwallspiegel.

5.32 Belastungszunahme

Wasserverbrauch konstant. Eine erste Berechnung des Inhaltes kann auch hier erfolgen wie beim idealisierten Kammerwasserschloß, also nach Gl. (177) und unter Zuhilfenahme der Netztafel Abb. 150.

VOGT berechnet das Differentialwasserschloß als einfaches gedrosseltes Wasserschloß, dessen Widerstand nach Gl. (232) bemessen ist[1]. Somit ist Gl. (233) anzuwenden, zweckmäßig unter Benutzung von Abb. 120. Hierbei ist aber zu berücksichtigen, daß ein Teil des Inhaltes, nämlich der des Zentralrohres, nur etwa die halbe Dämpfungswertigkeit wie der Beckeninhalt hat. In Gl. (233) ist deshalb mit einem größeren ε-Wert als dem tatsächlich vorhandenen zu rechnen. ε ist zu ersetzen durch ε' [siehe auch FRANK (b)].

$$\varepsilon' = \frac{\varepsilon}{1 - 3/2\,\varepsilon}. \tag{265}$$

Leistung konstant. Da beim JOHNSON-Wasserschloß grundsätzlich $\eta = \eta_l$ gemacht wird, gilt das beim einfachen gedrosselten Wasserschloß unter 4.52 Gesagte.

Allmähliche Belastungsvergrößerung. Die Beantwortung der Frage, in welcher Zeit eine Entnahmesteigerung von Null auf Vollast vor sich gehen darf, wenn das Wasserschloß für eine plötzliche Belastungszunahme von n auf 1 konstruiert ist, ist beim Differentialwasserschloß genau die gleiche wie beim einfachen gedrosselten Wasserschloß (4.62).

5.4 Die Sonderform von Vogt

Gedrosselte Wasserschlösser sind sehr empfindlich gegen Belastungsstöße, wenn diese größer sind als bei der Konstruktion angenommen. Man wird also bei der Festsetzung des Belastungsgrades n sehr vorsichtig sein oder aber bei der Wahl der Dämpfungszahl unter der an sich zulässigen Grenze ($\eta = \eta_l$) bleiben.

Als Vorbeugungsmittel gegen die Folgen solch unvorhergesehen großer Belastungsstöße empfiehlt VOGT, das Zentralrohr auf Höhe des Teillastspiegels $z_a = +n^2 h_0$ abzuschneiden. Erfolgt nun eine von einem Belastungsgrad $n_1 < n$ ausgehende unvorhergesehene plötzliche Vollbelastung, so kann das erforderliche Zuschußwasser auch durch das Zentralrohr fließen, weil ja der Ausgangsspiegel höher als $n^2 h_0$, also über Zentralrohroberkante liegt. Über die Berechnung dieser Sonderform ist folgendes zu sagen:

Bei *plötzlicher Entlastung* ist zu rechnen wie beim einfachen gedrosselten Wasserschloß [Gl. (225) oder Abb. 169], nur ist das Zentralrohr als zweiter Widerstand aufzufassen. Es ist also die Zentralrohrdämpfung zu berücksichtigen (s. 5.2). Die mittlere Dämpfungszahl ist dann nach Gl. (231) zu bestimmen.

Bei *plötzlicher Belastungsvergrößerung* ist zu rechnen wie beim JOHNSON-Wasserschloß, also nach Gl. (233 u. 234).

---

[1] Diese Voraussetzung gilt übrigens auch für die Anwendung von Gl. (177).

Zu beachten ist bei dieser Sonderform noch, daß sie den oben erwähnten Zweck nicht erfüllen kann, wenn damit gerechnet werden muß, daß vor dem Belastungsstoß von n_1 auf 1 kleine Schwingungsvorgänge auftreten, bei denen der Wasserspiegel vorübergehend unter Zentralrohroberkante liegt. Würde in diesem Augenblick der Belastungsstoß eintreten, so würde er wieder nur den Widerstand wirksam finden. Als allein sicheres Mittel bleibt somit nur die vorsichtige Wahl des für die Wasserschloßbemessung und die Festlegung des Drosselwiderstandes anzunehmenden Belastungsgrades n.

5.5 Die Sonderform von Ebner

Auf Grund von Modellversuchen hat EBNER untersucht, wie das Differentialwasserschloß ausgebildet werden muß, um bei vollständiger Entlastung in τ Sekunden den in der Abb. 186 dargestellten Übergang zum Ruhezustand (,,Sofortige Dämpfung") zu erreichen. Dies ist möglich, wenn

$$F_2 = 0{,}367\, F_1. \tag{266}$$

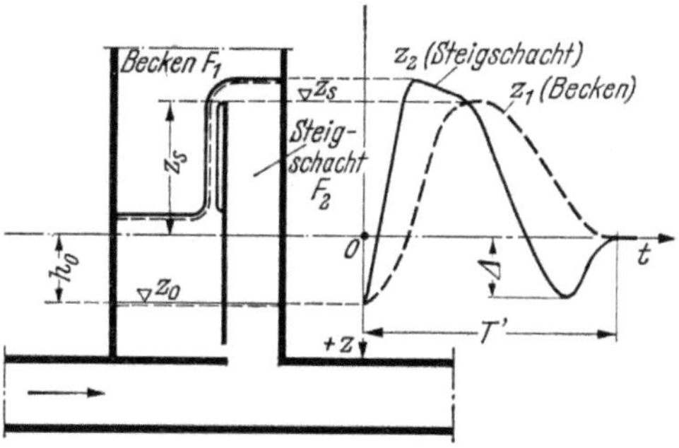

Die Steigrohroberkante ist so vorausgesetzt, daß sich

Abb. 186. Sonderform von EBNER

die Ganglinien für z_1 und z_2 auf der Höhe z_s schneiden.

Mit $\xi = \dfrac{Q_0}{\tau}$ und $Q_\Omega = \sqrt{\dfrac{2\xi f L}{g\,\alpha}}$ gelten die empirischen Gleichungen

$$z_s = -0{,}734 \left(1 - \frac{Q_0}{Q_\Omega}\right) Q_0 \sqrt{\frac{L}{g f (F_1 + F_2)}}, \tag{267}$$

$$\varDelta = -\frac{z_s}{2}, \tag{268}$$

$$T' = \tau + \frac{2\pi}{1{,}38} \sqrt{\frac{L(F_1 + F_2)}{g f}}. \tag{269}$$

Die ,,sofortige Dämpfung" tritt *nur* in dem angegebenen Entlastungsfall auf. In allen übrigen Fällen reihen sich an den ersten Schwingungsgang weitere, freilich stark gedämpfte Schwingungen um die neue Gleichgewichtslage an.

An sich ist die ,,sofortige Dämpfung" nach einer vollständigen Entlastung weniger interessant, sie wird es aber im Hinblick darauf, daß sich bei schnellem Abklingen der Schwingungen die Wahrscheinlichkeit verringert, daß durch Wiederanfahren des Werkes sich eine ungünstige

Überlagerung der Schwingungen einstellt. Freilich gilt dies uneingeschränkt nur für die Entlastung. — Aus Gl. (266) ist ersichtlich, daß die EBNERsche Lösung sehr große Steigrohrquerschnitte erfordert, womit die spezifische Wirkung des Differentialwasserschlosses wieder verlorengeht und man schließlich keine wesentliche Kostenersparnis gegenüber einfacheren Formen erzielen kann. — Als weitere Einschränkung des Anwendungsbereiches des EBNERschen Wasserschlosses ist anzuführen, daß es nur bei konstantem Stauseespiegel angewendet werden kann und bei speicherfähigen Anlagen nicht mehr zweckmäßig ist.

5.6 Schrittweise Verfahren
5.61 Numerische Integrationen

Die Hauptabmessungen des JOHNSON-Wasserschlosses können auf Grund der gegebenen Formeln verhältnismäßig einfach festgelegt werden. Für die genaue Verfolgung des Schwingungsvorganges ist man jedoch auf numerische Integrationen angewiesen. Hierzu werden in den unter 5.2 gegebenen Formeln die Differentiale durch Differenzen ersetzt. Da die strenge Berechnung nach den angeführten Gleichungen teilweise sehr mühsam und zeitraubend ist, weil sie die Anwendung sehr kleiner Zeitintervalle erfordert, werden auch einige Näherungsverfahren gebracht. Die sich hieraus ergebenden Ungenauigkeiten sind in der Regel unbedeutend. — Durch das Hinzutreten einer weiteren Veränderlichen (z_2, neben z_1) ist das früher eingeschlagene Verfahren, die Werte Δz und ΔQ aus den Intervallmittelwerten zu berechnen, nicht mehr zweckmäßig, da viel zu zeitraubend. Man muß sich daher wieder damit begnügen, diese Werte aus den Anfangsgrößen zu berechnen und diesen Nachteil durch Verkleinerung der Intervalle auszugleichen suchen.

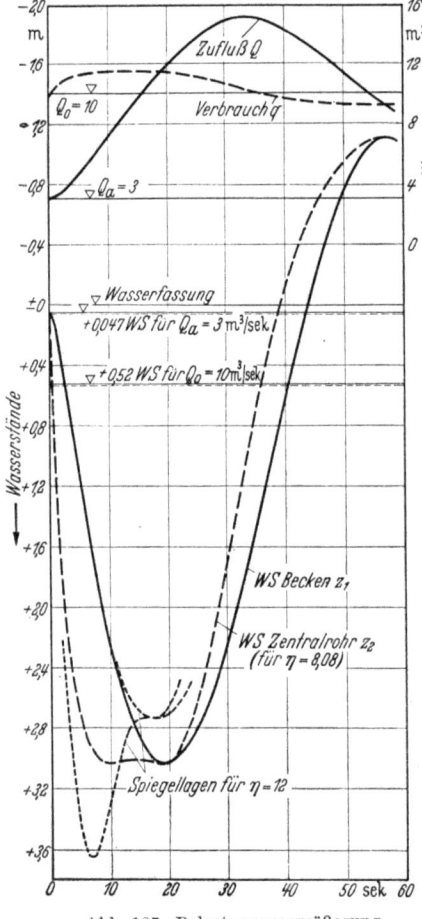

Abb. 187. Belastungsvergrößerung

Das Differentialwasserschloß

Belastungsvergrößerung (Abb. 187). Nach Einführung endlicher Differenzen erhält man:

$$\Delta v_{i,i+1} = \frac{g}{L}\Delta t(z_2 - h)_i \quad \text{bzw.} \quad \Delta Q_{i,i+1} = \frac{gf}{L}\Delta t(z_2 - h)_i, \quad (270)$$

$$\Delta z_{1_{i,i+1}} = \frac{Q_{II}}{F_1}\Delta t, \quad (271)$$

$$\Delta z_{2_{i,i+1}} = \frac{Q_{III}}{F_2}\Delta t. \quad (272)$$

Die Durchführung der numerischen Integration unterscheidet sich grundsätzlich nicht von der für ungedrosselte Wasserschlösser. Ein Rechenschema wird in Tab. 16 gegeben. Im allgemeinen muß man wegen der raschen Spiegelbewegung mit sehr kleinen Intervallen rechnen, besonders in der Nähe der Kulminationspunkte, wo p sehr klein ist. Hier ergeben sich nämlich sonst leicht starke Unregelmäßigkeiten bei p und Q_I, was sich bei dem kleinen Wert F_2 in der Bildung von Δz_2 mitunter sehr störend bemerkbar macht. Es ist dann am besten, die Zentralrohrspeicherung, die an den Kulminationspunkten tatsächlich unbedeutend ist, ganz zu vernachlässigen und die Berechnung wie für ein gedrosseltes Wasserschloß ohne Zentralrohr durchzuführen. Jenseits des Kulminationspunktes kann man dann wieder zur strengeren Berechnung übergehen. Die so gemachten Vernachlässigungen haben wenig Einfluß auf die Ermittlung der Schwingungen. Die Gleichungen für dieses vereinfachte Verfahren sind folgende:

$$\left.\begin{array}{l}\Delta z_{1_{i,i+1}} = \dfrac{(q-Q)_i}{F_1}\Delta t, \\[6pt] z_2 = z_1 + p, \\[6pt] p = k_0\left(\dfrac{q-Q}{Q_0}\right)^2. \end{array}\right\} \quad (273)$$

Man nimmt also an, daß alles Fehl- bzw. Überschußwasser aus dem Becken entnommen bzw. dort gespeichert wird, bestimmt hieraus den Druck p, der hierbei am Widerstand wirksam sein muß und erhält so die zugehörige Drucklinie z_2, die mit dem Zentralrohrspiegel identisch gesetzt wird.

Abb. 187 zeigt die Ergebnisse einer numerischen Integration für folgenden Fall konstanter Leistungsentnahme:

$L = 200$ m, $\quad H_0 = 20{,}0$ m, $\quad Q_0 = 10$ m³/s,

$Q_a = 3{,}0$ m³/s, $\quad f = 3{,}8$ m², $\quad h = 0{,}0052\, Q^2$,

$F_1 = 24{,}83$ m², $\quad F_2 = 3{,}47$ m², $\quad \eta = 8{,}08$

[entspricht etwa Gl. (232)].

Wie wichtig die richtige Wahl von η ist, zeigt die fein punktierte Ganglinie, bei der die Dämpfungszahl (zu groß) mit 12 angenommen ist.

Ein Rechenschema für die Entnahmevergrößerung ist in Tab. 16 gegeben, und zwar sowohl für die genaue Rechnung nach den

Tabelle 16. Rechenschema der numerischen Integration für Belastungsvergrößerung beim Differentialwasserschloß

Näherung

i	Δt	H_0-z_s	$q=Q_0\dfrac{H_0-h_0}{H_0-z_s}$	$Q-b$	$p=h_0\left(\dfrac{q-Q}{Q_0}\right)^2$	$Q'\equiv q-Q$	$Q_{II}\equiv 0$		$\Delta Q_{2i,i+1}=\Delta t\dfrac{F_1}{Q_{II}}$	$z_{2,i+1}=z_{2,i}\mp p$	$z_{i,i+1}=z_i+\Delta z_{i,i+1}$	$h=\dfrac{a}{f_s}Q^2$	z_s-h	$\Delta Q_{i,i+1}=\dfrac{g\,f\Delta t}{l}(z_s-h)$	$Q_{i+1}=Q_i+\Delta Q_{i,i+1}$
1	12	5	6	7	8	9	—	—	—	2	3	10	11	—	4
13	26	19	20	21	22	23	—	—	14	16	15	24	25	17	18
27	40	33	34	35	36	37	—	—	28	30	29	38	39	31	32
41									42	44	43			45	46

Genaue Methode

i	Δt	H_0-z_s	$q=Q_0\dfrac{H_0-h_0}{H_0-z_s}$	$Q-b$	$p=z_s-z_i$	$Q'=Q_0\sqrt{\dfrac{|p|}{h_0}}$	$Q_{II}=q-Q-Q'$	$\Delta z_{2,i+1}=\Delta t\dfrac{F_2}{Q_{II}}$	$\Delta z_{1,i+1}=\Delta t\dfrac{F_1}{Q_{II}}$	$z_{2,i+1}=z_{2,i}+\Delta z_{2,i+1}$	$z_{i,i+1}=z_i+\Delta z_{i,i+1}$	$h=\dfrac{a}{f_s}Q^2$	z_s-h	$\Delta Q_{i,i+1}=\dfrac{g\,f\Delta t}{l}(z_s-h)$	$Q_{i+1}=Q_i+\Delta Q_{i,i+1}$
1	13	5	6	7	8	9	10	15	17	2	3	11	12	19	4
14	29	21	22	23	24	25	26	31	33	16	18	27	28	35	20
30	45	37	38	39	40	41	42	47	49	32	34	43	44	51	36
46										48	50				52

Gl. (270 bis 272) wie auch für das Näherungsverfahren Gl. (273). — Die Spalten sind in der Reihenfolge der eingeschriebenen Ziffern auszufüllen. Das Schema setzt konstante Leistungsentnahme voraus. Bei anderer Abhängigkeit zwischen q und z bzw. bei $q =$ konst. lassen sich die entsprechenden Spalten dem leicht anpassen.

Entlastung (Abb. 188). Beschleunigungsgleichung siehe Gl. (270). Die Raumgleichungen ändern sich je nach Schwingungszustand (siehe 5.2).

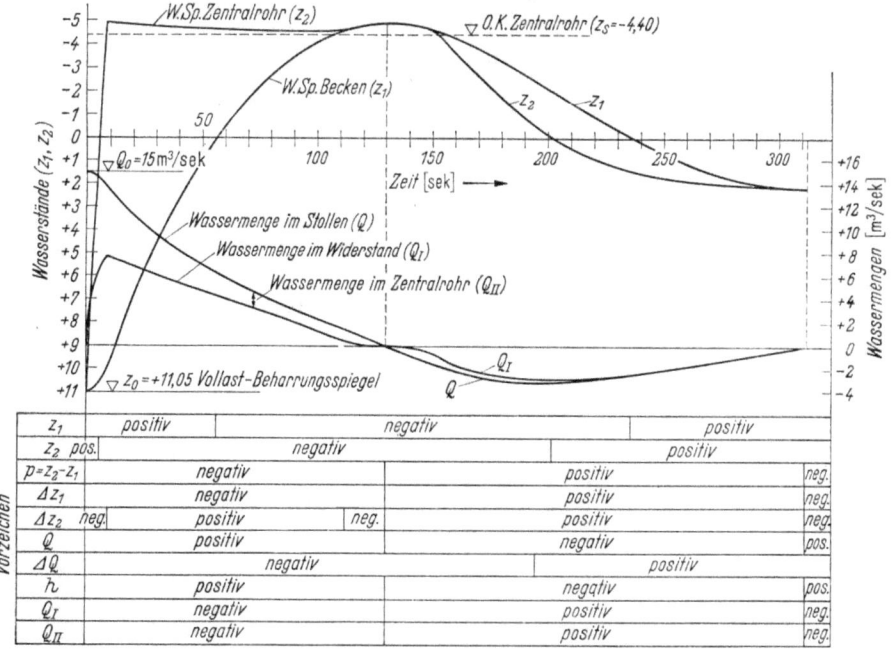

Abb. 188. Vollständige Entlastung

Bei *Zustand 1* (Spiegel im Zentralrohr liegt unter der Überlaufkrone nach Abb. 181) gelten die Raumgleichungen (271, 272, unter Umständen 273). In *Zustand 2 und 3* (Überfall vom Steigrohr ins Becken nach Abb. 182 u. 183) lauten die Raumgleichungen

$$\Delta z_{1_{i,i+1}} = \frac{(Q_I + Q_0)_i}{F_1} \Delta t, \qquad (274)$$

$$\Delta z_{2_{i,i+1}} = \frac{(Q_{II} - Q_0)_i}{F_2} \Delta t, \qquad (275)$$

wobei, unter Beachtung der Vorzeichen,

$$Q = q - Q_I - Q_{II}. \qquad (276)$$

Die Überfallmenge $Q_{\ddot{u}}$ ist nach den bekannten Verfahren in Abhängigkeit von der Höhendifferenz $h_{\ddot{u}} = z_s - z_2$ und gegebenenfalls

Tabelle 17. Rechenschema der numerischen Integration für Belastungsminderung beim Differentialwasserschloß

Zustand I, ohne Überfall, Näherung wegen vernachlässigter Speicherung im Zentralrohr

t	Δt	q^*	$q-Q$	$p=h_0\left(\dfrac{q-Q}{Q_0}\right)^2$	$Q_0'\equiv q-Q$	$Q_{II}\equiv 0$		$\Delta z_{1,i+1}=\dfrac{Q_{II}}{F_I}\Delta t$ $z_{1,i+1}=z_{1,i}+\Delta z_{1,i+1}$		$z_2=z_1\mp p$	$h=\dfrac{v}{f_s}Q^2$	z_2-h	$\Delta q_{i,i+1}=\dfrac{gf}{L}(z_2-h)\Delta t$	$q_{i+1}=q_i+\Delta q_{i,i+1}$
1	11		5	6	7	8		13	2	9	10	3.15**		4
12	24	18	19	20	21			26	14	22	23	28	29	17
25	37	31	32	33	34			39	27	35	36	41	42	30
38														43

Zustand I, ohne Überfall, genaue Rechnung

t	Δt	q^*	$q-Q$	$p=z_2-z_1$	$Q_0'=Q_0\sqrt{\dfrac{|p|}{h_0}}$	$Q_{II}=q-Q-Q'$		$\Delta z_{1,i+1}=\dfrac{Q_{II}}{F_I}\Delta t$ $z_{1,i+1}=z_{1,i}+\Delta z_{1,i+1}$	$\Delta z_{2,i+1}=\dfrac{Q_{III}}{F_{II}}\Delta t$ $z_{2,i+1}=z_{2,i}+\Delta z_{2,i+1}$	$h=\dfrac{v}{f_s}Q^2$	z_2-h	$\Delta q_{i,i+1}=\dfrac{gf}{L}(z_2-h)\Delta t$	$q_{i+1}=q_i+\Delta q_{i,i+1}$
1	12	5	6	7	8	9		16 3	14 2	10	11	18	4
13	27	20	21	22	23	24		31 17	29 15	25	26	33	19
28	42	35	36	37	38	39		46 32	44 30	40	41	48	34
43									45				49

* Bei z_4-abhängigem q sind noch zusätzliche Spalten zu empfehlen. Bei vollständiger Entlastung ist $q=0$.

** Beim Übergang von der genauen auf die angenäherte Rechnung ist der Wert 3 gegeben, errechnet sich aber nach der Näherungsmethode nochmals (15). Beide Werte werden verschieden sein. Diese Unstetigkeit muß in Kauf genommen werden.

Das Differentialwasserschloß

Tabelle 17 (Fortsetzung)

Zustände 2 ÷ 5, mit Überfall, Näherung wegen vernachlässigter Speicherung im Zentralrohr

t	Δt	q^*	$q-Q$	$z=z_2-z_1$	$Q'=Q_0\sqrt{\dfrac{n}{|p|h_0}}$	$Q_{II}=q-Q-Q'$	h_a^{**}	a^{**}	$Q_a \approx Q_{II}$	$Q_1+Q_a \approx q-b$	$\Delta z_{1,i+1}=\dfrac{(Q_1+Q_a)}{F_1}\Delta t$	$z_{1,i+1}=z_{1,i}+\Delta z_{1,i+1}$				$z_2=z_1-h_a$	$h=\dfrac{v}{f_z}Q^2$	z_2-h	$\Delta Q_{i,i+1}=\dfrac{\beta\sqrt{g}}{T}(z_2-h)^i$	$Q_{i+1}=Q_i+\Delta Q_{i,i+1}$
1	17	5	6	7	8	9	12	11	10	14	19	2				4–13***	15	16	21	3
18	36	24	25	26	27	28	31	30	29	33	38	20				23–32	34	35	40	22
37	55	43	44	45	46	47	50	49	48	52	57	39				42–51	53	54	59	41
56										58						61–				60

Zustände 2 ÷ 5, mit Überfall, genaue Rechnung

t	Δt	q^*	$q-Q$	$z=z_2-z_1$	$Q'=Q_0\sqrt{\dfrac{n}{|p|h_0}}$	$Q_{II}=q-Q-Q'$	h_a^{**}	a^{**}	$Q_a=Q_a(h_a)$ bzw. $Q_a(h_a,a)$	Q_1+Q_a	$\Delta z_{1,i+1}=\dfrac{(Q_1+Q_a)}{F_1}\Delta t$	$z_{1,i+1}=z_{1,i}+\Delta z_{1,i+1}$	$Q_{II}-Q_a$	$\Delta z_{2,i,i+1}=\dfrac{F_I}{F_2}(Q_{II}\cdot Q_a)\Delta t$	$z_{2,i+1}=z_{2,i}+\Delta z_{2,i+1}$	$h=\dfrac{v}{f_z}Q^2$	z_2-h	$\Delta Q_{i,i+1}=\dfrac{\beta\sqrt{g}}{T}(z_2-h)^i$	$Q_{i+1}=Q_i+\Delta Q_{i,i+1}$
1	17	5	6	7	8	9	10	11	12	14	21	3	13	19	2	15	16	23	4
18	37	25	26	27	28	29	30	31	32	34	41	22	33	39	20	35	36	43	24
38	57	45	46	47	48	49	50	51	52	54	61	42	53	59	40	55	56	63	44
58												62			60				64

* Bei z_2-abhängigem q sind noch zusätzliche Spalten zu empfehlen. Bei vollständiger Entlastung ist $q = 0$.

** Die Werte sind je nach Sachlage (Abb. 182—185) und nach Art der benutzten Überfallformel zu bilden. Unter Umständen sind auch weitere Spalten einzufügen. Bei vollkommenem Überfall entfällt die Spalte für a.

*** Die Aufteilung von $(q-Q)$ auf Q_I und $Q_{II} = Q_a$ erfordert die Annahme von z_2 (z. B. Wert 23). Damit finden sich p, Q_I, Q_{II} und h_a, womit das angenommene z_2 überprüft werden kann (z. B. Wert 32). Das erste z_2 ist beim Übergang vom genauen zum angenäherten Verfahren schon bekannt. Die Näherungsrechnung liefert einen hiervon etwas abweichenden Wert. Der Unterschied muß in Kauf genommen werden.

$a = z_s - z_1$, oft zweckmäßig unter Benutzung besonderer Kurvenblätter, zu ermitteln.

Nach dem Ausgleich der Wasserstände ($z_1 = z_2$) erfolgt in den *Zuständen 4* (Abb. 184) *und 5* (Abb. 185) Rückfluß vom Becken ins Zentralrohr, zuerst bei unvollkommenem, dann bei vollkommenem Überfall. Die Gl. (274 bis 276) bleiben, bei Beachtung der Vorzeichen, gültig.

Auch für den Entlastungsfall empfehlen sich teilweise *Näherungslösungen*, und zwar für die Zustände 2, 3 und 4, in denen die an sich unbedeutende Speicherung im Zentralrohr während des Überfalles zugunsten einer ganz erheblichen Rechnungsvereinfachung vernachlässigt werden kann.

Für Zustand 2. Alles Wasser wird voraussetzungsgemäß durch das Becken aufgenommen. Der Wasserspiegel z_2 stellt sich über Oberkante Zentralrohr so hoch ein, daß die gesamte Wassermenge Q_{II} überfallen kann. Dann gelten die Beziehungen:

$$\Delta z_1 = \frac{q-Q}{F_1} \Delta t \quad \text{und} \quad z_2 = z_s - h_{\ddot{u}}, \qquad (277)$$

wobei

$$Q = |Q_I + Q_{II}| = Q_0 \sqrt{\frac{|p|}{\eta_0 h_0}} + |Q_{\ddot{u}}|.$$

Hieraus ließe sich bei gegebenen Q und z_1 die Überfallhöhe bestimmen und daraus wieder Q_I und Q_{II}. Zweckmäßiger ist es jedoch, zunächst z_2 zu schätzen, was durch Extrapolation aus den vorausgehenden Intervallen leicht möglich ist, sodann Q_I und $Q_{II} = Q_{\ddot{u}}$ zu berechnen. Mit $Q_{\ddot{u}}$ ergibt sich aus der Formel für den vollkommenen Überfall eine Überfallhöhe bzw. ein Wert z_2, der mit dem angenommenen übereinstimmen muß. Die Schätzung läßt sich meist so genau durchführen, daß kaum je eine Verbesserung nötig wird.

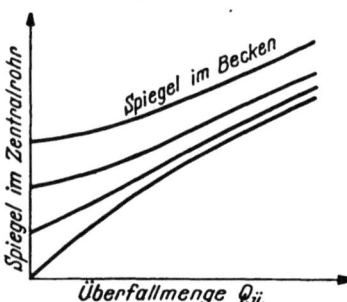

Abb. 189. Schematisches Kurvenbild für unvollkommenen Überfall über die Zentralrohrkrone

Für Zustand 3 und 4 (Abb. 183 u. 184) gilt bei gleicher Voraussetzung über die Zentralrohrspeicherung ebenfalls Formel (273) für Δz_1. — Der Ausfluß vom Steigrohr ins Becken oder umgekehrt ist kein freier Überfall mehr, sondern ein unvollkommener. Die Berechnung läßt sich aber ganz analog wie für Zustand 2 durchführen. Auch hier muß zur Aufteilung der Überschuß- oder Fehlwassermenge $q - Q$ auf den Drosselwiderstand und das Steigrohr bzw. den Überfall zunächst ein Wert z_2 geschätzt werden. Für den Durchfluß durch den Widerstand ist Gl. (252) maßgebend. Der unvollkommene Überfall wird zweckmäßig mit Hilfe eines Kurvenbildes nach Abb. 189 berechnet, das unter Verwendung einer geeigneten Abflußformel eine Beziehung zwischen den Spiegellagen im Becken und im Zentralrohr und der Überfallmenge herstellt. Hat man zunächst z_2 angenommen, so können p und, nach Gl. (252), Q_I angegeben werden. Ins Zentralrohr und damit über den Überfall muß annahmegemäß $Q_{II} = Q_{\ddot{u}} = q - Q - Q_I$ gelangen. Hierzu liefert Abb. 189 eine Spiegellage z_2, die mit der angenommenen übereinstimmen muß. Andernfalls wäre eine zweite, verbesserte Rechnung vorzunehmen.

Zustand 5 deckt sich grundsätzlich mit Zustand 2, nur daß der Überfall vom Becken ins Zentralrohr vor sich geht.

Abb. 188 bringt die Ergebnisse einer numerischen Integration für eine vollständige plötzliche Entlastung ($q = 0$):

$$L = 3000 \text{ m}, \qquad Q_0 = 15 \text{ m}^3/\text{s},$$

$$f = 5 \text{ m}^2, \qquad h_0 = 0{,}0491 \, Q^2,$$

$$\eta = 5, \qquad F_1 = 46{,}1 \text{ m}^2,$$

$$F_2 = 5 \text{ m}^2, \qquad z_s = -4{,}40 \text{ m}.$$

Ein Rechenschema für den Entlastungsfall ist in Tab. 17 wiedergegeben und zwar für alle besprochenen Stadien einschließlich aller Näherungslösungen (Tab. 17 s. S. 246 u. 247).

Die Vorzeichengebung der gerichteten Größen ist der Abb. 188 zu entnehmen.

5.62 Graphisches Verfahren

Auch bei den zeichnerischen Verfahren empfehlen sich in gewissen Stadien Näherungslösungen, die die Untersuchung bedeutend vereinfachen, ohne ihre Genauigkeit allzusehr zu beeinträchtigen. Auch wird die Rechnung mit Intervallmitten zu kompliziert, und man wird vorgehen, wie schon bei den numerischen Verfahren beschrieben worden ist.

Belastungsvergrößerung. In Abb. 190 ist der Konstruktionsgang für eine Entnahmevergrößerung bei höhenveränderlichem Wasserverbrauch erläutert. In dem bekannten Achsenkreuz sind folgende Hilfskurven zu zeichnen: Die Druckverlustlinie des Stollens $h = \frac{\alpha}{f^2} Q^2$, die Strahlen $z_1 = \frac{\Delta t}{F_1} Q$ und $z_2 = \frac{\Delta t}{F_2} Q$ zur Ermittlung der Spiegeländerungen, die Schräge durch den Ursprung $Q = \frac{g f \Delta t}{L} z$. Ferner ist auf einem verschieblichen Pausblatt die Durchflußkurve für die Drosselöffnung gemäß Gl. (252) zu zeichnen:

$$Q_I = Q_0 \sqrt{\frac{|p|}{\eta \, h_0}}. \tag{278}$$

250   Wasserschlösser an Druckstollen

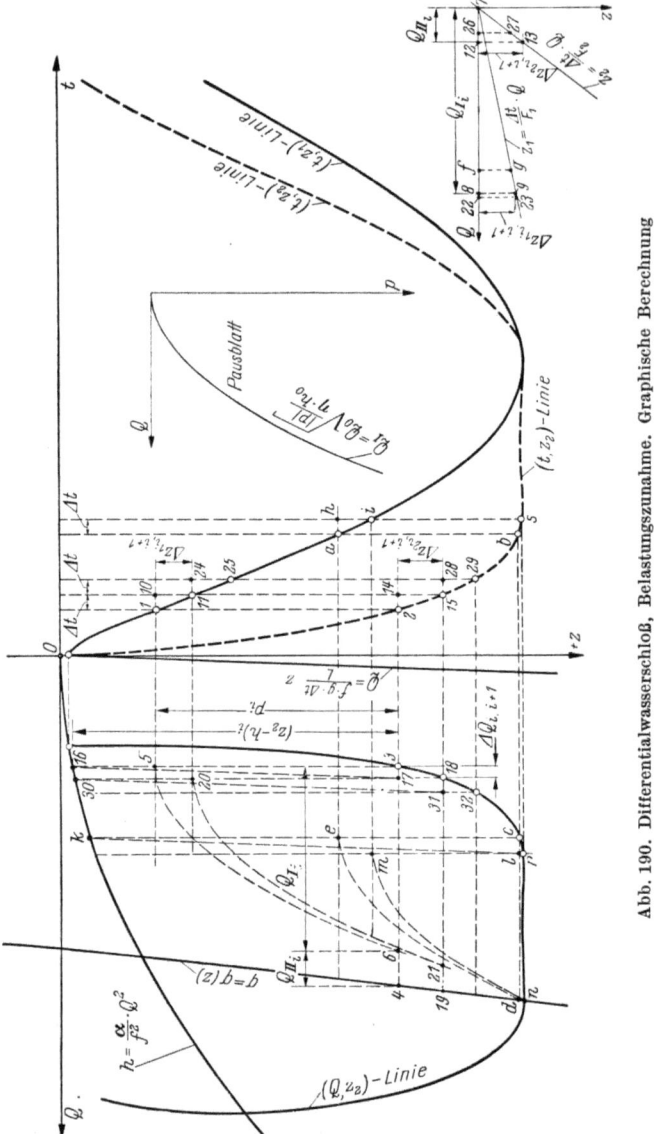

Abb. 190. Differentialwasserschloß, Belastungszunahme. Graphische Berechnung

Solange eine ausgeprägte Spiegelbewegung im Steigrohr vor sich geht, muß die Speicherung in diesem berücksichtigt werden, d. h. es sind die Raumgleichungen (271 u. 272) anzuwenden.

Durch die vorausgegangene Berechnung seien die Punkte *1*, *2* und *3* gefunden worden. Das Wassermengendefizit $q-Q$ ist durch *3–4* gegeben. Dieses wird durch Anlegen des Pausblattes in der punktiert angegebenen

Weise (Scheitel in *5*) durch den Schnittpunkt *6* aufgeteilt in $Q_I = 3\text{-}6$ und $Q_{II} = 6\text{-}4$. $3\text{-}6 = 7\text{-}8$; $8\text{-}9 = \Delta z_1 = 10\text{-}11$ gemäß Gl. (271). $6\text{-}4 = 7\text{-}12$; $12\text{-}13 = \Delta z_2 = 14\text{-}15$ nach Gl. (272). $16\text{-}3 = z_2 - h$; *16-17* wird parallel zur Schrägen durch den Ursprung gezogen. Dann ergibt sich $3\text{-}17 = \Delta Q$ nach Gl. (270). *18* liegt lotrecht unter *17* auf der Horizontalen durch *15*. — Nächster Schritt: Durch Anlegen des Pausblattes mit dem Scheitel *20* erhält man *21*. $18\text{-}21 = 7\text{-}22$; $22\text{-}23 = 24\text{-}25$; $21\text{-}19 = 7\text{-}26$; $26\text{-}27 = 28\text{-}29$. Durch *30* Schräge *30-31*. *32* lotrecht unter *31* auf gleicher Höhe mit *29*. — Der Zentralrohrspiegel erreicht bald eine Lage, die sich nicht mehr stark ändert. Dann ist die genaue Berechnung nach Gl. (272) schwierig, weil Q_{II} sehr klein wird. Hier ist nun der Punkt erreicht, wo das Näherungsverfahren mit Vernachlässigung der Zentralrohrspeicherung einsetzen kann. Hierfür gelten neben der Beschleunigungsgleichung (270) die Formeln (271, 273 bzw. 278).

Die Konstruktion habe zu den Punkten *a*, *b* und *c* geführt. Die Fehlwassermenge $c\text{-}d = q - Q$ kommt nun (näherungsweise) allein aus dem Becken. $c\text{-}d = 7\text{-}f$; $f\text{-}g = \Delta z_1 = h\text{-}i$. Durch *k* wird die Schräge *k-l* gezogen. Über *l* und auf gleicher Höhe mit *i* wird der Scheitel der Pausblatt-Kurve in *m* aufgelegt (gestrichelte Eintragung). In deren Schnitt mit der *q*-Linie erhält man *n* und auf gleicher Höhe damit die Punkte *r* und *s*.

Entlastung. In Abb. 191 ist der Konstruktionsgang für vollkommenes Schließen gegeben. Hierzu sind die gleichen Hilfslinien zu zeichnen wie für den Belastungsfall, zusätzlich noch die Abflußkurve für den vollkommenen Überfall über die Steigrohr-Oberkante $[Q_a, (z_s - z)]$, wie aus der Zeichnung zu ersehen. Es ist zweckmäßig, für die verschieden lebhaft vor sich gehenden Spiegeländerungen verschiedene Zeitintervalle festzulegen. Dies bedeutet, daß (Abb. 191) mehrere Strahlendiagramme für Δz_1 und Δz_2 und mehrere Schräge $Q = \dfrac{g f \Delta t}{L} z$ vorzusehen sind.

In *Zustand 1* nach Abb. 181 gelten die Gl. (270, 271 u. 272). Der Vorgang ist grundsätzlich der gleiche wie für den Belastungsfall beschrieben. Gegeben sind die Ausgangspunkte *a*, *b* und *c*. $(q - Q) = c\text{-}d$, wobei im vorliegenden Fall $q = 0$. Das Pausblatt wird mit dem Scheitel auf Punkt *w* gelegt. Die (gestrichelte) Kurve teilt den Wasserüberschuß $(q - Q) \ldots d\text{-}c$ durch den Punkt *e* in $Q_I = c\text{-}e$ und $Q_{II} = e\text{-}d$. $e\text{-}d = 4'\text{-}f$; $f\text{-}g = \Delta z_2 = h\text{-}i$; $e\text{-}c = 4'\text{-}j$; $j\text{-}k = \Delta z_1 = l\text{-}m$. *n-r* parallel zur Schrägen durch den Ursprung. Dann ist $c\text{-}r = \Delta Q$. *s* liegt auf gleicher Höhe wie *i* und lotrecht über *r*.

Zustand 2 nach Abb. 182. Hier ist, unter Vernachlässigung der Steigrohrspeicherung, vorzugehen wie folgt (Gl. 277): Als Ausgangspunkte seien gegeben *1*, *2* und *3*. Gesamter Zulaufüberschuß $(q - Q)$ ist im Becken zu speichern, daher $5\text{-}1 = 4'\text{-}6$; $6\text{-}7 = \Delta z_1 = 8\text{-}9$.

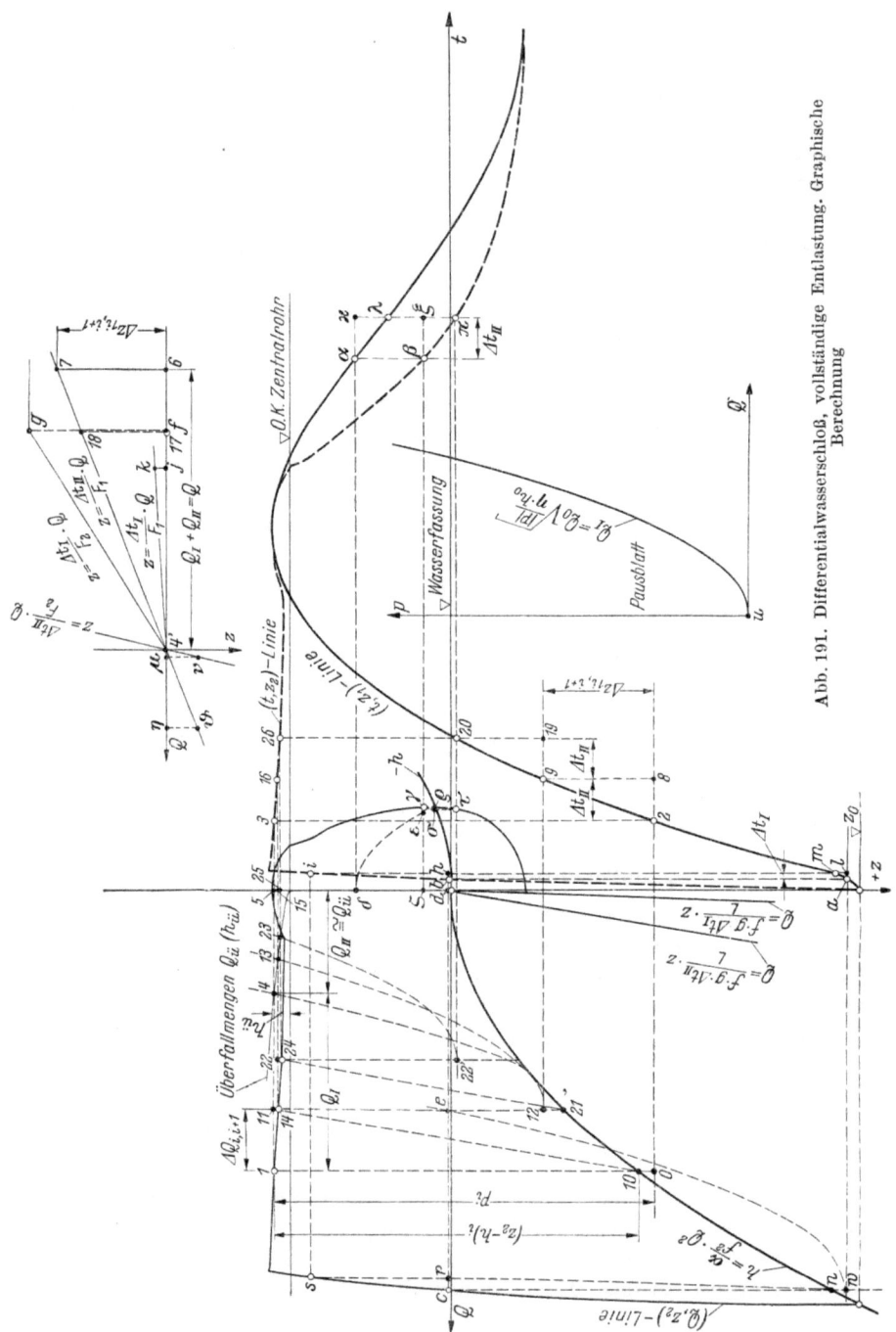

Abb. 191. Differentialwasserschloß, vollständige Entlastung. Graphische Berechnung

Da $1\text{-}10 = z_2\text{-}h$, so ist $1\text{-}11 = \Delta Q$, wenn der Strahl $10\text{-}11$ parallel zur Schrägen durch den Ursprung. Das Pausblatt wird mit dem Scheitel mit 12 und den Achsrichtungen mit $12\text{-}9$ bzw. $12\text{-}11$ zur Deckung gebracht. In Schnitt 13 der Pausblattkurve mit der Abflußkurve $(Q_{\bar{u}}, h_{\bar{u}})$ ist die Höhe der Punkte 14 und 16 gegeben (gestrichelte Eintragung). $13\text{-}14 = Q_I$ und $13\text{-}15 = Q_{\bar{u}} \cong Q_{II}$. — Der nächste Schritt geht vor sich wie folgt: $14\text{-}15 = 4'\text{-}17$; $17\text{-}18 = \Delta z_1 = 19\text{-}20$. Parallel zur Schrägen durch den Ursprung wird $21\text{-}22$ gezogen. Durch Auflegen des Pausblattes (gestrichelte Eintragung) werden 23 und daraus 24 und 26 ermittelt.

Die Behandlung von *Zustand 3*, bei dem der Beckenspiegel über der Steigrohroberkante liegt und damit den Ausfluß aus dem Zentralrohr beeinflußt, kann man ohne merklichen Nachteil noch weiter vereinfachen. Zunächst kann man den vollkommenen Überfall, dessen Überfallbeiwert sich bei der Mehrzahl der praktischen Fälle mit dem des „breiten Wehres" $(\mu = 1/\sqrt{3})$ annähernd deckt, noch so lange zugrunde legen, bis $(z_s - z_1) = \frac{2}{3}$ bis $\frac{1}{2}(z_s - z_2)$ erreicht wird. Dann verzichtet man überhaupt auf die Trennung von Becken und Zentralrohr und verfährt so, als ob es sich um ein einfaches zylindrisches Wasserschloß von der Fläche $F = F_1 + F_2$ handelt. Man nimmt an, daß für die Verzögerung bzw. die Beschleunigung des Stolleninhaltes nicht z_2, sondern z_1 maßgebend ist. Da sich beide Werte wenig unterscheiden, ist die Rechnung genau genug. Auf die Wiedergabe dieses einfachen Konstruktionsganges kann hier wohl verzichtet werden.

Der Vorgang bei *Zustand 5* deckt sich mit dem für 2. Schließlich wird *Zustand 1* wieder erreicht: Gegeben seien die Punkte α, β und γ. Die Stollenwassermenge ist nun negativ und durch die Strecke $\gamma\text{-}\zeta$ gegeben. Durch Auflegen des Pausblattes (diesmal umgekehrt) wird erhalten $Q_I = \varepsilon - \zeta$ und $Q_{II} = \varepsilon - \gamma$ (gestrichelte Eintragung). $\varepsilon - \zeta = 4' - \eta; \eta - \vartheta = \Delta z_1 = \varkappa - \lambda; \varepsilon - \gamma = 4' - \mu; \mu - \nu = \Delta z_2 = \xi - \pi$. Zur Bestimmung von ΔQ wird durch γ die Schräge $\gamma\text{-}\sigma$ bis zur Horizontalen durch ϱ gezogen. $\varrho - \sigma = \Delta Q$; τ liegt lotrecht unter σ und auf gleicher Höhe mit π.

Der weitere Schwingungsverlauf spielt sich meist ohne Überlauf ab. Er kann behandelt werden wie der Fall der Abb. 190.

Zahlenbeispiel: Eine Mitteldruckanlage hat nachstehende Daten: $L = 420$ m, $f = 28{,}27$ m² $(6{,}00$ m $\varnothing)$, höchster Stauspiegel $+567{,}50$ m, tiefster Stauseespiegel $+557{,}00$ m. Der Druckabfall im Stollen wird voraussichtlich zwischen $h = 0{,}0914\ v^2$ und $h = 0{,}1108\ v^2$ liegen. Die Maschinensätze sind so vorgesehen, daß sie bei gefülltem Becken $(+567{,}50$ m$)$ 120 m³/s und bei leerem Becken $(+557{,}0$ m$)$ 110 m³/s verarbeiten können. Im letzteren Fall sind die Turbinen voll geöffnet. Das Wasserschloß erhielt aus Stabilitätsgründen eine Fläche $F = 346{,}4$ m². Es soll nach dem Differentialtyp ausgebildet werden.

5.71 Belastungsvergrößerung

Da das Werk für Spitzendeckung und erforderlichenfalls auch als Momentanreserve eingesetzt werden soll, ist das Wasserschloß für plötzliche Vollbelastung vom Betriebsstillstand aus auf Grund nachstehender Daten durchzubilden:

Ruhespiegel $+ 557{,}00$ m, $\qquad q = Q_0 = 110$ m³/s,

$$v_0 = \frac{110}{28{,}27} = 3{,}89 \text{ m/s}, \qquad h_0 = 0{,}1108 \cdot 3{,}89^2 = 1{,}68 \text{ m}.$$

Zentralrohrquerschnitt

$$F_2 = 13{,}85 \text{ m}^2 \; (4{,}20 \text{ m } \varnothing), \qquad s = \frac{13{,}85}{346{,}4} = 0{,}04.$$

Der Drosselwiderstand wird nach Gl. (232) bemessen, die Sunktiefe kann daher nach den Gl. (233 u. 234) gefunden werden.

Da die Wasserschloßoberfläche bereits festliegt, ist x_{max} durch Proberechnung zu bestimmen. Einige Versuche ergaben $x_{max} = 3{,}27$, wofür die Berechnung wiedergegeben werden soll:

$$\varepsilon = \frac{420 \cdot 28{,}27 \cdot 3{,}89^2}{9{,}81 \cdot F \cdot 1{,}68^2} = \frac{6500}{F}.$$

Für $x_{max} = 3{,}27$ und $n = 0$ ergibt sich aus Gl. (233) oder Abb. 120

$$\varepsilon' = 20{,}0.$$

(Aus Abb. 120 geht $\varepsilon = 10{,}0$ hervor. Dieser Wert ist nach 4.51 zu verdoppeln.)

Nach Gl. (265) wird dann

$$\varepsilon = \varepsilon'(1 - \tfrac{3}{8} s) = 20{,}0(1 - \tfrac{3}{8} \cdot 0{,}04) = 18{,}80.$$

Die Wasserschloßfläche ergibt sich zu

$$F = \frac{6500}{18{,}80} = 346 \text{ m}^2,$$

was mit dem vorhandenen Wert übereinstimmt[1].

$$z_{max} = 1{,}68 \cdot 3{,}27 = 5{,}49 \text{ m},$$

Absenkhöhe $+ 557{,}00 - 5{,}49 = +551{,}51$ m.

Die Dämpfungsziffer wird nach Gl. (232), da $n = 0$,

$$\eta = x_{max} = 3{,}27; \qquad k_0 = z_{max} = 5{,}49 \text{ m}.$$

Hiernach ist der Widerstand zu bemessen.

---

[1] Für das einfache gedrosselte Wasserschloß ($\eta = \eta_I$) ohne Zentralrohr wäre $F = 6500/20{,}0 = 325$ m², also um 6% kleiner.

Mit Rücksicht auf den verhältnismäßig langen Hals zwischen Stollen und Wasserschloß sollen die Drosselverluste durch Superposition der Einzelverluste, d. h. mit Hilfe der Gl. (214 u. 215) ermittelt werden. Auch soll — vorbehaltlich der Nachprüfung am Modell —

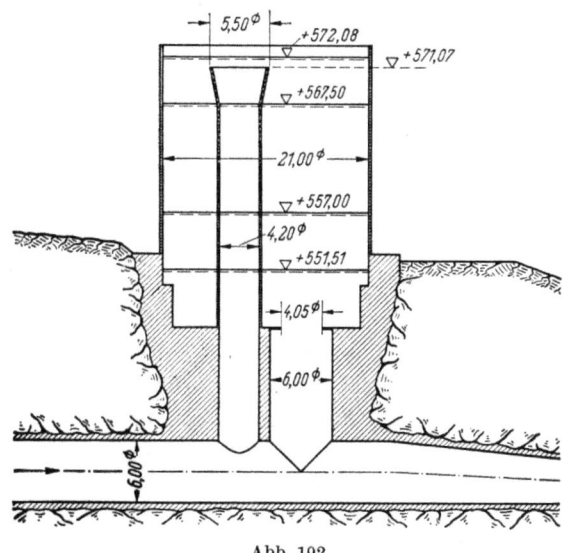

Abb. 192

zunächst davon abgesehen werden, daß wegen der beiden Abzweigungen (Zentralrohr und Drosselöffnung) strenggenommen eine andere hydraulische Situation vorliegt als bei den erwähnten Gleichungen.

Wir wählen die in Abb. 192 enthaltene Anordnung: einen kreisförmigen Ansatz gleicher Lichtweite mit dem Stollen und eine Blende. Hierfür gilt Gl. (215), in der zu setzen ist $v_d = 0$, ferner nach Tab. 9

$$\zeta_a = 1{,}12 \quad \text{und} \quad \zeta_d = 0{,}55 \left(\text{für } \frac{Q_s}{Q} = 1{,}00 \text{ und Vereinigung}\right)$$

$$v_a = v = 3{,}89 \text{ m/s}, \qquad \frac{v^2}{2g} = 0{,}77 \text{ m}.$$

Damit wird nach Gl. (215)

$$5{,}49 = \xi_s \cdot 0{,}77 + (1{,}12 - 0{,}55) \cdot 0{,}77 + h_r.$$

Wir vernachlässigen h_r und erhalten $\xi_s = 6{,}57$. Hierzu gehört laut Tab. 11 ... $\mu = {\sim}0{,}61$, und man kann damit aus Gl. (208) die lichte Fläche der Blende F_3 unmittelbar berechnen. Mit $F_2 = 28{,}27$ m² gilt

$$6{,}57 = \left(\frac{28{,}27}{0{,}61\, F_3} - 1\right)^2, \quad \text{und man erhält} \quad F_3 = 13{,}04 \text{ m}^2.$$

5.72 Vollständige plötzliche Entlastung

Ruhespiegel $+ 567{,}50$ m, $\qquad Q_0 = 120$ m³/s,

$$v_0 = \frac{120}{28{,}27} = 4{,}24 \text{ m/s}, \qquad h_0 = 0{,}0914 \cdot 4{,}24^2 = 1{,}64 \text{ m}.$$

Ermittlung der Dämpfungszahl:
Nach Gl. (214) ist mit

$$v_b = \frac{120}{0{,}62 \cdot 13{,}04} = 14{,}84 \text{ m/s},$$

$$u = \frac{120}{346{,}4 - 13{,}85} = 0{,}36 \text{ m/s}$$

und (nach Tab. 9 für $Q_a/Q = 1$ und Trennung) ... $\zeta_a = 1{,}28$.

$$k_0 = \frac{14{,}84^2}{2g} - \frac{0{,}36(14{,}84 - 0{,}36)}{g} + (1{,}28 - 1)\frac{4{,}24^2}{2g} = 10{,}95 \text{ m}.$$

$$\eta = \frac{10{,}95}{1{,}64} = 6{,}68.$$

Bei fehlendem Zentralrohr würde der augenblickliche Druckanstieg 10,95 m betragen. Er wird durch das Zentralrohr wesentlich reduziert.

Die Bestimmung von $z_{\max}$ muß durch Versuchsrechnung erfolgen. Für den endgültigen Wert $x_{\max} = -2{,}81$ und $z_{\max} = -4{,}61$ m wird die Berechnung nachstehend vorgeführt.

Nach Gl. (262) ist die Wassermenge im Widerstand

$$Q_I = 120 \sqrt{\frac{1 + 2{,}81}{6{,}68}} = 90{,}7 \text{ m}^3/\text{s}$$

und im Zentralrohr

$$Q_{II} = 120 - 90{,}7 = 29{,}3 \text{ m}^3/\text{s}.$$

Um für Q_{II} eine möglichst lange Überfallkante zu erhalten, ziehen wir das Zentralrohr oben glockenartig auf 5,50 m ⌀ auseinander und gewinnen so eine Überfallbreite $B = 5{,}50\,\pi = 17{,}3$ m.

Nach Gl. (264) ist

$$h_{\ddot{u}} = \left(\frac{29{,}3}{\tfrac{2}{3} \cdot 0{,}6 \cdot 17{,}3 \cdot 4{,}43}\right)^{2/3} = 0{,}97 \text{ m}.$$

Das Zentralrohr ist also auf $z_s = -4{,}61 + 0{,}97 = -3{,}64$ m abzuschneiden.

$$x_s = -\frac{3{,}64}{1{,}64} = -2{,}22,$$

ferner

$$0{,}85\,|x_{\max}| + 0{,}15\,|x_s| = 0{,}85 \cdot 2{,}81 + 0{,}15 \cdot 2{,}22 = 2{,}725.$$

Damit wird der zweite Zählerfaktor von Gl. (261)

$$\ln\left(1 + \frac{1}{0{,}85\,|x_{\max}| + 0{,}15\,|x_s|}\right) = 0{,}3126$$

(auch nach Abb. 147).

Das Wasserschloßvolumen ergibt sich wie folgt:

$$V = \frac{420 \cdot 28{,}27 \cdot 4{,}24^2}{2 \cdot 9{,}81 \cdot 1{,}64} \cdot \frac{0{,}3126}{1 - \frac{2{,}81 + 0{,}3}{2 \cdot 2{,}81 + 0{,}3} \cdot \frac{0{,}04}{1 - \frac{2}{3}\sqrt{\frac{1 + 2{,}81}{6{,}68}}}}$$

$V = 2163 \text{ m}^3$.

Dieser Inhalt ist vom Vollast-Beharrungsspiegel bis zum Schwallspiegel unterzubringen, also auf $1{,}64 + 4{,}61 = 6{,}25$ m Höhe. Die Wasserschloßfläche wird damit

$$F = \frac{2163}{6{,}25} = 346 \text{ m}^2,$$

was mit der vorhandenen Fläche (346,4 m²) übereinstimmt. Der angenommene Wert $z_{max} = -4{,}61$ m ist also zutreffend, der Schwallspiegel liegt auf $+567{,}50 + 4{,}61 = +572{,}11$ m.

6 Zusammenfassende Kritik der verschiedenen Wasserschloßtypen

Aus der Grundform, dem einfachen Schachtwasserschloß, gehen zahlreiche andere Typen hervor, deren Entwicklung teils wirtschaftliche teils hydraulische und betriebstechnische Gründe hatte: man will einerseits die Kosten des Wasserschlosses soweit wie möglich herabdrücken, andererseits aber auch verbesserte Betriebsbedingungen schaffen, etwa durch Vermindern der Spiegelausschläge oder durch rasches Anpassen der Fließverhältnisse an einen neuen Beharrungszustand.

Wenn somit heute auch die aus diesem Bestreben hervorgegangenen Sparformen im Wasserschloßbau bevorzugt sind, so hat sich doch das *einfache Schachtwasserschloß* immerhin ein beachtliches Anwendungsgebiet bewahrt, das folgendermaßen zu umreißen ist:

Bei Anlagen mit kleinen Wassermengen stellt das einfache Schachtwasserschloß oft die billigste, weil baulich einfachste Lösung dar, zumal dort, wo eine befriedigende Schwingungsdämpfung mit der aus praktischen Gründen zu wählenden Mindestfläche des Schachtes gewährleistet ist. — Bei sehr großen Betriebswassermengen ist das einfache Schachtwasserschloß oft vorteilhaft, weil hier, besonders bei mehreren abgehenden Druckleitungen, die Teilung des Wassers einfach vorgenommen werden kann. Auch können hier Rechen und Schützen, die in zahlreichen Fällen im Wasserschloß nicht zu entbehren sind, leicht untergebracht werden. — Schließlich ist beim ungedrosselten Schachtwasserschloß die totale Reflexion der Druckwellen beim Druckstoß in den Turbinenrohrleitungen besonders gut gewährleistet.

Das *Kammerwasserschloß* ist eine typische Form für Anlagen mit größeren Fallhöhen. Es beruht auf dem an sich richtigen Gedanken, daß die Konzentration des Inhaltes in der Gegend der Extremwasserstände wirtschaftlich vorteilhaft ist. Indessen kommt der Vorteil des Kammerwasserschlosses nicht in allen Fällen voll zur Geltung: bei Anlagen mit starken Spiegelschwankungen im Stausee muß die obere Kammer für den höchsten, die untere Kammer für den tiefsten Seestand vorgesehen werden. Das bedeutet, daß bei allen Zwischenlagen die Speicherkammern überhaupt nicht oder nur unvollkommen zur Wirkung gelangen. Da man den Steigschacht aus naheliegenden Gründen so eng macht, wie dies aus Stabilitäts- oder Ausführungsgründen zulässig ist, werden alle Schwingungen bei den mittleren Spiegellagen im Speicher sehr lebhaft und lang anhaltend vor sich gehen, was einen unruhigen Betrieb der Regler bedingt. In gewissem Sinn spielt die Ungewißheit bei der Abschätzung der Stollenverluste — nur in seltenen Fällen kann man sich schon beim Entwurf des Wasserschlosses auf Meßwerte abstützen — ebenfalls hier herein, denn man muß die Kammern nicht nur, wie erwähnt, für die extremen Speicherfüllungen vorsehen, sondern auch für extrem zu wählende Stollenverluste. — Die ungeschmälerte Bedeutung des Kammerwasserschlosses wird daher auf jene Fälle beschränkt sein, wo ein konstanter oder wenig veränderlicher Oberwasserstand vorhanden ist.

In den übrigen Fällen hat das *gedrosselte Wasserschloß* unbestreitbare Vorteile insofern, als die zusätzliche Dämpfung (die beim Kammerwasserschloß in der Wirkung der Kammern besteht) ganz unabhängig von der augenblicklichen Spiegellage im Stausee ist. — Durch die Drosselung wird nun freilich die totale Reflexion der Druckwellen verhindert; im Stollen unter dem Wasserschloßboden entsteht ein zusätzlicher Widerstandsdruck, der seinerseits Druckwellen in den Stollen entsendet. Hierin liegt aber keinerlei Verschlechterung der Verhältnisse im Stollen, denn man hat es, wie die vorangegangenen Ausführungen gezeigt haben, durch zweckentsprechende Bemessung des Drosselwiderstandes durchaus in der Hand, diese Drucksteigerungen im Stollen zu begrenzen, beispielsweise auf den Druck, der bei Erreichen des Höchstschwalles ohnehin auftreten würde.

Da nun aber der Drosselwiderstand auf diese Grenzbedingung nur entweder für den Entlastungsfall oder für Belastung ausgelegt werden kann, entstand das *Differentialwasserschloß* von JOHNSON mit seinem gewissermaßen als Überdruckventil wirkenden Zentralrohr. So muß dieser Bauart eine besondere Stellung unter allen behandelten Wasserschloßtypen zuerkannt werden. Freilich verlangt sie besondere bauliche Maßnahmen, und es ist Sache der vergleichenden Entwurfsarbeit, festzustellen, ob sich diese lohnen oder besondere betriebliche Vorteile bieten.

Im Laufe der Zeit sind durch Verquickung der einzelnen Wasserschloßtypen mannigfache Zwischenformen entstanden. Hierher gehört etwa das Kammerwasserschloß mit der gedrosselten Verbindung zum Stollen sowie andere ähnliche Bauarten.

Zusammenfassend ist zu sagen, daß jede Wasserschloßtype ihren besonderen Anwendungsbereich hat und in jedem Einzelfall die günstigste Lösung unter sorgsamer Abwägung hydraulischer, wirtschaftlicher, betrieblicher und ausführungstechnischer Gesichtspunkte gesucht werden muß.

Es sei in diesem Zusammenhang auch noch auf die Überlagerung von Schwingungsvorgängen hingewiesen, die sich bei wiederholten Laständerungen unangenehm bemerkbar machen können, wenn die Schwingung aus der vorausgehenden Störung noch nicht abgeklungen ist. Es ist klar, daß diese Gefahr bei lang schwingenden Wasserschloßtypen verstärkt gegeben ist und Sonderformen hier besonders interessant sind.

7 Besondere Wasserschloßanlagen

7.1 Oberwasserstollen mit mehreren Wasserschlössern

7.11 n Wasserschlösser

Besteht die Zuleitung (Abb. 193) aus mehreren Teilstrecken L_i mit Wasserschlössern F_i, so ist unter Berücksichtigung der Einleitungen $\bar{Q}_i$

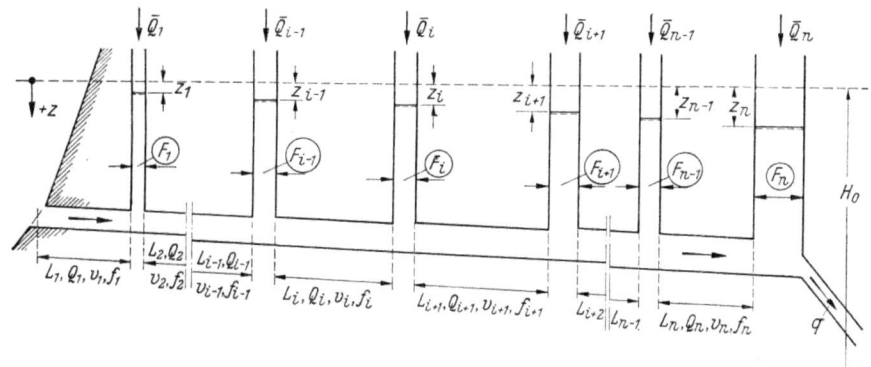

Abb. 193. Mehrere Wasserschlösser mit seitlichen Zuleitungen im Oberwasserstollen

in die Schächte für jede derselben eine Raum- und eine Beschleunigungsgleichung anzuschreiben:

$$\frac{dz_i}{dt} = \frac{Q_{i+1} - Q_i - \bar{Q}_i}{F_i}, \qquad (279)$$

$$\frac{dv_i}{dt} = \frac{g}{L_i}(z_i - z_{i-1} - h_i). \qquad (280)$$

7.12 Zwei Wasserschlösser

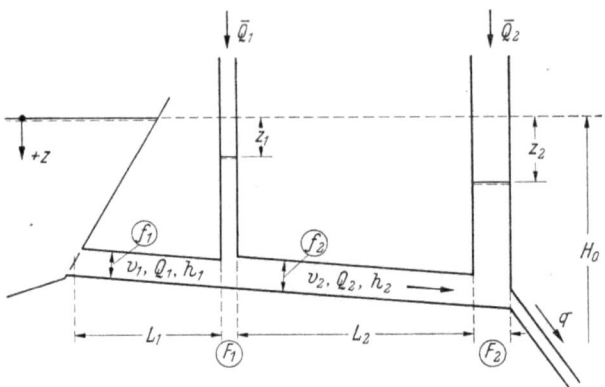

Abb. 194. Zwei Wasserschlösser im Oberwasserstollen

Grundgleichungen. Für das in Abb. 194 dargestellte System mit zwei Wasserschlössern im Oberwasser vereinfachen sich diese Gleichungen wie folgt:

$$\left.\begin{aligned} \Delta z_2 &= \frac{\Delta t}{F_2}(q - Q_2 - \overline{Q}_2), \\ \Delta v_2 &= \frac{g}{L_2}(z_2 - z_1 - h_2)\Delta t, \\ \Delta z_1 &= \frac{\Delta t}{F_1}(Q_2 - Q_1 - \overline{Q}_1), \\ \Delta v_1 &= \frac{g}{L_1}(z_1 - h_1)\Delta t. \end{aligned}\right\} \quad (281)$$

Numerische Integration. Geschlossene Verfahren zur Bestimmung der Schwingungsweiten sind nicht bekannt. Zur schrittweisen Lösung kann das beigefügte Rechenschema Tab. 18 verwendet werden, das sich auf eine Anordnung ohne seitliche Einleitungen bezieht. Es ist gegebenenfalls durch Hinzufügen von Spalten für die Wasserschloßeinleitungen $\overline{Q}_1$ und $\overline{Q}_2$ zu erweitern. Wegen der zahlreichen Veränderlichen wird man im allgemeinen die Differenzen Δz und Δv aus den Anfangswerten der Intervalle bestimmen. Eine bessere Näherung ergibt sich, wenn man Δz_1, Δz_2, Δv_1 und Δv_2 in erster Näherung aus den Anfangswerten ermittelt, dann aber aus den vorläufigen Ergebnissen Mittelwerte

$$(q - Q)_{i+\frac{1}{2}}, \qquad (z_2 - z_1 - h_2)_{i+\frac{1}{2}},$$
$$(Q_2 - Q_1)_{i+\frac{1}{2}} \quad \text{und} \quad (z_1 - h_1)_{i+\frac{1}{2}}$$

bildet und in zweiter Näherung die erwähnten Differenzen bestimmt und endgültig einsetzt.

Tabelle 18. Rechenschema der numerischen Integration für 2 Wasserschlösser im Oberwasserstollen

	Größe			
Stollen-Wasserschloß 1	$Q_1 = a_1/f_1$	7	26	45
	a_1	6	25	44
	$\Delta a_1 = \frac{T_1}{\Delta V_1}(z_1 - h_1)$		24	43
	$z_1 - h_1$		23	42
	$h_1 = v_1\, a_1^2$		22	41
	z_1	5	21	40
	$\Delta z_1 = \frac{T_1}{V_1}(Q_2 - Q_1)$		20	39
	$Q_2 - Q_1$		19	38
Stollen-Wasserschloß 2	$Q_2 = a_2/f_2$	4	18	37
	a_2	3	17	36
	$\Delta a_2 = \frac{T_2}{\Delta V_2}(z_2 - z_1 - h_2)$		16	35
	$z_2 - z_1 - h_2$		15	34
	$h_2 = v_2\, a_2^2$		14	33
	z_2	2	13	32
	$\Delta z_2 = \frac{T_2}{V_2}(q - Q_2)$		12	31
	$q - Q_2$		11	30
	q		10	29
	Δt		8	27
	t	1	9	28

7.2 Das Y-Schema mit Zwischenschacht
7.21 Beharrungszustand (Abb. 195)

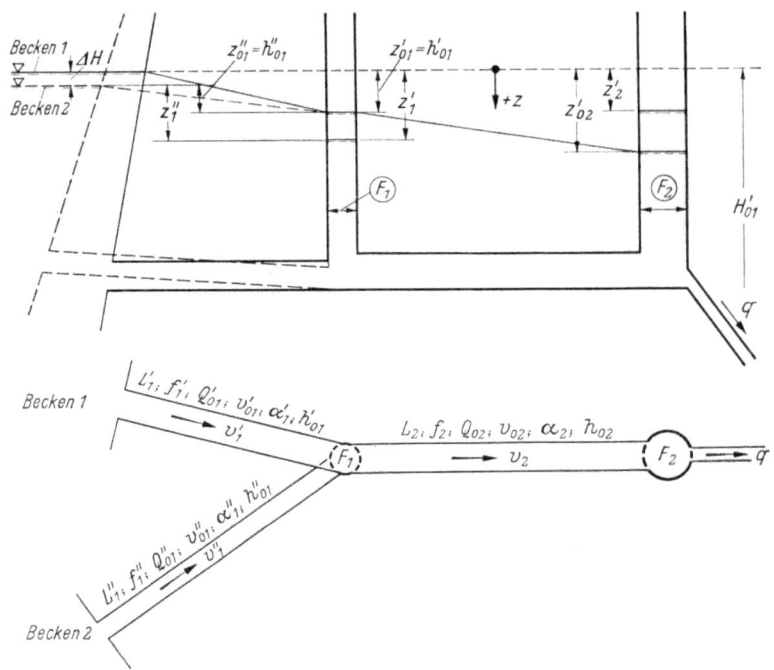

Abb. 195. Y-Schema mit Zwischenschacht

Für den Beharrungszustand ergibt sich die Aufteilung der Gesamtwassermenge $Q_0 = q$ aus der Bedingung

$$\Delta H = \alpha_1' v_{01}'^2 - \alpha_1'' v_{01}''^2. \tag{282}$$

Setzt man hierin

$$v_{01}' = \frac{Q_{01}'}{f_1'}, \qquad v_{01}'' = \frac{Q_{01}''}{f_1''}$$

und

$$Q_{02} = Q_{01}' + Q_{01}'',$$

so erhält man

$$Q_{01}'' = \frac{Q_{02}\,\alpha_1'}{\alpha_1' - \left(\frac{f_1'}{f_1''}\right)^2 \alpha_1''} - \sqrt{\frac{Q_{02}^2\,\alpha_1'^2}{\left[\alpha_1' - \left(\frac{f_1'}{f_1''}\right)^2 \alpha_1''\right]^2} - \frac{Q_{02}^2\,\alpha_1' - f_1'^2\,\Delta H}{\alpha_1' - \left(\frac{f_1'}{f_1''}\right)^2 \alpha_1''}} \tag{283}$$

und

$$Q_{01}' = Q_{02} - Q_{01}''. \tag{284}$$

Dabei muß

$$Q_{01}'' < Q_{02} \quad \text{und} \quad Q_{01}' > 0$$

sein, da sonst nicht beide Stollen in positiver Richtung durchströmt wären. Im Grenzfall ist

$$Q_{01}'' = 0, \quad v_{01}'' = 0, \quad Q_{01}' = Q_{02} \quad \text{und} \quad \Delta H = \alpha_1' \left(\frac{Q_{02}}{f_1'}\right)^2,$$

woraus

$$Q_{gr} = f_1' \sqrt{\frac{\Delta H}{\alpha_1'}}. \tag{285}$$

Rückströmen im Stollen L_1'' tritt also ein für

$$Q_{02} < f_1' \sqrt{\frac{\Delta H}{\alpha_1'}} \quad \text{bzw.} \quad \Delta H > Q_{02}^2 \frac{\alpha_1'}{f_1'^2}. \tag{286}$$

Dann ist $\left(\frac{f_1'}{f_1''}\right)^2 \alpha_1''$ negativ, und man erhält analog (283) die rückströmende Wassermenge

$$Q_{01}'' = \frac{Q_{02}\alpha_1'}{\alpha_1' + \left(\frac{f_1'}{f_1''}\right)^2 \alpha_1''} - \sqrt{\frac{\alpha_1'^2 Q_{02}^2}{\left[\alpha_1' + \left(\frac{f_1'}{f_1''}\right)^2 \alpha_1''\right]^2} - \frac{\alpha_1' Q_{02}^2 - f_1'^2 \Delta H}{\alpha_1' + \left(\frac{f_1'}{f_1''}\right)^2 \alpha_1''}}. \tag{287}$$

Von vorwiegend praktischer Bedeutung ist der Fall *gleich hoher Wasserfassungen* ($\Delta H = 0$), für den sich die Gl. (283 u. 284) vereinfachen zu

bzw.
$$\left.\begin{array}{l} Q_{02} = Q_{01}''\left(1 + \frac{f_1'}{f_1''}\sqrt{\frac{\alpha_1''}{\alpha_1'}}\right) \\ Q_{02} = Q_{01}'\left(1 + \frac{f_1''}{f_1'}\sqrt{\frac{\alpha_1'}{\alpha_1''}}\right). \end{array}\right\} \tag{288}$$

7.22 Die Schwingungsgleichungen

Der Schwingungsvorgang wird bei den 3 Stollenstrecken der Abb. 195 durch folgende simultane Gleichungen beschrieben:

$$\frac{dz_1'}{dt} = \frac{Q_2 - Q_1' - Q_1''}{F_1}, \tag{289}$$

$$\frac{dv_1'}{dt} = \frac{g}{L_1'}(z_1' - h_1'), \tag{290}$$

$$\frac{dv_1''}{dt} = \frac{g}{L_1''}(z_1'' - h_1'), \tag{291}$$

$$\frac{dz_2'}{dt} = \frac{q - Q_2}{F_2}, \tag{292}$$

$$\frac{dv_2}{dt} = \frac{g}{L_2}(z_2' - z_1' - h_2). \tag{293}$$

Bei konstanter Leistungsentnahme kommt außerdem hinzu:

$$q = Q_0 \frac{H_{01}' - h_{01}' - h_{02}}{H_{01}' - z_2'}. \tag{294}$$

7.23 Schrittweise numerische Lösung

Die schrittweise Lösung des Gleichungssystems (289 bis 293) kann mit Hilfe eines Schemas geschehen, wie es später für das V-Schema angegeben ist. Diesem sind die entsprechenden Spalten für den Stollen L_2 anzufügen.

7.3 Das Y-Schema ohne Zwischenschacht

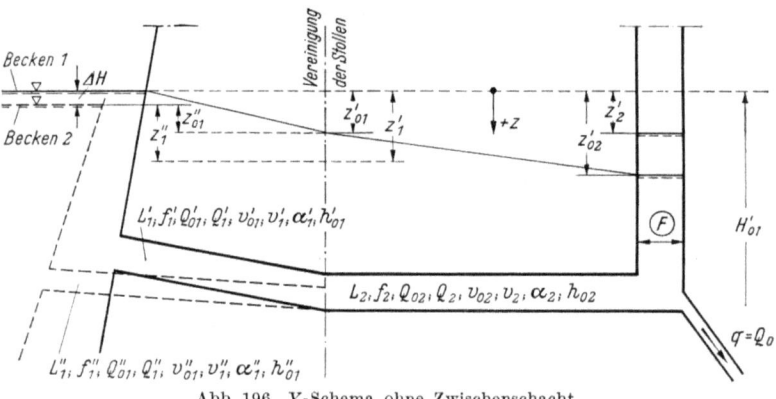

Abb. 196. Y-Schema ohne Zwischenschacht

Werden die beiden Stollen L_1' und L_1'' ohne Zwischenschaltung eines Schachtes zusammengeführt, so liegen die Verhältnisse wie in Abb. 196 dargestellt.

7.31 Beharrungszustand

Der Beharrungszustand kann grundsätzlich behandelt werden wie beim Y-Schema mit Zwischenschacht.

7.32 Schwingungsgleichungen

An die Stelle der Raumgleichung (289) tritt eine andere Beziehung (297). Die Schwingungsgleichungen lauten somit:

$$\frac{dv_1'}{dt} = \frac{g}{L_1'}(z_1' - h_1'), \tag{295}$$

$$\frac{dv_1''}{dt} = \frac{g}{L_1''}(z_1'' - h_1''), \tag{296}$$

$$Q_1' + Q_1'' = Q_2, \tag{297}$$

$$\frac{dz_2'}{dt} = \frac{q - Q_2}{F_2}, \tag{298}$$

$$\frac{dv_2}{dt} = \frac{g}{L_2}(z_2' - z_1' - h_2). \tag{299}$$

Besondere Wasserschloßanlagen

7.4 Das V-Schema
(2 Stollen an gemeinsamem Wasserschloß) (Abb. 197)

7.41 Beharrungszustand

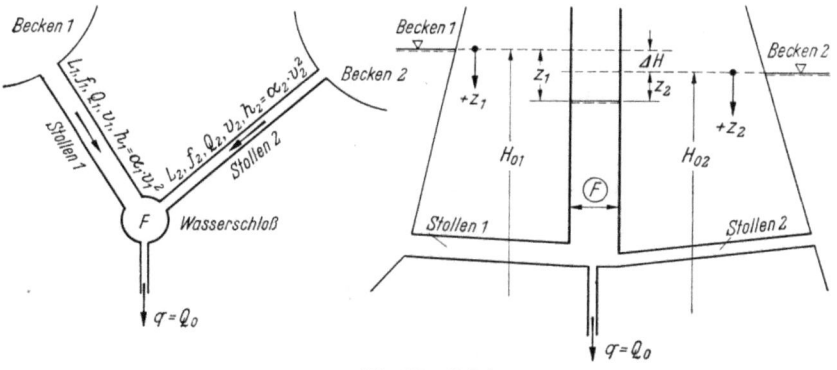

Abb. 197. V-Schema

Für den Beharrungszustand sind die Gl. (283 bis 288) maßgebend, in denen die Indices gemäß Abb. 197 zu ändern sind. Stollen 2 ist nicht mehr vorhanden. Sinngemäß tritt ferner an die Stelle von Q_{02} der Wert q.

7.42 Schwingungsgleichungen

Die Schwingungsgleichungen lauten:

$$\frac{dz_1}{dt} = \frac{q - Q_1 - Q_2}{F}, \tag{300}$$

$$\frac{dv_1}{dt} = \frac{g}{L_1}(z_1 - h_1), \tag{301}$$

$$\frac{dv_2}{dt} = \frac{g}{L_2}(z_2 - h_2), \tag{302}$$

wozu unter Umständen noch eine Reglergleichung $q = \varphi(z, t)$ kommt.

7.43 Schrittweise numerische Lösung

Die schrittweise numerische Auflösung geht von den Differenzengleichungen aus:

$$\Delta z_1 = \frac{\Delta t}{F}(q - Q_1 - Q_2), \tag{303}$$

$$\Delta v_1 = \frac{g}{L_1}(z_1 - h_1)\Delta t, \tag{304}$$

$$\Delta v_2 = \frac{g}{L_2}(z_2 - h_2)\Delta t. \tag{305}$$

Ein hierzu geeignetes Rechenschema für den häufigsten Fall $\Delta H = 0$ $z = z_1 = z_2$ ist untenstehend in Tab. 19 gegeben. Die einzelnen Felder sind in der Reihenfolge der eingeschriebenen Ziffern auszufüllen, wobei die Differenzen Δz, Δv_1 und Δv_2 in erster Näherung aus den Anfangswerten der Intervalle ermittelt werden. Falls erwünscht, kann eine zweite Näherung in der Weise vorgenommen werden, daß die mit der ersten Näherung erhaltenen Größen $(q - Q_1 - Q_2)$, $(z - h_1)$ und $(z - h_2)$ gemittelt und zur Berechnung verbesserter Differenzen Δz, Δv_1 und Δv_2 benützt werden. In diesem Fall muß die Tab. 19 entsprechend erweitert werden.

7.5 Veränderlicher Stollenquerschnitt

Diesen Fall erhält man, wenn man in Abb. 193 alle Wasserschloßquerschnitte bis auf den letzten gleich Null setzt. Die Beschleunigungsgleichung (280) für eine beliebige Stollenstrecke L_i, an deren unterem Ende die Druckordinate z_i vorliege und in der ein Druckverlust h_i entstehe, kann geschrieben werden:

$$z_i = \frac{L_i}{g} \cdot \frac{dv_i}{dt} + z_{i-1} + h_i,$$

bzw., wenn man aus Kontinuitätsgründen $v_i = v_n \frac{f_n}{f_i}$ setzt,

$$z_i = \frac{L_i}{g} \frac{f_n}{f_i} \frac{dv_n}{dt} + z_{i-1} + h_i. \tag{306}$$

Nach diesem Schema läßt sich, beginnend mit der obersten Stollenstrecke (L_1, f_1, v_1, z_1, h_1), für jede Strecke eine besondere Gleichung so anschreiben, daß die Druckordinate z_{i-1} jeweils aus der vorausgehenden Gleichung eingesetzt wird. So erhält man für die unterste Stollenstrecke (L_n, f_n, v_n, z_n, h_n) schließlich die Formel

$$z_n = \frac{1}{g} \cdot \frac{dv_n}{dt} \sum_1^n \frac{L_i f_n}{f_i} + \sum_1^n h_i$$

oder

$$\frac{dv_n}{dt} = -\frac{g}{\sum_1^n \frac{L_i f_n}{f_i}} [z_n - \sum_1^n h_i]. \tag{307}$$

Die Beschleunigungsgleichungen der einzelnen Stollenabschnitte lassen sich demnach auf eine einzige Gl. (307) komprimieren, wenn man mit einer reduzierten Stollenlänge

$$\bar{L} = \sum_1^n \left(L_i \frac{f_n}{f_i} \right) = L_1 \cdot \frac{f_n}{f_1} + L_2 \cdot \frac{f_n}{f_2} + \cdots + L_n \tag{308}$$

und im übrigen mit der Geschwindigkeit v_n und dem tatsächlichen Stollenverlust $\sum_1^n h_i = h$ rechnet. Die Raumgleichung bleibt unver-

Tabelle 19. *Rechenschema der numerischen Integration für die V-Anordnung (2 Stollen, 1 Wasserschloß)*

t	Δt	Stollen 1					Stollen 2					Wasserschloß				
		$h_1 - \alpha_1 a_1^2$	$z - h_1$	$\Delta a_1 = \frac{g \Delta t}{T_1}(z - h_1)$	a_1	$Q_1 - a_1 f_1$	$h_2 - \alpha_2 a_2^2$	$z - h_2$	$\Delta a_2 = \frac{g \Delta t}{T_2}(z - h_2)$	a_2	$Q_2 - a_2 f_2$	q	$Q_1 + Q_2$	$q - (Q_1 + Q_2)$	$\Delta z = \frac{\Delta t}{F}(q - Q_1 - Q_2)$	z
1	7	9	10	11	2	3	14	15	16	4	5	19	20	21	22	6
8	24	26	27	28	12	13	31	32	33	17	18	36	37	38	39	23
25					29	30				34	35					40

ändert, und man hat:
$$\frac{dz_n}{dt} = \frac{q - f_n v_n}{F}, \tag{309}$$

$$\frac{dv_n}{dt} = \frac{g}{L}(z_n - h). \tag{310}$$

Zu erwähnen ist noch, daß als Vergleichsquerschnitt nicht unbedingt der Endquerschnitt gewählt werden muß, sondern daß man jeden beliebigen Querschnitt wählen kann.

Vgl. hierzu auch MÜHLHOFER (a).

7.6 Wasserschloß im Unterwasser

7.61 Allgemeines

Schließt sich an das Kraftwerk ein unter Druck betriebener Unterwasserstollen an, wie dies bei der offenen Kraftwerksbauweise durch besondere örtliche Verhältnisse bedingt sein kann, bei der Kavernenbauweise aber besonders häufig der Fall ist, dann wird auch im Unterwasser oft ein Wasserschloß nötig. Die vorherrschende Bauweise ist hier das ungedrosselte Wasserschloß, als einfacher prismatischer Schacht oder auch als Kammerwasserschloß mit seitlichen Speicherstollen ausgebildet; jedoch auch das gedrosselte Wasserschloß oder Sonderformen sind vereinzelt ausgeführt worden.

Zu erwähnen ist, daß beim Auslauf des Unterwasserstollens in den freien Fluß oft die Bedingung der großen Beckenoberfläche nicht mehr erfüllt ist und sich daher hier Translationswellen bilden, die den Schwingungsablauf im Stollen beeinflussen. Solche Fälle kann man nun zwar ebenfalls rechnerisch behandeln; wegen des damit verbundenen außergewöhnlichen Zeitaufwandes wird man sich aber in vielen Fällen mit der Näherungsannahme konstanten Beckenspiegels begnügen müssen oder auf Modellversuche zurückgreifen. — Mitunter bietet sich auch ein „gemischter" Betrieb des Unterwasserstollens an: Freispiegelbetrieb bei niedrigen und Druckstollenbetrieb bei hohen Außenwasserständen, wobei in bestimmten Fällen bei ein und demselben Schwingungsvorgang sowohl der Freispiegelbetrieb mit Translationswellen wie auch der Druckstollenbetrieb auftreten kann. Dieses Problem ist von MEYER-PETER und FAVRE theoretisch behandelt und in Sonderfällen modellmäßig untersucht worden. Hierüber ist im ersten Teil dieses Buches berichtet. Die folgenden Ausführungen beziehen sich ausschließlich auf den reinen Druckstollenbetrieb mit Ausmündung in große Becken.

Solange man Belastungsänderungen mit konstanter Entnahmemenge betrachtet, können die Schwingungen im Wasserschloß unterhalb der Kraftanlage unabhängig von einem eventuell im Oberwasser

Besondere Wasserschloßanlagen

vorhandenen Stollen-Wasserschloß-System für sich allein behandelt werden. Erst wenn die Turbinenwassermenge von der Fallhöhe abhängig ist, müssen die Schwingungen im Ober- und im Unterwasser gemeinsam untersucht werden. Dies gilt vor allem für Stabilitätsuntersuchungen (C. 4.3). Das Folgende befaßt sich mit den von den Oberwasserverhältnissen unbeeinflußten Schwingungen im Unterwassersystem oder mit Anlagen, die im Oberwasser einen freien Einlauf ohne druckhafte Zuleitung besitzen.

7.62 Grundgleichungen

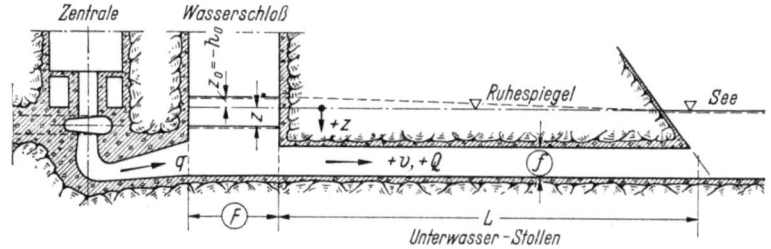

Abb. 198. Wasserschloß im Unterwasser

Für die am häufigsten vorkommende Anordnung Abb. 198 lauten die Bewegungsgleichungen:

$$\frac{dz}{dt} = \frac{Q-q}{F}, \tag{311}$$

$$\frac{dv}{dt} = \frac{g}{L}(-z-h). \tag{312}$$

7.63 Geschlossene Lösungen

Vollständige Entlastung. Für $q = 0$ ist

$$\frac{dz}{dt} = \frac{f}{F} v, \tag{313}$$

$$\frac{dv}{dt} = \frac{g}{L}(-z - \alpha v^2). \tag{314}$$

Aus Gl. (313 u. 314) ergibt sich in bekannter Weise die Differentialgleichung des schwingenden Systems

$$\frac{d^2z}{dt^2} + \frac{h_0 F g}{L f v_0^2}\left(\frac{dz}{dt}\right)^2 + \frac{fg}{LF} z = 0. \tag{315}$$

Hierfür läßt sich eine erste Integration durchführen. Die Lösung ist nach Konstantenbestimmung und mit

$$m = \frac{2gFh_0}{Lfv_0^2} \quad \text{und} \quad n = \frac{fg}{LF},$$

$$\frac{dz}{dt} = \sqrt{\frac{2n^2}{m^2}(1-mz) - \frac{2n^2}{m^2} e^{-m(z+h_0)}}.$$

Für $z = z_{max}$ ist $dz/dt = 0$, und für z_{max} wird dann die Beziehung gewonnen:

$$(1 - m z_{max}) - \ln(1 - m z_{max}) = 1 + m h_0. \qquad (316)$$

Zur Lösung von Gl. (316) kann Tab. 1 verwendet werden, nur sind dabei die negativen $m z_{max}$-Werte positiv zu nehmen.

Plötzliche Belastungsvergrößerung. Zur Ermittlung der höchsten Spiegellage können ähnliche Überlegungen durchgeführt werden, wie sie beim Wasserschloß im Oberwasser zu Gl. (168) führten. Wird die Belastung von $Q_a = n Q_0$ auf $q = Q_0 = v_0 f$ vergrößert, so geht aus Gl. (311 u. 312) hervor:

$$-z - \alpha \left[v_0^2 + 2 v_0 \frac{F}{f} \frac{dz}{dt} + \frac{F^2}{f^2} \left(\frac{dz}{dt}\right)^2 \right] - \frac{LF}{fg} \frac{d^2z}{dt^2} = 0. \qquad (317)$$

Wird die Spiegellinie im ersten Gang von vornherein als Sinuslinie von der Form

$$z = -n^2 h_0 + (n^2 h_0 + z_{max}) \sin a t \qquad (318)$$

angenommen, so lassen sich die Werte dz/dt und d^2z/dt^2 ableiten, auch kann der Wert a durch Vergleichen von dz/dt mit dem aus Gl. (311) für $t = 0$ hervorgehenden Wert angegeben werden. Durch Einsetzen dieser Größen in Gl. (317) wird eine Gleichung gewonnen, deren Integration zwischen den Grenzen $at = \pi/2$ und $at = 0$ schließlich auf die Formel für den Spiegelausschlag führt[1]. Es ergibt sich mit

$$c = (1 - n) \left[\frac{\pi}{8} (3 + n) - 1 \right],$$

$$z_{max} = -h_0(n^2 + c) - \sqrt{c^2 h_0^2 + \frac{L f v_0^2}{gF}(1 - n)^2}. \qquad (319)$$

c kann der Tab. 4 entnommen werden.

7.64 Schrittweise Lösungen

Numerische Integration. Hierzu sind die Gl. (311 u. 312) in Differenzenform anzuschreiben:

$$\Delta z = \frac{\Delta t}{F}(Q - q), \qquad (320)$$

$$\Delta v = \frac{g}{L}(-z - h)\Delta t \quad \text{bzw.} \quad \Delta Q = \frac{g f \Delta t}{L}(-z - h). \qquad (321)$$

Die schrittweise numerische Auflösung ist grundsätzlich die gleiche wie beim Wasserschloß im Oberwasser, so daß sich weitere Ausführungen hierzu erübrigen.

Belastungszunahme, konstante Leistung, graphisch. Dagegen dürfte es zweckmäßig sein, für einige wichtige Laständerungsfälle das graphische Verfahren in den folgenden 3 Abbildungen näher zu erläutern.

---

[1] Sie ist gegenüber der Fassung in der ersten Auflage etwas umgestellt.

Abb. 199 behandelt bei *konstanter Wasserschloßfläche* die *plötzliche* Vergrößerung der Entnahmemenge von $q_a = Q_a$ auf $q = q(z)$, wobei $q(z)$ eine beliebige Funktion ist. Wie schon früher werden zunächst in das z, Q, t-Achsenkreuz die Druckverlustkurve $h = (\alpha/f^2)Q^2$ (nach oben), die Kurve des Wasserverbrauches $q = q(z)$ und die Schräge durch den Ursprung $Q = -\dfrac{gf\Delta t}{L}z$ gezeichnet, ferner das Strahlendiagramm

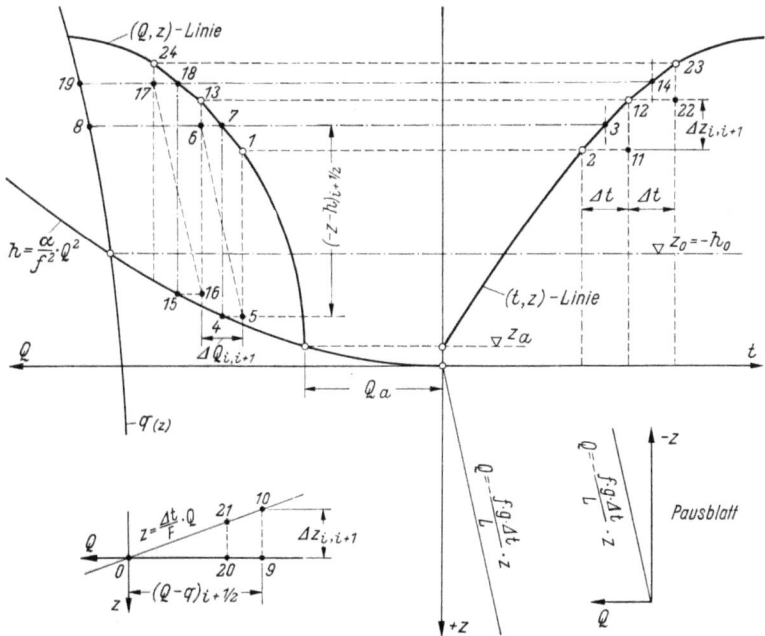

Abb. 199. Wasserschloß im Unterwasser, Belastungsvergrößerung

$z = \dfrac{\Delta t}{F}Q$ sowie das verschiebliche Pausblatt mit den Achsrichtungen Q und z und der Schrägen durch den Ursprung.

Gegeben seien als Ausgangspunkte *1* und *2*. Geschätzt wird *3*. Hierdurch Horizontale. Mit dem Pausblatt wird der Linienzug *4-5-6* so festgelegt, daß *4* und *7* in Intervallmitte und lotrecht untereinander liegen. Da $7\text{-}4 = (-z - h)_{i+\frac{1}{2}}$, ist *4-5* + *6-7* = ΔQ nach Gl. (321); *7-8* = $(Q - q)$ = *0-9*; *9-10* = Δz = *11-12* nach Gl. (320). *13* liegt auf gleicher Höhe mit *12* und lotrecht über *6*. Aus *2* und *12* ist die richtige Lage von *3* zu überprüfen. — Im nächsten Schritt wird *14* geschätzt. Horizontale hindurch. Mit Pausblatt Linienzug *15-16-17* so, daß *15* und *18* in Intervallmitte. *18-19* = *0-20*; *20-21* = *22-23*; *23-24* = horizontal. Aus *12* und *23* Überprüfung von *14*.

Teilentlastung bei z-veränderlicher Entnahme, graphisch. In Abb. 200 ist die Entnahmeverringerung von Q_0 auf $q = q(z)$ behandelt[1]. Der Berechnung werden die gleichen Hilfslinien zugrunde gelegt wie bei Abb. 199. Der Konstruktionsgang ist der folgende: *1* und *2* sind als Ausgangspunkte bekannt. Punkt *3* wird geschätzt, eine Horizontale hin-

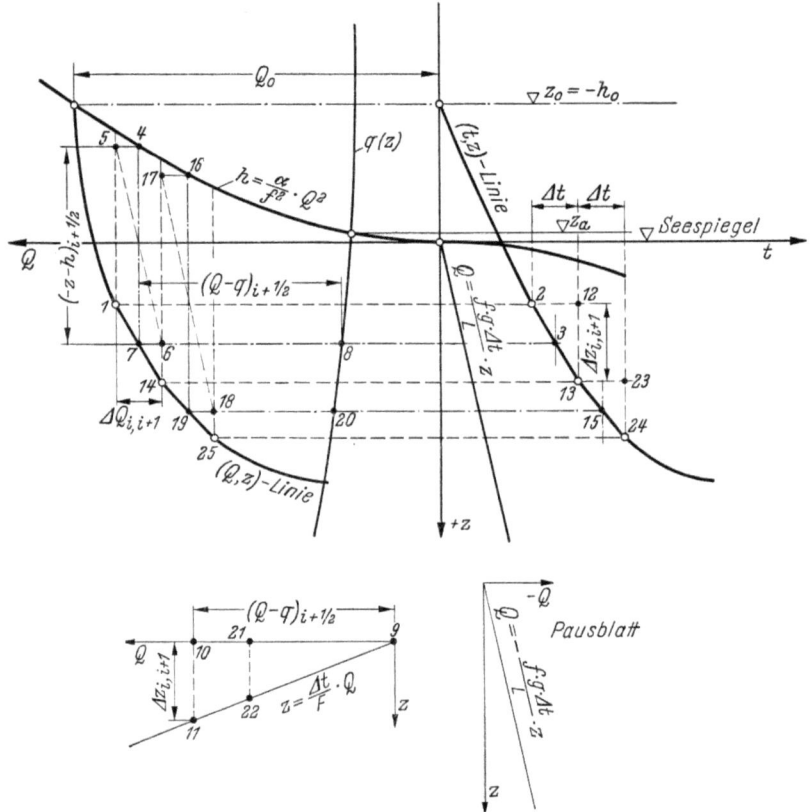

Abb. 200. Wasserschloß im Unterwasser, Belastungsabnahme

durchgelegt. Das Pausblatt liefert den Zug *4–5–6* so, daß *4* und *7* in Intervallmitte übereinanderliegen. *7–8 = 9–10*; *10–11 = 12–13*; *13–14* = waagerecht. Aus *2* und *13* ist *3* zu kontrollieren.

Linearer Leistungsanstieg, graphisch. Abb. 201 behandelt die Erhöhung der Belastung von 50 auf 100% bei linearem Leistungsanstieg, wobei eine veränderliche Wasserschloßfläche zu berücksich-

---

[1] Der hier dargestellte Verlauf der $q(z)$-Linie setzt begrenzte Schluckfähigkeit der Turbinen voraus. Bei konstanter Leistungsentnahme verläuft die Kurve wie in Abb. 199.

tigen ist. Wie früher sind zu zeichnen die Schräge $Q = -\frac{g f \Delta t}{L} z$, die Druckverlustlinie $h = \frac{\alpha}{f^2} Q^2$, das bekannte Pausblatt und das Strahlendiagramm $z = \frac{\Delta t}{F_z} \cdot Q$ mit der Spiegellage z als Parameter. Die ganz beliebig vorausgesetzten Verbrauchskurven $q = q(z, t)$ werden in der aus der Abbildung ersichtlichen Weise für die Lastgrößen in den Mitten der Zeitintervalle (55, 65, ..., 95%) aufgetragen.

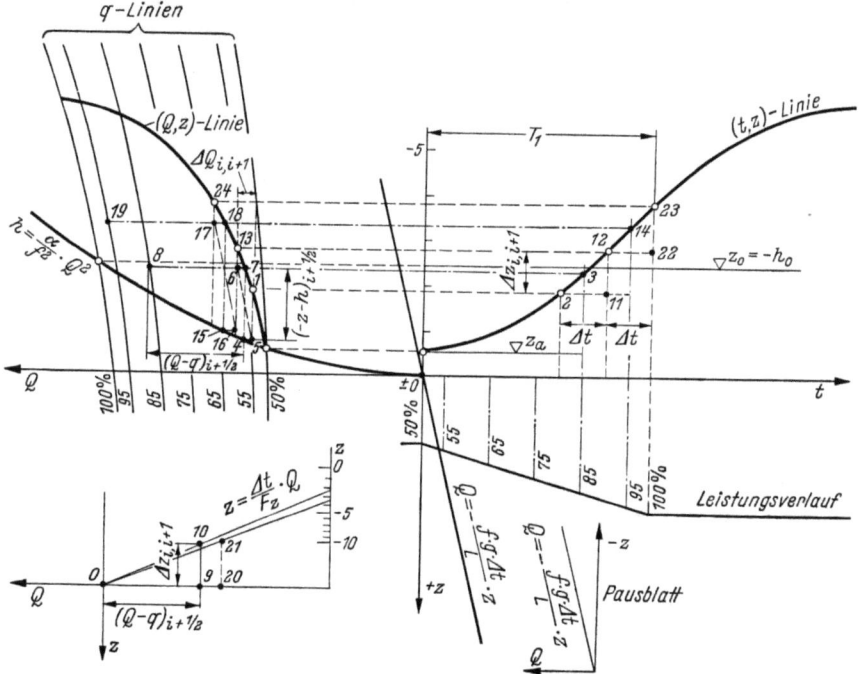

Abb. 201. Wasserschloß im Unterwasser. Linearer Leistungsanstieg, Wasserschloßfläche veränderlich

Von den als bekannt vorausgesetzten Punkten *1* und *2* ausgehend ist wie folgt zu verfahren: Punkt *3* in der Mitte des Zeitintervalls wird schätzungsweise angenommen, eine Horizontale hindurchgelegt. Mit dem Pausblatt wird der Linienzug *4–5–6* in der schon bekannten Weise festgelegt. *7–8* = $(Q - q)$, wobei *8* auf der Verbrauchslinie von 85% (beim gewählten Beispiel) liegt, die für das behandelte Zeitintervall gilt. *7–8* = *0–9*; da *3* auf Höhe $z = -2,3$ m liegt, wird im Strahlendiagramm der dieser Ordinate entsprechende Strahl gezogen. Dann ist *9–10* = Δz = *11–12*; *13* liegt auf gleicher Höhe wie *12* und senkrecht über *6*. Aus *2* und *12* ist die richtig angenommene Lage von *3* zu kontrollieren. — Für den nächsten Schritt gilt die $q(z)$-Linie für 95% der

Vollast. *14* ist anzunehmen, eine Horizontale durchzulegen. Mit Pausblatt: *15–16–17*. *19* liegt auf der 95%-Lastkurve. *18–19 = 0–20*; *14* liegt auf $z = -3,3$, entsprechend ist der Strahl im Δz-Diagramm zu zeichnen. *20–21 = 22–23*, *24* liegt senkrecht über *17* und gleich hoch mit *23*.

7.7 Wasserschlösser am Anfang und am Ende des Stollens

Liegen Anlagen hintereinander geschaltet wie in Abb. 202 (Tandem-Anordnung), so besitzt der sie verbindende Druckstollen je ein Wasserschloß am Anfang und am Ende.

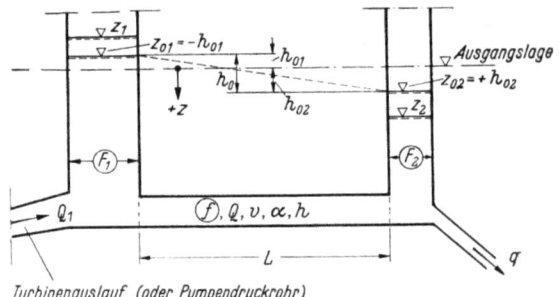

Abb. 202. Wasserschlösser am Anfang und am Ende des Druckstollens

7.71 Schwingungsgleichungen, Ausgangsspiegellage

Eine rechnerische Behandlung ist nach Gl. (281) und der zugehörigen Abb. 194 möglich, wenn man dort $L_1 = 0$ setzt. Dann gelten die Differenzengleichungen

$$\Delta z_2 = \frac{\Delta t}{F_2}(q - Q), \qquad (322)$$

$$\Delta v = \frac{g}{L}(z_2 - z_1 - h)\Delta t, \qquad (323)$$

$$\Delta z_1 = \frac{\Delta t}{F_1}(Q - Q_1). \qquad (324)$$

Nach Anpassung an die besonderen Verhältnisse kann das Rechenschema Tab. 18 Verwendung finden.

Die Ausgangsspiegellage $z = 0$, die sonst durch den konstanten Wasserstand im Stausee festlegt, kann grundsätzlich beliebig gewählt werden. Geht man von dem Schema der reinen Tandemanordnung (ohne Entlastungseinrichtungen) aus, so muß man annehmen, daß beide Kraftwerke auf den gleichen Wasserverbrauch und gleiche Entnahmeänderungen automatisch gesteuert sind. Man kann dann als Ausgangslage jenen Horizont ansehen, der sich bei gleichzeitigem Stillsetzen der Werke als Ruhespiegel einstellen wird, bzw. der vor der (gleichzeitigen) und gleichlastigen) Inbetriebnahme vorhanden war. Aus Raumgründen teilt sich der gesamte Druckverlust h_0 auf in

$$h_{01} = \frac{F_2}{F_1 + F_2} h_0 \quad \text{und} \quad h_{02} = \frac{F_1}{F_1 + F_2} h_0. \tag{325}$$

7.72 Reduktion auf das einfache Wasserschloßschema

Auch im zeitveränderlichen Übergangszustand gilt die Bedingung der Konstanz des Gesamtinhaltes von Stollen und Wasserschlössern. Wenn $Q_1 = q$, wird

$$z_1 = - z_2 \frac{F_2}{F_1}, \tag{326}$$

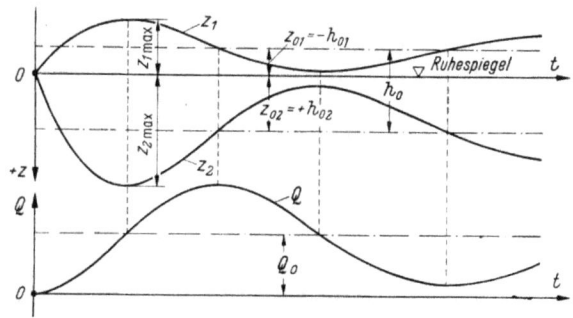

Abb. 203. Gleichzeitige Vollbelastung beider Werke

Damit geht die Beschleunigungsgleichung (323) über in

$$\Delta v = \frac{g \Delta t}{L/\sigma} \left(z_2 - \frac{h}{\sigma} \right) = \frac{g \Delta t}{L/\sigma} \left(z_2 - \frac{\alpha}{\sigma} v^2 \right), \tag{327}$$

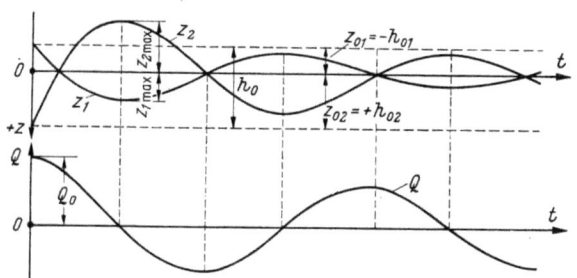

Abb. 204. Gleichzeitige Entlastung beider Werke

wobei $\sigma = 1 + F_2/F_1$. Setzt man ferner $\bar{L} = L/\sigma$ und $\bar{\alpha} = \alpha/\sigma$, so gilt

$$\Delta v = \frac{g \Delta t}{\bar{L}} (z_2 - \bar{\alpha} v^2). \tag{328}$$

Daneben gilt die Raumgleichung (322) für Δz_2 bzw. z_2, während die Raumgleichung (324) die Form (326) annimmt.

Zusammenfassend kann also festgestellt werden, daß man im Fall $Q_1 = q$ zunächst die Ausgangsspiegellage (325) und die reduzierten Werte $\bar{L} = L/\sigma$ und $\bar{\alpha} = \alpha/\sigma$ zu ermitteln hat. Dann kann die Schwingung im Wasserschloß 2 wie für das einfache Schema (1 Stollen, 1 Wasserschloß) nach (328 u. 322) berechnet werden. Die Schwingung im Wasserschloß 1 kann gemäß Gl. (326) aus der z_2-Ganglinie abgeleitet werden; die z_1-Schwingung verläuft symmetrisch verzerrt zur z_2-Schwingung. Vgl. hierzu Abb. 203 und 204.

7.73 Betriebliche Gesichtspunkte

Im übrigen muß bei der Berechnung von Anlagen nach Abb. 202 auf die besonderen betrieblichen Verhältnisse der Tandemstufen Rücksicht genommen werden. Häufig wird man wegen der weiterhin folgenden Stufen der Werkskette den ungehinderten Durchfluß mit Hilfe von Umläufen aufrechterhalten müssen, so daß Schwingungen unter Umständen nur in Fällen von Fehlsteuerungen oder aus anderen besonderen Gründen zu erwarten sind.

Der Fall der Abb. 202 tritt auch ein, wenn, als Folge einer nachträglich verstärkten Absenkung eines Speichers, das Wasser in einen nunmehr zu hoch liegenden Druckstollen (dessen Vorbecken dann die Rolle des Wasserschlosses 1 übernimmt) gepumpt werden muß.

7.8 Wasserschloß im Oberwasser eines Pumpwerkes

Ein Vergleich der Abb. 205 und (198) zeigt, daß hydraulisch der gleiche Fall vorliegt wie beim Wasserschloß im Unterwasser. Es gelten also ohne weiteres die Gl. (311 bis 321) und die angegebenen Verfahren.

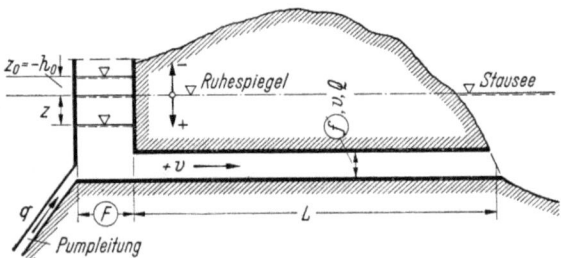

Abb. 205. Wasserschloß im Oberwasser einer Pumpleitung

Bei *Pumpspeicherwerken* haben die Wasserschlösser einen doppelten Zweck, sie dienen sowohl dem Turbinen- wie auch dem Pumpbetrieb. Nun wird bei derartigen Kraftwerken häufig Wert darauf gelegt, daß der Übergang vom Pumpen- zum Turbinenbetrieb sehr schnell erfolgt. Dabei kann der Fall eintreten, daß schon Wasser für die Krafterzeugung gebraucht wird, während die Stollengeschwindigkeit noch vom Wasserschloß gegen den Stausee hin gerichtet ist. Der Stolleninhalt ist also in einem solchen Fall nicht nur von Null, sondern von einer negativen Geschwindigkeit ausgehend auf den erforderlichen positiven Wert zu beschleunigen. Ähnliches gilt auch beim plötzlichen Übergang vom Turbinen- auf den Pumpbetrieb.

Werden solche Forderungen an das Wasserschloß gestellt, so muß eine erhebliche Vergrößerung des Wasserschloßinhaltes in Kauf ge-

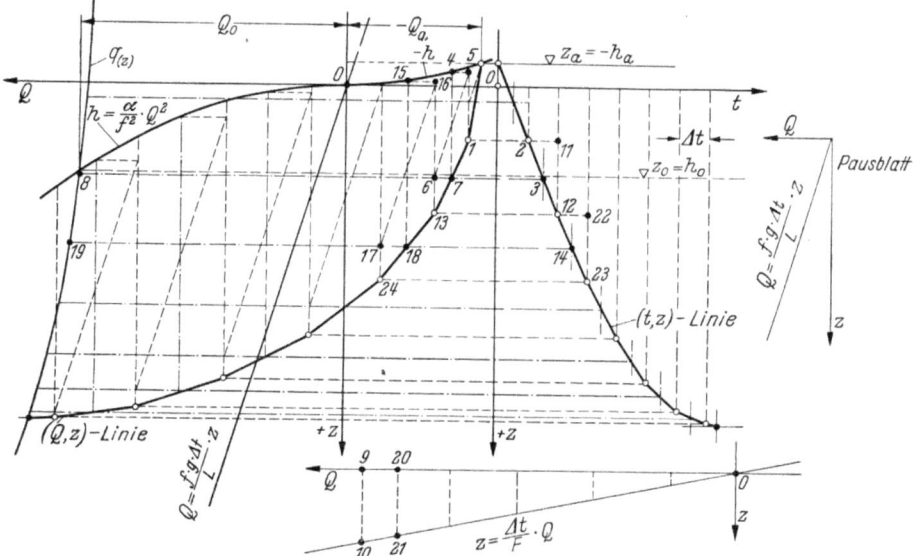

Abb. 205a. Wasserschloß im Oberwasser eines Pumpspeicherwerkes. Plötzlicher Übergang vom Pumpbetrieb zum Turbinenbetrieb

nommen werden. Ein Verfolgen der Schwingungsvorgänge ist nur durch schrittweise Integration möglich. Sie beruht wieder auf den bekannten Gleichungen

$$\Delta z = \frac{q-Q}{F} \Delta t \quad \text{und} \quad \Delta v = \frac{g \Delta t}{L}(z-h) \quad \text{bzw.} \quad \Delta Q = \frac{gf}{L} \Delta t (z-h).$$

In dem erwähnten Fall hat bei Beginn der Belastung ($t = 0$) die Geschwindigkeit v einen negativen Wert. Im übrigen bietet die Berechnung nichts Besonderes. — Abb. 205a zeigt die graphische Berechnung eines solchen Falles, deren Gang aus den bisher gebrachten Beispielen bekannt ist und daher nicht mehr näher erläutert zu werden braucht. Die Konstruktion kann ohne Schwierigkeit auch auf allmähliches Anfahren der Turbinen nach Abschalten der Pumpen ausgedehnt werden.

Ist das Wasserschloß mit einer Drosselung versehen, dann tritt gemäß Gl. (218) der Drosselwiderstand in der Beschleunigungsgleichung in Erscheinung:

$$\Delta v = \frac{g}{L}(z + k - h).$$

7.9 Wasserschloß im Unterwasser eines Pumpwerkes

Entnimmt die Pumpe das Wasser aus einem unteren Becken, so liegt das Schema der Abb. 206 vor. Es stimmt genau mit dem Schema

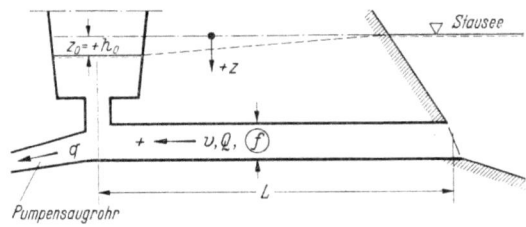

Abb. 206. Wasserschloß im Unterwasser einer Pumpanlage

der Abb. 102 überein, und die Berechnung kann nach den für die Entnahmeänderungen bei einer Turbinenanlage angegebenen Verfahren durchgeführt werden.

7.10 Wasserschloß mit abgeschlossenem Luftraum

7.101 Allgemeines

Bei der normalen Wasserschloßausbildung stehen die Speicherräume so mit der freien Luft in Verbindung, daß je nach der Spiegelbewegung die verdrängte Luft entweichen oder die Außenluft in den entleerten Raum nachströmen kann. Diese Forderung verlangt, besonders bei Kavernenkraftwerken, lange und mitunter schwierig herzustellende Belüftungsstollen. Dann liegt der Gedanke nahe, solche Leitungen fortzulassen und dem Wasserschloß zusätzlich eine Windkesselwirkung zuzuweisen. Im folgenden wird die Theorie solcher Wasserschlösser in gedrängter Form entwickelt.

7.102 Physikalische Daten und gasdynamische Grundlagen

Gewicht der Luft bei 760 Torr (= 760 mm Hg = 1 phys. Atm = 1,033 kg/cm²):

Temperatur	0	10	20° C
Gewicht	1,293	1,24	1,20 kg/m³

Luftdruck p_a und Seehöhe.

Seehöhe	0	500	1000	1500	2000	2500	3000 m
p_a/γ bei 760 Torr	10,33	9,74	9,17	8,64	8,13	7,55	7,20 m WS
p_a/γ bei 720 Torr	9,79	9,20	8,63	8,10	7,59	7,01	6,66 m WS

Absolute Temperatur (°K).
$$\overline{T}[°K] = t[°C] + 273.$$

Gasgesetz (GAY-LUSSAC-MARIOTTE)
$$pV = GR\overline{T}. \tag{329}$$

Hierin: p = Druck in kg/m², V = Gasvolumen in m³, R = Gaskonstante, für Luft $R = 29{,}27$ m/°C, $\overline{T}$ = absolute Temperatur in °K (Kelvin), G = Gasgewicht in kg.

Bei einer Zustandsänderung von Zustand 1 nach Zustand 2 gilt mit
$$p_1 V_1 = GR\overline{T}_1 \quad \text{und} \quad p_2 V_2 = GR\overline{T}_2$$
für ein konstantes Gasgewicht G
$$\frac{p_1 V_1}{T_1} = \frac{p_2 V_2}{T_2}. \tag{330}$$

Eine Zustandsänderung kann entweder *adiabatisch* vor sich gehen (wenn kein Temperaturaustausch mit der Umgebung stattfindet) oder *isothermisch* (wenn sofortiger Temperaturausgleich mit der Umgebung vor sich geht, so daß $\overline{T}$ = konst.).

Bei *adiabatischer Zustandsänderung* ist
$$p_1 V_1^\varkappa = p_2 V_2^\varkappa = \text{konst.} \tag{331}$$
und
$$\overline{T}_2 = \overline{T}_1 \left(\frac{V_1}{V_2}\right)^{\varkappa - 1}. \tag{332}$$

Für vollkommene Gase ist $\varkappa = 1{,}4$. Praktisch liegt $\varkappa$ darunter: $1 < \varkappa < 1{,}4$.

Die Vereinigung von (331 u. 332) führt auf Gl. (330).

Bei *isothermischer Zustandsänderung* ist $\varkappa = 1$, so daß nach (331)
$$p_1 V_1 = p_2 V_2 = \text{konst.} \quad [\text{BOYLE-MARIOTTE}]. \tag{333}$$

Bei der Wasserschloßberechnung wird man wegen der langsam vor sich gehenden Schwingungen und fehlenden Wärmeisolierung an den Wasserschloßwänden mit $\varkappa = 1$, also isothermischer Zustandsänderung gemäß Gl. (333) rechnen dürfen, jedoch steht (bei schrittweiser Lösung) auch nichts im Wege, $\varkappa > 1$ zu setzen.

7.103 Beharrungszustand

Als gegeben wird angesehen der über der Wasserfassungshöhe liegende Raum V_m, dem (z. B. bei der erstmaligen Füllung oder nach willkürlicher Einstellung) ein Druck p_m zugeordnet ist. Im Stollen fließt eine Teilwassermenge nQ_0, die einen Verlust $n^2 h_0$ bedingt. Für das Wasserschloß gilt (Abb. 207) die Druckgleichung

$$\frac{p}{\gamma} = \Delta z_p + \frac{p_a}{\gamma}, \qquad (334)$$

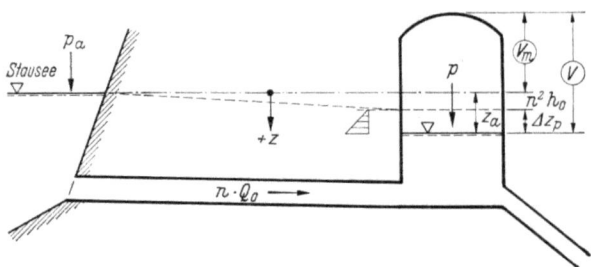

Abb. 207. Wasserschloß mit abgeschlossenem Luftraum

wobei Δz_p eine zusätzliche Spiegelsenkung wegen des vom Außendruck abweichenden Luftdruckes in der Kammer darstellt.

Nach (331) ist

$$\frac{p}{\gamma} = \frac{p_m}{\gamma} \left(\frac{V_m}{V}\right)^\varkappa. \qquad (335)$$

Im allgemeinen Fall läßt sich durch probeweise Annahme von Δz_p der Luftinhalt V und aus Gl. (335) p/γ finden. Damit ergibt sich aus Gl. (334) Δz_p, das mit der Annahme übereinstimmen muß. — Die Spiegelordinate für den Beharrungszustand wird dann

$$z_a = n^2 h + \Delta z_p. \qquad (336)$$

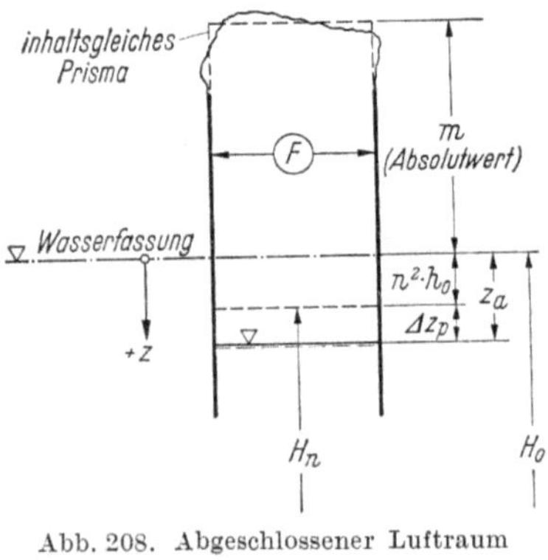

Für *isothermische* Zustandsänderung und konstante Fläche des Wasserschlosses läßt sich der Beharrungszustand nach Abb. 208 festlegen wie folgt:

Gl. (335) liefert mit $\varkappa = 1$, $V_m = mF$ und $V = F(m + n^2 h_0 + \Delta z_p)$

$$\frac{p}{\gamma} = \frac{p_m}{\gamma} \frac{m}{m + n^2 h_0 + \Delta z_p}. \qquad (337)$$

Abb. 208. Abgeschlossener Luftraum

Aus der Vereinigung der Gl. (334 u. 337) geht hervor

$$\Delta z_p = -\frac{m + n^2 h_0 + p_a/\gamma}{2} + \sqrt{\left[\frac{m + n^2 h_0 + p_a/\gamma}{2}\right]^2 - (m + n^2 h_0)\frac{p_a}{\gamma} + \frac{p_m}{\gamma} m}. \qquad (338)$$

Nach Einführen dimensionsloser Größen:

$$\Delta x_p = \frac{\Delta z_p}{h_0}, \quad \mu = \frac{m}{h_0}, \quad \pi_m = \frac{p_m/\gamma}{h_0},$$
$$\pi_a = \frac{p_a/\gamma}{h_0} \quad \text{und} \quad x_p = \frac{z_p}{h_0} \quad \quad (339)$$

geht Gl. (338) über in

$$\Delta x_p = -\frac{\mu + n^2 + \pi_a}{2} + \sqrt{\left[\frac{\mu + n^2 + \pi_a}{2}\right]^2 - (\mu + n^2)\pi_a + \mu \pi_m}, \quad (340)$$

und die Beharrungsspiegellage ist

$$x_a = n^2 + \Delta x_p. \quad (341)$$

Die Nutzfallhöhe H_n ist bei Beharrung unabhängig vom Luftdruck in der Kammer:

$$H_n = H_0 - n^2 h_0 - \Delta z_p + \frac{p}{\gamma} - \frac{p_a}{\gamma};$$

nach Berücksichtigung von Gl. (213) erhält man

$$H_n = H_0 - n^2 h_0.$$

Bei Ermittlung des Ausgangsdruckes p_m sind die besonderen Verhältnisse des Einzelfalles zu berücksichtigen, wie z. B. die gewünschte Wirkung des Luftdruckes bei der Auf- oder Abschwingung, das Vorhandensein einer Druckausgleichsleitung (die im praktischen Betrieb nicht zu entbehren sein wird und natürlich nicht in einem Belüftungsstollen bestehen muß), die veränderliche Speicherfüllung und ähnliches. Hierzu dienen die Gl. (329 bis 333). — Da der hydraulische Sinn des zusätzlichen Luftdruckes im Wasserschloß der sein muß, die Beschleunigung oder Verzögerung des Stolleninhaltes zu unterstützen, so ist anzustreben, daß bei negativen z Verdichtung und bei positiven z eine Verdünnung der Luft gegenüber der Außenluft erzeugt wird. Man wird daher (mit Hilfe der Druckausgleichsleitung) in vielen Fällen $p_m = p_a$ wählen oder wenigstens so, daß sich Innen- und Außendruck in der Nähe der Null-Lage ausgleichen.

7.104 Schwingungsgleichungen

Raumgleichung:
$$\frac{dz}{dt} = \frac{q - Q}{F}, \quad (342)$$

Beschleunigungsgleichung:
$$\frac{dv}{dt} = \frac{g}{L}\left(z - h - \frac{p}{\gamma} + \frac{p_a}{\gamma}\right). \quad (343)$$

p/γ wird aus Gl. (335), wobei $V = V_z$ das der Spiegellage z entsprechende Volumen ist, gefunden. Bei konstantem F und m als Absolutwert gilt

adiabatisch
$$\frac{p}{\gamma} = \frac{p_m}{\gamma}\left(\frac{m}{m+z}\right)^\varkappa, \quad (344)$$

isothermisch
$$\frac{p}{\gamma} = \frac{p_m}{\gamma} \cdot \frac{m}{m+z}. \quad (345)$$

Die Ordinate des Druckhorizontes bezüglich der Wasserfassung ist (isothermisch)

$$z_p = z - \frac{p_m}{\gamma} \frac{m}{m+z} + \frac{p_a}{\gamma}, \qquad (346)$$

so daß sich Gl. (343) vereinfacht zu

$$\frac{dv}{dt} = \frac{g}{L}(z_p - h). \qquad (347)$$

Nach Einführen der VOGTschen Verhältniszahlen

$$\varepsilon = \frac{Lfv_0^2}{gFh_0^2}; \quad x = \frac{z}{h_0}; \quad \beta = \frac{h_0}{H_0}; \quad y = \frac{v}{v_0} = \frac{Q}{Q_0};$$

$$y_t = \frac{q}{Q_0}; \quad h = h_0 y^2; \quad T = t\frac{gh_0}{Lv_0};$$

ferner mit den unter Gl. (339) definierten Größen

$$x_p, \quad \mu, \quad \pi_a, \quad \pi_m$$

lauten die oben gegebenen Schwingungsgleichungen

$$\frac{dx}{dT} = \varepsilon(y_t - y), \qquad (348)$$

bzw.
$$\left. \begin{array}{l} \dfrac{dy}{dT} = x - y^2 - \dfrac{\pi_m \mu}{\mu + x} + \pi_a \\[2mm] \dfrac{dy}{dT} = x_p - y^2, \end{array} \right\} \qquad (349)$$

da

$$x_p = x - \frac{\pi_m \mu}{\mu + x} + \pi_a. \qquad (350)$$

Die Turbinenwassermenge y_t ist:

bei vollständiger Entlastung . . . . $y_t = 0$,
bei Belastung auf konstante Vollwassermenge $y_t = 1$,
bei konstanter Volleistung . . . . $y_t = \dfrac{1-\beta}{1-\beta x_p}$. $\qquad (351)$

Unter 7.103 ist schon darauf hingewiesen, daß man zweckmäßig dafür sorgen sollte, daß in der Null-Lage Innen- und Außendruck sich ausgleichen. Dies bedeutet, daß in Gl. (346)

$$\frac{p_m}{\gamma} \frac{m}{m+z} = \frac{p_a}{\gamma}$$

gesetzt wird, woraus die entsprechende Ausgangsspiegellage

$$z = z_a = m\left(\frac{p_m}{p_a} - 1\right) \quad \text{bzw.} \quad x_a = \mu\left(\frac{\pi_m}{\pi_a} - 1\right). \qquad (352)$$

Besondere Wasserschloßanlagen 283

7.105 Schrittweise Lösungen

Differenzengleichungen. Zur Durchführung der schrittweisen Integration dienen (in adimensionaler Form) die Differenzengleichungen:

$$\Delta x = \varepsilon \Delta T (y_t - y), \tag{353}$$

$$\Delta y = \Delta T (x_p - y^2). \tag{354}$$

Der Vorgang der numerischen Integration ist schon wiederholt beschrieben worden, so daß hier nicht weiter darauf eingegangen zu werden braucht. Dagegen sollen die graphischen Integrationen im folgenden behandelt werden.

Graphische Integration für Belastungsvergrößerung. In Abb. 209 sind zunächst folgende Hilfslinien erforderlich: die Druckverlustkurve

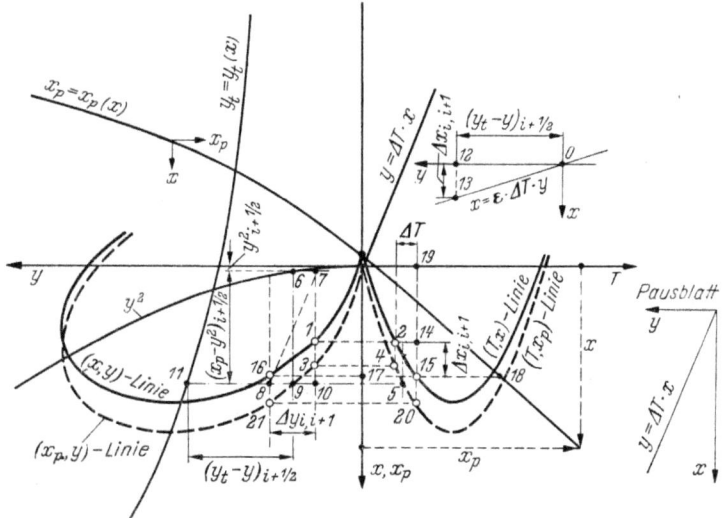

Abb. 209. Wasserschloß mit abgeschlossenem Luftraum. Belastungssteigerung auf konstante Leistung

$x = y^2$, die Verbrauchslinie $y_t = y_t(x)$ nach Gl. (351), die Schräge durch den Ursprung $y = \Delta T x$, das Strahlendiagramm $x = \varepsilon \Delta T y$ die Druckkennlinie $x_p = x_p(x)$ nach Gl. (350) und das schon bekannte Pausblatt[1].

Durch die bisherige Berechnung sind bekannt die Punkte *1*, *2*, *3* und *4*. Angenommen wird Punkt *5* der (T, x_p)-Linie in Intervallmitte und eine Horizontale hindurchgelegt. Mittels Pausblatt wird der Linien-

---

[1] Die bisher gezeigten graphischen Untersuchungen beruhten auf den tatsächlichen Parameterwerten. Sie können nach dem Muster von Abb. 209 aber leicht auf adimensionale Größen umgestellt werden, wo sich dies als wünschenswert zeigen sollte.

zug *6-7-8-9* so festgelegt, daß *6* und *9* in Intervallmitte lotrecht untereinander liegen. *8-10* $= \Delta y$ nach Gl. (354). *9-11* $= (y_t - y)_{i+\frac{1}{2}} =$ *0-12*. *12-13* $= \Delta x$ nach Gl. (353) $=$ *14-15*. Horizontale durch *15* und Lotrechte durch *8* geben in ihrem Schnittpunkt Punkt *16*. Waagerechte hierdurch liefert *17-18* $= x_p =$ *19-20*. Die Horizontale durch *20* liefert endlich Punkt *21*.

7.106 Geschlossene Formeln

Für einige Belastungsfälle lassen sich auch geschlossene Formeln angeben.

Differentialgleichung der Schwingung. In der schon bekannten Weise lassen sich die Gl. (342 u. 343) bei $F =$ konst. und isothermischer Zustandsänderung vereinigen zu:

$$\frac{d^2z}{dt} - \frac{\alpha g F}{f L}\left(\frac{dz}{dt}\right)^2 + \frac{2\alpha q g}{f L}\frac{dz}{dt} + z\frac{gf}{LF} -$$
$$- \frac{gf}{LF}\cdot\frac{p_m}{\gamma}\cdot\frac{m}{m+z} - \frac{1}{F}\frac{dq}{dt} - \frac{\alpha g q^2}{fLF} + \frac{p_a gf}{\gamma LF} = 0. \quad (355)$$

Verlustfreier Stollen, plötzliche vollständige Entlastung. Für $q = 0$ und $\alpha = 0$ vereinfacht sich Gl. (355):

$$\frac{d^2z}{dt^2} + z\frac{gf}{LF} - \frac{gf}{LF}\cdot\frac{p_m}{\gamma}\cdot\frac{m}{m+z} + \frac{p_a gf}{\gamma LF} = 0. \quad (356)$$

Von dieser Gleichung läßt sich mit der Substitution

$$-\psi(z) = z\frac{gf}{LF} - \frac{gf}{LF}\frac{p_m\, m}{\gamma(m+z)} + \frac{p_a gf}{\gamma LF}$$

eine erste Integration durchführen. Sie liefert

$$\frac{dz}{dt} = \sqrt{\frac{2gf}{LF}\cdot\left\{\frac{p_m}{\gamma} m \ln(m+z) - \frac{z^2}{2} - \frac{p_a}{\gamma} z\right\} + c_1}.$$

Für $t = 0$ ist $z = z_a$ (Ausgangsspiegellage) und $\frac{dz}{dt} = -v_0 \frac{f}{F}$, so daß die Konstante c_1 bestimmt werden kann und sich für den Extremwert von z, für den $\frac{dz}{dt} = 0$ ist, die Bestimmungsgleichung ergibt:

$$\frac{p_m}{\gamma} m \ln(m+z) - \frac{z^2}{2} - \frac{p_a}{\gamma} z - \frac{p_m}{\gamma} m \ln(m+z_a) +$$
$$+ \frac{z_0^2}{2} + \frac{p_a}{\gamma} z_a = -\frac{L f v_0^2}{2gF}. \quad (357)$$

Hierin bedeutet z_a die Anfangsspiegellage nach Gl. (336 u. 338) mit $n = 1$ und $h_0 = 0$:

$$z_a = -\frac{m + p_a/\gamma}{2} + \sqrt{\left[\frac{m + p_a/\gamma}{2}\right]^2 - m\left(\frac{p_a}{\gamma} - \frac{p_m}{\gamma}\right)}. \quad (358)$$

Gl. (357) liefert (nach probeweiser Auflösung) zwei Wurzeln z_{min} und z_{max} gemäß Abb. 210, deren Absolutwerte wegen der Wirkung des Zusatzdruckes, anders als beim gewöhnlichen Wasserschloß, nicht gleich sind. Die höchsten und tiefsten Drücke[1] errechnen sich aus Gl. (346) zu

$$z_{p\,{min \atop max}} = z_{min \atop max} - \frac{p_m}{\gamma} \cdot \frac{m}{m + z_{min \atop max}} + \frac{p_a}{\gamma}. \quad (359)$$

Verlustfreier Stollen, plötzliche vollständige Belastung $q = Q_0 =$ konst.
In diesem Fall ist in Gl. (355) zu setzen $q =$ konst., $dq/dt = 0$ und $\alpha = 0$.

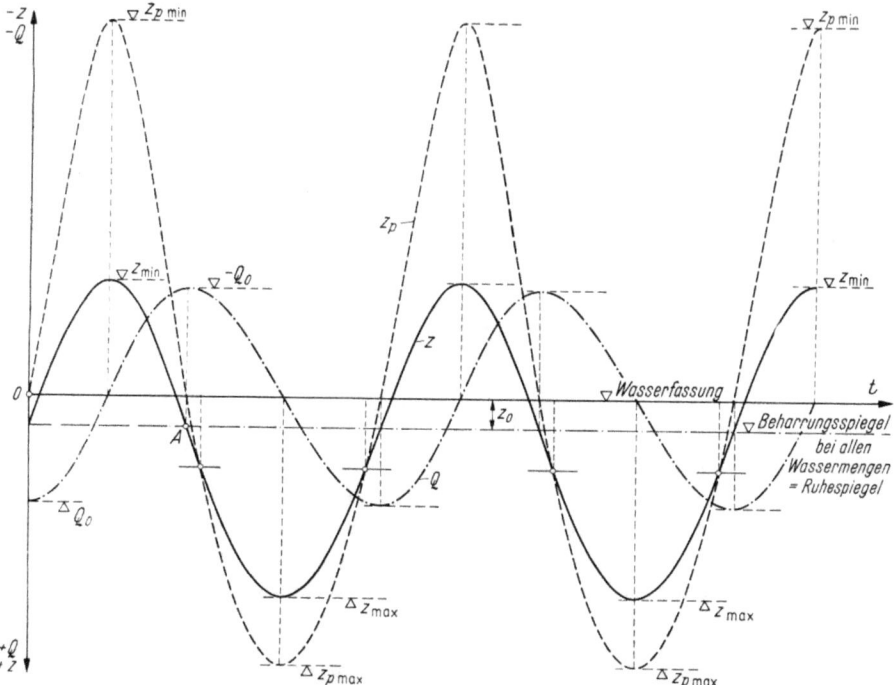

Abb. 210. Schwingungsverlauf im Wasserschloß mit abgeschlossenem Luftraum, plötzliche vollständige Entlastung, verlustloser Stollen

Damit erhält man wiederum Gl. (356), und das Schwingungsbild Abb. 210, das diesmal von Punkt A ausgeht.

Es sei erwähnt, daß sich Gl. (357) mit $z_a = 0$ und $p_m = p_a$ nach Durchführung einiger Grenzwertrechnungen in Gl. (131) überführen läßt.

---

[1] Die Zeiger „min" und „max" sind in Übereinstimmung mit der gewählten positiven Ordinatenrichtung gewählt. In Wirklichkeit ist $z_{p\,min}$ der absolut größte und $z_{p\,max}$ der absolut kleinste Druck in der Kammer.

Stollenverlust berücksichtigt, vollständige plötzliche Entlastung. In adimensionaler Schreibweise lautet mit $q = 0$ die Gl. (355) wie folgt:

$$\frac{d^2x}{dT^2} - \frac{1}{\varepsilon}\left(\frac{dx}{dT}\right)^2 + \varepsilon x - \varepsilon \frac{\pi_m \mu}{\mu + x} + \varepsilon \pi_a = 0. \qquad (360)$$

Mit der Substitution $\frac{dx}{dT} = \sqrt{\xi}$ hat man

$$\frac{d\xi}{dx} - \frac{2}{\varepsilon}\xi = -2\varepsilon x + \frac{2\pi_m \mu \varepsilon}{\mu + x} - 2\varepsilon \pi_a \qquad (361)$$

und weiterhin

$$\xi = e^{\frac{2}{\varepsilon}x}\left[\int\left(-2\varepsilon x + \frac{2\pi_m \mu \varepsilon}{\mu + x} - 2\varepsilon \pi_a\right)e^{-\frac{2}{\varepsilon}x}dx + C\right].$$

Nach einigen Zwischenrechnungen und nach Konstantenbestimmung erhält man zur (probeweisen) Bestimmung von x_{min} die Beziehung:

$$\frac{\varepsilon}{2}\left[e^{-\frac{2x_{min}}{\varepsilon}}\left(\frac{2x_{min}}{\varepsilon} + 1\right) - e^{-\frac{2x_a}{\varepsilon}}\left(\frac{2x_a}{\varepsilon} + 1\right)\right] +$$

$$+ \frac{2\pi_m \mu}{\varepsilon}\cdot e^{\frac{2\mu}{\varepsilon}}\left[\overline{Ei}\left(-\frac{2(\mu + x_{min})}{\varepsilon}\right) - \overline{Ei}\left(-\frac{2(\mu + x_a)}{\varepsilon}\right)\right] + \qquad (362)$$

$$+ \pi_a\left[e^{-\frac{2x_{min}}{\varepsilon}} - e^{-\frac{2x_a}{\varepsilon}}\right] + e^{-\frac{2x_a}{\varepsilon}} = 0.$$

Hierin bedeutet x_a die Höhenlage des Ausgangs-Beharrungsspiegels, die, für $n = 1$, aus den Gl. (340 u. 341) gefunden werden kann.

Die entwickelten Formeln[1] (357 u. 362) sind relativ kompliziert zu lösen, so daß in den meisten Fällen z. B. eine graphische Integration nicht zeitraubender ist und noch dazu den vollständigen Schwingungsverlauf liefert.

7.107 Wasserschloß im Unterwasser

Abb. 211 zeigt die Anwendung des geschlossenen Wasserschlosses im Unterwasser. Hierfür gelten die Differenzengleichungen:

$$\Delta z = \frac{\Delta t}{F}(Q - q), \qquad (363)$$

$$\Delta v = \frac{g\Delta t}{L}\left(-z + \frac{p_i}{\gamma} - \frac{p_e}{\gamma} - \alpha v^2\right) = \frac{g\Delta t}{L}(-z_p - \alpha v^2), \qquad (364)$$

---

[1] Zur Bestimmung der $\overline{Ei}$-Funktion werden zweckmäßig die Tafeln von JAHNKE und EMDE oder die von TÖLKE herangezogen. Da die Argumente stets negativ sind, sind diesen statt der $\overline{Ei}$-Werte die Ei-Werte zu entnehmen.

7.108 Einfluß einer Drosselung

Ist zwischen Stollen und Wasserschloß ein Drosselwiderstand eingeschaltet, so ändern sich die Beschleunigungsgleichungen in der Weise, daß der Widerstandsdruck hinzukommt.

Wasserschloß im Oberwasser:

$$\Delta v = \frac{g}{L} \Delta t \left(z - \frac{p_i}{\gamma} + \frac{p_a}{\gamma} - \alpha v^2 + k \right) = \frac{g}{L} \Delta t (z_p + k - \alpha v^2), \quad (365)$$

Wasserschloß im Unterwasser:

$$\Delta v = \frac{g}{L} \Delta t \left(-z + \frac{p_i}{\gamma} - \frac{p_a}{\gamma} - \alpha v^2 - k \right)$$
$$= \frac{g}{L} \Delta t (-z_p - k - \alpha v^2). \quad (366)$$

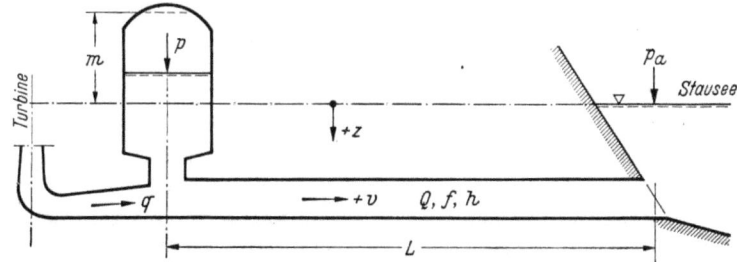

Abb. 211. Wasserschloß mit abgeschlossenem Luftraum im Unterwasser

7.109 Zusammenfassung

Über den Wert der Wasserschlösser mit abgeschlossenem Luftraum kann allgemein folgendes gesagt werden:

Um widersinnige Zusatzdrücke zu vermeiden, muß mit Hilfe einer besonderen Einrichtung (Druckausgleichleitung) für die Null-Lage des Spiegels annähernd der Atmosphärendruck im Wasserschloßraum hergestellt werden.

Die Zusatzwirkung des Luftdruckes verstärkt die Druckamplituden des normal belüfteten Wasserschlosses, was bei konstanter Leistungsentnahme eine verstärkte Reglertätigkeit bedingt und, wie später noch gezeigt wird, in allen Fällen die Stabilitätsverhältnisse verschlechtert.

Die Schwingungsweiten werden verkürzt.

Bei aufschwingendem Spiegel hängt die Druckerhöhung stark vom verfügbaren Luftraum ab. Man muß das Wasserschloß daher stets hoch genug machen (das Maß m in Abb. 208). Eine Ausbruchersparnis kann durch das geschlossene Wasserschloß nicht erzielt werden; eher ist das Gegenteil der Fall, auch wenn man die Ersparnis durch den Fortfall eines Luftschachtes berücksichtigt.

Besondere Vorsicht ist bei stark schwankendem Stauseespiegel geboten. Hier wird ein ständiges „Nachstellen" des Luftdruckes nicht zu umgehen sein und die Werksbedienung erschweren, ganz abgesehen davon, daß durch die erforderliche Fernmessung des Luftdruckes zusätzliche Fehlerquellen auftreten.

Zusammenfassend ist also festzustellen, daß die im allgemeinen ablehnende Beurteilung von windkesselähnlichen Wasserschlössern, die in der Praxis hier und dort laut wird, berechtigt ist und geschlossene Wasserschlösser nur dort in Betracht gezogen werden sollten, wo die Belüftung wirklich auf unüberwindliche Hindernisse stößt.

C. Stabilität des Wasserschlosses
1. Allgemeines

Unter A. 2 sind für die Bemessung eines Wasserschlosses zwei Hauptforderungen aufgestellt:

Die Schwingungsausschläge nach bestimmten Belastungsänderungen müssen in tragbaren, d. h. konstruktiv und wirtschaftlich beherrschbaren Grenzen bleiben und die Schwingungen müssen gedämpft verlaufen, d. h., das Wasserschloß muß stabil sein. — Mit der letztgenannten Forderung befassen sich die folgenden Ausführungen.

Eine Anfachung der Schwingungen im Wasserschloß kann als Folge von periodischen Laständerungen auftreten oder als Folge der Tätigkeit automatischer Turbinenregler, die — bei entsprechender Anforderung des Netzes — eine konstante Leistungsentnahme bewirken.

Die Frage der periodischen Laständerungen (rhythmische Belastung und Entlastung) ist unter B. 2.3 und 4.10 behandelt. Sie fällt nicht unter das Stabilitätsproblem, sondern unter die Ermittlung der zu erwartenden ungünstigen Schwingungsweiten, weil eine derartige Schwingungsanfachung auch bei einem an sich „stabilen" Wasserschloß und unter Bedingungen eintreten kann, die sonst überhaupt keine Stabilitätsstörung herbeiführen (z. B. bei konstanter Wasserentnahme). Im übrigen ist in solchen Fällen das Anwachsen der Schwingungsausschläge zeitlich begrenzt: nach Aufhören der periodischen Lastwechsel muß die Schwingung im „stabilen" Wasserschloß wieder gedämpft verlaufen. Es geht hier also zunächst nur darum, das Wasserschloß so auszugestalten, daß die denkbaren Größtausschläge beherrscht werden.

Das Problem der Wasserschloßstabilität setzt voraus, daß der Regler mit abnehmender Fallhöhe öffnet und mit zunehmender schließt (gegensinnige Änderung von Wasserverbrauch und Fallhöhe). Dies ist der Fall bei einem automatischen Turbinenregler, der bestrebt ist, die entnommene Leistung in der Weise konstant zu halten, daß er jede Drehzahl- oder Frequenzänderung im Netz mit einer gegensinnigen Bewegung des Leitapparates oder der Düsennadel beantwortet.

Geht dieser Reguliervorgang so vor sich, daß das Netz eine bestimmte konstante Leistung verlangt und der Regler so arbeitet, daß er zur Erfüllung dieser Forderung das Produkt QH bzw. ηQH konstant hält, so spricht man von *idealer Regelung* und von einem *idealen Regler*.

Wird nun bei einer solchen „ideal" geregelten Wasserkraftanlage die entnommene Leistung, d. h. das Produkt QH vergrößert und dann konstant gehalten, dann äußert sich dies primär in einer sofortigen Erhöhung der entnommenen Wassermenge. Dies wiederum führt zu einem Absinken des Wasserspiegels im Wasserschloß, wodurch der Faktor H abnimmt. Dies muß, da (QH) konstant bleiben soll, durch eine vermehrte Öffnung des Reglers ausgeglichen werden. Hierin ist ein Anfachungsmoment zu erblicken, das eine Verstärkung der Schwingung mit sich bringt. Zunächst wird also mindestens der maximale Schwingungsausschlag vergrößert. Ist er erreicht, d. h. der Stolleninhalt ausreichend beschleunigt, dann setzt die Aufwärtsbewegung ein, deren Ursache die über den Sollwert hinausgehende Beschleunigung ist. Auch in diesem Stadium wirkt sich das Arbeiten des idealen Reglers anfachend aus, weil mit dem Ansteigen der Fallhöhe auch entsprechend weniger Wasser benötigt wird. Das Wasserschloß hat nicht nur den Wasserüberschuß aus dem Stollen wegen der fortschreitenden Massenbeschleunigung aufzunehmen, sondern der Wasserverbrauch selbst wird laufend geringer.

Vorweg sei gleich erwähnt, daß eine Schwingungsanfachung nicht allein an die Bedingung $QH =$ konst. gebunden ist. Auch ein mit abnehmender Fallhöhe linear ansteigender Wasserverbrauch kann hierzu führen. Ferner sei auch gesagt, daß unter bestimmten Voraussetzungen überhaupt kein Wiederaufschwingen des Wasserschloßspiegels mehr eintritt (aperiodische Bewegungsform).

Die beschriebenen Erscheinungen wurden im praktischen Kraftwerksbetrieb 1908 beim Heimbachkraftwerk beobachtet. Sie waren der Anlaß zu der klassischen Arbeit von THOMA (1910), die u. a. die Erkenntnis brachte, daß das Wasserschloß einen bestimmten Mindestquerschnitt haben muß, wenn stehende oder angefachte Schwingungen und damit schwere betriebliche Störungen vermieden werden sollen.

THOMA hat sich bei der Untersuchung des Stabilitätsproblems der Theorie der kleinen Schwingungen bedient, eines Verfahrens, das auch in der Folgezeit (VOGT u. a.) beibehalten worden ist.

SCHÜLLER (1926) hat die Frage endlicher Schwingungsweiten aufgegriffen, weil es zweifelhaft erschien, ob die von THOMA gemachten vereinfachenden Annahmen für große Schwingungsweiten noch zulässig sind.

Die außergewöhnlichen mathematischen Schwierigkeiten in der Behandlung des Problems führten schließlich FRANK (d) zu einer systematischen Untersuchung der Stabilität bei endlichen Schwingungsweiten mit Hilfe graphischer Integrationen. Hierbei zeigte sich unter anderem, daß — bis auf unwesentliche Abweichungen — die Theorie der kleinen Schwingungen, wie sie seit THOMA angewandt worden war, in einem für die Praxis vorwiegend interessanten Bereich durchaus brauchbar ist. Eine analytische Bestätigung dieser Feststellung brachten später Arbeiten von JAEGER (c) und von EVANGELISTI (e).

Zunächst beziehen sich alle diese Arbeiten auf den Fall des isolierten Betriebes mit idealem Regler, des masse- und verlustlosen Wasserschlosses (ungedrosseltes Wasserschloß) und der masse- und verlustlosen Druckrohrleitung. Die Veränderlichkeit des Wirkungsgrades, gewisse mechanische Eigenschaften des Reglers, der Einfluß der Zusammenarbeit mit anderen Kraftwerken und ähnliche Einflüsse wurden nebenher von THOMA, VOGT, CALAME u. GADEN, EVANGELISTI u. a. für den Fall kleiner Schwingungen studiert. Ein weiteres Feld bot sich in der Stabilitätsuntersuchung für besondere Wasserschloßanordnungen, wobei die Namen VOGT, GHETTI, EVANGELISTI, ESCANDE zu nennen sind.

Im großen und ganzen kann man sagen, daß für das *ungedrosselte Wasserschloß* und den idealen Regler das Studium der Stabilitätsverhältnisse zu einem gewissen Abschluß gekommen ist, der sich wie folgt umschreiben läßt:

Nach der Theorie der kleinen Schwingungen sind die meisten der praktisch im Gebrauch befindlichen Wasserschloßformen untersucht. Die Frage der endlichen Schwingungsweiten ist für das ideale Schema klargestellt in dem Sinne, daß in einem weiten praktisch interessierenden Bereich die Theorie der kleinen Schwingungen ausreicht; wo bestimmte Fälle außerhalb desselben liegen, müssen numerische oder graphische Integrationen durchgeführt werden, sofern es sich um Wasserschloßformen handelt, die aus dem einfachen Schema des ungedrosselten Schachtwasserschlosses herausfallen.

Für das *gedrosselte Wasserschloß* liegen die Verhältnisse zur Zeit noch anders. Zwar läßt sich zeigen, daß nach der Theorie der kleinen Schwingungen der Drosselwiderstand keine Rolle spielt und somit grundsätzlich die Ergebnisse für das ungedrosselte Wasserschloß gelten. Indessen ist anzunehmen, daß der Widerstand dann wieder ins Spiel tritt, wenn sich die „kleine" Störung zu einer solchen mit endlichem Ausschlag ausgeweitet hat. Gewisse diesbezügliche Untersuchungen gehen auf VOGT zurück und in neuerer Zeit auf ESCANDE (f) und ZIENKIEWICZ. Systematische Untersuchungen für endliche Störungen, wie sie beim ungedrosselten Wasserschloß vorliegen, fehlen vor der Hand noch. Im übrigen wird eine Komplikation in derartigen Untersuchungen nicht nur durch den zusätzlichen Parameter Drosselwiderstand herbeigeführt, sondern auch noch dadurch, daß sich ein Drosselwiderstand je nach der Durchflußrichtung hydraulisch anders verhält („unsymmetrische Wirkung").

Ein völlig neuer Aspekt hat sich in der Stabilitätsforschung durch die Untersuchungen von EVANGELISTI ergeben, nach denen ein enger Zusammenhang zwischen der Wasserschloßstabilität, dem Mechanismus des Turbinenreglers und den Eigenschaften des Versorgungsnetzes besteht. Aus der Regeltechnik ergibt sich, daß der allen früheren Betrachtungen zugrunde gelegte „ideale Regler" in Wirklichkeit nicht existiert, die Forderung genau konstanter Leistung nur angenähert und mit Verzögerung erfüllbar ist und auch die Selbstregelung des gesamten hydraulischen, mechanischen und elektrischen Systems in Erscheinung tritt.

In Italien hat man Modellversuche zur Erhärtung dieser neuen Theorie unternommen [GHETTI (b, c)], jedoch sind hier die Dinge noch im Fluß. — Für die praktische Entwurfsarbeit darf aber festgestellt werden, daß die erwähnten Umstände im allgemeinen eine Verbesserung der Stabilitätsverhältnisse mit sich bringen oder sich günstige und ungünstige Einflüsse ausgleichen. Damit ist es möglich, ein Wasserschloß auch weiterhin unter Voraussetzung des „idealen" Reglers stabil zu entwerfen, was um so wichtiger ist, als z. B. die Einzeldaten des Reglers erst nach der Vergabe der Maschinen verfügbar sein können, zu einer Zeit also, wo über System, Dimensionen und Ausführung des Wasserschlosses oft schon entschieden ist. — Trotzdem wird man aber diese Dinge nicht aus den Augen verlieren dürfen und dort, wo man sich im Grenzbereich zu befinden glaubt, später Nachprüfungen vornehmen müssen.

2. Ungedrosseltes Wasserschloß
2.1 Kleine Schwingungen
2.11 Allgemeine Lösung

Das erstmalig von THOMA verwandte Untersuchungsverfahren geht von einer kleinen Gleichgewichtsstörung in der Nähe des Beharrungszustandes aus, die durch die (kleinen) Abweichungen der Spiegellage $\varDelta z$ und des Verbrauches $\varDelta q$ von den Beharrungswerten gekennzeichnet ist. Vernachlässigt man, was bei den gemachten Voraussetzungen zulässig ist, kleine Glieder zweiten und höheren Grades, so lassen sich die Schwingungsgleichungen (Beschleunigungs-, Kontinuitäts- und Reglergleichung) auf eine lineare homogene Differentialgleichung mit konstanten Koeffizienten bringen von der Form:

$$C_0 \frac{d^n \varDelta z}{dt^n} + C_1 \frac{d^{n-1} \varDelta z}{dt^{n-1}} + \cdots + C_{n-1} \frac{d \varDelta z}{dt} + C_n \varDelta z = 0, \quad (367)$$

worin t die Zeit und $C_0 \ldots C_n$ konstante Koeffizienten sind.

Die allgemeine Lösung einer solchen Gleichung lautet
$$\Delta z = \sum a\, e^{pt}, \qquad (368)$$
worin a eine in erster Linie von den Anfangsbedingungen abhängige Konstante und p die Wurzel der *charakteristischen Gleichung* bedeuten. — Diese charakteristische Gleichung ergibt sich aus Gl. (367), wenn man dort die operativen Symbole d/dt, d^2/dt^2, ... durch p, p^2, ... ersetzt. Sie hat daher die Form:
$$C_0 p^n + C_1 p^{n-1} + \cdots + C_{n-1} p + C_n = 0. \qquad (369)$$
Die durch Gl. (367) beschriebene Schwingung verläuft nun *gedämpft*, wenn die konstanten Koeffizienten $C_0, C_1, \ldots C_{n-1}, C_n$ positiv sind:
$$C_0 > 0; \quad C_1 > 0; \ldots; C_{n-1} > 0; \quad C_n > 0. \qquad (370)$$
Hierzu kommt als weitere Stabilitätsbedingung die von HURWITZ. Sie lautet für
$$\left.\begin{array}{l} n = 4 \quad (C_1 C_2 - C_0 C_3) C_3 - C_1^2 C_4 > 0, \\ n = 3 \quad C_1 C_2 - C_0 C_3 > 0, \\ n = 2 \quad C_1 C_2 > 0. \end{array}\right\} \qquad (371)$$
Für $n = 2$ ist die Bedingung Gl. (371) bereits in (370) ausgedrückt.

2.12 Stabilität des klassischen Systems

Die Untersuchung für das (seit THOMA) klassische Schema sei im folgenden als Beispiel für derartige Untersuchungen näher erläutert[1] (Abb. 212).

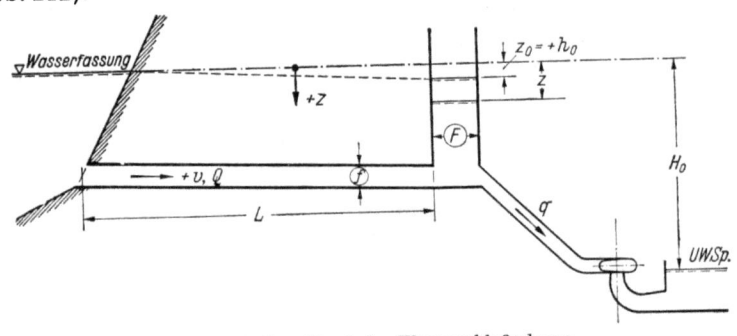

Abb. 212. Das klassische Wasserschloßschema

Die Grundgleichungen sind bereits bekannt. Sie werden nochmals angeschrieben wie folgt:
$$\frac{dz}{dt} = \frac{q - v f}{F}, \qquad (372)$$
$$\frac{dv}{dt} = \frac{g}{L}(z - \alpha v^2). \qquad (373)$$

---

[1] Bei den weiterhin folgenden Fällen wollen wir uns auf eine globale Darstellung der Ergebnisse beschränken.

Hinzu kommt die Reglergleichung
$$q(H_0 - z) = Q_0(H_0 - z_0), \qquad (374)$$
die den Wasserverbrauch festlegt. Vorausgesetzt ist eine verlust- und masselose Druckrohrleitung und der ideale Regler. Ferner setzt Gl. (374) konstanten Wirkungsgrad und isolierten Kraftwerksbetrieb voraus.

An dem durch $z_0 = +h_0$, $t = 0$, $q = Q_0$, $v = v_0$ gekennzeichneten Beharrungszustand trete eine kleine Störung so ein, daß sich
$$z_0 \text{ in } z_0 + \Delta z, \quad q \text{ in } Q_0 + \Delta q, \quad v_0 \text{ in } v_0 + \Delta v$$
ändern. Dann ist:
$$\frac{dz}{dt} = \frac{d\Delta z}{dt}, \quad \frac{dv}{dt} = \frac{d\Delta v}{dt}, \quad vf = Q_0 + \Delta vf, \quad q - vf = \Delta q - \Delta vf,$$
$$v^2 = (v_0 + \Delta v)^2 \cong v_0^2 + 2v_0 \Delta v, \quad \alpha v^2 = \alpha(v_0^2 + 2v_0 \Delta v) = z_0 + 2v_0 \Delta v \alpha.$$
Damit ändern sich die Gl. (372 bis 374) wie folgt:
$$\frac{d\Delta z}{dt} = \frac{\Delta q - \Delta vf}{F}, \qquad (375)$$
$$\frac{d\Delta v}{dt} = \frac{g}{L}(\Delta z - 2\alpha v_0 \Delta v), \qquad (376)$$
$$-Q_0 \Delta z + \Delta q H_0 - \Delta q z_0 = 0. \qquad (377)$$
Aus diesen Gleichungen gewinnen wir nach Elimination von v und q:
$$\frac{LF}{gf} \frac{d^2 \Delta z}{dt^2} + \left\{\frac{2z_0 F}{fv_0} - \frac{Lv_0}{g(H_0 - z_0)}\right\} \frac{d\Delta z}{dt} + \frac{H_0 - 3z_0}{H_0 - z_0} \Delta z = 0. \quad (378)$$

Ein Vergleich von (378 mit 367 u. 369) ergibt, daß es sich um eine quadratische charakteristische Gleichung
$$C_0 p^2 + C_1 p + C_2 = 0$$
handelt mit den konstanten Koeffizienten
$$C_0 = \frac{LF}{gf}, \quad C_1 = \frac{2z_0 F}{fv_0} - \frac{Lv_0}{g(H_0 - z_0)}, \quad C_2 = \frac{H_0 - 3z_0}{H_0 - z_0}. \quad (379)$$
Die Stabilitätsbedingungen lauten somit nach Gl. (370):
$$\frac{LF}{gf} > 0,$$
was stets der Fall ist,
$$\frac{2z_0 F}{fv_0} - \frac{Lv_0}{g(H_0 - z_0)} > 0,$$
woraus mit
$$\frac{z_0}{v_0^2} = \frac{h_0}{v_0^2} = \alpha,$$
$$F > \frac{Lf}{2g\alpha(H_0 - h_0)}, \qquad (380)$$
ferner
$$\frac{H_0 - 3z_0}{H_0 - z_0} > 0,$$

woraus, was bei praktischen Anlagen stets zutrifft,

$$z_0 < \frac{H_0}{3}. \tag{381}$$

Der Grenzquerschnitt
$$F_{\text{Th}} = \frac{L f}{2 g \alpha (H_0 - h_0)} \tag{382}$$

wird mit „THOMA-Querschnitt" bezeichnet und entspricht dem Grenzfall der stehenden Schwingung.

Gl. (382) wird mitunter auch in der Form angeschrieben
$$F_{\text{Th}} = \frac{L f v_0^2}{2 g h_0 (H_0 - h_0)} = \frac{L Q_0^2}{2 g f h_0 H_{n0}}. \tag{383}$$

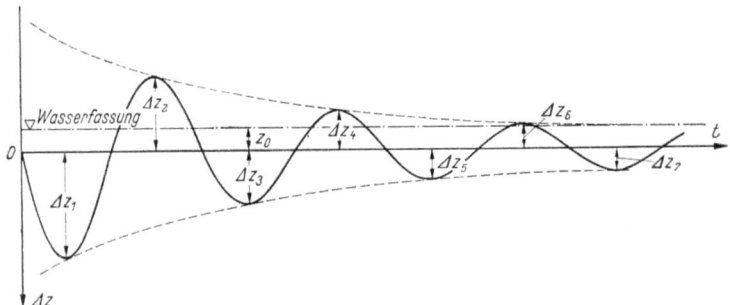

Abb. 213. Schwingungsdämpfung

Bei Verwendung der VOGTschen dimensionslosen Bezeichnungsweise lauten die vorstehenden Gleichungen

$$\beta < \tfrac{1}{3}, \tag{384}$$

$$\varepsilon_{\text{Th}} = \frac{2(1-\beta)}{\beta}. \tag{385}$$

Der Dämpfungsgrad läßt sich nach der Theorie der kleinen Schwingungen durch das logarithmische Dekrement ε^* angeben. Es ist (Abb. 213).

$$\left.\begin{array}{l}\varepsilon^* = \ln|\Delta z_1| - \ln|\Delta z_3| = \ln|\Delta z_2| - \ln|\Delta z_4|, \\ \text{allgemein} \quad \varepsilon^* = \ln|\Delta z_i| - \ln|\Delta z_{i+2}|.\end{array}\right\} \tag{386}$$

Für den behandelten klassischen Fall ist

$$\varepsilon^* = \frac{\pi}{2} \frac{2(1-\beta) - \beta\varepsilon}{\sqrt{\varepsilon(1-\beta)(1-3\beta)}}. \tag{387}$$

Setzt man hierin ε nach Gl. (385) ein, so erhält man $\varepsilon^* = 0$, also die stehende Schwingung.

Von Interesse ist ferner noch die Schwingungsdauer

$$T^* = 2\pi \sqrt{\frac{LF}{gf}} \sqrt{\frac{1-\beta}{1-3\beta}}. \tag{388}$$

Für den Fall konstanter Wasserentnahme ($q = $ konst., $H_0 = \infty, \beta = 0$) reduziert sich diese Formel auf Gl. (132).

THOMA hat bei seinen Stabilitätsuntersuchungen zwei weitere Grenzwerte der Wasserschloßfläche festgestellt. Es sind dies die Grenzwerte für die aperiodischen Schwingungsformen. Nimmt die Kennziffer ε von ε_{Th} gemäß Gl. (385) ausgehend immer mehr ab (d. h. die Wasserschloßfläche entsprechend immer mehr zu), so wird die Dämpfung immer besser, bis schließlich mit dem Erreichen von

$$\varepsilon' = \frac{2(1-\beta)}{(1-2\beta) + \sqrt{(1-\beta)(1-3\beta)}} \tag{389}$$

überhaupt keine Schwingung mehr eintritt und die neue Gleichgewichtslage aperiodisch erreicht wird.

Läßt man dagegen ε immer weiter wachsen, d. h. F entsprechend abnehmen, so wird schließlich ein zweiter Grenzwert $\varepsilon'' > \varepsilon_{Th}$ erreicht, bei dem — nach der Theorie der kleinen Schwingungen — wiederum ein aperiodischer Fall, nämlich der des sofortigen Zusammenbruchs des Systems, eintritt. Im praktisch interessierenden Bereich treffen aber hierfür die getroffenen Vereinfachungen nicht mehr zu. Wir brauchen daher an dieser Stelle keine Formel für ε'' anzugeben.

Aus der Gl. (383)

$$F_{Th} = \frac{L f v_0^2}{2 g h_0 (H_0 - h_0)}$$

ist erkennbar, daß der Minimalquerschnitt um so kleiner wird, je größer h_0 ist. Andererseits wird dann aber $(H_0 - h_0)$ kleiner, wenn auch nicht in einem solchen Maß, daß damit der günstige Einfluß der Änderung von h_0 zunichte würde. Bei einem unter dem Wasserschloß in unverändertem Profil durchlaufenden Stollen mit einer Verbindungsleitung nach diesem glaubte man ein Mittel zur besonders wirksamen Reduktion des Minimalquerschnittes gefunden zu haben: bei dieser Anordnung liegt der Druckhorizont am Stollenende nicht nur um den Betrag der eigentlichen Verluste im Stollen tiefer als die Wasserfassung, sondern zusätzlich um (nahezu) die volle Geschwindigkeitshöhe des Wassers, ohne daß gleichzeitig der letztgenannte Betrag als Verlust an den Turbinen zu buchen wäre, weil er ja, bei entsprechender Formung der Übergänge, wieder zurückgewonnen wird. Soll h_0 die reinen Stollenverluste (ohne Geschwindigkeitshöhe) bezeichnen (Eintritt, Reibung, Krümmer und sonstige örtliche Verluste) und $v_0^2/2g$ die Geschwindigkeitshöhe des Wassers unter dem Wasserschloß, so erscheint in Gl. (383) statt des Produktes $h_0(H_0 - h_0)$ das neue Produkt $(h_0 + v_0^2/2g)(H_0 - h_0)$, was besonders bei kleinen h_0-Werten eine sehr wirksame Reduktion des Wasserschloßquerschnittes bringt. Die weitere Verfolgung dieses Gedankens hat schließlich zu dem *Venturi-Wasser-*

schloß geführt, bei dem der Stollen unter dem Wasserschloß nach Art des Venturirohres verengt wird, um so eine besonders große Geschwindigkeitshöhe zu ergeben. GARDEL hat nun die Frage näher untersucht, ob sich die Geschwindigkeitshöhe tatsächlich in der soeben skizzierten Weise auswirkt. Er ging dabei von seinen Versuchen über die Verluste in Rohrverzweigungen aus, über die wir schon unter B. 4.2 berichtet haben, und führte die Tangentenneigung der $(\zeta, Q_a/Q)$-Bezugskurve im Vollast-Beharrungspunkt in die Stabilitätsbetrachtung ein, ähnlich wie dies unter 2.15 bei Berücksichtigung des Turbinenwirkungsgrades geschehen wird. Er kommt so zu einer Näherungsformel, die in unserer Schreibweise und nach Vereinfachung lautet:

$$F_{\min} = \frac{L f v_0^2}{2 g h_0 (H_0 - h_0)} \cdot \frac{1}{1 + \frac{v_0^2/2g}{h_0} \left[c_1 \frac{h_0}{H_0 - h_0} + c_2 + c_3 \frac{v_0^2/2g}{H_0 - h_0} \right]}. \tag{390}$$

Hierin bedeutet h_0 den Stollenverlust ausschließlich Geschwindigkeitshöhe, $v_0^2/2g$ die Geschwindigkeitshöhe des Wassers im Stollen unter dem Wasserschloß; c_1, c_2 und c_3 sind Festwerte, die vom Flächenverhältnis $\varphi = f_a/f$ und dem Abzweigwinkel δ (Abb. 161) abhängen und die im Abschnitt B. 4.2 angeführten GARDELschen Formeln für ζ_a und ζ_d, Gl. (206), berücksichtigen. Es ist

$$c_1 = \frac{\varphi}{2} - 0{,}18 - 0{,}2 \left(1 + \frac{1}{\varphi}\right) \operatorname{ctg} \frac{\delta}{2},$$

$$c_2 = 0{,}475 + 0{,}1 \left(1 + \frac{1}{\varphi}\right) \operatorname{ctg} \frac{\delta}{2},$$

$$c_3 = 0{,}252 + 0{,}119 \varphi - \left(1 + \frac{1}{\varphi}\right) \operatorname{ctg} \frac{\delta}{2} \times$$

$$\times \left[0{,}422 - 0{,}075 \varphi - 0{,}03 \left(1 + \frac{1}{\varphi}\right) \operatorname{ctg} \frac{\delta}{2}\right].$$

Für den Sonderfall $\varphi = 1$ und $\delta = 90°$ (die Verbindungsleitung zum Wasserschloß hat den gleichen Querschnitt wie der Stollen und zweigt von diesem rechtwinklig ab) vereinfachen sich diese Gleichungen weiter. Der sich ergebende Ausdruck für $F_{\min}$ kann nach GARDEL durch die Näherungsformel ersetzt werden:

$$F_{\min} = \frac{L f v_0^2}{2 g h_0 (H_0 - h_0)} \cdot \frac{1}{1 + \frac{v_0^2/2g}{h_0} \left(0{,}7 - \frac{v_0^2/2g}{2(H_0 - h_0)}\right)}, \tag{391}$$

Sieht man von dem verhältnismäßig kleinen Glied $\frac{v_0^2/2g}{2(H_0 - h_0)}$ ab, so kann man auch angenähert schreiben

$$F_{\min} = \frac{L f v_0^2}{2 g (h_0 + 0{,}7 v_0^2/2g)(H_0 - h_0)},$$

d. h. die Geschwindigkeitshöhe wirkt sich in dem vorliegenden Sonderfall nicht voll, sondern nur etwa zu 70% aus.

2.13 Berücksichtigung der Druckrohrleitung

Wie EVANGELISTI (d) gezeigt hat, hängt die Stabilität auch von den Abmessungen und den hydraulischen Verhältnissen der Druckrohrleitung ab, selbst wenn die Druckstoßerscheinung außer acht gelassen wird und unendlich große Fortpflanzungsgeschwindigkeit der Druckwellen in gleicher Weise wie beim Druckstollen vorausgesetzt wird.

Zu den schon bekannten Gl. (372 u. 373) tritt noch die Beschleunigungsgleichung für die Druckrohrleitung (Abb. 102):

$$\frac{dv_d}{dt} = \frac{g}{L_d}[(z_d - z) - h_d]. \tag{392}$$

[Hierin ist z_d die Ordinate des Druckhorizontes an der Turbine, bezogen auf die Wasserfassungshöhe.] Außerdem ist die Reglergleichung (374) noch um den Druckverlust in der Rohrleitung zu erweitern.

Durch einen ähnlichen Vorgang wie er unter 2.12 durchgeführt worden ist, kommt man zu einer charakteristischen Gleichung 3. Grades von der Form

$$C_0 p^3 + C_1 p^2 + C_2 p + C_3 = 0.$$

Sie ist, nach EVANGELISTI, für die Mehrzahl der praktischen Fälle in zwei Gleichungen aufzuspalten:

$$C_0 p + C_1 = 0 \quad \text{und} \quad C_1 p^2 + C_2 p + C_3 = 0,$$

wobei die konstanten Koeffizienten der maßgebenden zweiten Gleichung den Beziehungen folgen:

$$C_1 = F\left\{\frac{L}{f}\left(1 - 2\frac{h_{d0}}{H_0 - h_0 - h_{d0}}\right) - 2\frac{L_d}{f_d}\frac{h_{d0}}{H_0 - h_0 - h_{d0}}\right\} > 0,$$

$$C_2 = \frac{2F h_0}{Q_0}\left(1 - \frac{h_{d0}}{H_0 - h_0 - h_{d0}}\right) - \frac{Q_0}{g(H_0 - h_0 - h_{d0})}\left(\frac{L}{f} + \frac{L_d}{f_d}\right) > 0,$$

$$C_3 = 1 - 2\frac{h_0 + h_{d0}}{H_0 - h_0 - h_{d0}} > 0.$$

Die zweite dieser Gleichungen liefert eine Beziehung für die Minimalfläche des Wasserschlosses

$$F_{\min} = F_{\text{Th}} \frac{1 + \frac{L_d f}{L f_d}}{1 - 3\frac{h_{d0}}{H_0 - h_0}}, \tag{393}$$

in der F_{Th} aus Gl. (382) einzuführen ist.

Die Gleichung für C_3 ergibt

$$\frac{h_0 + h_{d0}}{H_0} \leq \frac{1}{3} \tag{394}$$

analog Gl. (381).

Aus Gl. (393) ist erkennbar, daß der Einfluß der Druckrohrleitung den Minimalquerschnitt vergrößert. Ist die Druckrohrleitung im Vergleich zum Stollen kurz, so wird dies allerdings nicht sehr stark ins Gewicht fallen.

2.14 Wasserschloß im Unterwasser

Liegt das Wasserschloß gemäß Abb. 198 im Unterwasser (und ist im Oberwasser kein solches vorhanden, sondern freier Einlauf zur Rohrleitung), dann gelten die Gl. (380 bis 385 sowie 393 u. 394), wobei sich L, f, v, α und h_0 auf den Unterwasserstollen beziehen.

2.15 Einfluß des veränderlichen Wirkungsgrades

In Übereinstimmung mit den Grundannahmen der Theorie kleiner Schwingungen kann der Wirkungsgradverlauf gemäß den Abb. 214 durch die Kurventangenten für den Beharrungszustand dargestellt werden.

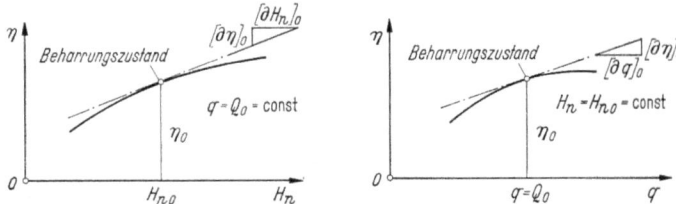

Abb. 214. Abhängigkeit des Wirkungsgrades von Fallhöhe und Wassermenge

Die Reglergleichung lautet wie folgt:

$$\eta_0 Q_0 (H_0 - z_0) = \eta q (H_0 - z) \qquad (395)$$

und führt mit F_{Th} nach Gl. (382) auf die Minimalfläche [EVANGELISTI (d)]

$$F_{min} = F_{Th} \cdot \frac{\eta_0 + [\partial \eta / \partial H_n]_0 (H_0 - h_0)}{\eta_0 + [\partial \eta / \partial q]_0 Q_0}. \qquad (396)$$

Die Wirkungsgradänderung beeinflußt den Mindestquerschnitt ungünstig, d. h. vergrößert ihn, wenn η mit sinkendem H_n ab- und mit steigendem q zunimmt.

2.16 Einfluß der Reglerstatik (Abb. 215)

Wird mit bleibender Reglerungleichförmigkeit (Statik) der Wert $\delta_\omega = \dfrac{n_1 - n_2}{n_0}$ bezeichnet und bedeuten $\delta_s = \lambda_0 \delta_\omega$ und $s = \left[\dfrac{dw}{d\omega}\right]_{\omega = 1}$, so wird der Minimalquerschnitt [EVANGELISTI (d)]

$$F_{min} = F_{Th} \frac{1 - \tfrac{1}{2} s \delta_s}{1 + s \delta_s}. \qquad (397)$$

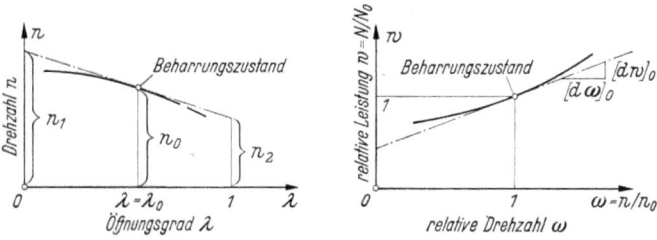

Abb. 215. Statik des Reglers und des elektrischen Teils

Da s nur wenig über 1 liegt und δ_ω nur wenige Prozent ausmachen kann, bringt Gl. (397) im allgemeinen nur eine geringe Verminderung von F_{Th}, so daß der Einfluß der Statik im allgemeinen unberücksichtigt bleiben kann.

2.2 Schwingungen mit endlicher Amplitude

2.21 Untersuchungen von FRANK

Die Grundgleichungen (372, 373 u. 374) lauten in adimensionaler Schreibweise:

$$\frac{dx}{dT} = \varepsilon(y_a - y), \qquad (398)$$

$$\frac{dy}{dT} = x - y^2, \qquad (399)$$

$$y_a = \frac{1-\beta}{1-\beta x}. \qquad (400)$$

Sie lassen sich durch Ausschaltung von T und y_a zu der Gleichung vereinigen:

$$\frac{dy}{dx} = \frac{1}{\varepsilon} \cdot \frac{x - y^2}{\dfrac{1-\beta}{1-\beta x} - y}. \qquad (401)$$

Diese Beziehung eignet sich besonders gut zur zeichnerischen Darstellung der (x, y)-Spirale, wozu das Verfahren von BRAUN bzw. CALAME und GADEN geeignet ist, wenn man als Ordinate statt x eine andere Relativgröße $\bar{x} = x/\sqrt{\varepsilon}$ einführt. Dann ist:

$$\frac{dy}{d\bar{x}} = \frac{\bar{x} - \dfrac{y^2}{\sqrt{\varepsilon}}}{\dfrac{1-\beta}{1-\beta\bar{x}\sqrt{\varepsilon}} - y}. \qquad (402)$$

Hierauf beruhen die systematischen zeichnerischen Stabilitätsuntersuchungen von FRANK (d), deren Ergebnisse im folgenden kurz wiederholt werden.

Aus den Abb. 104, 105 und 106 ist ersichtlich, daß der Verlauf der (v, z)- bzw. (x, y)-Spirale für den Schwingungscharakter kennzeichnend ist: rollt sich die Spirale ein, dann verlaufen die Schwingungen gedämpft, rollt sie sich auf, verlaufen diese angefacht[1], schließt sie sich, dann bilden sich stehende Schwingungen aus.

Für ein gegebenes $\varepsilon = \dfrac{L f v_0^2}{g F h_0^2}$ läßt sich nun durch Variieren von β jeweils die Stabilitätsgrenze ermitteln (Abbildungen 216 u. 217). Die Werte β_{Th} entsprechen dem THOMASchen Grenzfall gemäß Gleichung (385). Durch Interpolation läßt sich jenes β ermitteln, für das sich die Spirale schließt, d. h. nach einer vollen Schwingung zu ihrem Ausgangspunkt zurückkehrt.

Die Untersuchungen sind für $n = 0$ und $n = 0,5$ durchgeführt. In den Schwingungsfällen nach Art der Abb. 216 und 217 zeigt sich, daß sich in einem durch ε charakterisierten Wasserschloß mit veränderlichen β (d. h. veränderlichen Roh-Fallhöhen) der Über-

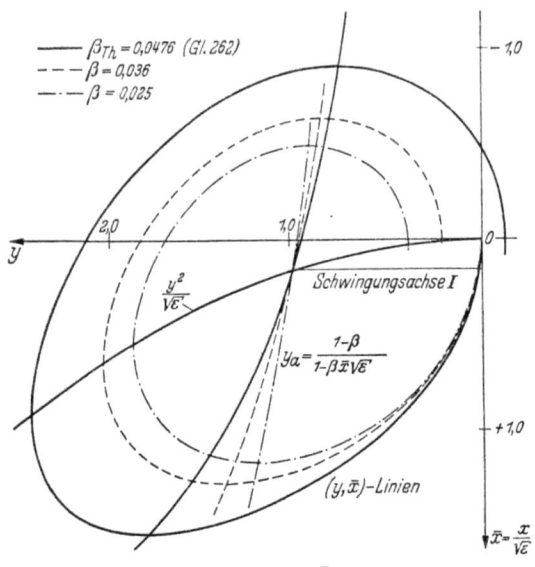

Abb. 216. Schwingungsbilder $(y, \bar{x})$ für $\varepsilon = 40$, $n = 0$, $\beta = 0,0476$, $0,036$, und $0,025$

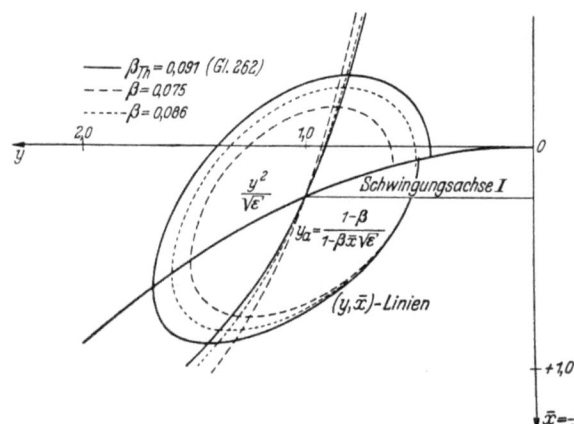

Abb. 217. Schwingungsbilder $(y, \bar{x})$ für $\varepsilon = 20$, $n = 0,5$, $\beta = 0,091$, $0,086$ und $0,075$

---

[1] Es sei besonders darauf hingewiesen, daß jede angefachte Schwingung, wenn sie sich ungestört entwickeln kann, d. h. das Schluckvermögen der Turbinen nicht begrenzt ist, zum Zusammenbruch des Systems führen muß. Geschieht dies nicht gleich nach der ersten Schwingung, dann erst später.

gang von der gedämpften zur angefachten Schwingung stets über die stehende Schwingung vollzieht.

Dies gilt aber nicht allgemein: unterschreitet die Wasserschloßkennziffer bei $n = 0$ bzw. $n = 0{,}5$ annähernd die Werte $\varepsilon = 22$ bzw. etwas mehr als 10, dann tritt bei einem ganz bestimmten β-Wert sofort der Zusammenbruch des Systems in der Weise ein, daß der Wasserspiegel nach unten durchschlägt und sich nicht mehr hebt. In diesen Fällen entsteht als Übergang auch keine stehende Schwingung. Die Verhältnisse sind in den Abb. 218 und 219 wiedergegeben.

In Abb. 218 für $n = 0$ führt $\beta = 0{,}134$ z. B. zu einer sehr stark gedämpften Schwingung, $\beta = 0{,}135$ aber schon zum Zusammenbruch. Ähnliches geht auch aus Abb. 219 für $n = 0{,}5$ hervor.

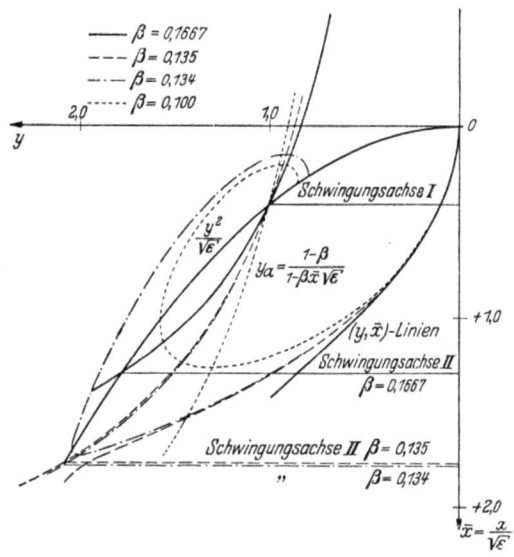

Abb. 218. Schwingungsbilder $(y, \bar{x})$ für $\varepsilon = 6$, $n = 0$, $\beta = 0{,}1667$, $0{,}135$, $0{,}134$ und $0{,}100$

Aus diesen Darstellungen ist auch der unmittelbare Anlaß des Zusammenbruches zu erkennen: das Durchschlagen der Schwingungsachse *II*. Die Schwingungsachsen *I* und *II* sind [SCHÜLLER (d)] definiert als Horizontale durch die beiden Schnittpunkte zwischen der Verlustparabel $y^2/\sqrt{\varepsilon}$ und der Verbrauchslinie y_a und stellen mögliche Gleichgewichtslagen dar. Gedämpfte oder angefachte Schwingungen spielen sich stets um die obere Schwingungsachse *I* ab; um Achse *II* sind Schwingungen überhaupt unmöglich

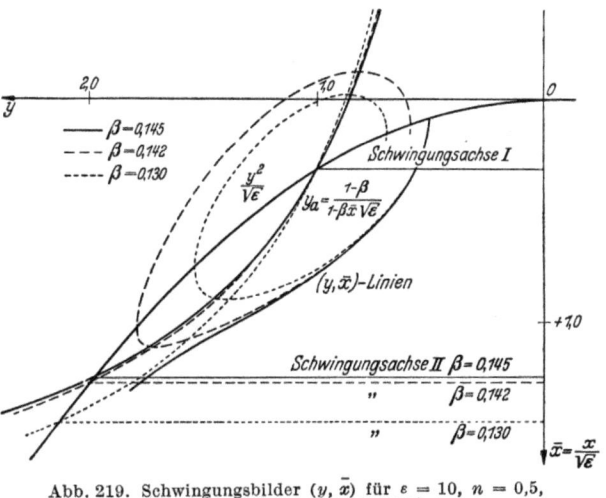

Abb. 219. Schwingungsbilder $(y, \bar{x})$ für $\varepsilon = 10$, $n = 0{,}5$, $\beta = 0{,}145$, $0{,}142$ und $0{,}130$

[SCHÜLLER (a)]. Aus diesen Tatsachen läßt sich der in Abb. 220 dargestellte Grenzfall konstruieren: die (v, z)- bzw. $(y\text{-}\bar{x})$-Linie schwingt nach einer Viertelperiode zur Schwingungsachse II ab und geht durch

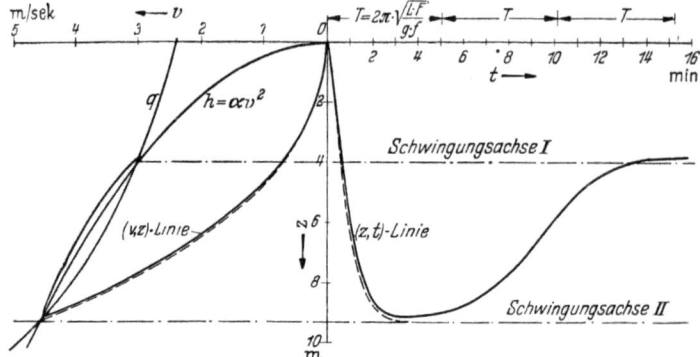

Abb. 220. Schwingungsverlauf für $\varepsilon = 2{,}5$ und $\beta = 0{,}205$

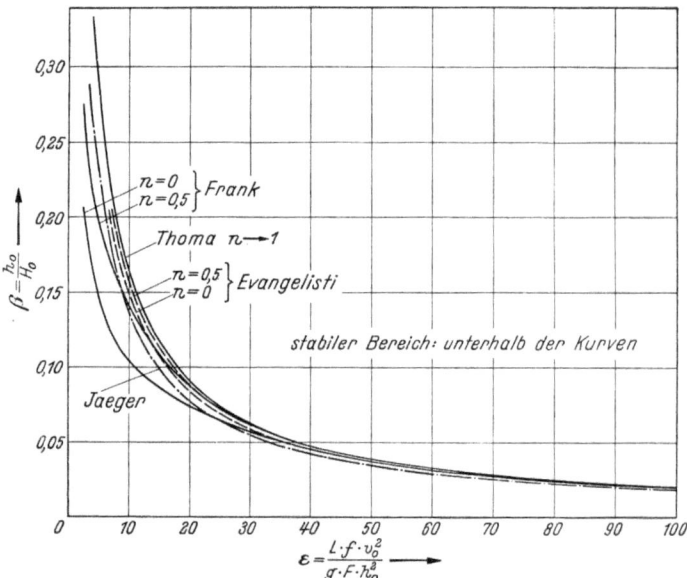

Abb. 221. Darstellung der Stabilitätsgrenzen nach THOMA, FRANK, JAEGER und EVANGELISTI

den Schnittpunkt der Verbrauchs- und der Verlustkurve, hat also hier einen Beharrungspunkt erreicht, den sie im labilen Gleichgewicht beibehält. Jede noch so kleine Änderung des β-Wertes würde entweder ein Aufschwingen zur oberen Schwingungsachse oder zum Zusammenbruch des Systems führen.

Tabelle 20. *Stabilitätsuntersuchungen von Frank*

n	ε	β_{Th}	$\beta_{gr} = \beta_F$	Bemerkungen
0	150	0,01316	0,01316	Stehende Schwingung bei THOMA-Querschnitt ($\beta_{gr} = \beta_{Th}$)
	100	0,0196	0,0196	Stehende Schwingung bei THOMA-Querschnitt ($\beta_{gr} = \beta_F$)
	70	0,0278	0,027	Stehende Schwingung für $\beta_{gr} = \beta_F = 0,027$
	40	0,0476	0,0454	Stehende Schwingung für $\beta_{gr} = \beta_F = 0,0454$
	22	0,0833	0,0702	Stehende Schwingung für $\beta_{gr} = \beta_F = 0,0702$
	22 > ε > 20			annähernde Grenze für die Möglichkeit stehender Schwingungen
	20	0,0910	0,0735	stehende Schwingungen unmöglich. Wenn $\beta > \beta_{gr}$, sofortiger Zusammenbruch des Systems
	10	0,1667	0,1045	wie vor
	6	0,250	0,134	wie vor
	2,5	—	0,205	wie vor
0,5	100	0,0196	0,0196	Stehende Schwingung bei THOMA-Querschnitt ($\beta_{gr} = \beta_{Th}$)
	70	0,0278	0,0282	Stehende Schwingung bei $\beta_{gr} = \beta_F = 0,0282$
	40	0,0476	0,0473	Stehende Schwingung bei $\beta_{gr} = \beta_F = 0,0473$
	20	0,0910	0,087	Stehende Schwingung bei $\beta_{gr} = \beta_F = 0,087$
	10 > ε > 20			annähernde Grenze für die Möglichkeit stehender Schwingungen
	10	0,1667	0,143	stehende Schwingung unmöglich. Wenn $\beta > \beta_{gr}$, sofortiger Zusammenbruch des Systems
	6	0,250	0,1815	wie vor
	2,5	—	0,275	wie vor

Die Ergebnisse der beschriebenen Untersuchungen sind in Tab. 20 zusammengestellt und in Abb. 221 mit dem Parameter n aufgetragen. Die THOMA-Kurve nach Gl. (385) ist als Grenzfall mit $n \to 1$ anzusehen. Ferner enthält die Abbildung auch die aus den analytischen Stabilitätsuntersuchungen von JAEGER (c) und EVANGELISTI (e) gewonnenen Kurven.

Der Dämpfungsgrad ξ der Belastungsschwingung ist von SCHREIBER mit Hilfe von graphischen Untersuchungen studiert worden. Darunter

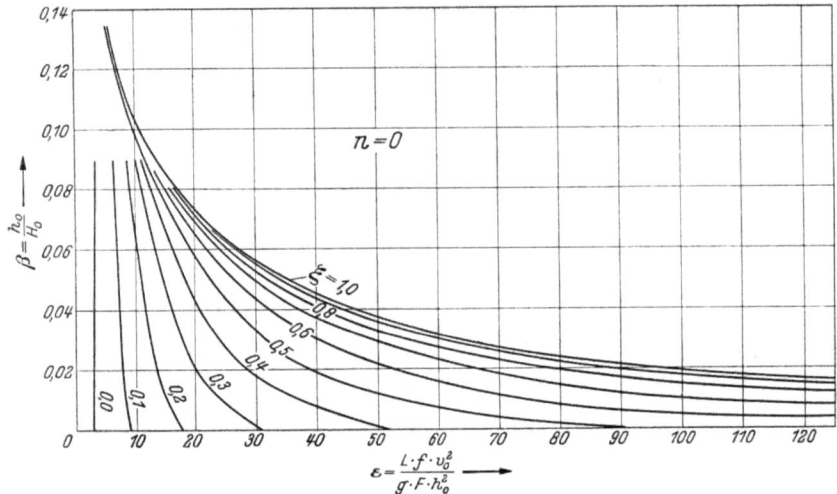

Abb. 222. Dämpfung bei $n = 0$ (nach SCHREIBER)

ist das Verhältnis des Abstandes des zweiten Tiefpunktes von der Vollast-Beharrungsspiegelhöhe zu dem des ersten zu verstehen. Ist der erste Ausschlag nach unten z_{max} und der zweite z_2, so gilt

$$\xi = \frac{z_2 - h_0}{z_{max} - h_0}.$$

Die Abb. 222 und 223 geben für $n = 0$ und $n = 0{,}5$ die ξ-Werte in Abhängigkeit von ε und β an. Die Kurven $\xi = 1$ (stehende Schwingung) decken sich mit den entsprechenden Kurven der Abb. 221. Mit den genannten Abbildungen ist man in der Lage, für ein bestimmtes vorliegendes β das zugehörige ε und damit die Wasserschloßfläche F so zu wählen, daß ein gewünschter Dämpfungsgrad erzielt wird.

2.22 Untersuchungen von JAEGER

Die vollständige Schwingungsgleichung (120) geht mit $F = \text{konst.}$,

$$q = v_0 f \frac{H_0 - h_0}{H_0 - z} \quad \text{und} \quad \frac{dq}{dt} = v_0 f \frac{H_0 - h_0}{(H_0 - z)^2} \frac{dz}{dt}$$

über in

$$\frac{LF}{gf}\frac{d^2z}{dt^2} - \frac{h_0 F^2}{v_0^2 f^2}\left(\frac{dz}{dt}\right)^2 +$$
$$+ \left[\frac{2F h_0(H_0 - h_0)}{v_0 f(H_0 - z)} - \frac{L v_0(H_0 - h_0)}{g(H_0 - z)^2}\right]\frac{dz}{dt} + z - h_0\left(\frac{H_0 - h_0}{H_0 - z}\right)^2 = 0. \quad (403)$$

Mit der schon bekannten Achstransformation $z = z_0 + \Delta z$ und nach eingehender Untersuchung der Koeffizienten von $d\Delta z/dt$ bzw. dz/dt bei Annahme eines sinuslinienförmigen Verlaufes der Spiegellinie an der

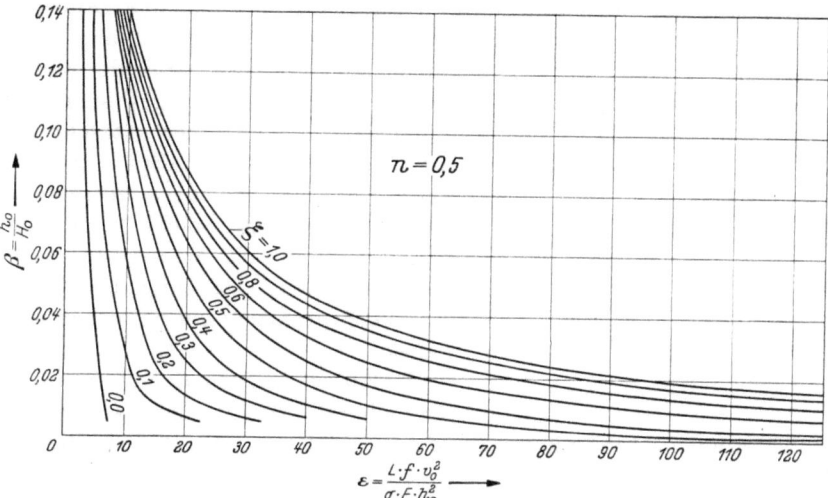

Abb. 223. Dämpfung bei $n = 0{,}5$ (nach SCHREIBER)

Stabilitätsgrenze kommt JAEGER (c) zu dem Schluß, daß bei endlichen Schwingungsweiten und bei plötzlicher Vollbelastung der THOMA-Querschnitt Gl. (382) mit einem Vergrößerungsfaktor zu multiplizieren ist:

$$F_{\min} = F_{\text{Th}}\left(1 + 0{,}482 \cdot \frac{Z^+}{H_0 - h_0}\right) \quad (404)$$

(Z^+ vgl. A. 3).

Nach Einführung der VOGTschen Verhältniszahlen β und ε geht diese Beziehung über in

$$\frac{\beta}{1 - \beta} = -\frac{1{,}037}{\sqrt{\varepsilon}} + \sqrt{\frac{1{,}076}{\varepsilon} + \frac{4{,}149}{\varepsilon^{3/2}}}. \quad (405)$$

Sie ist in Abb. 221 zum Vergleich dargestellt. Die Kurve verläuft ab $\varepsilon \cong 25$ unter der von FRANK für $n = 0$. Auf Grund der Feststellungen des vorhergehenden Abschnittes kann somit gesagt werden, daß Gl. (404/405) in dem ganzen Bereich, in dem nicht schon nach der ersten

Viertelperiode der Zusammenbruch des Systems eintritt, ausreichend sichere Ergebnisse liefert.

2.23 Untersuchungen von EVANGELISTI

Ergänzend zu den bisherigen Bezeichnungen werden noch folgende eingeführt:

$$s = -\frac{z-h_0}{H_0-h_0}, \quad z^+ = \frac{Z^+}{H_0-h_0}, \quad \tau = \frac{t}{\sqrt{\frac{LF}{gF}}}, \quad n^* = \frac{F_{\min}}{F_{Th}}.$$

EVANGELISTI (e) verzichtet auf die Herstellung einer linearen Differentialgleichung zweiter Ordnung und findet mit Hilfe der Gesetze der nichtlinearen Mechanik unter gewissen vereinfachenden Annahmen Stabilitätsbedingungen für endliche Schwingungsweiten und verschiedene Ausgangswassermengen nQ_0. Solche Annahmen betreffen den als quasiharmonisch vorausgesetzten Schwingungsverlauf und die Begrenzung der Schwingungsweiten.

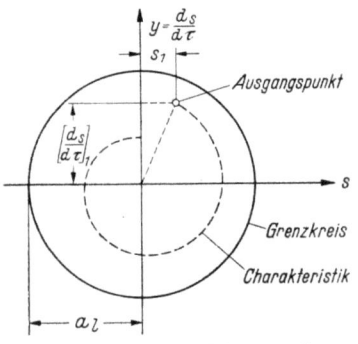

Abb. 224. Stabilitätskreis nach EVANGELISTI

Es läßt sich zeigen, daß die Schwingungscharakteristik der stehenden Schwingung im Achsenkreuz $(ds/d\tau, s)$ ein Kreis ist mit dem Radius (Abb. 224)

$$a_l = 2\sqrt{\frac{n^*-1}{3-n^*}}. \tag{406}$$

Die Charakteristik der gedämpften Schwingung muß von einem innerhalb dieses Grenzkreises liegenden Punkt ausgehen mit den Koordinaten s_1 und $\left[\dfrac{ds}{d\tau}\right]_1$. Da die Abszisse s_1 voraussetzungsgemäß klein sein soll, kann näherungsweise als Kriterium für die Lage des Ausgangspunktes innerhalb des Kreises die Bedingung angesehen werden

$$\left[\frac{ds}{d\tau}\right]_1 \leq a_l. \tag{407}$$

Nun ist mit den gewählten Bezeichnungen

$$\frac{ds}{d\tau} = -\frac{dz}{dt} \cdot \frac{\sqrt{\frac{LF}{gf}}}{H_0-h_0}$$

und nach der bekannten Raumgleichung für den Beginn der Bewegung $(t=0)$

$$\frac{dz}{dt} = \frac{Q_0(1-n)}{F},$$

so daß, nach einigen Zwischenrechnungen,

$$\left[\frac{ds}{d\tau}\right]_1 = (n-1)z^+. \tag{408}$$

Aus (406 u. 408) ergibt sich schließlich

$$n^* \geq \frac{4 + 3z^{+2}(n-1)^2}{4 + z^{+2}(n-1)^2}. \tag{409}$$

Insbesondere wird für die von $n = 0$ ausgehende Belastung

$$n^* \geq \frac{4 + 3z^{+2}}{4 + z^{+2}}, \tag{410}$$

und für $n = 0.5$

$$n^* \geq \frac{16 + 3z^{+2}}{16 + z^{+2}}, \tag{411}$$

und in der VOGTschen adimensionalen Schreibung:

$$n = 0 \to 1 \quad \varepsilon = \frac{1-\beta}{3\beta^2}\{\sqrt{4 + 12\beta - 15\beta^2} + 3\beta - 2\}, \tag{412}$$

$$n = 0.5 \to 1 \quad \varepsilon = \frac{1-\beta}{3\beta^2}\{\sqrt{64 - 48\beta - 15\beta^2} + 9\beta - 8\}. \tag{413}$$

Diese beiden Gleichungen sind in Abb. 221 zum Vergleich mit den vorher wiedergegebenen Resultaten dargestellt. Man kann gute Übereinstimmung für $\varepsilon > 30$ bei $n = 0$ und für $\varepsilon > 20$ bei $n = 0.5$ feststellen und eine engere Anpassung an die Kurven von FRANK, während die Kurve nach JAEGER wegen ihrer allgemein tieferen Lage im Bereich der kleinen ε-Werte besser paßt.

3 Das gedrosselte Wasserschloß
3.1 Einfaches gedrosseltes Wasserschloß

Maßgebend sind die Gl. (217, 218, 219, 220 u. 250). Wir schreiben sie, zum Teil in etwas geänderter Form, nochmals an:

$$\frac{dz}{dt} = \frac{q - vf}{F}, \tag{414}$$

$$\frac{dv}{dt} = \frac{g}{L}(z - h + k),$$

wobei $h = \alpha v^2 = h_0\left(\frac{v}{v_0}\right)^2$ und $k = k_0\left(\frac{q-Q}{Q_0}\right)^2$, bzw., da $(q-Q) = F\frac{dz}{dt}$,

$$\frac{dv}{dt} = \frac{g}{L}\left[z - \frac{h_0}{v_0^2}v^2 + \frac{k_0}{v_0^2}\frac{F^2}{f^2}\left(\frac{dz}{dt}\right)^2\right]. \tag{415}$$

$$q = \frac{Q_0(H_0 - h_0)}{H_0 - z - \frac{k_0}{v_0^2}\frac{F^2}{f^2}\left(\frac{dz}{dt}\right)^2}. \tag{416}$$

Aus Gl. (414) und unter Benutzung von (416) lassen sich nacheinander v und dv/dt ermitteln. Diese Werte führen, in Gl. (415) eingesetzt, nach einigen Zwischenrechnungen auf folgende Differentialgleichung:

$$\frac{LF}{gf}\frac{d^2z}{dt^2} + \frac{F^2}{v_0^2 f^2}(k_0 - h_0)\left(\frac{dz}{dt}\right)^2 +$$

$$+ \left\{ \frac{2h_0 F(H_0 - h_0)}{v_0 f\left[H_0 - z - \frac{k_0 F^2}{v_0^2 f^2}\left(\frac{dz}{dt}\right)^2\right]} - \frac{L v_0(H_0 - h_0)}{g\left[H_0 - z - \frac{k_0 F^2}{v_0^2 f^2}\left(\frac{dz}{dt}\right)^2\right]^2} \times \right.$$

$$\left. \times \left(1 + \frac{2k_0 F^2}{v_0^2 f^2}\frac{d^2z}{dt^2}\right)\right\}\frac{dz}{dt} + z - \frac{h_0(H_0 - h_0)^2}{\left[H_0 - z - \frac{k_0 F^2}{v_0^2 f^2}\left(\frac{dz}{dt}\right)^2\right]^2} = 0. \quad (417)$$

Sie geht für $k_0 = 0$, d. h. das ungedrosselte Wasserschloß in Gl. (403) über. War schon diese nicht integrabel, so gilt dies um so mehr von Gl. (417).

Wendet man hierauf das Verfahren der kleinen Schwingungen an, so zeigt sich, wie VOGT u. a. gezeigt haben, daß der Drosselwiderstand keinen Einfluß auf den Mindestquerschnitt hat. Man erhält wiederum die THOMA-Bedingungen [Gl. (381 bis 385)], insbesondere

$$F_{\text{Th}} = \frac{Lf}{2g\alpha(H_0 - h_0)}. \quad (382)$$

Für endliche Schwingungen läßt aber die physikalische Anschauung erwarten, daß sich der Drosselwiderstand dämpfungsfördernd auswirkt. Diesbezügliche Untersuchungen hat SCHÜLLER (c, d) angestellt. Sie ergaben, daß bei endlichen Schwingungsweiten durch die Drosselung eine Verringerung des Minimalquerschnittes unter den THOMAschen Wert eintritt. Zu erwähnen sind ferner noch die Studien von VOGT und aus neuerer Zeit die von ESCANDE (f). Alle diese Verfasser suchen eine Lösungsmöglichkeit durch vereinfachende Annahmen. Der letztgenannte macht insbesondere die gleichen Voraussetzungen, wie sie zur THOMAschen Stabilitätsbedingung geführt haben, außerdem ersetzt er die quadratische Abhängigkeit zwischen Drosselwiderstand und Durchfluß durch eine lineare Beziehung. Mit diesen Vereinfachungen ergibt sich für plötzliche Belastung von Null auf Vollast aus Gl. (417) wiederum eine lineare Differentialgleichung zweiter Ordnung mit konstanten Koeffizienten:

$$\frac{FL}{gf}\frac{d^2\Delta z}{dt^2} + \left\{\frac{F}{v_0 f}[(H_0 - h_0)(2h_0 + k_0) - 2h_0 k_0] - \frac{v_0 L}{g}\right\} \times$$
$$\times \frac{1}{H_0 - h_0 - k_0}\frac{d\Delta z}{dt} + \frac{H_0 - 3h_0}{H_0 - h_0 - k_0}\Delta z = 0. \quad (418)$$

Aus dieser gehen die Grenzbedingungen hervor:

$$\frac{F}{v_0 f}[(H_0 - h_0)(2h_0 + k_0) - 2h_0 k_0] - \frac{v_0 L}{g} = 0$$

und
$$\frac{H_0 - 3h_0}{H_0 - h_0 - k_0} = 0,$$
woraus

$$F \gtreqless F_E = F_{Th} \frac{1}{1 - \frac{\eta}{2} \frac{H_0 - 3h_0}{H_0 - h_0}}$$

bzw.

$$\varepsilon \lesseqgtr \varepsilon_E = \varepsilon_{Th} \left[1 - \frac{\eta}{2} \frac{1 - 3\beta}{1 - \beta} \right]$$

(419)

und

$$H_0 \gtreqless 3 h_0 \quad \text{bzw.} \quad \beta \lesseqgtr \frac{1}{3}. \qquad (420)$$

Hierin sind F_{Th} und ε_{Th} durch die Gl. (382 u. 385) bestimmt.

Wie ESCANDE auf Grund schrittweiser Integrationen angibt, führt ein zwischen F_E und F_{Th} liegender Wasserschloßquerschnitt nicht zum

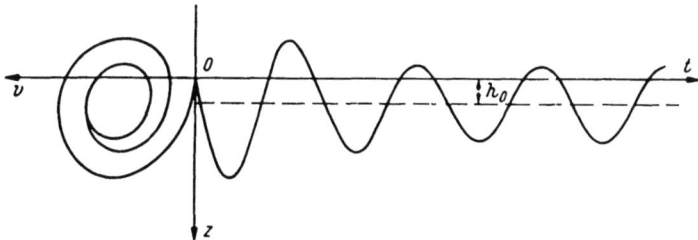

Abb. 225. Stehende Schwingung bei reduzierter Schwingungsweite im gedrosselten Wasserschloß

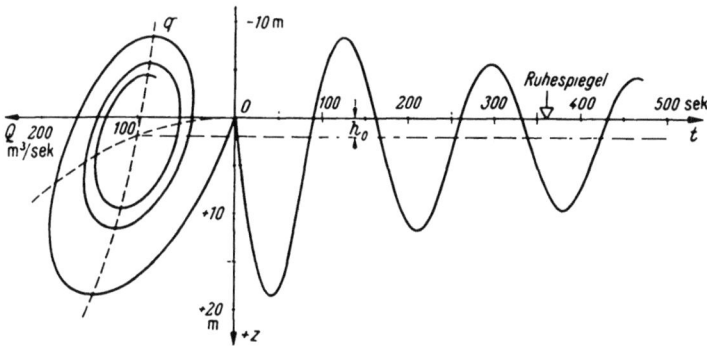

Abb. 226. Schwach gedämpfte Schwingung im gedrosselten Wasserschloß mit $F_E < F < F_{Th}$

vollständigen Verschwinden der Schwingungen, sondern zu stehenden Schwingungen bei reduzierter Amplitude, was etwa der schematischen Darstellung Abb. 225 entsprechen würde. — In Abb. 226 ist für plötzliche Vollbelastung der Schwingungsverlauf für einen bestimmten Fall auf Grund einer numerischen Integration zweiter Näherung aufgezeichnet. Es ist $L = 1100$ m, $f = 25$ m², $Q_0 = 100$ m³/s, $h_0 = 2,00$ m, $H_0 = 54,8$ m, $\eta = 3,565$. Hierfür ist $F_{\mathrm{Th}} = 212,5$ m² und $F_E = 80,3$ m². Gewählt wurde $F = 157,6$ m² [FRANK (g)]. Die Abbildung zeigt, daß die erwartete stehende Schwingung bei reduzierter Amplitude nicht erreicht wird, es sei denn nach sehr vielen Schwingungsperioden, was mittels Integration in endlicher Form wohl kaum verläßlich nachweisbar ist. Immerhin aber ist für den betrachteten Einzelfall (der nicht a priori allgemeine Bedeutung haben muß) festzustellen, daß sich die Schwingungen sehr lange hinziehen.

Mit Rücksicht auf die dabei gegebene Gefahr von unerwünschten Überlagerungserscheinungen ist abzuraten, den THOMA-Querschnitt bei gedrosselten Schachtwasserschlössern wesentlich zu unterschreiten.

3.2 Differentialwasserschloß

Die Grundgleichungen sind durch die Beziehungen (251 bis 255) gegeben. Durch fortschreitende Elimination der abhängig Veränderlichen ergibt sich eine Differentialgleichung in z_2 und t. Wendet man auf diese analog dem Vorgang unter 2.12 die Achstransformation $z = z_0 + \Delta z$ und die für kleine Schwingungen zulässigen Vereinfachungen an, so ergibt sich, nach dem Vorgang von ZIENKIEWICZ, eine Differentialgleichung 3. Ordnung mit konstanten Koeffizienten und der charakteristischen Gleichung

$$C_0 p^3 + C_1 p^2 + C_2 p + C_3 = 0. \tag{421}$$

Hierbei ist, ebenso wie dies ESCANDE für das einfache gedrosselte Wasserschloß getan hat, statt des quadratischen ein lineares Widerstandsgesetz für den Durchfluß durch die Drosselung angenommen. Die Koeffizienten haben die Werte:

$$\left.\begin{aligned}
C_0 &= \frac{\varphi_1 \varphi_2}{4} \eta \frac{1-\beta}{\beta}, \\
C_1 &= \frac{1-\beta}{2\beta} \left\{ \varphi_1 \left[1 - (1 - \varphi_2) \frac{\eta \beta}{1-\beta} \right] + \varphi_2 \right\}, \\
C_2 &= \varphi_1 \left(1 + \frac{\eta}{2} \frac{1-3\beta}{1-\beta} \right) + \varphi_2 - 1, \\
C_3 &= \frac{1-3\beta}{1-\beta}.
\end{aligned}\right\} \tag{422}$$

($\varphi_1 = F_1/F_{\mathrm{Th}}$, $\varphi_2 = F_2/F_{\mathrm{Th}}$, $F_{\mathrm{Th}} =$ THOMA-Querschnitt nach Gl. (382)).

Die Schwingung verläuft gedämpft, wenn

$$C_0 > 0, \quad C_1 > 0, \quad C_2 > 0, \quad C_3 > 0 \tag{423}$$

und, nach HURWITZ, Gl. (371),

$$C_1 C_2 - C_0 C_3 > 0. \tag{424}$$

Die ersten beiden Bedingungen der Gl. (423) sind stets erfüllt, $C_3 > 0$ führt auf Gl. (384). Die entscheidende Stabilitätsbedingung ist Gl. (296), die vier Variable, β, η, φ_1 und φ_2 enthält. Sind drei dieser Werte bekannt, so kann der vierte berechnet werden. Beispielsweise wird φ_1 (bzw. F_1) gefunden, wenn φ_2, β und η (bzw. F_2, h_0, H_0 und k_0) gegeben sind. Kennt man φ_1 und φ_2 (also F_1 und F_2), dann kann der entsprechende Drosselungswert η ermittelt werden.

ZIENKIEWICZ hat die Gl. (424) eingehend diskutiert und unter anderem folgendes festgestellt:

a) Ist die Gesamtfläche $F_1 + F_2$ gleich dem THOMA-Querschnitt F_{Th}, so ist das System stabil, vorausgesetzt, daß ein bestimmter η-Wert nicht überschritten wird. Diese Einschränkung wird verständlich, wenn man berücksichtigt, daß z. B. für $\eta = \infty \ldots F_1$ unwirksam wird und für die Schwingungsdämpfung nur F_2 übrigbleibt.

b) Ist $F_1 + F_2 < F_{Th}$, so treten im allgemeinen stehende Schwingungen mit beschränkter Amplitude auf, sofern die Gl. (423 u. 424) erfüllt sind. Diese können durch entsprechende Wahl der Drosselung in ihrer Größe beeinflußt werden.

Die Verhältnisse sind also ganz ähnlich wie beim einfachen gedrosselten Wasserschloß, wie dieses ja überhaupt nur ein Sonderfall des Differentialwasserschlosses ist ($F_2 = 0$), wofür die Bedingung $C_2 > 0$ nach Gl. (423) auf die Formel von ESCANDE, Gl. (420) führt.

Demgemäß kann auch vom Differentialwasserschloß ähnliches gesagt werden wie vom einfachen gedrosselten Wasserschloß, daß man nämlich im allgemeinen nicht unter den THOMA-Querschnitt gehen und stehende Schwingungen vermeiden sollte[1].

4 Stabilität besonderer Wasserschloßanordnungen

4.1 Mehrere Wasserschlösser an einem Stollen

Bei der in Abb. 193 dargestellten Anordnung gelten für die Spiegelbewegung und die Geschwindigkeitsänderungen die Gl. (279 u. 280), zu denen die Gleichung des idealen Reglers kommt:

$$q = \frac{Q_0 H_{n0}}{H_0 - z_n}, \qquad (425)$$

worin das Nutzgefälle $H_{n0} = H_0 - \sum_{1}^{n} h_{0i}$ und h_{0i} den Vollast-Beharrungsverlust in der Stollenstrecke i bedeuten.

Die Vereinigung der Schwingungsgleichungen führt mit den für kleine Schwingungsweiten zulässigen Vereinfachungen bei n Stollen-

---

[1] Inwieweit die Annahme des linearen Drosselverlustes die Ergebnisse beeinflußt, läßt sich zur Zeit nicht allgemein sagen.

strecken auf eine lineare Differentialgleichung $2n$-ter Ordnung, deren charakteristische Gleichung die Form (369) hat.

4.11 Zwei Wasserschlösser, strenges Verfahren für kleine Schwingungen

Die charakteristische Gleichung 4. Grades lautet:

$$C_0 p^4 + C_1 p^3 + C_2 p^2 + C_3 p + C_4 = 0. \tag{426}$$

Hierin nehmen die Koeffizienten [EVANGELISTI (h)] die Werte an:

$$C_0 = \frac{L_1 L_2 F_1 F_2}{g^2 f_1 f_2}, \tag{427}$$

$$C_1 = \frac{2 h_{02} L_1 F_1 F_2}{g f_1 Q_0} + \frac{2 h_{01} L_2 F_1 F_2}{g f_2 Q_0} - \frac{L_1 L_2 F_1 Q_0}{g^2 f_1 f_2 H_{n0}}, \tag{428}$$

$$C_2 = \left(1 - \frac{2 h_{02}}{H_{n0}}\right) \frac{L_1 F_1}{g f_1} - 2 \frac{h_{01}}{H_{n0}} \frac{L_2 F_1}{g f_2} + \frac{L_1 F_2}{g f_1} +$$
$$+ \frac{L_2 F_2}{g f_2} + 4 \frac{h_{01} h_{02}}{Q_0^2} F_1 F_2, \tag{429}$$

$$C_3 = 2 h_{01}\left(1 - 2 \frac{h_{02}}{H_{n0}}\right) \frac{F_1}{Q_0} + 2(h_{01} + h_{02}) \frac{F_2}{Q_0} -$$
$$- \frac{L_1 Q_0}{g f_1 H_{n0}} - \frac{L_2 Q_0}{g f_2 H_{n0}}, \tag{430}$$

$$C_4 = 1 - 2 \frac{h_{01} + h_{02}}{H_{n0}}. \tag{431}$$

$$H_{n0} = H_0 - h_{01} - h_{02}.$$

Folgende Bedingungen müssen bei stabilem System erfüllt sein:

$$C_0 > 0, \quad C_1 > 0, \quad C_2 > 0, \quad C_3 > 0, \quad C_4 > 0, \tag{432}$$

ferner nach HURWITZ

$$(C_1 C_2 - C_0 C_3) C_3 - C_1^2 C_4 > 0, \tag{371}$$

Aus ihnen ergeben sich z. B. bei bekanntem F_1 verschiedene Grenzwerte F_2, von denen der größte anzunehmen ist. Meist ist Gl. (371) maßgebend. Gleichartiges gilt, wenn F_2 gegeben und F_1 zu suchen ist. — Wie GHETTI gezeigt hat, ist ein System auf alle Fälle stabil, wenn das Endwasserschloß mit dem THOMA-Querschnitt ausgeführt wird.

4.12 Äquivalenzverfahren von EVANGELISTI für zwei Wasserschlösser

Im allgemeinen zeigt sich, daß das Zwischenwasserschloß, besonders wenn es nahe am Einlauf sitzt, hydraulisch wenig wirksam ist. Daher wird ein solcher Zwischenschacht meist nur so groß gemacht, wie für den vorgesehenen Zweck (z. B. Unterbringung von Schützen) unbedingt nötig, also wesentlich kleiner als das Endwasserschloß. Dann sind aber die Perioden der beiden Wasserschlösser mit den zugehörigen Stollenstrecken ebenfalls stark verschieden, und es ist [EVANGELISTI (h)] zulässig, die charakteristische Gl. (426) aufzuspalten in zwei voneinander unabhängige Gleichungen:

$$C_0 p^2 + C_1 p + C_2 = 0 \qquad (433)$$

(Zwischenwasserschloß), und

$$C_2 p^2 + C_3 p + C_4 = 0 \qquad (434)$$

(Endwasserschloß).

Die entscheidende Stabilitätsbedingung ist $C_3 > 0$. Aus Gl. (430) geht dann eine der THOMA-Formel analoge Beziehung hervor:

$$F_{(Th)} = \frac{L f}{2g\alpha(H_0 - h_0)} = \frac{L Q_0^2}{2g f h_0 (H_0 - h_0)}, \qquad (435)$$

wenn die folgenden Äquivalenzformeln berücksichtigt werden:

$$\frac{L}{f} = \frac{L_1}{f_1} + \frac{L_2}{f_2}, \qquad (436)$$

$$h_0 = h_{01} + h_{02}, \qquad (437)$$

$$F = F_2 + \bar{\eta}_1 F_1 \quad \text{mit} \quad \eta_1 = \left(1 - 2\frac{h_{02}}{H_0 - h_{01} - h_{02}}\right)\frac{h_{01}}{h_{01} + h_{02}}. \qquad (438)$$

$\bar{\eta}_1$ stellt den Einschaltwirkungsgrad dar.

Nachdem mit den beiden Gl. (436 u. 437) aus (435) F ermittelt ist, können aus (438) F_2 und F_1 bestimmt werden. Auf diese Weise ist das System auf das klassische System der Abb. 212 zurückgeführt.

4.13 Äquivalenzverfahren für n Wasserschlösser

Ein analoges Näherungsverfahren ist bei relativ kleinen Zwischenschächten auf Grund weiterer Äquivalenzformeln von EVANGELISTI (h) für mehrere (n) Wasserschlösser durchführbar (Abb. 193).

Ähnlich wie oben ist zu setzen:

$$\frac{L}{f} = \frac{L_1}{f_1} + \frac{L_2}{f_2} + \cdots + \frac{L_n}{f_n}, \qquad (439)$$

$$h_0 = h_{01} + h_{02} + \cdots + h_{0n}, \qquad (440)$$

womit der THOMA-Querschnitt des klassischen Systems ausgewertet werden kann:

$$F_{(Th)} = \frac{Q_0^2 [L_1/f_1 + L_2/f_2 + \cdots + L_n/f_n]}{2g(h_{01} + h_{02} + \cdots + h_{0n})(H_0 - h_{01} - h_{02} - \cdots - h_{0n})}. \qquad (441)$$

Es muß sein

$$F_{Th} = \bar{\eta}_1 F_1 + \bar{\eta}_2 F_2 + \cdots + \bar{\eta}_{n-1} F_{n-1} + F_n, \qquad (442)$$

wobei die Einschaltwirkungsgrade $\bar{\eta}_1, \bar{\eta}_2, \ldots$ in Tab. 21 angegeben sind.

Tabelle 21. *Einschaltwirkungsgrade für Zwischenwasserschlösser (ohne Einleitungen)*

Einschalt-wirkungs-grad $\bar\eta$	\multicolumn{5}{c}{Anzahl der Wasserschlösser $n =$}				
	5	4	3	2	1
$\bar\eta_1 =$	$\left\{1 - 2\dfrac{h_{02}+\cdots+h_{05}}{H_{n0}}\right\}\dfrac{h_{01}}{h_0}$	$\left\{1-2\dfrac{h_{02}+h_{03}+h_{04}}{H_{n0}}\right\}\dfrac{h_{01}}{h_0}$	$\left\{1-2\dfrac{h_{02}+h_{03}}{H_{n0}}\right\}\dfrac{h_{01}}{h_0}$	$\left\{1-2\dfrac{h_{02}}{H_{n0}}\right\}\dfrac{h_{01}}{h_0}$	1
$\bar\eta_2 =$	$\left\{1-2\dfrac{h_{03}+\cdots+h_{05}}{H_{n0}}\right\}\dfrac{h_{01}+h_{02}}{h_0}$	$\left\{1-2\dfrac{h_{03}+h_{04}}{H_{n0}}\right\}\dfrac{h_{01}+h_{02}}{h_0}$	$\left\{1-2\dfrac{h_{03}}{H_{n0}}\right\}\dfrac{h_{01}+h_{02}}{h_0}$	1	—
$\bar\eta_3 =$	$\left\{1-2\dfrac{h_{04}+h_{05}}{H_{n0}}\right\}\dfrac{h_{01}+h_{02}+h_{03}}{h_0}$	$\left\{1-2\dfrac{h_{04}}{H_{n0}}\right\}\dfrac{h_{01}+h_{02}+h_{03}}{h_0}$	1	—	—
$\bar\eta_4 =$	$\left\{1-2\dfrac{h_{05}}{H_{n0}}\right\}\dfrac{h_{01}+h_{02}+h_{03}+h_{04}}{h_0}$	1	—	—	—
$\bar\eta_5 =$	1	—	—	—	—
$h_0 =$	$h_{01}+\cdots+h_{05}$	$h_{01}+\cdots+h_{04}$	$h_{01}+h_{02}+h_{03}$	$h_{01}+h_{02}$	h_0
$H_{n0} =$	$H_0-(h_{01}+\cdots+h_{05})$	$H_0-(h_{01}+\cdots+h_{04})$	$H_0-(h_{01}+h_{02}+h_{03})$	$H_0-(h_{01}+h_{02})$	H_0-h_0

4.14 Einleitung von Wasserläufen in die Zwischenschächte, Äquivalenzverfahren

Werden in die Wasserschloßschächte seitliche Wasserläufe (Abb. 227) eingeleitet, so gelten, wie EVANGELISTI (h) zeigt, die gleichen charakteristischen Gleichungen wie für die Anordnung ohne Einleitungen, jedoch sind in Gl. (441) die h_{0i}-Werte des ersten Klammerausdruckes im Nenner zu ersetzen durch:

$$\bar{h}_{01} = h_{01}\frac{Q_0}{Q_{01}}, \quad \bar{h}_{02} = h_{02}\frac{Q_0}{Q_{02}}, \quad \ldots, \quad \bar{h}_{0n} = h_{0n}\frac{Q_0}{Q_{0n}}.$$

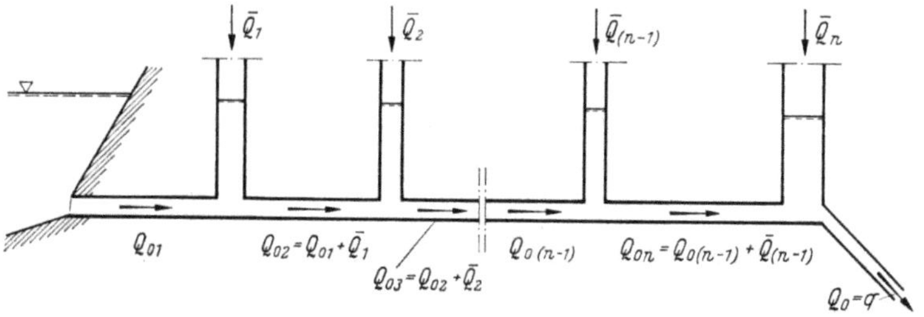

Abb. 227. Einleitung seitlicher Wasserläufe

Der THOMA-Querschnitt erhält dann die Form

$$F_{(Th)} = \frac{Q_0^2[L_1/f_1 + L_2/f_2 + \cdots + L_n/f_n]}{2g(\bar{h}_{01} + \bar{h}_{02} + \cdots + \bar{h}_{0n})(H_0 - \bar{h}_{01} - \bar{h}_{02} - \cdots - \bar{h}_{0n})}. \quad (443)$$

Die Einschaltwirkungsgrade $\bar{\eta}_i$ sind der Tab. 21 zu entnehmen, jedoch sind auch hier die Einzel-Beharrungsverluste der Stollenabschnitte h_{0i} durch $\bar{h}_{0i} = h_{0i}(Q_0/Q_{0i})$, außerdem h_0 durch $\bar{h}_0 = \bar{h}_{01} + \bar{h}_{02} + \cdots + \bar{h}_{0n}$ zu ersetzen. Die Nutzfallhöhe bleibt dagegen unverändert

$$H_{n0} = H_0 - h_{01} - h_{02} - \ldots h_{0n}.$$

Allgemein ist also

$$\eta_i = \left\{1 - 2\frac{\sum\limits_{i+1}^{n}\bar{h}_{0i}}{H_{n0}}\right\}\frac{\sum\limits_{1}^{i}h_{0i}}{\bar{h}_0}. \quad (444)$$

4.15 Wechselndes Stollenprofil

Dieser Fall geht aus 4.13 hervor, wenn man alle Wasserschloßflächen mit Ausnahme der des Endwasserschlosses gleich Null setzt. Aus Gl. (441) wird unmittelbar

$$F_{(Th)} = \frac{Q_0^2[L_1/f_1 + L_2/f_2 + \cdots + L_n/f_n]}{2g H_{n0}(h_{01} + h_{02} + \cdots + h_{0n})}, \quad (445)$$

während nach (442) $F_n = F = F_{Th}$ sein muß.

Zahlenbeispiel. Fall der Abb. 194, ohne Einleitungen.

$L_1 = 4000$ m, $L_2 = 6000$ m, $f_1 = 12{,}57$ m²,

$f_2 = 12{,}57$ m², $Q_0 = 48$ m³/s, $v_{01} = v_{02} = 3{,}82$ m/s,

$h_{01} = 4{,}501$ m, $h_{02} = 8{,}553$ m, $h_0 = 13{,}054$ m,

$H_0 = 93{,}05$ m, $H_{n0} = 80{,}00$ m, $F_1 = 28{,}27$ m².

Nach den Gl. (427 bis 431) errechnen sich die Koeffizienten der charakteristischen Gleichung:

$C_0 = 4{,}4626 \cdot 10^4 \, F_2$,
$C_1 = 0{,}5865 \cdot 10^3 \, F_2 - 26{,}775 \cdot 10^3$,
$C_2 = 565{,}22 + 83{,}00 \, F_2$,
$C_3 = -44{,}465 + 0{,}5451 \, F_2$,
$C_4 = 0{,}6729$.

Die Bedingung von HURWITZ, Gl. (371), führt auf eine Bestimmungsgleichung in F_2

$$0{,}013276 \, F_2^3 - 1{,}42609 \, F_2^2 + 21{,}9944 \, F_2 + 190{,}5205 > 0,$$

woraus als Grenzwert $F_2 \geqq 86$ m² hervorgeht. — Dagegen liefern die Bedingungen Gl. (432) kleinere Werte.

Mit den Näherungsgleichungen (435 bis 438) erhält man folgendes:

$$\frac{L}{f} = \frac{4000}{12{,}57} + \frac{6000}{12{,}57} = \frac{10000}{12{,}57};$$

$$\eta_1 = \left(1 - 2\,\frac{8{,}553}{80}\right) \frac{4{,}501}{13{,}054} = 0{,}271;$$

$$F_{(\mathrm{Th})} = \frac{10000 \cdot 48^2}{12{,}57 \cdot 19{,}62 \cdot 13{,}054 \cdot 80} = 89{,}5 \text{ m}^2,$$

so daß

$$F_2 \geqq 89{,}5 - 0{,}271 \cdot 28{,}27 = 81{,}8 \text{ m}^2.$$

4.2 Zwei Stollen an einem Wasserschloß (V-Schema)

4.21 Geschlossenes Verfahren für kleine Schwingungen

Die Situation geht aus Abb. 197 hervor. Hierzu gelten die Schwingungsgleichungen (300 bis 302) und die Gleichung des idealen Reglers

$$q = \frac{Q_0(H_{01} - h_{01})}{H_{01} - z_1}, \tag{446}$$

worin die Höhenmaße auf Wasserfassung *1* bezogen sind. Behandelt man die genannten vier Gleichungen nach den schon bekannten Regeln für kleine Schwingungen, so erhält man eine charakteristische Gleichung dritten Grades [GHETTI (a)][1]:

$$p^3 + C_1' p^2 + C_2' p + C_3' = 0, \tag{447}$$

---

[1] Diese Form ergibt sich aus Gl. (369), indem diese durch C_0 geteilt wird. Entsprechend lautet dann die Bedingung von HURWITZ $C_1' C_2' - C_3' = 0$.

deren Koeffizienten lauten:

$$C_1' = 2\frac{L_2 v_{02} h_{01}}{L_1 v_{01} h_{02}} + 2 - \frac{Q_0}{Q_{02}}\frac{L_2 f_2 v_{02}^2}{gF h_{02}(H_{02}-h_{02})}, \qquad (448)$$

$$\begin{aligned}C_2' = 4\frac{L_2 v_{02} h_{01}}{L_1 v_{01} h_{02}} + \left[\frac{L_2 f_1 H_{02}}{L_1 f_2 h_{02}} + \frac{H_{02}}{h_{02}} - \frac{2H_{02}}{H_{02}-h_{02}}\times\right.\\ \left.\times \frac{L_2 v_{02} h_{01}}{L_1 v_{01} h_{02}}\frac{Q_0}{Q_{02}} - \frac{2H_{02}}{H_{02}-h_{02}}\frac{Q_0}{Q_{02}}\right]\frac{L_2 f_2 v_{02}^2}{gF h_{02} H_{02}},\end{aligned} \qquad (449)$$

$$C_3' = 2\frac{L_2}{L_1}\frac{L_2 f_2 v_{02}^2}{gF h_{02}^2}\left\{\frac{f_1}{f_2} + \frac{v_{02} h_{01}}{v_{01} h_{02}}\left[1 - 2\frac{Q_0}{Q_{02}}\frac{h_{02}}{H_{02}-h_{02}}\right]\right\}. \qquad (450)$$

Stabilitätsbedingungen:

$$C_1' > 0, \quad C_2' > 0, \quad C_3' > 0 \qquad (451)$$

und

$$C_1' C_2' - C_3' > 0. \qquad (452)$$

Hiervon führt Gl. (452) auf die Minimalfläche $F_{\min}$ und $C_3' > 0$ auf auf einen größtzulässigen Wert h_{02}/H_{02}.

4.22 Wasserlieferung nur aus einem Stollen

Die vorstehenden Formeln beziehen sich auf die Wasserlieferung aus beiden Stollen. Es ist aber an Hand der betrieblichen Möglichkeiten jeweils auch zu prüfen, ob das Kraftwerk mit einem einzigen Stollen fahren kann, während der andere am Einlauf abgeschlossen ist.

Ist Stollen *1* abgeschlossen, dann sind in den angegebenen Gleichungen v_{01} und h_{01} gleich Null zu setzen, und aus Gl. (452) geht die Minimalfläche hervor

$$F_{\min} = F_{Th_2}\left(1 + \frac{1-\beta_2}{1-3\beta_2}\frac{L_2 f_1}{L_1 f_2}\right) \qquad (453)$$

mit

$$F_{Th_2} = \frac{L_2 f_2 v_{02}^2}{2g h_{02}(H_{02}-h_{02})} \quad \text{und} \quad \beta_2 = \frac{h_{02}}{H_{02}}.$$

Für den Fall des Betriebes nur mit Stollen *1* (Stollen *2* am Einlauf abgesperrt) erhält man durch Vertauschen der Zeiger

$$F_{\min} = F_{Th_1}\left(1 + \frac{1-\beta_1}{1-3\beta_1}\frac{L_1 f_2}{L_2 f_1}\right) \qquad (454)$$

mit

$$F_{Th_1} = \frac{L_1 f_1 v_{01}^2}{2g h_{01}(H_{01}-h_{01})} \quad \text{und} \quad \beta_1 = \frac{h_{01}}{H_{01}}.$$

Kann genau genug $\frac{1-\beta_1}{1-3\beta_1} = 1$ bzw. $\frac{1-\beta_2}{1-3\beta_2} = 1$ gesetzt werden, so erhält man die von VOGT angegebenen Gleichungen.

In der Überzahl aller praktischen Fälle wird in den beiden Staubecken, besonders wenn es sich um größere Beckenflächen handelt, gleicher Wasserstand herrschen, da sich in Schwachlastzeiten oder Betriebspausen ein Ausgleich der Wasserstände ergibt, falls die Absenkung der Becken nicht ganz gleichmäßig vor sich gegangen sein sollte.

4.3 Wasserschloß im Oberwasser und im Unterwasser

Die beiden Wasserschlösser bilden, zusammen mit den zugehörigen Druckstollen (Abb. 228), ein schwingungsfähiges Gesamtsystem. Der Einfluß der Druckrohrleitung bleibt im folgenden unberücksichtigt. Eine Stabilitätsuntersuchung ist nach der Theorie der kleinen Schwingungen möglich.

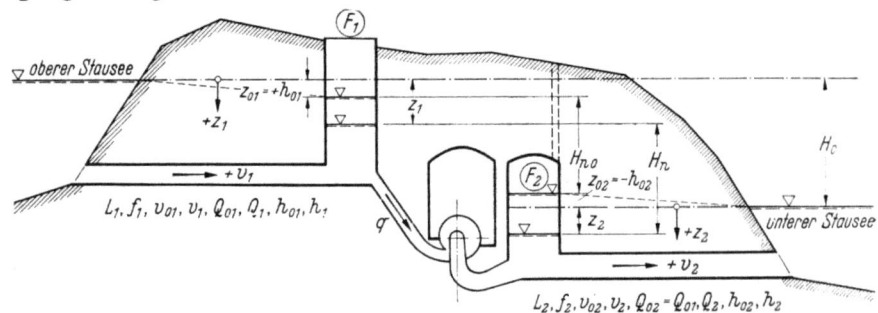

Abb. 228. Wasserschlösser im Oberwasser und im Unterwasser

4.31 Grundgleichungen

$$\frac{dz_1}{dt} = \frac{q - v_1 f_1}{F_1}, \tag{455}$$

$$\frac{dz_2}{dt} = \frac{v_2 f_2 - q}{F_2}, \tag{456}$$

$$\frac{dv_1}{dt} = \frac{g}{L_1}(z_1 - h_1), \tag{457}$$

$$\frac{dv_2}{dt} = \frac{g}{L_2}(-z_2 - h_2), \tag{458}$$

$$q = \frac{Q_0(H_0 - h_{01} - h_{02})}{H_0 - z_1 + z_2} = \frac{Q_0 H_{n0}}{H_0 - z_1 + z_2}. \tag{459}$$

Mit Hilfe dieser Gleichungen ist es möglich, die Stabilität eines Systems durch schrittweise Integration zu untersuchen. Abb. 229 stellt eine solche Untersuchung dar und bezieht sich auf folgende Daten:

$L_1 = 840$ m, $\quad f_1 = 5{,}726$ m^2, $\quad h_1 = 0{,}00738\,Q_1^2$, $\quad F_1 = 19{,}64$ m^2,

$L_2 = 260$ m, $\quad f_2 = 7{,}07$ m^2, $\quad h_2 = 0{,}00165\,Q_2^2$, $\quad F_2 = 100$ m^2,

$H_0 = 87{,}0$ m, $\quad Q_0 = 11{,}65$ m^3/s.

4.32 Geschlossenes Verfahren für kleine Schwingungen

Als charakteristische Gleichung ergibt sich aus den obigen Formeln eine solche 4. Grades [EVANGELISTI (h), ESCANDE-HURON (a, b)]:

$$C_0 p^4 + C_1 p^3 + C_2 p^2 + C_3 p + C_4 = 0 \tag{460}$$

Stabilität besonderer Wasserschloßanordnungen

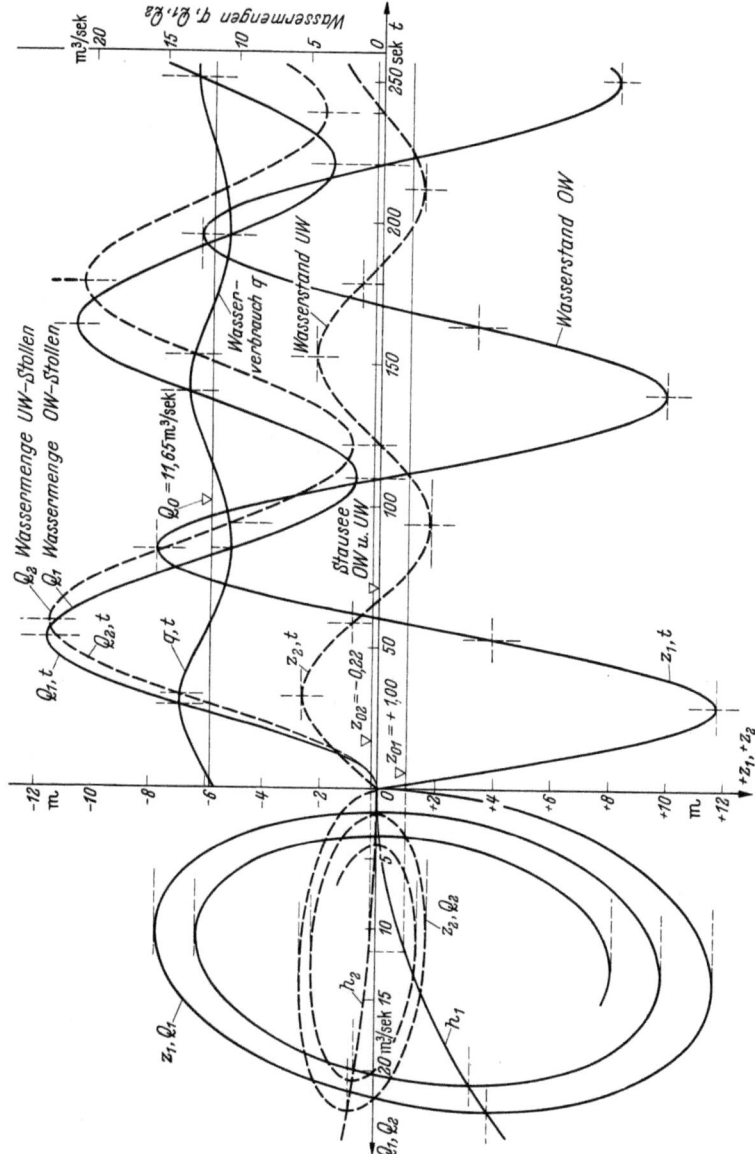

Abb. 229. Ergebnisse einer schrittweisen Stabilitätsuntersuchung bei je einem Wasserschloß im Ober- und im Unterwasser

mit den Koeffizienten:

$$C_0 = \frac{L_1 L_2 F_1 F_2}{g^2 f_1 f_2}, \tag{461}$$

$$C_1 = \frac{2 F_1 F_2}{g Q_0}\left\{\frac{L_1 h_{02}}{f_1} + \frac{L_2 h_{01}}{f_2}\right\} - \frac{Q_0 L_1 L_2}{g^2 f_1 f_2 H_{n0}}(F_1 + F_2), \tag{462}$$

$$C_2 = \frac{F_1}{g H_{n0}}\left\{(H_{n0} - 2h_{02})\frac{L_1}{f_1} - \frac{2 h_{01} L_2}{f_2}\right\} +$$
$$+ \frac{4 h_{01} h_{02} F_1 F_2}{Q_0^2} + \frac{F_2}{g H_{n0}}\left\{(H_{n0} - 2h_{01})\frac{L_2}{f_2} - \frac{2 h_{02} L_1}{f_1}\right\}, \tag{463}$$

$$C_3 = 2\frac{h_{01}(H_{n0} - 2h_{02})F_1 + h_{02}(H_{n0} - 2h_{01})F_2}{Q_0 H_{n0}} -$$
$$- \frac{Q_0}{g H_{n0}}\left(\frac{L_1}{f_1} + \frac{L_2}{f_2}\right), \tag{464}$$

$$C_4 = 1 - 2\frac{h_{01} + h_{02}}{H_{n0}}. \tag{465}$$

Stabilitätsbedingungen:

$$C_0 > 0, \quad C_1 > 0, \quad C_2 > 0, \quad C_3 > 0, \quad C_4 > 0, \tag{466}$$

ferner (HURWITZ)

$$(C_1 C_2 - C_0 C_3) C_3 - C_1^2 C_4 > 0. \tag{467}$$

Wird eine der beiden Wasserschloßflächen angenommen, so kann der Grenzwert für die andere aus den Gl. (466 u. 467) ermittelt werden. Es ergeben sich verschiedene Werte, von denen der größte maßgebend ist.

4.33 Näherungsverfahren

Wie EVANGELISTI (h) ausführt, hat Gl. (467) nur dann Bedeutung, wenn die Eigenperioden der beiden Systeme gemäß Gl. (132) stark voneinander verschieden sind, andernfalls sind die Bedingungen $C_1 > 0$ und $C_3 > 0$ maßgebend. Hierfür gilt auch ein Näherungsverfahren des genannten Verfassers.

4.4 Verbundbetrieb mit einer nicht schwingungsfähigen Anlage (kleine Schwingungen)

Läuft eine Anlage mit Wasserschloß im Verbundbetrieb, z. B. mit einem Niederdruckkraftwerk oder einer thermischen Zentrale, bei der hydraulische Massenschwingungen nicht möglich sind, so vermindert sich der nötige Wasserschloßquerschnitt unter den bei isoliertem Betrieb erforderlichen Wert (THOMA-Querschnitt).

Hierüber haben CALAME und GADEN (b) und in neuerer Zeit EVANGELISTI (d) gearbeitet. Auf der Darstellung des letzteren beruht das Folgende.

Bezeichnungen:

N_1 Beharrungsleistung des Werkes mit Wasserschloß,
$N_1 + N_2$ Gesamtleistung beider Werke,
$$k = \frac{N_1}{N_1 + N_2},$$
δ_{s1} Statik des Werkes mit Wasserschloß (vgl. 2.16),
δ_{s2} Statik des nicht schwingungsfähigen Werkes.

Auf Grund der Theorie der kleinen Schwingungen ergibt sich der minimale Wasserschloßquerschnitt

$$F_{\min} = \frac{Lf}{2g\alpha(H_0 - h_0)} \left[1 - \frac{3}{2} \frac{1-k}{(1-k) + k(\delta_{s2}/\delta_{s1})} \right]. \quad (468)$$

Für $\delta_{s1} = \delta_{s2}$ und $k = \tfrac{1}{3}$ (das Werk mit Wasserschloß bestreitet $\tfrac{1}{3}$ der Gesamtleistung) wird $F_{\min} = 0$, d. h. ein Wasserschloß ist nicht erforderlich, das Werk wird vom Gesamtnetz stabil gehalten. Hieraus ist ersichtlich, daß die Stabilität einer Anlage im Rahmen eines Verbundnetzes wesentlich größer ist als im isolierten Betrieb, den man für die Festlegung des Minimalquerschnittes ja annimmt. Natürlich schließt die Rücksicht auf die Druckstoßerscheinungen meist aus, das Wasserschloß ganz fortzulassen.

4.5 Parallellauf zweier Anlagen mit Wasserschlössern

Werden die Daten der beiden Werke mit den Zeigern *1* und *2* gekennzeichnet und die im vorhergehenden Abschnitt verwendeten Bezeichnungen $\delta_{s1}, \delta_{s2}, N_1, N_2$ und k beibehalten, wird ferner gesetzt:

$$m_1 = \frac{3}{2} \frac{(1-k)\delta_{s1}}{k\delta_{s2} + (1-k)\delta_{s1}} \quad (469)$$

und

$$m_2 = \frac{3}{2} \frac{k\delta_{s2}}{k\delta_{s2} + (1-k)\delta_{s1}},$$

so gilt nach EVANGELISTI (d) für kleine Schwingungen folgendes:

Für jedes der beiden Werke kommt die charakteristische Gleichung 2. Grades in Betracht, also

$$Z_{p1} = C_0' p^2 + C_1' p + C_2' \quad \text{und} \quad Z_{p2} = C_0'' p^2 + C_1'' p + C_2''. \quad (470)$$

Nach Einsetzen der Koeffizienten gemäß Gl. (379) ist

$$Z_{p1} = \frac{F_1 L_1}{g f_1} p^2 + \left[\frac{2h_{01} F_1}{v_{01} f_1} - \frac{L_1 v_{01}}{g(H_{01} - h_{01})} \right] p + \frac{H_{01} - 3h_{01}}{H_{01} - h_{01}}, \quad (471)$$

$$Z_{p2} = \frac{F_2 L_2}{g f_2} p^2 + \left[\frac{2h_{02} F_2}{v_{02} f_2} - \frac{L_2 v_{02}}{g(H_{02} - h_{02})} \right] p + \frac{H_{02} - 3h_{02}}{H_{02} - h_{02}}. \quad (472)$$

Die charakteristische Gleichung des gesamten Systems wird, wie EVANGELISTI weiter zeigt,

$$Z_{p1} Z_{p2} + m_2 Z_{p1} \left\{ \frac{L_2 Q_{02}}{g f_2 (H_{02} - h_{02})} p + \frac{2h_{02}}{H_{02} - h_{02}} \right\} + $$
$$ + m_1 Z_{p2} \left\{ \frac{L_1 Q_{01}}{g f_1 (H_{01} - h_{01})} p + \frac{2h_{01}}{H_{01} - h_{01}} \right\} = 0. \quad (473)$$

Sie hat die allgemeine Form

$$C_0 p^4 + C_1 p^3 + C_2 p^2 + C_3 p + C_4 = 0. \tag{474}$$

Aus den beiden Gl. (473 u. 474) können bei Berücksichtigung von Gl. (471 u. 472) durch Koeffizientenvergleich C_0, C_1, C_2, C_3 und C_4 bestimmt werden. Es muß dann sein:

$$C_0 > 0, \quad C_1 > 0, \quad C_2 > 0, \quad C_3 > 0, \quad C_4 > 0 \tag{475}$$

und (HURWITZ)

$$(C_1 C_2 - C_0 C_3) C_3 - C_1^2 C_4 > 0. \tag{476}$$

Mit den Gl. (475 u. 476) kann *eine* Wasserschloßfläche bestimmt werden, wenn die andere gegeben ist oder aber, wenn beide bekannt sind, untersucht werden, ob das System stabil ist.

4.6 Wasserschloß mit abgeschlossenem Luftraum, endliche Schwingungsweiten

Für das offene Wasserschloß sind in Abb. 221 auf Grund graphischer Integrationen im β, ε-Bild je eine Stabilitätsgrenzkurve für $n = 0$ und $n = 0,5$ dargestellt. Diese Kurven sind in Abb. 230 übernommen.

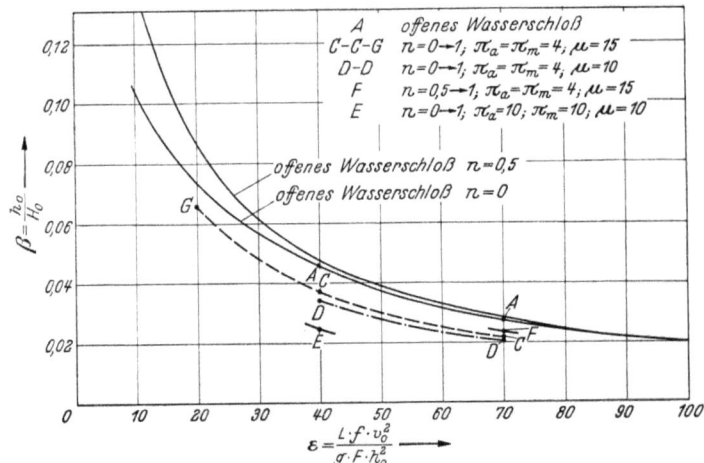

Abb. 230. Vergleich der Stabilität des Wasserschlosses mit abgeschlossenem Luftraum mit der des offenen Wasserschlosses

Außerdem sind für einige besondere Fälle die Stabilitätsgrenzen des Wasserschlosses mit abgeschlossenem Luftraum eingetragen. Sie liegen ausnahmslos unter den Grenzkurven des offenen Wasserschlosses, die Stabilität ist also schlechter als bei diesem. Im einzelnen läßt sich erkennen, daß die Stabilität mit wachsendem μ zunimmt (bei offenem Wasserschloß ist $\mu = \infty$) und mit zunehmendem $\pi_a = \pi_m$ abnimmt.

Da $\pi_a = p_a/\gamma h_0$ und $\pi_m = p_m/\gamma h_0$, p_a (und das praktisch gleich groß gewählte p_m) aber im Einzelfall unveränderlich sind, so bedeutet wachsendes $\pi_a = \pi_m$ gleichzeitig kleineres h_0. Im Extremfall $h_0 = 0$ (reibungsfreier Stollen) ist ein stabiles System undenkbar, ebenso wie dies ja auch vom offenen Wasserschloß bekannt ist. — Ferner ist die Stabilität um so günstiger, je größer die Ausgangswassermenge, d. h. n ist.

Ohne weitere Untersuchungen kann somit festgestellt werden, daß das abgeschlossene Wasserschloß bei sonst gleichen Verhältnissen weniger stabil ist als das offene. Im Zweifelsfall sind numerische oder graphische Integrationen zu empfehlen.

4.7 Allgemeine Stabilitätstheorie von Evangelisti

4.71 Allgemeines

Die Behandlung der Wasserschloßstabilität ist unter der italienischen Bezeichnung „Impostazione globale" durch Prof. EVANGELISTI (d, f) auf Grund der Theorie der kleinen Schwingungen auf eine völlig neue Basis gestellt worden insofern, als auch der Regler, die elektrische Maschine und die Natur des Versorgungsnetzes in die Betrachtung einbezogen worden sind.

Was den Turbinenregler betrifft, so ist mit der neuen Theorie von der bisher allgemein üblichen Annahme des idealen Reglers abgegangen, der eine sofortige Entnahme einer verlangten Leistung ermöglicht und sie unverändert einhält, ohne Rücksicht auf die mechanischen Eigenschaften des Regelmechanismus.

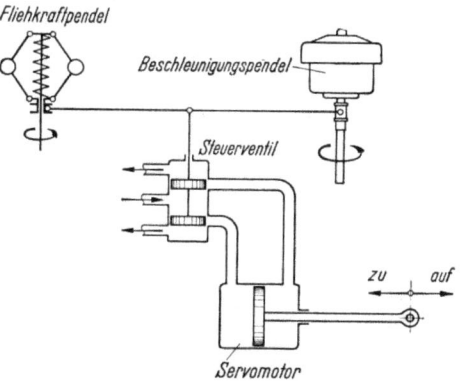

Abb. 231. Schema des Beschleunigungsreglers (EVANGELISTI)

Es ist bekannt, daß die Stabilität der Wasserschloßschwingungen erstmalig beim Heimbachkraftwerk die Aufmerksamkeit der Fachkreise erregte, als sich dort stehende und angefachte Schwingungen herausstellten, unmittelbarer Anlaß der klassischen Arbeit von THOMA. Seither sind derartige Fehlschläge nicht mehr beobachtet worden, obgleich es Anlagen gibt, die der THOMAschen Bedingung nicht entsprechen. Man hat in Italien [SCIMEMI (c), GHETTI (b, c)] eine ganze Reihe solcher Werke untersucht. Erst mit Hilfe der Theorie von EVANGELISTI war es möglich, die Gründe für das Funktionieren einiger dieser ,,unstabilen" Anlagen in den Reglereigenschaften zu finden.

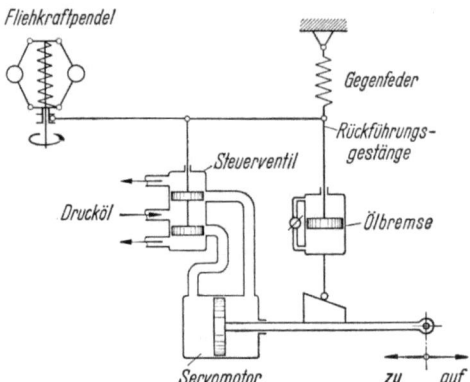

Abb. 232. Schema des Reglers mit nachgiebiger Rückführung (EVANGELISTI)

EVANGELISTI erstreckt seine Untersuchungen auf die in Abb. 231 und 232 schematisch wiedergegebenen beiden Reglertypen, den Regler mit nachgiebiger Rückführung und den Beschleunigungsregler.

4.72 Bezeichnungen

T_ω Zeitcharakteristik der Maschinengruppe (Anlaufzeit), in s,

$$T_\omega = \frac{\pi^2 GD^2 n_0^2}{3600 g\, \eta_{t_\bullet}(Q_0 H_{\pi 0}\, \gamma)} \quad \text{(liegt zwischen 4 und 6 s)},$$

T_ψ Schließzeit des Leitapparates (der Düse) von der Beharrungs-Vollaststöffnung bis zum vollständigen Schließen, in s,
T_t Zeitcharakteristik (Kompensationsdauer) der nachgiebigen Rückführung, in s (äußerstenfalls 7 bis 8 s),
T_ζ Zeitcharakteristik des Fliehkraft-Beschleunigungsreglers (einige 10 s),
$\omega = n/n_0$ relative Drehzahl, bezogen auf die des nachfolgenden Beharrungszustandes n_0,
$w = N/N_0$ relative Leistung, bezogen auf Vollast,
δ bleibende Drehzahländerung (einige %),
λ_0 Öffnungsgrad des Leitapparates beim neuen Beharrungszustand,
$\delta T_\zeta = $ max 4 bis 5 s, im Mittel 2 bis 3 s,
α' Übersetzung der starren Rückführung (Verhältnis des Weges des Steuerventilkolbens zu dem des Servomotorkolbens), liegt wenig über 1,
β' wie vor, jedoch für die nachgiebige Rückführung, 8 bis 10, wenn $\beta'\, \delta \leqq 0{,}2$ bis 0,3,
$\delta_t = \lambda_0 \alpha' \delta$, $\delta_\omega = \alpha' \delta$,
$\delta_t = \lambda_0 \beta' \delta$, vorübergehende Drehzahländerung bei Regelung mit nachgiebiger Rückführung,
η_t Turbinenwirkungsgrad, im Beharrungszustand $\eta_{t_\bullet}$, abhängig von Fallhöhe, Drehzahl und Leistung,
η_e Wirkungsgrad des elektrischen Teiles, im Beharrungszustand $\eta_{e_\bullet}$, abhängig von Leistung und Drehzahl,

Stabilität besonderer Wasserschloßanordnungen

η Gesamtwirkungsgrad, im Beharrungszustand η_0, $\eta = \eta_t \eta_e$,

s Statik des elektrischen Teiles, definiert als Verhältnis von Leistungsänderung und Drehzahländerung für den Punkt des Beharrungszustandes gemäß Abb. 215. $s = 0$ bei rein ohmscher Belastung und vollkommener Spannungsregelung. Bei gewöhnlicher gemischter Belastung und fehlender Spannungsregelung kann s bis auf 2 und darüber anwachsen.

Der Zusammenhang zwischen den Wirkungsgraden und den verschiedenen Parametern wird durch die Neigungen der entsprechenden Bezugskurven in den Punkten des Beharrungszustandes ausgedrückt, also durch die partiellen Differentialquotienten

$$\left[\frac{\partial \eta_t}{\partial \frac{H_n}{H_{n_\bullet}}}\right]_0 = a; \quad \left[\frac{\partial \eta_t}{\partial \frac{q}{Q_0}}\right]_0 = b; \quad \left[\frac{\partial \eta_t}{\partial \omega}\right]_0 = c;$$

$$\left[\frac{\partial \eta_e}{\partial w}\right]_0 = d; \quad \left[\frac{\partial \eta_e}{\partial \omega}\right]_0 = e.$$

Mit diesen sind folgende Koeffizienten zu bilden:

$$n_y = \frac{1 + \frac{1}{\eta_{t_0}}\left(a + \frac{1}{2}\delta_\bullet c\right) + \frac{1}{\eta_{e_\bullet}}\left(d + \frac{1}{2}\delta_\bullet e\right) - \frac{1}{2}s\delta_\bullet}{1 + \frac{1}{\eta_{t_\bullet}}(b - \delta_\bullet c) + \frac{1}{\eta_{e_\bullet}}(d - \delta_\bullet e) + s\delta_\bullet},$$

$$n_\zeta = \frac{1 + \frac{b}{\eta_{t_\bullet}} + \frac{d}{\eta_{e_\bullet}}}{1 + \frac{1}{\eta_{t_\bullet}}(b - \delta_\bullet c) + \frac{1}{\eta_{e_\bullet}}(d - \delta_\bullet e) + s\delta_\bullet}$$

$$n_\omega = \frac{1}{1 + \frac{1}{\eta_{t_\bullet}}(b - \delta_\bullet c) + \frac{1}{\eta_{e_\bullet}}(d - \delta_\bullet e) + s\delta_\bullet},$$

$$n_\psi = \frac{s - \left(\frac{c}{\eta_{t_\bullet}} + \frac{e}{\eta_{e_\bullet}}\right)}{1 + \frac{1}{\eta_{t_\bullet}}(b - \delta_\bullet c) + \frac{1}{\eta_{e_\bullet}}(d - \delta_\bullet e) + s\delta_\bullet}.$$

4.73 Skizze der strengen Theorie, vereinfachte Betrachtung

Die Schwingung wird auch hier durch ein System simultaner Gleichungen beschrieben, aus deren Vereinigung und Vereinfachung nach den Regeln der kleinen Störungen die Differentialgleichung des Gesamtsystems abgeleitet werden kann. Folgende Grundgleichungen sind hierbei anzusetzen:

    a) Gleichung des Stollens (Beschleunigungsgleichung),
    b) Gleichung des Wasserschlosses (Raumgleichung),
    c) Gleichung der Druckrohrleitung (Beschleunigungsgleichung),
    d) Gleichung des Ausflusses,
    e) Gleichung der Leistung,
    f) Gleichung des Maschinensatzes,
    g) Gleichung des Reglers, in der auch der Einfluß der elektrischen Maschinen und des Netzes zum Ausdruck kommt.

Je nachdem es sich um einen Beschleunigungsregler oder um einen Regler mit nachgiebiger Rückführung handelt, wird eine charakteristische Gleichung 5. oder 6. Grades erhalten, deren Diskussion im allgemeinen sehr umständlich und für praktische Zwecke wenig brauchbar ist. — Nach EVANGELISTI ist aber eine vereinfachte Betrachtung dann möglich, wenn die Schwingungsperiode des hydraulischen Systems T^* wesentlich über der des Reglers T^*_ω liegt.

Für das hydraulische System ist (genau genug)

$$T^* = 2\pi \sqrt{\frac{LF}{gf}} \sqrt{\frac{(H_0 - h_0 - 2h_{0d}) - 2h_0(L_d f/L f_d)}{H_0 - 3(h_0 + h_{d0})}}, \qquad (477)$$

für den Beschleunigungsregler

$$T^*_\omega = 2\pi \sqrt{\delta \, T_\omega T_\psi} \qquad (478)$$

und den Regler mit nachgiebiger Rückführung

$$T^*_\omega = 2\pi \sqrt{\delta \, T_\omega (T_\psi + \lambda_0 \beta' T_i)}. \qquad (479)$$

In dem genannten Fall ist es möglich, die hochgradige charakteristische Gleichung in zwei voneinander im wesentlichen unabhängige Gleichungen aufzuspalten. Die Wasserschloßstabilität kann dann nach folgenden Beziehungen beurteilt werden:

$$C_0 p^2 + C_1 p + C_2 = 0, \qquad (480)$$

$$C_0 > 0; \quad C_1 > 0; \quad C_2 > 0, \qquad (481)$$

$$C_0 = \frac{H_0 - h_0 - h_{d0}(1 + 2n_y)}{H_{n0}} \cdot \frac{LF}{gf} - 2n_y \frac{F h_0 L_d}{g f_d H_{n0}}, \qquad (482)$$

$$C_1 = \frac{2h_0 F}{Q_0} \frac{H_{n0} - 2n_y h_{d0}}{H_{n0}} + \delta T_\zeta \left\{ n_\zeta \frac{H_0}{H_{n0}} - (1 - 2n_y) \frac{h_0 + h_{d0}}{H_{n0}} \right\} +$$
$$+ (n_\omega \delta_s T_\omega + n_\psi \delta T_\psi) \frac{H_0}{H_{n0}} - n_y \frac{Q_0}{g H_{n0}} \left(\frac{L}{f} + \frac{L_d}{f_d} \right) \qquad (483)$$

für den Beschleunigungsregler,

$$C_1 = \frac{2h_0 F}{Q_0} \frac{H_{n0} - 2n_y h_{d0}}{H_{n0}} + T_\zeta \left\{ n_\zeta \frac{H_0}{H_{n0}} - (1 - 2n_y) \frac{h_{d0} + h_0}{H_{n0}} \right\} +$$
$$+ \frac{H_0}{H_{n0}} \{ n_\omega \delta_s T_\omega + n_\psi (\delta T_\psi + \delta_t T_i) \} - n_y \frac{Q_0}{g H_{n0}} \left(\frac{L}{f} + \frac{L_d}{f_d} \right) \qquad (484)$$

für den Regler mit nachgiebiger Rückführung.

$$C_2 = 1 - 2n_y \frac{h_0 + h_{d0}}{H_{n0}}. \qquad (485)$$

$$H_{n0} = H_0 - h_0 - h_{d0}.$$

Aus dem Gesagten ist ersichtlich, daß selbst das vereinfachte Verfahren noch sehr umständlich ist und die Kenntnis zahlreicher Maschinenkonstanten voraussetzt, über die man im allgemeinen erst verfügt, wenn die Turbinen und Generatoren in Auftrag gegeben sind.

Nun wird aber über das Wasserschloß zu einem wesentlich früheren Zeitpunkt zu entscheiden sein, auch kann die Größe des Wasserschlosses nicht in hohem Grad z. B. von einer bestimmten Reglerkonstruktion (Umbau und Auswechslung der Maschinen!) abhängig gemacht werden. Es wird daher in der Bemessung eines Wasserschlosses doch wohl bei den bisherigen Verfahren bleiben müssen, die auf dem isolierten Betrieb und dem idealen Regler beruhen. Die eigentliche Bedeutung des neuen Verfahrens liegt aber darin, daß man eine gegebene Anlage mit einer bestimmten Maschinentype im Bedarfsfall auf ihre Stabilität hin überprüfen kann, ferner auch in der allgemeinen Erkenntnis, daß aus den Eigenschaften der Maschinen und denen des Netzes noch erhebliche Stabilitätsreserven kommen.

4.74 Näherungsweise Berücksichtigung des Reglereinflusses

Der isolierte Betrieb ist im allgemeinen bei der Mehrzahl der größeren Anlagen die Ausnahme. Man kann daher — nach EVANGELISTI (h) — in diesem Fall die bezüglich Frequenz- und Spannungshaltung zu stellenden Anforderungen reduzieren. Der daraus erwachsenden Verbesserung der Stabilität steht unter Umständen der ungünstige Einfluß der Wirkungsgradänderung der Maschinen je nach Lage des Betriebspunktes entgegen. Man kann daher feststellen, daß sich diese Einflüsse im allgemeinen aufheben, so daß die klassische Annahme der konstanten Leistung wieder gegeben ist. Es bleibt dann noch die — günstige — Wirkung des Reglers, die in den weiter oben definierten Werten s, δ, T_ζ, T_ψ, T_i und δ_t zum Ausdruck kommt und nach EVANGELISTI in einem neuen Zeitwert T_r zusammengefaßt werden kann, der, nach Fortlassen weniger ins Gewicht fallender Beiträge, den Koeffizienten C_1 der Gl. (480) in der abgewandelten Form liefert:

$$C_1 = \frac{2h_0 F}{Q_0} - \frac{L Q_0}{g f H_{n0}} + T_r. \tag{486}$$

Hierin hängt T_r wiederum von der Reglerkonstruktion ab:

Beschleunigungsregler: $\qquad T_r = \delta T_\zeta + s \delta T_\psi,$ \hfill (487)

Nachgiebige Rückführung: $\qquad T_r = T_i + s(\delta T_\psi + \delta_t T_i).$ \hfill (488)

Aus Gl. (486) erhalten wir den Grenzwert

$$F_{\min} = \frac{L f v_0^2}{2g h_0 H_{n0}} - \frac{Q_0 T_r}{2h_0}. \tag{489}$$

Das erste Glied rechts ist der bekannte THOMA-Querschnitt, das zweite seine zulässige Verminderung.

Aus Gl. (489) geht das Flächenverhältnis hervor:

$$\frac{F_{\min}}{F_{Th}} = 1 - \frac{g H_{n0}}{L v_0} T_r. \tag{490}$$

Zahlenbeispiel.

$$H_{n0} = 80{,}0 \text{ m}, \qquad L = 2000 \text{ m}, \qquad f = 40 \text{ m}^2,$$
$$Q_0 = 100 \text{ m}^3/\text{s}, \qquad v_0 = 2{,}5 \text{ m/s}, \qquad h_0 = 2{,}0 \text{ m}.$$

Regler mit nachgiebiger Rückführung mit

$$T_t = 5 \text{ s}, \qquad s = 1, \qquad \delta_t = 0{,}20,$$
$$\delta = 0{,}03, \qquad T_v = 3 \text{ s}.$$

Damit ist $F_{\text{Th}} = 159 \text{ m}^2$ und $T_r = 6 \text{ s}$, also

$$\frac{F_{\min}}{F_{\text{Th}}} = 1 - \frac{9{,}81 \cdot 80}{2000 \cdot 2{,}5} 6 = 0{,}84.$$

Schrifttum
Zweiter Teil

ALMÉRAS: Influence de l'inertie de l'eau sur la stabilité d'un groupe hydro-électrique. Houille bl. 1945. — ARREDI: Lo studio della stabilità dei sistemi adduttori-generatori degli impianti idroelettrici col criterio di Leonhard. Energia elettr. 1947.

BENINI: (a) Sui fenomeni di colpo d'ariete nelle gallerie munite di pozzo piezometrico con luce strozzata. Energia elettr. 1951. — (b) Alcune considerazioni sui pozzi piezometrici con strozzatura alla base. Energia elettr. 1954. — BORDINI: Pozzi di oscillazione. Energia elettr. 1933. — BOUVARD: A propos de la condition de Thoma dans les cheminées cylindriques à étranglement optimum. Houille bl. 1952. — BOUVARD et MOLBERT: (a) Méthode graphique pour le calcul des cheminées d'équilibre. Houille bl. 1951. — (b) Calcul de la cheminée à étranglement de la chute Isère-Arc. Houille bl. 1953. — BOUVARD, MOLBERT et GÉRARD: Considérations sur les cheminées amortissantes du type à chambres d'expansion. Houille bl. 1955. — BOREL: Siehe Gaden et Borel. — BRAUN: (a) Über Wasserschloßprobleme. Z. ges. Turbinenwes. 1920. — (b) Über graphische Behandlung des Wasserschloßproblems. Schweiz. Bauztg. Bd. 77 (1921). — (c) Zur Berechnung von Wasserschlössern. Schweiz. Bauztg. Bd. 86 (1925). — (d) Über die graphische Lösung der Differentialgleichung der erzwungenen Schwingungen bei beliebigem Gesetz für Dämpfung, Rückstellkraft und Antriebskraft. Ing.-Arch. 1937.

CALAME: Résonance de l'oscillation dans une chambre d'équilibre. Bull. techn. Suisse rom. 1934. — CALAME et GADEN: (a) Théorie des chambres d'équilibre. Lausanne et Paris: La Concorde et Gauthier-Villars 1926. — (b) De la stabilité des installations hydrauliques munies de chambres d'équilibre. Schweiz. Bauztg. Bd. 90 (1927). — (c) Influence des réflexions partielles de l'onde aux changements de caractéristiques de la conduite et au point d'insertion d'une chambre d'équilibre. Bull. techn. Suisse rom. 1935/36. — CLÉMENT: Stabilité des cheminées d'équilibre. Houille bl. 1948. — CUÉNOD et GARDEL: (a) Stabilisation des oscillations du plan d'eau des chambres d'équilibre par asservissement temporaire de la puissance électrique à la pression hydraulique. Bull. techn. Suisse rom. 1950. — (b) Stabilité de la marche d'une centrale hydroélectrique avec chambre d'équilibre compte tenu des caractéristiques dynamiques du réglage de vitesse. Bull. techn. Suisse rom. 1952. — (c) Essai de stabilisation du réglage d'un groupe hydroélectrique muni de chambre d'équilibre. École polytechnique de l'Université de Lausanne. 1953. DAVIS: Handbook of Applied Hydraulics. New York, Toronto, London: McGraw-Hill Book Company, Inc. 1952. — DUBS: (a) Allgemeine Theorie über die veränderliche Bewegung des Wassers in Leitungen, II. Teil. Berlin: Springer 1909. — (b) Angewandte Hydraulik. Zürich: Rascher 1947. — DURAND: Application of Law of Kinematic Similitude of the Surge-Chamber. Mech. Engng., New York 1921.

EBNER: La chambre d'équilibre différentielle à amortissement immédiat. Lausanne: La Concorde 1940. — ESCANDE: (a) Chambre d'équilibre commune à plusieurs canaux d'amenée. C. R. Acad. Sci. Paris 1942/43. — (b) Le fonctionnement des chambres d'équilibre des installations hydrauliques. Revue Mécanique 1942. — (c) Recherches théoriques et expérimentales sur les oscillations de l'eau dans les chambres d'équilibre. Paris: Gauthier-Villars 1943. — (d) Méthode graphique pour l'étude des oscillations dans une chambre d'équilibre dont le canal d'amenée collecte des apports de débit par des puits de section négligeable. Houille bl. 1947. — (e) Méthodes nouvelles pour le calcul des chambres d'équilibre. Paris: Dunod 1950. — (f) Étude de la stabilité des chambres d'équilibre à étranglement. Génie civ. 1951. — (g) The Stability of Throttled Surge Chambers. Water Power 1952. — (h) Overflow-Type Surge Tank. Water Power 1953. — (i) Conditions de stabilité des chambres d'équilibre à montage Venturi. Génie civ. 1954. — (j) Stabilité de deux chambres d'équilibre à montage Venturi respectivement solidaires des canaux d'amenée et de fuite. Génie civ. 1954. — (k) Oscillations superposées dans les chambres d'équilibre provoquées par des manoevres successives du régulateur. Houille bl. 1954. — (l) Nouveaux compléments d'hydraulique. Paris: Service de documentation et d'information technique de l'aéronautique 1955. — (m) Oscillations superposées dans les cheminées d'équilibre à section constante ordinaires ou à étranglement. Houille bl. 1955. — (n) Abaque caractérisant le fonctionnement d'une cheminée déversante à étranglement optimum. Houille bl. 1955. — ESCANDE et GOUTKIN: Comparaison de diverses méthodes de calcul appliquées à la chambre d'équilibre complexe de Bioge (Haute Savoie). Houille bl. 1948. — ESCANDE et HURON: (a) Stabilité de deux chambres d'équilibre respectivement solidaires des canaux d'amenée et de fuite. Génie civ. 1953. — (b) Stabilité de deux chambres d'équilibre respectivement solidaires des canaux d'amenée et de fuite. Houille bl. 1953. — ESCANDE et NOUGARO: Régime variable dans un canal d'amenée associé à une galerie en charge. Houille bl. 1956. — EVANGELISTI: (a) Sulla stabilità di regolazione nelle installazioni idroelettriche. Energia elettr. 1946. — (b) Problemi tecnici e sperimentali intorno alle vasche d'oscillazione. Energia elettr. 1947. — (c) La regolazione delle turbine idrauliche. Bologna: Zanichelli 1947. — (d) Pozzi piezometrici e stabilità di regolazione. Energia elettr. 1950. — (e) Sopra la stabilità delle grandi oscillazioni nei pozzi piezometrici. Energia elettr. 1951. — (f) Pozzi piezometrici e stabilità di regolazione (seconda nota). Energia elettr. 1953. — (g) L'influenza degli effetti secondari sulla stabilità dei generatori idroelettrici. Accademia delle Science dell'Istituto di Bologna. 1953. — (h) Sopra la stabilità dei sistemi complessi di gallerie in pressione e pozzi piezometrici. Energia elettr. 1955. — EYDOUX: (a) Sur les données actuelles en matière de construction d'usines hydroélectriques. Ann. Ponts Chauss. 1918. — (b) Les mouvements de l'eau et les coups de bélier dans les cheminées d'équilibre. Toulouse 1919. — (c) Hydraulique générale et appliquée. Paris: Baillière et Fils 1921.

FAVRE: vgl. Meyer-Peter und Favre. — FERRO: Alcuni tipi particolari di camere di oscillazione per impianti idroelettrici (differenziali, multiple, ecc.)

Energia elettr. 1925. — FINALÝ, V.: Beitrag zum Wasserschloßproblem. Z. öst. Ing. Ver. 1917/22. — FÖPPL: (a) Grundzüge der technischen Schwingungslehre. Berlin: Springer 1931. — (b) Aufschaukelung und Dämpfung von Schwingungen. Berlin: Springer 1926. — FORCHHEIMER: (a) Zur Ermittlung der Schwingungen im Wasserschloß. Z. VDI, Bd. 57 (1913). — (b) Hydraulik. Leipzig: Teubner 1930. — (c) Grundriß der Hydraulik. Leipzig und Berlin: Teubner 1926. — FRANK: (a) Zur graphischen Berechnung gedämpfter Wasserschlösser. Bauingenieur 1930. — (b) Das JOHNSON-Wasserschloß. Dtsch. Wasserw. 1932. — (c) Berechnung ungedämpfter Schachtwasserschlösser mit Hilfe von Nomogrammen. Wasserwirtschaft 1932. — (d) Zur Stabilität der Schwingungen in Schachtwasserschlössern mit unveränderlicher Leistungsentnahme. Bauingenieur 1942. — (e) Zur Stabilität der Schwingungen in Schachtwasserschlössern mit unveränderlicher Leistungsentnahme. Wasserkr. u. Wasserwirtsch. 1942. — (f) Rhythmische Belastung und Entlastung in der Wasserschloßberechnung. Wasserwirtschaft 1953. — (g) Diskussionsbeitrag zu JAEGER, Present Trends in Surge Tank Design. Proc. Inst. Mech. Engrs. 1954. — FRANK und SCHÜLLER: Schwingungen in den Zuleitungs- und Ableitungskanälen von Wasserkraftanlagen. Berlin: Springer 1938.

GADEN: vgl. Calame et Gaden. — GADEN et BOREL: Influence de la loi de variation de puissance sur la condition de stabilité de Thoma. Bull. techn. Suisse rom. 1951. — GARDEL: Chambres d'équilibre. Lausanne: F. Rouge & Cie S. A. 1956. — GARDEL: vgl. Cuénod et Gardel. — GENTILINI: Pozzi piezometrici. Esperienze su modelli eseguite nel Laboratorio di Idraulica del R. Politecnico di Milano. Energia elettr. 1939. — GÉRARD: vgl. Bouvard, Molbert et Gérard. — GHETTI, A.: (a) Sulla stabilità delle oscillazioni negli impianti idroelettrici provvisti di un sistema complesso di condotte e pozzi piezometrici. Energia elettr. 1947. — (b) Ricerche sperimentali sulla stabilità de regolazione dei gruppi idroelettrici con derivazione in pressione e pozzo piezometrico. Energia elettr. 1947. — (c) Ricerche sperimentali sulla stabilità di regolazione dei gruppi idroelettrici con derivazione in pressione e pozzo piezometrico. Energia elettr. 1951. — (d) Questioni di stabilità dei pozzi piezometrici. Energia elettr. 1952. — GHETTI, L.: vgl. Scimemi. — GHERARDELLI: (a) Un'osservazione sull'equazione dei pozzi piezometrici. Energia elettr. 1952. — (b) Sul problema analitico della stabilità della regolazione. Energia elettr. 1953. — GHIZZETTI: Oscillazioni dell'acqua in impianti idraulici dodati di pozzi piezometrici. Rom: Perella 1950. — GIBSON: (a) Hydroelectric Engineering, Bd. 1. London: Blackie & Son Ltd. 1921. — (b) The Investigation of the Surge Tank Problem by Model Experiment. Proc. Amer. Soc. Civ. Engrs. 1924. — GIBSON and SHELSON: An Experimental and Analytical Investigation of a Differential Surge-Tank Installation. Water Power 1956. — GIUDICI: Sui pozzi piezometrici ad aria confinata. La Municipalizzazione 1949. — GOUTKIN: Méthode générale de calcul des chambres d'équilibre alimentées par deux canaux d'amenée. Houille bl. 1948. — GOUTKIN: vgl. Escande et GOUTKIN. — GRABNER: Bemessung eines Wasserschlosses. Bauingenieur 1936. — GRAMMEL: Zur Theorie der Schwingungen im Wasserschloß. Z. ges. Turbinenwes. 1913.

HAMPL: Zur Berechnung von Schwingungen mit quadratischer Dämpfung. Ing. Arch. 1935. — HORT: Technische Schwingungslehre. Berlin: Springer 1922. — HURON: vgl. Escande et Huron. — HUTAREW: (a) Wasserspiegelbewegungen im Wasserschloß. Öst.Wasserwirtsch.1955.—(b)Regelungstechnik. Berlin-Göttingen-Heidelberg: Springer 1955.

JAEGER: (a) Théorie générale du coup de bélier. Paris: Dunod 1933. — (b) L'agrandissement des usines hydroélectriques. Technique moderne 1938. — (c) De la stabilité des chambres d'équilibre et des systèmes de chambres d'équilibre. Schweiz. Bauztg. 1943. — (d) Technische Hydraulik. Basel: Birkhäuser 1949. —

(e) Surge Tank Stability. Water Power 1952. — (f) Present Trends in Surge Tank Design. Proc. Inst. Mech. Engrs. 1954. — (g) Present Trends in Surge Tank Design. Water Power 1954. — JAKOBSON: Surge Tank. Trans. Amer. Soc. Civ. Engrs. Bd. 85 (1922). — JOHNSON: (a) The Surge Tank in Water Power Plants. Trans. Amer. Soc. Mech. Engrs. Bd. 30 (1908). — (b) The Differential Surge-Tank. Trans. Amer. Soc. Civ. Engrs. Bd. 78 (1915). — Siehe auch Proc. Amer. Soc. Mech. Engrs. 1908 und Engng. News. Rec. 1912/13/15. — (c) Möjligheter och Fördelar af reglerad afloppstunnel. Tekn. T. 1915, V. o. V. — (d) Surge Tank. Referat auf der Weltkraftkonferenz London 1924. — JONSON: Beräkning av utjämmningsbassänger. Tekn. Medd. Kungl. Vattenfallsstyrelsen. Stockholm 1926. — JURECKA: Die Stabilität der Schwingungen in zwei hintereinander liegenden Wasserschlössern. Öst. Ing.-Arch. 1951.

KAMMÜLLER: (a) Über rationelle Konstruktion von Wasserschlössern. Wasserkr. 1925. — (b) Die Saugschwelle in der unteren Wasserschloßkammer und der durch sie erzielbare Raumgewinn. Bauingenieur 1926. — (c) Versuche mit der Saugschwelle. Bauingenieur 1928. — (d) Fortschritte in der konstruktiven Gestaltung des Wasserschlosses. Wasserwirtschaft 1931. — KARAS: (a) Zeichnerische Ermittlung der Spiegelbewegung gedämpfter Wasserschlösser. Bauingenieur 1941. — (b) Zeichnerische Ermittlung der Spiegelbewegung gedämpfter Wasserschlösser. Wasserkr. u. Wasserwirtsch. 1942. — (c) Rechnerische Ermittlung der Spiegelbewegung gedämpfter Wasserschlösser. Ing. Arch. 1941/43. — KLEIN: Ausgleichsschächte in Druckstollen. Wasserkr. 1926. — KLINGST: Eine neue graphische Methode zur Bestimmung der Spiegelbewegung in stückweise zylindrischen Wasserschlössern. Öst. Wasserwirtschaft 1956. — KOHLRAUSCH: Ausgewählte Kapitel aus der Physik, Teil I, Mechanik. Wien: Springer 1951. — KOZENY: Hydraulik. Wien: Springer 1953. — KUHN: Beitrag zum Wasserschloßproblem. Z. ges. Turbinenwes. 1920.

LAUCHLI: Tests check computed values of surges. Engng. Rec. Bd. 71 (1915). — LEINER: Ermittlung der Schwingungen im Wasserschloß. Z. VDI 1925. — LEVIN: De la détermination des pertes de charge dans l'étranglement des cheminées d'équilibre. Houille bl. 1953.

MAINARDIS: (a) Le vasche d'oscillazione nei riguardi della stabilità della regolazione delle turbine idrauliche. Energia elettr. 1940. — (b) Fenomeni di risonanza nelle centrali elettriche del Veneto. Energia elettr. 1955. — MARCHETTI: Prove su un modello di galleria forzata con diversi pozzi piezometrici. Confronto con i risultati forniti dal calcolo. Energia elettr. 1941. — DE MARCHI: Idraulica. Milano: Hoepli 1955. — MARZOLO: Gallerie a pressione con possibilità di sfioramento lungo il percorso. Energia elettr. 1946. — MEYER: Conditions analogues à celles de Thoma pour une installation hydroélectrique ayant une cheminée d'équilibre à l'amont et une autre à l'aval des turbines. Houille bl. 1953. — MEYER-PETER und FAVRE: Über die Eigenschaften von Schwällen und die Berechnung von Unterwasserstollen. Schweiz. Bauztg. Bd. 100 (1932). — MEYER-PETER: Über einige Probleme des Kraftwerksbaues. Schweiz. Bauztg. Bd. 121 (1943). — MOLBERT: vgl. Bouvard et Molbert. — MÜHLHOFER: (a) Zeichnerische Bestimmung der Spiegelbewegung in Wasserschlössern von Wasserkraftanlagen mit unter Druck durchflossenem Zulaufgerinne. Berlin: Springer 1924. — (b) Zur Berechnung von Wasserschlössern mit oberer und unterer Speicherkammer. Z. öst. Ing.- u. Arch.-Ver. 1925. — MÜLLER: Berechnung von Schwingungen mit quadratischer Dämpfung. Ing.-Arch. 1934.

NOUGARO: vgl. Escande et Nougaro.

POGGI: Sopra i criteri di stabilità per le piccole oscillazioni con applicazioni alla regolazione degli impianti idroelettrici. Energia elettr. 1952. — PÖSCHL: Zur

Frage der Schwingungen in Wasserschlössern. Z. angew. Math. Mech. 1926. — PRÁŠIL: Wasserschloßprobleme. Schweiz. Bauztg. Bd. 52 (1908). — PRESSEL: Beitrag zur Bemessung des Inhaltes von Wasserschlössern. Schweiz. Bauztg. Bd. 53 (1909). RAMPONI: (a) Ricerche sul funzionamento dei pozzi piezometrici in regime permanente. Energia elettr. 1942. — (b) Sui pozzi piezometrici muniti di strozzatura alla base. Energia elettr. 1943. — (c) Sulle oscillazioni nei pozzi piezometrici per manovre alterne ripetute. Energia elettr. 1946. — RASCH und BAUWENS: Die Kraftübertragungsanlagen der Ruhrtalsperrengesellschaft. Z. VDI 1908. — RICHTER: (a) Eine graphische Lösung des Wasserschloßproblems mit nomographischen Hilfsmitteln. Ing.-Arch. 1937. — (b) Bestimmung der Spiegelbewegung in einem Wasserschloß mittels nomographischer Hilfsmittel. Ing.-Arch. 1940. — (c) Einfluß des Kammerquerschnittes auf die Spiegelbewegungen in einem Wasserschloß. Ing.-Arch. 1943. — RIED: Untersuchungen der Wirkungsweise von Wasserschlössern. Wasserkr. u. Wasserwirtsch. 1944. — ROUSE: Engineering Hydraulics. New York: John Wiley & Sons. 1950.

SCHAUTA: Versuche und Untersuchungen an einem zu erweiternden Wasserschloß. Wasserkr. u. Wasserwirtsch. 1940. — SCHIFFMANN: Zeichnerisches Verfahren zur Darstellung der Schwingungen in Kammer- und Überfallwasserschlössern. Wasserkr. u. Wasserwirtsch. 1942. — SCHNEIDER: Mathematische Schwingungslehre. Berlin: Springer 1924. — SCHNYDER: Über Druckstöße in verzweigten Leitungen mit besonderer Berücksichtigung von Wasserschloßanlagen. Wasserkr. u. Wasserwirtsch. 1935. — SCHOCKLITSCH: (a) Über die Spiegelbewegungen in Wasserschlössern bei Anordnung eines Zwischenwasserschlosses. Z. öst. Ing.-Ver. 1921. — (b) Spiegelbewegung in Wasserschlössern. Schweiz. Bauztg. Bd. 81 (1923). — (c) Graphische Hydraulik. Leipzig: Teubner 1923. — (d) Über die Bemessung von Wasserschlössern. Wasserkr.-Jb. 1925/26. — (e) Handbuch des Wasserbaues, Bd. 2. Wien: Springer 1952. — SCHREIBER: Der für die Stabilität und die Schwingungsdämpfung erforderliche Querschnitt ungedrosselter Schachtwasserschlösser. Dissertation Belgrad 1950. — SCHÜLLER: (a) Ein Beitrag zum Problem des Wasserschlosses. Diss. Deutsche Techn. Hochsch. Prag. 1926. — (b) Eine wirtschaftliche Wasserschloßform. Schweiz. Bauztg. Bd. 89 (1927). — (c) Das Stabilitätskriterium für gedämpfte Wasserschlösser bei Belastungsstörungen mit endlichen Schwingungsweiten. Wasserkr. u. Wasserwirtsch. 1928. — (d) vgl. Frank-Schüller. — SCIMEMI: (a) Le oscillazioni dei pozzi piezometrici. Energia elettr. 1925. — (b) Vasche di oscillazione con resistenze idrauliche per impianto idroelettrico. Energia elettr. 1941. — (c) Sulla validità della regola di Thoma per le vasche di oscillazione degli impianti idroelettrici. Energia elettr. 1947. — (d) Compendio d'Idraulica. Padova: CEDAM 1955. — SCIMEMI e GHETTI, L.: Sul dimensionamento delle vasche di oscillazione degli impianti idroelettrici, in relazione alle manovre di esercizio. Energia elettr. 1951. — SEDLJATMO: Progress in the Design of Chamber Surge Tanks. 4th World Power Conference, London 1950. — SHELSON: vgl. Gibson und Shelson. — SITTE: (a) Praktische Näherungsformeln für den Höchstschwall in Schachtwasserschlössern. Bauingenieur 1926. — (b) Der Höchstschwall in Schachtwasserschlössern. Wasserwirtschaft 1925. — STRAUBEL: (a) Zur Theorie gekuppelter Wasserschlösser bei selbsttätig geregelten Turbinenanlagen. Wasserkr. u. Wasserwirtsch. 1943. — (b) Über eine Möglichkeit der Verkleinerung der Wasserschloßfläche bei selbsttätig geregelten Turbinenanlagen. Wasserkr. u. Wasserwirtsch. 1943. — (c) Stabilitätsbedingung für Wasserschlösser mit zwei Zuleitungen. Wasserkr. u. Wasserwirtsch. 1944. — STRECK: (a) Das Wasserschloß bei Hochdruckspeicheranlagen. Berlin: Springer 1929. — (b) Grund- und Wasserbau in praktischen Beispielen, 2. Band.

Berlin-Göttingen-Heidelberg: Springer 1950. — STRICKLER: Exakte und angenäherte Formeln zur Wasserschloßberechnung. Schweiz. Wasserw. 1914. — STUCKY: (a) Contribution à l'étude expérimentale et analytique des chambres d'équilibre. Bull. techn. Suisse rom. 1936. — (b) Cours d'aménagement des chutes d'eau. Chambres d'équilibre. Lausanne: École polytechnique de l'Université de Lausanne 1951.
TAYLOR: Discussion on the Differential Surge-Tank. Trans. Amer. Soc. Civ. Engrs. Bd. 78 (1915). — THOMA: Zur Theorie des Wasserschlosses bei selbsttätig geregelten Turbinenanlagen. München: Oldenbourg 1910. — TILLMANN: Über neuere Verfahren der graphischen Hydraulik als Hilfsmittel beim Entwerfen von Wasserkraftanlagen. Wasserkr. 1920/21. — TULTS: Simplified Computation of Surge-Tank Action. Civ. Engng. 1955.
VOGT: Berechnung und Konstruktion des Wasserschlosses. Stuttgart: Ferdinand Enke 1923.
WAGENBACH: Numerische Auswertung von Schwingungsgleichungen. Darmstadt: Selbstverlag 1940. — WAHLMANN: (a) Tryckreglering vid Vattenkraftanläggning. Tekn. T. V. o. V. 1910. — (b) Differentialregulatorn och något om reglering af långa Tubledningar i. Allmänhat. Tekn. T. V. o. V. 1915. — (c) Discussion on Surge-Tank. Trans. Amer. Soc. Civ. Engrs. Bd. 85 (1922). — WARREN: Penstock and Surge-Tank Problems. Proc. Amer. Soc. Civ. Engrs. 1914. — WATSON: Surge Tanks. The Engineer 1937. — WEIRICH: (a) Graphische Bestimmung der Spiegelbewegungen beim Differential-Wasserschloß von Johnson. Ing.-Arch. 1950. — (b) Beitrag zur Stabilität des Schwingungsvorganges im Differentialwasserschloß. Öst. Ing.-Arch. 1953. — WEYRAUCH-STROBEL: Hydraulisches Rechnen. Stuttgart: Wittwer 1930. — WUTSCHER: Berechnung der maximalen Schwingungen des Schacht- und Kammerwasserschlosses von Hochdruckwerken. Dtsch. Wasserw. 1936.
ZANOBETTI: Sul problema analitico dello smorzamento delle oscillazioni di sistemi regolati. Energia elettr. 1953. — ZICMAN: Méthodes nouvelles pour le calcul des cheminées d'équilibre. Houille bl. 1953. — ZIENKIEWICZ: Stability of Parallel-Branch and Differential Surge Tanks. Proc. Inst. Mech. Engrs. 1956. — ZORN: Beitrag zur Ermittlung einer sparsamen Wasserschloßform. Z. öst. Ing.-Ver. 1923.

MIX
Papier aus verantwortungsvollen Quellen
Paper from responsible sources
FSC® C105338

If you have any concerns about our products,
you can contact us on
ProductSafety@springernature.com

In case Publisher is established outside the EU,
the EU authorized representative is:
**Springer Nature Customer Service Center GmbH
Europaplatz 3, 69115 Heidelberg, Germany**

Printed by Libri Plureos GmbH
in Hamburg, Germany